深入理解Hive从基础到高阶

视频教学版

邓杰 编著

清華大学出版社
北京

内 容 简 介

本书采用“理论+实战”的形式编写，通过大量的实例，结合作者多年一线开发实战经验，全面地介绍Hive的使用方法。本书的撰写秉承方便学习、易于理解、便于查询的理念。无论是刚入门的初学者想系统地学习Hive的基础知识，还是拥有多年开发经验的开发者想学习Hive，都能通过本书迅速掌握Hive的各种基础语法和实战技巧。本书作者曾经与极客学院合作，拥有丰富的教学视频制作经验，为读者精心录制了详细的教学视频。此外，本书还免费提供所有案例的源码，为读者的学习和工作提供更多的便利。

本书分为12章，分别介绍Hive学习平台的搭建、Hive数据治理、Hive数据分析与应用等内容。在最后一章对Hive进行了拓展，深入探讨AI大模型在数据分析领域的应用，并介绍其与Hive的深度整合，解释如何利用AI大模型来加速Hive中的数据挖掘过程，使数据分析更为便捷、高效。同时，本书提供了多个实际案例和示例，用于展示AI大模型在Hive数据分析中的实际运用场景。

本书结构清晰、案例丰富、通俗易懂、实用性强，特别适合初学者自学和进阶读者查询及参考。另外，本书也适合社会培训机构作为培训教材使用，还适合大中专院校相关专业的师生作为教学参考书。

图书在版编目（CIP）数据

深入理解Hive：从基础到高阶：视频教学版 / 邓杰编著.
北京：清华大学出版社, 2024. 6. -- ISBN 978-7-302-66572-4
Ⅰ. TP311. 13
中国国家版本馆CIP数据核字第2024N0H555号

责任编辑： 赵　军
封面设计： 王　翔
责任校对： 闫秀华
责任印制： 沈　露

出版发行： 清华大学出版社
网　　址： https://www.tup.com.cn，https://www.wqxuetang.com
地　　址： 北京清华大学学研大厦A座　　**邮　　编：** 100084
社 总 机： 010-83470000　　**邮　　购：** 010-62786544
投稿与读者服务： 010-62776969，c-service@tup.tsinghua.edu.cn
质 量 反 馈： 010-62772015，zhiliang@tup.tsinghua.edu.cn

印 装 者： 北京嘉实印刷有限公司
经　　销： 全国新华书店
开　　本： 190mm×260mm　　**印　　张：** 22.75　　**字　　数：** 614千字
版　　次： 2024年7月第1版　　**印　　次：** 2024年7月第1次印刷
定　　价： 99.00元

产品编号：106548-01

前　言

在当今数据驱动的时代，大数据分析以及人工智能（AI）技术的蓬勃发展为企业和研究者带来了前所未有的机遇与挑战。Apache Hive 作为大数据生态系统中的关键组成部分，为数据分析提供了强大的工具和基础。同时，AI 大模型则代表了自然语言处理领域的最新发展，提供了卓越的文本生成和理解能力。将 Hive 的大数据处理能力与 AI 的智能交互技术相结合，能够为企业和研究机构带来前所未有的数据分析和信息处理的方法。

现今，企业和研究机构对于数据的采集、存储和分析的需求日益增长。Hive 作为大数据处理的核心工具，为处理海量数据提供了一种高效、可扩展的解决方案。同时，AI 作为一种强大的自然语言处理工具，为人们提供了与计算机进行自然语言交流的机会。将这两者结合起来，将为用户提供更深层次的数据洞察和更加智能的信息交互。

本书旨在帮助读者探索如何通过 Hive 进行大数据分析，以及如何结合 AI 的智能能力。通过实战案例和技术指导，让读者深入理解数据处理与智能交互技术的融合，为其业务和研究提供更深层次的解决方案。

本书特色

1. 专业的教学视频

为了帮助读者更好地学习本书，作者为实战内容录制了教学视频。借助这些视频，读者可以更轻松地学习。

作者曾接受过极客学院的专业视频制作指导，并在极客学院制作了多期的大数据专题视频，受到众多开发者的青睐及好评。希望读者能够通过这些视频轻松地学习 Hive 和 AI 大模型。

2. 来自一线的开发经验及实战例子

本书的大多数代码及例子来源于作者多年的教学、技术分享会等实践活动，它们受到众多开发者的一致好评。同时，作者本人也是一名技术博主，在博客园编写了大量高质量与 Hive 和 AI 大模型技术相关的文章，以帮助网上的读者理解前沿技术。

3. 浅显易懂的语言、触类旁通的对比、循序渐进的知识体系

本书在文字及目录编排上尽量做到通俗易懂。在讲解一些常见的知识点时，会将 Hive 命令与 SQL 命令做对比，这样掌握 SQL 命令的开发者能够迅速掌握 Hive 的操作命令。无论是初学者，

还是富有经验的程序员，都能快速通过本书学习 Hive 的精华。

4. 内容全面，与时俱进

紧跟 AI 大模型时代的步伐，本书的内容结合作者的真实项目经验，旨在帮助读者掌握 AI 与 Hive 整合的技巧，使读者可以在大数据领域保持竞争优势。

配套资源下载

本书配套示例源代码、PPT 课件，请读者用自己的微信扫描下方的二维码下载。本书配套教学视频可扫描正文中的二维码观看。如果学习过程中发现问题或有疑问，可发送邮件至 booksaga@126.com，邮件主题为“深入理解 Hive：从基础到高阶”。

源代码

PPT

本书读者对象

- Hive 初学者。
- 编程初学者。
- 后端程序初学者。
- 前端转后端的开发人员。
- 熟悉 Linux、Java 以及想了解和学习 Hive 的编程爱好者。
- 想用 Hive 与 AI 大模型实现数据分析和挖掘的工程师。
- 大中专院校相关专业的学生。

鸣　谢

感谢我的家人对我生活的细心照顾与琐事上的宽容，感谢我的父母，感谢他们的养育之恩。

另外，在本书编写期间，编辑老师耐心地讲解，一丝不苟、细致入微地审核和校对也让本书的条理更为清晰，语言更加通俗易懂。在此表示深深的感谢。

虽然我们对书中所述内容都尽量核实，并多次进行文字校对，但因时间所限，加之水平所限，书中疏漏之处在所难免，敬请广大读者批评指正。

编　者

2024 年 4 月

目　录

第1篇　准　　备

第1篇　准　　备

MapReduce 框架为处理海量数据提供了强大的计算能力，然而，在处理复杂问题时，它往往显得笨重和低效。因此，Facebook 团队设计了一款简单易用的数据仓库工具，其主要目的是将 SQL 查询转换为 MapReduce 任务，于是 Hive 便应运而生。

本篇将介绍学习 Hive 前的准备工作，并给出 Hive 的基本概念和架构以及详细的安装步骤。

第1章

大数据时代的查询引擎

学习Hive不仅需要理解其设计初衷和适用场景，还必须深入研究它在Hadoop生态圈中的应用。这包括了解Hive与Hadoop核心组件之间的关系，以及它如何与其他大数据组件协同工作。通过实践学习和应用，我们可以更深入地理解Hive的设计原理和实战技巧，从而更有效地开发与Hive相关的项目。

1.1 大数据初探

大数据通常指的是那些无法通过传统软件工具在一定时间内完成采集、清洗和处理的数据集合。为了发挥大数据技术在决策力、洞察力和优化方面的潜力，需要采用新的处理模式。大数据具有几个显著的特点，包括数据规模庞大、快速的数据流转速度、多样化的数据类型以及相对较低的价值密度。

大数据的核心价值在于对海量数据进行存储、计算和分析运营。大数据的应用主要可以概括为两个方向：一是精准推送，二是预测结果。例如，不同人通过搜索引擎搜索相同内容时，得到的结果可能各不相同；电商App的精准营销、音乐App的个性化推荐，以及根据你的地理位置自动推荐周边的消费场所等，这都是大数据应用的实例。

对于大多数公司来说，无论是分析运营还是存储计算，大数据都是不可或缺的基础设施。在处理庞大的数据信息时，在大数据技术中有一个非常核心的计算框架——MapReduce，它是处理大数据的关键技术之一。

1.1.1 数据处理的引擎

在处理海量数据时，由于单台物理机的硬件资源有限，因此往往难以满足处理需求。

提　示

通常情况下，一台普通物理机的配置包含 256GB 的内存、32 核的 CPU、万兆的网卡和 12 个 6TB 的磁盘。

这可能会让读者产生疑问：当单台物理机的处理能力不足时，我们能否使用关系数据库来对存储在多个磁盘上的大量数据进行批量分析和处理，以避免使用 MapReduce 呢？

在回答这个问题之前，让我们先了解一个概念——寻址。寻址是将磁头移动到指定磁盘位置进行读写操作的过程。这个过程是需要一定时间的，因而传输速率的快慢取决于磁盘的带宽大小。

如果数据访问过程中涉及大量的磁盘寻址操作，那么读取大量数据所需的时间必然会很长。另一方面，如果数据库系统只涉及更新某一小部分数据，那么传统的 B-Tree 索引就更具优势。但是，当数据库需要更新大部分数据时，由于需要进行排序和合并等操作来重建数据，因此 B-Tree 索引的效率比 MapReduce 低很多。

提　示

B-Tree 是一种常见的数据结构，它的设计可以显著地减少定位记录所需的中间过程，从而加快读写速度。

MapReduce 与关系数据库之间还存在另一个区别，那就是数据的结构化程度。结构化程度通常可以分为三种情况，具体如下。

- 结构化数据：指完整的关系模型数据，通常以关系数据库表的形式管理。
- 半结构化数据：指包含非关系模型但具有基本固定结构模式的数据，比如 XML 文档、JSON 文档等。
- 非结构化数据：指没有固定模式的数据，例如 PPT、图片、视频等。

在实际应用场景中，我们采集到的数据往往都是非结构化或者半结构化数据，而 MapReduce 非常适合处理这类数据，因为它在处理数据时可以动态地解析数据的结构。

重新审视这个问题，从开发成本的角度出发。在处理海量数据时，将单机应用程序扩展成分布式作业模式时，这会增加应用程序的复杂度和开发难度。开发者将面临多项挑战，比如如何分配任务、如何管理中间状态、如何监控任务运行状态、如何保证任务重试等问题。

为了简化分布式应用程序的开发，并使开发人员能够更加专注于业务逻辑的实现，谷歌公司提出了一种面向海量数据处理的并行计算框架和方法——MapReduce。这个框架封装了分布式应用的公共功能，从而减轻了开发者的负担。

1.1.2　计算框架的数据处理机制

MapReduce 既然是一种面向海量数据处理的并行计算框架和方法，那么它是如何处理如此复杂的计算流程呢？

MapReduce 计算框架的核心由两个关键组件构成：Mapper 和 Reducer。用户仅需实现以下两个函数：

- map()函数：用于处理输入数据，将其转换为中间键-值对。
- reduce()函数：用于合并具有相同键的值，生成最终结果。

通过这两个函数，MapReduce 计算框架能够高效地处理和分析大规模数据集，如图 1-1 所示。

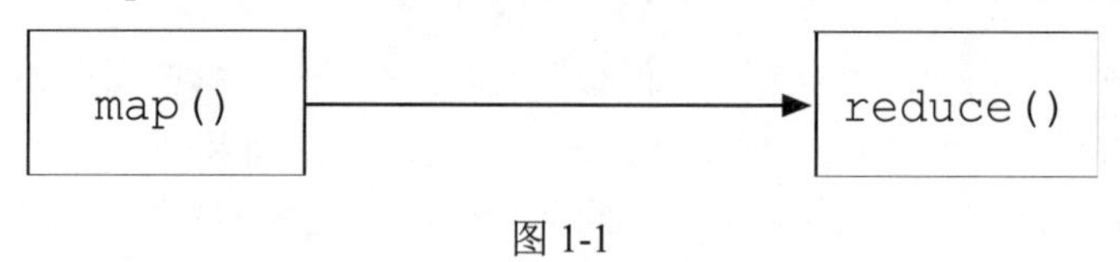

图 1-1

在 MapReduce 计算框架中，数据处理分为两个主要阶段：Map 阶段和 Reduce 阶段。Map 阶段由多个 Map 任务（Task）组成，具体内容如下。

1. 数据解析

使用文件分片的方法来处理跨行问题，将分片的数据解析成键-值对（Key-Value Pairs）。在 MapReduce 中，默认的输入格式是 TextInputFormat。在 TextInputFormat 中，Key 代表的是数据行在文件中的偏移量，而 Value 则是数据行的实际内容。如果一行数据被截断，系统会读取下一个数据块的前几个字符。TextInputFormat 的逻辑记录和 HDFS 数据块表示如图 1-2 所示。

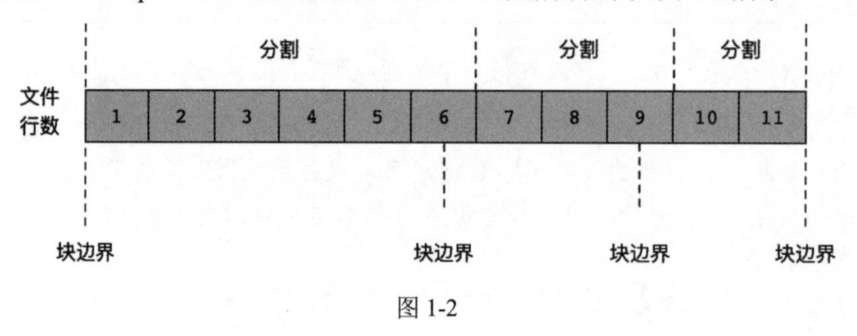

图 1-2

从图 1-2 可知，一个文件分成多行，这些行的边界并不总是与 HDFS 数据块的边界对齐。分片的边界是与行边界对齐的。因此，第一个分片包含第 6 行（即使第 6 行跨越了两个块的边界），第二个分片从第 7 行开始。

> **提　示**
>
> HDFS（Hadoop Distributed File System）是一种分布式文件系统，专为在通用硬件上运行而设计，目的是以高容错性和高吞吐量的方式存储大数据集。

数据块是 HDFS 存储数据的最小单元，而数据片段是 MapReduce 进行计算的最小单元。为了最大化地利用数据局部性（Data Locality）的优势，通常会尽量将每个数据块和相应的数据片段一一对应进行配置。

> **提　示**
>
> 数据局部性指的是当运行的任务与要处理的数据位于同一节点上时，则称该任务具有数据局部性。数据局部性可避免跨节点或跨机架传输数据，从而提高任务的运行效率。

2. 数据分区

在 MapReduce 框架中，Map 任务的输出数据通过分区过程决定交由哪个 Reduce 任务处理。默认情况下，这种分配是通过对输出数据的 Key 进行哈希计算，然后对 Reduce 任务的总数取余来实现的。

Reduce 阶段可以设置多个任务来处理数据，其中一个分区由一个 Reduce 任务负责，每个 Reduce 任务可以计算一个或多个分区中的数据。此外，Reduce 任务的并行度可以根据需要来自定义控制。

3. 数据合并

在数据处理过程中，输出数据的合并可以被视为一个类似本地的 Reducer 操作，它将具有相同 Key 的多个 Value 进行合并。此操作通常发生在数据经过分区排序之后（如果在任务设置中没有启用合并，则会跳过此步骤），通常合并操作可以有效减少磁盘 IO 和网络 IO 的需求。

在 MapReduce 框架中，Reduce 阶段包括若干的 Reduce 任务，每个任务处理一部分数据，以进一步整合和简化 Map 阶段的输出结果，具体内容如下。

1）数据复制

在这个阶段，Reduce 进程主要负责拉取数据。它启动一些数据复制线程，如 Fetcher，这些线程通过 HTTP 协议向 Map Task 请求并获取属于自己的文件数据。

2）数据合并

在 Reduce 阶段，合并操作和 Map 阶段的合并操作类似，但主要处理的是不同 Map 阶段复制过来的数据。这些数据首先会存放在缓冲区中，表现形式主要有三种：内存到内存、内存到磁盘以及磁盘到磁盘。默认情况下，第一种形式不启用。

当内存中的数据量达到一定阈值后，就会启动第二种形式（内存到磁盘）。这种形式会持续运行，直到没有来自 Map 端的数据传输为止。之后，将启动第三种形式（磁盘到磁盘）来生成最终的文件。

3）数据排序

在这个阶段，系统会把分散的数据合并成一个大的数据，然后对这些合并后的数据进行排序。排序完成后，系统会对排序好的键-值对调用 reduce()函数。对于每一组键相同的键-值对，reduce()函数将被调用一次，并产生 0 个或者多个键-值对。最终，这些产生的键-值对会被写入 HDFS 文件中。

4）数据输出

将最终的计算结果输出到 HDFS 文件中。为了更清楚地理解 MapReduce 计算框架中的工作流程，下面通过表格来汇总 Map 阶段和 Reduce 阶段的执行过程，如表 1-1 所示。

表1-1　MapReduce计算框架执行过程汇总

	过　程	说　明
Map 阶段	Read	读取数据源，将数据分割成键-值对
	Map	在 map()函数中，解析并处理键-值对，并产生新的键-值对
	Collect	将输出结果存储于环形内缓冲区
	Spill	当内存区满时，数据写到本地磁盘，并产生临时文件
	Combine	合并临时文件，并确保只产生一个数据文件

（续表）

	过　程	说　明
Reduce阶段	Shuffle	在数据复制阶段，Reduce 任务从各个 Map 任务远程复制一份数据，若某一份数据大小超过设定的阈值，那么该份数据会被写入磁盘，否则该份数据仍然存放在内存中
	Merge	合并内存和磁盘上的数据，防止占用过多内存或磁盘文件过多
	Sort	Map 任务阶段进行局部排序，Reduce 任务阶段进行一次归并排序
	Reduce	将数据给 reduce()函数
	Write	reduce()函数将最终计算的结果写到 HDFS 上

在熟悉上面的理论知识后，我们可以通过一个实例来了解 MapReduce 计算框架的执行过程。在 MapReduce 计算框架中自带一个统计单词出现频率的应用程序，通过这个应用程序，我们可以具体了解 MapReduce 计算框架的各个执行步骤，具体流程如图 1-3 所示。

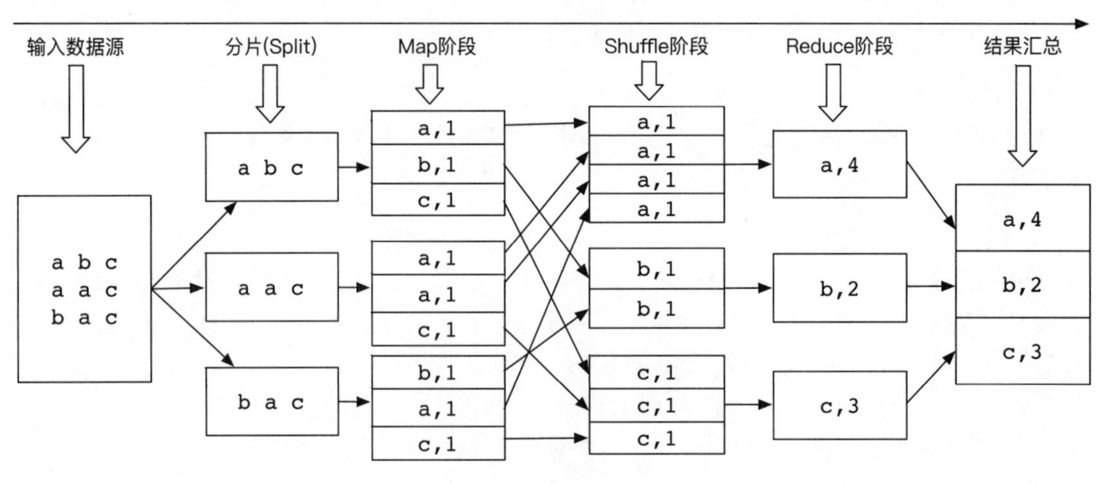

图 1-3

从图 1-3 中可知，MapReduce 计算框架在处理数据时会先读取输入的数据源，并将单词分片取出，进入 Map 阶段，之后进入 Shuffle 阶段和 Reduce 节点，最后完成结果的汇总。

提　示

Shuffle 是 MapReduce 计算框架的核心部分，它连接了 MapReduce 的 Map 阶段和 Reduce 阶段。通常，我们将从 Map 阶段的输出数据生成开始，直到 Reduce 阶段开始接受这些数据作为输入之前的整个过程称为 Shuffle。

MapReduce 计算框架在执行任务时，Shuffle 阶段对于用户来说是透明的。正是因为 Shuffle 阶段的作用，用户在使用 MapReduce 计算框架执行应用程序时，完全感觉不到底层的分布式和并发处理机制。

1.2　大数据处理的引擎之选

Hadoop 是一个由 Apache 开源的分布式系统基础架构，也是一个能够对海量数据进行分布式处理的系统框架。这个系统框架通过一种高效、稳定且可扩展的方式进行数据处理，允许用户在不了解分布式底层细节的情况下编写和运行分布式应用程序。

Hadoop 的主要特性包括：

- 高可用性：Hadoop 能够自动将数据保存为多个副本，并能够自动将失败的任务重新进行分配。
- 高成本效益：作为一个完全开源且免费的框架，Hadoop 对服务器的硬件要求相对较低。
- 高效性：Hadoop 能够在各个节点之间动态地移动数据，保证各个节点间的数据平衡，并且处理速度很快。
- 高扩展性：Hadoop 在可用的集群之间分配数据并完成计算任务，这些集群可以方便地扩展到数千个节点。

Hadoop 的数据来源可以是任何形式，尤其在处理半结构化和非结构化数据方面，相较于关系数据库更具灵活性和优势。

提　示
在 XML 和 JSON 等文件中存储的数据属于半结构化数据，而文档、图片、视频、音频等数据则属于非结构化数据。

1.2.1　大数据时代的利器

在大数据时代，挖掘庞大数据背后的价值既是一大机遇，也带来了严峻的挑战。不同行业产生的各类数据，如金融、电商、社交和游戏数据等，在规模、结构和增长速度方面都对传统数据库的计算和存储能力提出了前所未有的挑战。

Hadoop 的出现为大数据的计算与存储带来了极大的便利，解决了传统数据库在处理海量数据方面的难点。无论是国际知名的大公司如谷歌、雅虎、微软等，还是国内的腾讯、阿里、百度等，都广泛采用 Hadoop 及其生态技术来解决海量数据的计算与存储问题，以满足公司的业务需求并创造商业价值。

Hadoop 擅长日志分析，它在处理海量数据时展现出显著的优势。这些优势包括：

- 海量数据搜索：在海量数据中为网页快速创建索引，提高搜索效率。
- 海量数据计算：利用 Hadoop 的分布式计算能力，执行如数据挖掘和数据分析等任务，以高效处理海量数据。
- 海量数据存储：借助 Hadoop 的分布式存储能力，进行数据备份和数据管理等，确保海量数据的安全存储。

面对超大文本文件，单台服务器的处理能力有限。分布式计算能够扩展到多台服务器并行处理，从而提升数据处理能力。然而，这要求编程人员具备高技能，且对服务器设施的需求较高，成本也相对较高。

Hadoop 的出现解决了大数据处理的问题。它可以将多台成本较低的 Linux 服务器组建成一个分布式系统。开发人员只需按照 MapReduce 的规则来定义接口，无须深入了解分布式算法的具体实现细节。Hadoop 会自动分配计算任务到各个节点进行处理并输出结果，极大地降低了大数据处理的复杂性。

回到上面的例子中，我们首先把超大文本文件导入 Hadoop 的 HDFS 文件系统中。编程人员需要定义好 map()函数和 reduce()函数（即把文件数据的每一行设为一个 Key，该行的数据内容定义为对应的 Value），然后进行逻辑处理以筛选出所需结果，并通过 reduce()函数进行聚合，最后返回最终结果。

原本需要数天才能完成的数据计算，得益于 Hadoop 的分布式特性，被分布到若干节点上并行执行，处理时间被大大缩短了，通常只需几个小时便可完成。

如果上述例子不易理解，下面列举一个更加通俗易懂的例子。

假如我们需要计算 10 亿个 1 的总和，事先我们清楚地知道结果是 10 亿。如果使用一台服务器进行计算，它需要循环累加 10 亿次 1 来得到结果。然而，如果采用分布式计算方式，用 1000 台服务器，那么每台服务器只需累加 100 万次 1。之后，将这 1000 台服务器的结果汇总，便可得到最终的结果。理论上，使用分布式计算方式并借助 1000 台服务器，其计算速度将比单台服务器提高了 1000 倍。

1.2.2 揭秘 Hadoop 的核心要素

Hadoop 的核心部分主要由 4 个模块组成，分别是：基础公共库（Common）、分布式文件系统（HDFS）、分布式计算框架（MapReduce）、分布式资源管理框架（YARN），如图 1-4 所示。

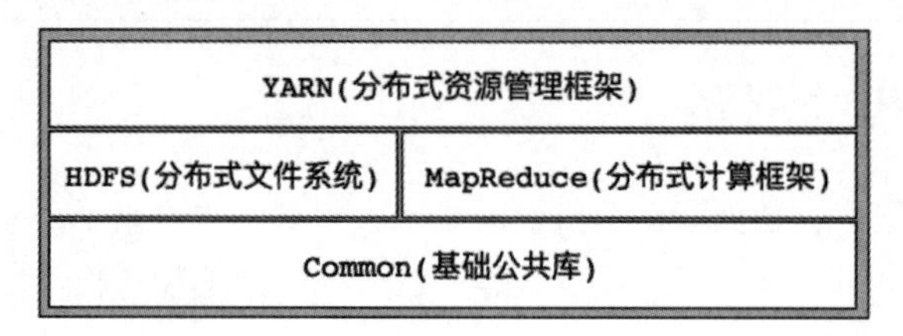

图 1-4

1. Common（基础公共库）

基础公共库是 Hadoop 最底层的模块，为 Hadoop 的各个子项目提供了各种工具和服务，包括配置文件、操作日志等。

2. HDFS（分布式文件系统）

分布式文件系统提供了海量数据存储和管理的功能，用户可以在其中执行创建目录、删除数据、移动数据、上传数据等操作。它主要包括以下几个关键组件：

- NameNode: 负责元数据信息的操作和处理客户端的请求，管理 HDFS 文件系统的命名空间。它维护所有文件和文件目录的元数据信息以及文件到数据块的对应关系，并记录每个文件中各个数据块所在数据节点的位置信息。

- DataNode：负责将实际数据存储到磁盘上，并处理客户端的实际数据读写请求。它执行 NameNode 的统一调度命令，比如数据块的删除、移动、复制等。
- JournalNode：负责共享 NameNode 之间的数据。NameNode Active 将变更信息写入 JournalNode，然后由 NameNode Standby 读取 JournalNode 中的变更信息，以保证 HDFS 文件系统的高可用性。

3. MapReduce（分布式计算框架）

MapReduce 是 Hadoop 的一个分布式计算框架，用来处理海量数据。此框架不仅适用于大数据处理，还可以用来实现各种算法，如统计单词频率、数据去重、排序、分组等。

MapReduce 任务通常将输入数据集分割为独立的数据块，由多个 Map 任务并行处理。MapReduce 计算框架接着对 Map 任务的输出结果进行排序，将排序后的结果作为 Reduce 任务的输入数据。通常，这些任务的输入和输出都存储在 HDFS 文件系统中。

一般情况下，计算节点和存储节点是相同的，这意味着 MapReduce 计算框架和 HDFS 文件系统在同一组节点上运行。这种配置的主要优点是，它允许计算框架在存储数据的节点上高效地调度任务，从而在整个集群中实现高聚合带宽。

4. YARN（分布式资源管理框架）

YARN（Yet Another Resource Negotiator，另一种资源协商方式）是 Hadoop 的一个分布式资源管理框架，为上层应用提供统一的资源管理与调度。通过引入 YARN，Hadoop 集群在资源利用率、资源统一管理、数据共享等方面有了显著的改进。

YARN 的核心思想是将资源管理、任务调度和监控功能分解为独立的守护进程，主要包括以下几个部分：

- ResourceManager：在系统中拥有所有应用程序之间资源分配的最终权限。
- NodeManager：作为每台服务器节点的框架代理，负责启动和管理节点上的容器，同时监控资源（如内存、CPU、磁盘、网络）的使用情况。

ResourceManager 包含两个关键组件：Scheduler（调度器）和 ApplicationsManager（应用程序管理器）。

Scheduler 负责将资源分配给各个正在运行的应用程序。然而，它的职责仅限于调度任务，不涉及对应用程序状态的监控和跟踪。此外，它不负责重启因应用 r 程序故障或硬件故障而失败的任务。

ApplicationsManager 负责接收任务提交，并执行应用程序的 ApplicationMaster（简称 AM）的第一个容器。当应用程序出现故障时，它负责重新启动 AM 容器。每个应用程序的 AM 主要负责与 Scheduler 协商合适的资源容器，跟踪其状态，并监控任务的进度。

1.3　数据仓库 Hive 的重要性

在使用 Hadoop 的分布式计算框架（MapReduce）时，所有的计算过程都通过 map()函数和 reduce()函数完成，这些操作基于键-值对。在实际任务处理中，这种方法非常复杂，并且在设计键-值对时

需要大量的技巧。

为了简化这些复杂的编程细节，Hive 数据仓库应运而生。Hive 数据仓库解决了处理海量结构化日志数据的统计问题。它不仅能将结构化的数据文件映射成一张表中，还提供了便捷的 SQL 查询功能。因此，只要用户熟悉一些基本的数据库 SQL 操作，就能轻松使用 Hive 数据仓库。

1.3.1 Hive 与 MapReduce

使用 MapReduce 计算框架开发项目通常周期太长，且实现复杂查询逻辑的难度太大。

以 MapReduce 计算框架自带的统计单词出现频率的应用程序为例，实现这样一个应用程序需要编写大量的代码，并且开发人员有时还需要关注底层的细节。此外，对于有 Java 基础的开发人员来说，这要求较高的技能水平；而对于没有 Java 基础的开发人员，这无疑会增加其学习成本。

相比之下，Hive 提供了类似于 SQL 的语法操作接口，极大地提升了快速开发的能力。Hive 避免了开发人员需要编写复杂的 MapReduce 代码，从而降低了学习成本。

另外，从学习成本、语言要求、开发周期以及功能扩展等方面进行比较，MapReduce 计算框架与 Hive 的对比结果如表 1-2 所示。

表1-2 MapReduce计算框架与Hive对比结果

比较维度	MapReduce	Hive
学习成本	高	低
语言要求	需要有编程语言基础，例如 Java	无编程语言要求，会 SQL 即可
开发周期	开发一个项目的周期长	开发一个项目的周期短
功能扩展	功能扩展困难	功能扩展简单

Hive 将 MapReduce 计算框架进行了封装，允许用户通过 SQL 语句直接操作业务数据。从表 1-2 中的对比结果可以看出，Hive 具有较低的学习成本和语言要求，能缩短项目开发的周期、并方便功能的扩展。因此，使用 Hive 可以极大地提升工作效率。

1.3.2 解读 Hive 的不足

Hive 数据仓库只是在 Hadoop 的 MapReduce 计算框架上进行了一层封装，因此其应用场景自然有一定的局限性。这些不足主要体现在以下几个方面：

- 处理结构复杂的数据难度大：这类数据需经过 MapReduce 计算框架进行数据清洗，通过 Hive 数据仓库的规则对这类数据进行清洗，会让 Hive 数据仓库处理变得容易许多。
- 算法支持较弱：在进行数据挖掘时，Hive 对迭代式或聚类算法的支持比较薄弱，比如 PageRank、KMeans 算法。

常言道：“知己知彼，百战不殆”。在学习一门技术时，了解其优势能让我们针对实际项目需求提供更多的解决策略。同时，认识到技术的不足之处，也使我们能够运用其他方法或技术进行有效的补充和协同。

1.4 快速解锁 Hive 核心

Hive 是建立在 Hadoop 系统之上的一个数据仓库，它可以将结构化的数据文件映射为一张数据库表，并提供完整的 SQL 查询功能。用户可以使用类似于 SQL 的语句来快速实现统计分析，无须额外编写复杂的 MapReduce 应用程序。因此，Hive 非常适用于满足数据仓库的统计需求。

此外，Hive 还提供了一系列的工具，用于数据的提取（Extract）、转化（Transform）和加载（Load），这个过程通常被称为数据清洗。

提　示
提取、转化、加载常简写为英文缩写 ETL。

Hive 定义了一种简单的类似于 SQL 的查询语言，称为 HiveSQL，通常简称为 HQL。它是为那些已经熟悉 SQL 的用户而开发的。

1.4.1 数据仓库

1. 数据管理的关键要素

数据仓库（Data Warehouse，DW）是企业所有数据类型的集合，旨在支持分析性报告的生成和企业战略决策。一般情况下，数据仓库具有以下特征：

- 由多个异构数据源构成。
- 存储的数据一般是历史数据，而且在大多数场景中主要是进行数据读取。
- 设计的表结构通常显式或者隐式地包含时间元素。
- 保存的数据一般用于进行统计和分析。

数据库和数据仓库存在明显的区别。数据库属于联机事务处理系统（Online Transaction Processing，OLTP），主要用于记录某类业务事件的发生，比如购买行为。当行为产生后，系统会记录相关活动的详细信息（谁、何时、何地、何事），这些数据（一行或者多行）会通过增、删、改的方式被记录到数据库中，要求高实时性、高稳定性以及确保数据更新成功。企业常见的业务系统（如办公系统、邮件系统、文档系统等）都属于 OLTP。典型的数据库代表有 MySQL、Oracle 等。

数据仓库属于联机分析处理（Online Analytical Processing，OLAP）系统。当数据积累到一定程度，需要对过去的数据进行总结分析以提炼信息时，就会从数据仓库中提取过去某一段时间内产生的数据并进行统计分析，为企业的战略决策提供数据支持。

OLTP 是数据库的应用，OLAP 是数据仓库的应用。下面通过表 1-3 来简要对比两者的区别。

表1-3　数据库与数据仓库的区别

特　征	数　据　库	数据仓库
业务目标	处理业务，例如管理库存、进行购物等	为企业战略决策提供数据支持
面向对象	业务处理人员	分析决策人员

（续表）

特　征	数　据　库	数据仓库
主要工作行为	增、删、改、查	查询
主要评估指标	事务吞吐量	查询响应的速度
库表设计规范	满足三范式（3NF）	满足星型和雪花模型

2. 数据仓库的多重作用

1）支持全局应用

企业在发展的过程中会逐渐形成若干独立的子系统，如订单系统、物流系统等。这些子系统中产生的数据往往是异构的。为了实现信息化，企业常常需要围绕这些数据构建全局应用。然而，这些子系统的数据通常是分散的且非统一的，使得整合这些子系统的数据变得相当困难。数据仓库为此提供了一个解决方案，它支持企业范围内的全局应用，并存储经过集成的数据。在数据仓库中，各个子系统的数据经过数据清洗过程，被转换成统一的数据格式，从而便于全局应用的系统开发。

以电商订单为例，订单的完成流程中包含浏览、下单、支付、物流、确认收货等关键环节。在物流环节，电商平台可能会与多家快递公司合作。每家快递公司在派送订单时都会提供包裹的预计送达时间，这一数据可以用来分析各个快递公司的送货效率，从而帮助电商平台找出送货高效的快递公司，并与之合作，以提高用户的收货体验。

2）支持决策分析

随着信息技术的快速发展，处理和利用大量数据变得越来越重要。因此，企业管理者需要从大量积累的数据中提取有价值的信息，并执行复杂的数据分析任务，比如进行长期趋势分析和价值挖掘。他们试图发现其中的规律性，以便制定战略规划，进而做出更科学的决策。

1.4.2 数据单元

1. 数据库（Database）

Hive 与传统的关系数据库相似，同样采用了数据库的概念。在 Hive 中，一个数据库本质上是一个命名空间，用于组织和存储表的集合。通常情况下，Hive 默认创建的数据库名为 default。

Hive 引入命名空间的目的是避免表、视图、分区、列等的命名冲突。此外，数据库的设置还可以为特定用户或用户组实施强制的安全性措施。

2. 表

表（Table）用来描述具有相同架构的同类数据单元。以页面访问表为例，它的表结构如下。

- timestamp：INT 类型，用来记录用户访问页面的时间。
- userid：STRING 类型，用来表示用户的身份 ID。
- page_url：STRING 类型，用来记录页面的位置。
- referer_url：STRING 类型，用来记录用户到达当前页面的位置。
- IP：STRING 类型，用来记录发出页面请求的 IP 地址。

在 Hive 中，表分为内部表、外部表和临时表。

创建内部表时，会将数据移动到数据仓库指定的路径。在删除内部表时，则会将内部表中的数据和表的元数据信息全部删除。

提　示
表的元数据信息包含表的名称、列、分区、属性以及数据存储所在的目录等。

创建外部表时，需要在创建命令中加上 EXTERNAL 关键字。外部表的数据可以存储在 HDFS 中的任意目录，没有严格的约束。删除外部表时，只会删除外部表的元数据信息，而不会删除外部表中的数据。

创建临时表时，需要在创建命令中加上 TEMPORARY 关键字。所创建的临时表仅对当前会话有效，并且数据将存储在用户的临时目录中。会话结束后，临时表会自动删除。如果在创建临时表时使用了数据库中已存在的内部表名或外部表名作为临时表名，那么在该会话内，任何对该表名的引用都将被解析为该临时表。除非临时表被删除或重命名为一个无冲突的名称，否则用户将无法在该会话中访问原始表。

注　意
临时表不支持分区列，且不支持创建索引。

3. 分区（Partition）

1）什么是静态分区

在 Hive 中，创建分区表是为了对表进行有效管理和提高查询效率。在 Hive 表中，向已存在的分区中插入数据完全由人来控制。由于分区的键并不实际存储在文件中，因此需要确保数据列和表结构一一对应。

2）什么是动态分区

按照静态分区的方法向分区表中插入数据时，遇到数据量很大时就会很麻烦。因此，在 Hive 中可以使用动态分区来解决这类问题，动态分区可以自动创建分区，从而避免人工误操作带来的潜在风险。

每个表可以设置一个或多个分区键，这些键决定了数据的存储方式。分区不仅作为存储单元，还允许用户高效地查询符合指定条件的数据行。例如，对于页面访问表，可以按天（day_partition）进行分区以存储每天的数据。通常，为了便于管理，分区会以日期来命名。

4. 桶

对于每个表或者分区，Hive 可以进一步通过设置桶（Bucket）来组织数据，实现更加细粒度的数据划分。Hive 通过对列的值进行哈希运算，然后通过对桶的总数取余的方式来决定将该条记录存放在哪个桶中。

提　示
在 Hive 中，创建一个表时，分区和桶是可选配置。然而，通过设置分区和桶，Hive 能在执行查询时有效过滤大量的数据，从而提升查询执行的速度。

1.5 Hive 的设计理念

Hive 是基于 Hadoop 系统构建的一套数据仓库分析系统。它支持丰富的 SQL 查询功能，使得分析存储在 HDFS 文件系统中的数据变得非常高效。Hive 可以将结构化数据文件映射成一张数据库表，并提供完整的 SQL 查询功能。在处理离线任务时，Hive 表现出色，这主要得益于其底层的通用性和强大的应用程序接口。

1.5.1 设计初衷

Hive 最初由 Facebook 设计并开发，旨在简化 Hadoop 应用程序的开发过程，同时提高对不断增长的日志数据分析的效率。

提　示
开发 Hadoop 应用程序通常需要深入了解 MapReduce 计算框架的底层原理，而 Hive 显著地简化了编程难度，允许用户专注于业务逻辑的具体实现而无须关心底层细节。

开发 Hive 的主要目的可以概括为以下 3 点。

1. 提高通用性

HDFS 上存储的数据各式各样，为了统一这些数据，通过 Hive 将这些数据结构化，以数据库和表的形式对其进行约束，从而提高数据的通用性。

2. 降低学习成本

操作 HDFS 上的业务数据要求掌握编程语言（如 Java）和对 MapReduce 计算框架有一定的了解。这对初学者来说，学习难度大、成本高、坡度陡。

使用 Hive 则可以省去这些麻烦。Hive 提供了简单易用的 SQL，通过操作 SQL 语句就能操作 HDFS 上的业务数据，大大降低了学习成本。

3. 提升工作效率

对于企业来说，时间就是金钱。使用 MapReduce 计算框架开发分布式应用程序涉及开发、测试、编译及部署等多个环节。而 Hive 允许用户直接执行 SQL 语句并立即看到结果，极大地提升了工作效率。

1.5.2 解读 Hive 的特性

Hive 发展至今，其社区非常活跃，有大量的代码贡献者在不断地改善 Hive 的不足和增强它的功能。在 Hive 的迭代过程中，每个版本都引入了许多新特性。以下是 Hive 的一些主要特性。

1. LLAP 能够极大地提升性能

LLAP（Live Long And Process）是在 Hive 2 版本之后推出的下一代分布式计算框架。它可以将数据缓存到多台机器的内存中，并允许所有客户端访问这些缓存的数据。

LLAP 提供了一种混合模型，包含一个长期存在的守护进程，该守护进程直接与 HDFS 的 DataNode 进行 IO 交互，并且它紧密地集成在基于 DAG（Directed Acyclic Graph，有向无环图）的框架中。这种设计使得缓存、预取、查询和访问控制等功能被移入此守护进程中执行。

在 Hive 2 中启用 LLAP 后，与 Hive1 进行测试对比，Hive 2 启用 LLAP 后的性能提升约 25 倍，而 Hive 3 的性能是 Hive 2 的 50 倍左右。

2. 支持使用 HPL/SQL 存储过程

HPL/SQL（Hive Hybrid Procedural SQL On Hadoop）是 Hive 2 版本以后提供的用来支持存储过程的工具，它可以用来表达复杂的业务逻辑。

3. 提升 ETL 的性能

Hive 2 版本以后引入了更加智能的 CBO（Cost Based Optimizer），实现了更快的类型转换以及动态分区优化功能。

提　升
ETL(Extract Transform Load)用来描述将数据从源头经过抽取(Extract)、转换(Transform)、加载（Load）至目的地的过程。

4. 提供更加全面的监控和诊断工具

Hive 2 版本以后提供了新的 HiveServer 2、LLAP 和 Tez 页面，用户可以通过这些界面查看 Hive 任务的运行状态和日志，从而有效地提升了定位和分析 Hive 问题的方法。

1.5.3　使用场景

Hive 的使用场景非常广泛，例如日志分析、海量结构化数据离线分析等。

1. 日志分析

大多数互联网公司使用 Hive 来进行分析日志数据，比如统计网站某个时间段的 PV（Page View，页面浏览量）和 UV（Unique View，独立用户访问量）等。

提　示
PV 用于统计用户对网页的总点击数。 UV 用于统计独立用户对网页的总点击数，即使同一个独立用户对同一个网页多次点击，也只算一次。

2. 海量结构化数据离线分析

Hive 在执行任务时通常会有较高的延迟，因此它更适用于离线数据分析的场景。Hive 的主要优势在于其处理大数据集的能力。然而，对于小批量数据处理，Hive 可能不会体现出明显的性能优势，这是因为其设计和优化主要是为了应对处理海量数据的挑战。

1.6 本章小结

了解大数据知识是深入学习 Hive 的良好开端。本章主要介绍了大数据的基本概念并以此引出了 Hive 的相关知识。内容包括：为什么需要数据仓库工具如 Hive、Hive 的基本概念、以及 Hive 能完成哪些任务等。同时，针对这些核心的知识点，本章进行了详细而有序的讲解。

通过学习 Hive 的基础知识，读者可以初步了解 Hive，并明白 Hive 在实际工作中能做哪些事情，从而为后续深入探索 Hive 的实战应用打下坚实的基础。

第2章

快速搭建Hive学习环境

本章介绍Hive的基础知识和安装配置，旨在帮助读者构建一个可操作的Hive实战环境，内容包括基础环境的安装配置、Hive的安装、Hive在线编辑器工具的安装以及学习Hive的建议等。这些准备工作都是为了后续章节的实战内容打下基础。

2.1 基础环境安装与配置的完整步骤

大多数企业的服务器操作系统选择Linux，因此Hive主要设计为在Linux上运行。虽然Hive是使用跨平台的Java语言开发的，但它对其他系统（如Windows）的支持仍然较弱。因此，为了确保最佳的兼容性和性能，建议在生产环境中使用Linux系统部署Hive。

2.1.1 基础软件下载

Hive的源代码是用Java语言编写的，并运行在Java虚拟机（Java Virtual Machine，JVM）上。因此，在安装Hive之前，需要先安装Java软件开发工具包（Java Development Kit，JDK）。

Hive是构建在Hadoop系统之上的分布式数据仓库，它的运行依赖于一个正常运行的Hadoop集群系统。因此，在部署Hive之前，必须先安装Hadoop集群系统。而Hadoop集群系统的管理和协调依赖于ZooKeeper集群系统。所以，在安装Hadoop集群系统之前，应先安装ZooKeeper集群系统。

安装与配置Hive环境所需的各种软件及其下载方式可参见表2-1。

表2-1 安装与配置Hive环境所需的各种软件及其下载方式

软 件	下载地址	版 本
CentOS	https://www.centos.org/download	7
JDK	https://www.oracle.com/java/technologies/javase/javase-jdk8-downloads.html	1.8
Hadoop	http://hadoop.apache.org/releases.html	3.3.0
ZooKeeper	http://ZooKeeper.apache.org/releases.html	3.7.0
Hive	https://hive.apache.org/downloads.html	3.1.2

提　示

表 2-1 列出了可供参考的软件包版本。读者可以选择下载更新的版本进行安装，这不会影响对本书内容的学习。

2.1.2 实例：Linux 操作系统的安装与配置

市场上有许多版本的 Linux 操作系统，例如 RedHat、Ubuntu 和 CentOS 等。本书使用的是 64 位的 CentOS 7 版本。读者可以根据自己的喜好选取合适的 Linux 操作系统，这对学习本书内容的影响不大。

CentOS 7 的安装包下载预览图如图 2-1 所示。我们选择下载 64 位 CentOS 7 的镜像文件。

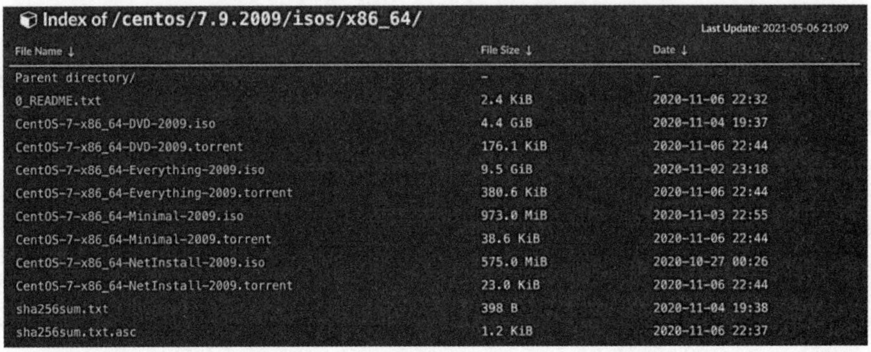

Index of /centos/7.9.2009/isos/x86_64/

Last Update: 2021-05-06 21:09

File Name ↓	File Size ↓	Date ↓
Parent directory/	-	-
0_README.txt	2.4 KiB	2020-11-06 22:32
CentOS-7-x86_64-DVD-2009.iso	4.4 GiB	2020-11-04 19:37
CentOS-7-x86_64-DVD-2009.torrent	176.1 KiB	2020-11-06 22:44
CentOS-7-x86_64-Everything-2009.iso	9.5 GiB	2020-11-02 23:18
CentOS-7-x86_64-Everything-2009.torrent	380.6 KiB	2020-11-06 22:44
CentOS-7-x86_64-Minimal-2009.iso	973.0 MiB	2020-11-03 22:55
CentOS-7-x86_64-Minimal-2009.torrent	38.6 KiB	2020-11-06 22:44
CentOS-7-x86_64-NetInstall-2009.iso	575.0 MiB	2020-10-27 00:26
CentOS-7-x86_64-NetInstall-2009.torrent	23.0 KiB	2020-11-06 22:44
sha256sum.txt	398 B	2020-11-04 19:38
sha256sum.txt.asc	1.2 KiB	2020-11-06 22:37

图 2-1

提　示

如果读者有现成的物理机或者云主机供学习使用，可以跳过下面的内容，直接前往第 2.2.2 节开始学习。如果读者计划自行安装虚拟机进行学习，请继续阅读下面的内容。

通过图 2-1 可以看出，CentOS 7 提供了多个版本供选择，各版本的含义如下：

- DVD 版本：这是标准安装版本，包含了大量的常用软件，适合大多数使用场景。
- Everything 版本：这一版本包含所有软件组件，因此 Linux 操作系统的安装包体积非常大。
- Minimal 版本：这是一个精简版本，仅包含系统运行必备的基本软件。
- NetInstall 版本：这是一个网络安装版本，仅包含启动安装程序所需的系统内核等极少量软件。安装过程中需要联网下载所需的其他软件。

本书选用的是 CentOS 7 的 Minimal 版本，该版本的操作系统完全能够满足学习本书内容的需求。

在 Windows 操作系统中，可以通过 VMware 或者 VirtualBox 安装 Linux 操作系统虚拟机。而在 Mac 操作系统中，可以选择使用 Parallels Desktop 或者 VirtualBox 进行安装。

提　示

无论是在 Windows 操作系统还是在 Mac 操作系统中，VirtualBox 都是免费软件。而 VMware 和 Parallels Desktop 均属于商业产品，用户需要支付费用才能安装和使用。

使用这些软件安装 Linux 操作系统虚拟机的过程并不复杂，基本每个步骤都是单击“下一步”按钮，直到最后单击“完成”按钮即可完成整个安装过程。

1. 配置网络

安装完 Linux 操作系统虚拟机后，如果需要让虚拟机连接到外网，则要进行一些简单的网络配置。具体的操作命令如下：

```
# 打开网络配置文件
[hadoop@nna ~]$ vi /etc/sysconfig/network-scripts/ifcfg-eth0

# 修改 ONBOOT 值为 yes
ONBOOT=yes

# 保存并退出
```

完成网络配置后，需要重启虚拟机以使配置生效。具体的重启操作命令如下：

```
# 重启 Linux 操作系统虚拟机，如果是非 root 用户，重启需要使用 sudo 命令
[hadoop@nna ~]$ sudo reboot
```

2. 配置 hosts 系统文件

这里安装了 5 台 Linux 操作系统虚拟机。首先在一台服务器上编辑 hosts 文件并保存，接着使用复制命令将这个 hosts 文件分发到其他服务器上。

（1）编辑其中一台服务器的 hosts 文件，具体的操作命令如下：

```
# 打开 nna 服务器的 hosts 文件，并编辑
[hadoop@nna ~]$ sudo vi /etc/hosts

# 添加如下内容
10.211.55.7     nna
10.211.55.4     nns
10.211.55.5     dn1
10.211.55.6     dn2
10.211.55.8     dn3

# 保存并退出
```

（2）使用 Linux 复制命令将已编辑的 hosts 文件分发到其他服务器，具体的操作命令如下：

```
# 先在/tmp 目录添加一个包含临时服务器节点信息的文本文件
[hadoop@nna ~]$ vi /tmp/node.list

# 添加如下内容
nns
dn1
dn2
dn3
```

```
# 保存并退出

# 然后使用 scp 命令将 hosts 文件分发到其他服务器
# 同时确保当前 Linux 用户拥有操作/etc 目录的权限
[hadoop@nna ~]$ for i in `cat /tmp/node.list`;do scp /etc/hosts $i:/etc;done
```

2.1.3 实例：SSH 的安装与配置

Secure Shell，简称 SSH，是一个由互联网工程任务组（Internet Engineering Task Force，IETF）制定的协议。SSH 主要工作在应用层，旨在为远程登录会话以及其他网络服务提供安全的加密通信。

配置 SSH 免密登录后，用户在访问其他服务器时无须再输入密码，这大大方便了系统的维护和管理。

1. 创建密钥

在 Linux 操作系统中，使用 ssh-keygen 命令创建密钥文件，具体的操作命令如下：

```
# 生成当前服务器的私钥和公钥
[hadoop@nna ~]$ ssh-keygen -t rsa
```

接下来，只需按 Enter 键，不用设置任何信息。命令操作完成后，将在/home/hadoop/.ssh/目录下生成相应的私钥和公钥等文件。

2. 认证授权

将公钥（id_rsa.pub）文件中的内容附加到 authorized_keys 文件中，具体的操作命令如下：

```
# 将公钥（id_rsa.pub）文件内容附加到 authorized_keys
[hadoop@nna ~]$ cat ~/.ssh/id_rsa.pub >> ~/.ssh/authorized_keys
```

3. 文件赋权

在当前用户账号下，需要给 authorized_keys 文件赋予 640 权限，否则可能会因权限设置过于宽松而导致免密码登录失败。设置文件权限的操作命令如下：

```
# 赋予 640 权限
[hadoop@nna ~]$ chmod 640 ~/.ssh/authorized_keys
```

4. 同步密钥

在其他服务器中，通过使用 ssh-keygen -t rsa 命令生成对应的公钥。然后，在第一台服务器上使用 Linux 同步命令，将 authorized_keys 文件分发到其他服务器的/home/hadoop/.ssh/目录中，具体操作命令如下：

```
# 在/tmp 目录添加一个包含临时服务器节点信息的文本文件
[hadoop@nna ~]$ vi /tmp/node.list

# 添加如下内容
nns
dn1
```

```
dn2
dn3
# 保存并退出

# 使用 scp 命令同步 authorized_keys 文件到指定目录
[hadoop@nna ~]$ for i in `cat /tmp/node.list`; \
do scp ~/.ssh/authorized_keys $i:/home/hadoop/.ssh;done
```

第一次使用 scp 命令同步 authorized_keys 文件时，由于我们还没有完成免密码登录的配置工作，因此首次同步 authorized_keys 文件时需要输入一次密码，完成后，后续的远程操作命令就不再需要输入密码了。

提　示

在完成首次同步 authorized_keys 文件的操作后，如果在后续登录过程中系统没有提示用户输入密码，即表明免密码登录配置已成功。反之，如果系统仍然要求输入密码，则说明配置尚未成功。此时，读者需核对所执行的配置步骤是否和本书中的说明一致。

在一般情况下，企业拥有的服务器规模较大，少则几百台，多则上千甚至上万台。随着企业业务的增长，服务器的规模可能会进一步增加。为了便于维护如此庞大的服务器群，通常会从所有服务器中选择一台服务器作为“管理者”，让其负责分发配置文件。担任“管理者”角色的服务器与其他服务器之间建立免密登录关系，如图 2-2 所示。

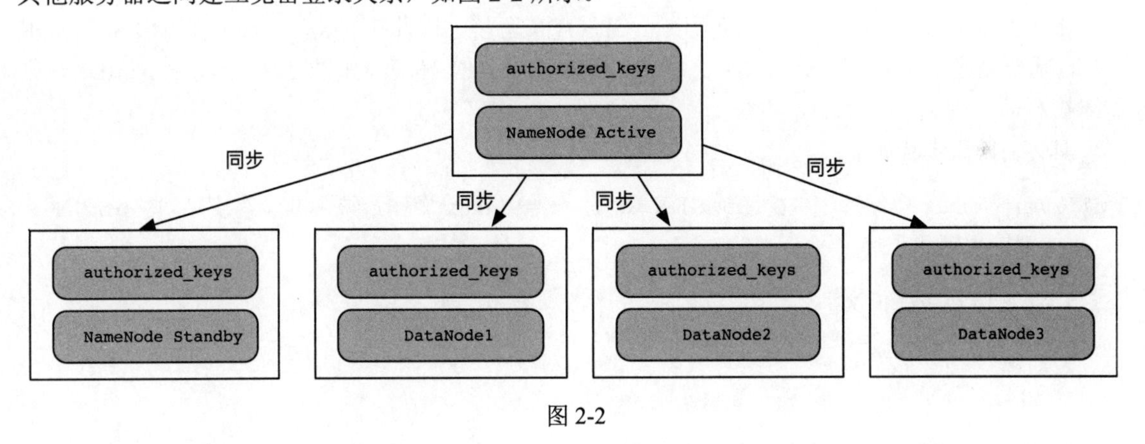

图 2-2

例如，在安装和维护集群系统（如 Hadoop、Hive、ZooKeeper 等）时，通常在担任“管理者”角色的服务器上执行相关命令。

2.1.4　实例：Java 运行环境的安装与配置

一般而言，Linux 操作系统通常预装了 JDK。如果预装的 JDK 不存在或者版本不符合要求，可以按以下步骤进行安装。

本书选择的 JDK 版本是 Oracle 官方的 JDK8，安装包名为 jdk-8u291-linux-x64.tar.gz，如图 2-3 所示。

Java SE Development Kit 8u291

This software is licensed under the Oracle Technology Network License Agreement for Oracle Java SE

Product / File Description	File Size	Download
Linux ARM 64 RPM Package	59.1 MB	jdk-8u291-linux-aarch64.rpm
Linux ARM 64 Compressed Archive	70.79 MB	jdk-8u291-linux-aarch64.tar.gz
Linux ARM 32 Hard Float ABI	73.5 MB	jdk-8u291-linux-arm32-vfp-hflt.tar.gz
Linux x86 RPM Package	109.05 MB	jdk-8u291-linux-i586.rpm
Linux x86 Compressed Archive	137.92 MB	jdk-8u291-linux-i586.tar.gz
Linux x64 RPM Package	108.78 MB	jdk-8u291-linux-x64.rpm
Linux x64 Compressed Archive	138.22 MB	jdk-8u291-linux-x64.tar.gz

图 2-3

提　示

在学习本书时，Oracle 官方网站的 JDK 版本可能已经更新了，读者可以选择新的 JDK 版本下载和安装，这并不会影响读者对本书内容的学习。

1. 安装 JDK

由于 Linux 操作系统中可能已经集成了 OpenJDK 环境，因此在安装从 Oracle 官网下载的 JDK 之前，需要先检查当前 Linux 操作系统中是否存在 OpenJDK 环境。如果已经安装了 OpenJDK，则需卸载 OpenJDK 环境。

具体的操作步骤如下：

步骤01 卸载 Linux 操作系统中的 OpenJDK 环境。如果 Linux 操作系统中并没有安装过 OpenJDK，则可跳过此步骤。

```
# 查找 java 安装依赖库
[hadoop@nna ~]$ rpm -qa | grep java
# 卸载 java 依赖库
[hadoop@nna ~]$ yum -y remove java*
```

步骤02 将从 Oracle 官网下载的 JDK 安装包解压到指定目录（可自行指定），具体操作命令如下：

```
# 把 JDK 安装包解压到当前目录
[hadoop@nna ~]$ tar -zxvf jdk-8u291-linux-x64.tar.gz
# 把 JDK 移动到/data/soft/new 目录下，并改名为 jdk
[hadoop@nna ~]$ mv jdk-8u291-linux-x64 /data/soft/new/jdk
```

2. 配置 JDK

将 JDK 解压到指定目录后，需要配置 JDK 的环境变量，具体操作步骤如下。

步骤01 配置 JDK 环境变量，具体操作命令如下：

```
# 打开当前用户的.bash_profile 文件并进行编辑
```

```
[hadoop@nna ~]$ vi ~/.bash_profile

# 添加如下内容
export JAVA_HOME=/data/soft/new/jdk
export PATH=$PATH:$JAVA_HOME/bin

# 编辑完成后，保存并退出
```

步骤 02 保存刚刚编辑完成的文件，若要使配置的内容立即生效，则需要执行如下命令：

```
# 执行 source 命令或者英文点(.)命令让配置文件立即生效
[hadoop@nna ~]$ source ~/.bash_profile
```

步骤 03 要验证安装 JDK 环境是否成功，执行如下的命令：

```
# 执行 Java 语言的 version 命令来检验
[hadoop@nna ~]$ java -version
```

如果 Linux 操作系统终端显示出了对应的 JDK 版本号（见图 2-4），则表明 JDK 环境配置成功了。

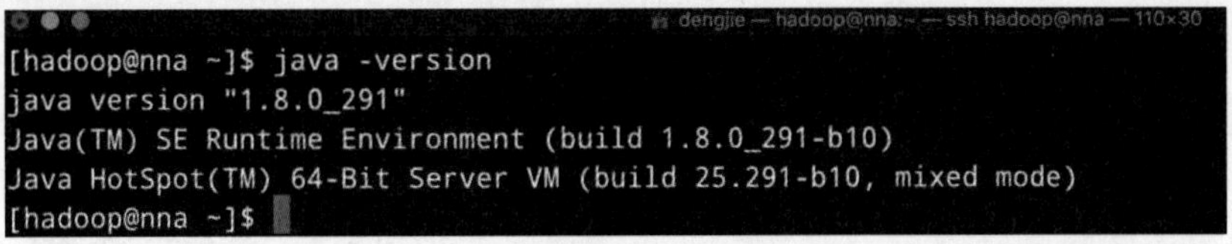
dengjie — hadoop@nna:~ — ssh hadoop@nna — 110×30
[hadoop@nna ~]$ java -version
java version "1.8.0_291"
Java(TM) SE Runtime Environment (build 1.8.0_291-b10)
Java HotSpot(TM) 64-Bit Server VM (build 25.291-b10, mixed mode)
[hadoop@nna ~]$

图 2-4

3. 同步 JDK 安装包

将该主机上解压好的 JDK 文件夹和环境变量配置文件（.bash_profile）分别同步到其他服务器上。具体操作命令如下：

```
# 在/tmp 目录添加一个包含临时服务器节点信息的文本文件
[hadoop@nna ~]$ vi /tmp/node.list

# 添加如下内容
nns
dn1
dn2
dn3
# 保存并退出

# 使用 scp 命令将 JDK 文件夹同步到其他服务器的指定目录
[hadoop@nna ~]$ for i in `cat /tmp/node.list`; \
do scp -r /data/soft/new/jdk $i:/data/soft/new/;done
# 使用 scp 命令将.bash_profile 文件同步到其他服务器的指定目录
[hadoop@nna ~]$ for i in `cat /tmp/node.list`; \
do scp ~/.bash_profile $i:~/;done
```

2.1.5　实例：安装与配置 ZooKeeper

ZooKeeper 是一个分布式应用程序协调服务系统，它是大数据生态圈中的重要组件。在 Hadoop

和分布式架构的 Hive 中，都依赖 ZooKeeper 来提供一致性服务。

1. 安装 ZooKeeper

1）下载 ZooKeeper 软件包

根据表 2-1 中提供的 ZooKeeper 下载地址获取软件安装包。下载完毕后，将安装包解压到指定的目录。本书所有的安装包均解压到/data/soft/new 目录下。

2）解压软件包

对 ZooKeeper 软件安装包进行解压和重命名，具体操作命令如下：

```
# 解压文件
[hadoop@dn1 ~]$ tar -zxvf ZooKeeper-3.7.0.tar.gz
# 把 ZooKeeper-3.7.0 文件夹重命名为 ZooKeeper
[hadoop@dn1 ~]$ mv ZooKeeper-3.7.0 ZooKeeper
# 创建存放 ZooKeeper 数据的目录
[hadoop@dn1 ~]$ mkdir -p /data/soft/new/zkdata
```

2. 配置 ZooKeeper 系统文件

1）配置 zoo.cfg 文件

读者可以将 ZooKeeper 中 conf 目录下的 zoo_sample.cfg 文件修改为 zoo.cfg 文件，配置内容如代码 2-1 所示。

代码 2-1

```
# 配置需要的属性值
# ZooKeeper 数据存放的路径
dataDir=/data/soft/new/zkdata
# 客户端端口号
clientPort=2181
# 各个服务节点的地址配置
server.1=dn1:2888:3888
server.2=dn2:2888:3888
server.3=dn3:2888:3888
```

2）配置注意事项

在属性 dataDir 指定的目录下创建一个 myid 文件，并在该文件中写入一个 0 到 255 的整数。请确保每个 ZooKeeper 节点上 myid 这个文件中数字的唯一性。按照本书的设定，myid 值从 1 开始，依次递增，对应每个 ZooKeeper 节点的序号。ZooKeeper 节点的序号对应关系如图 2-5 所示。

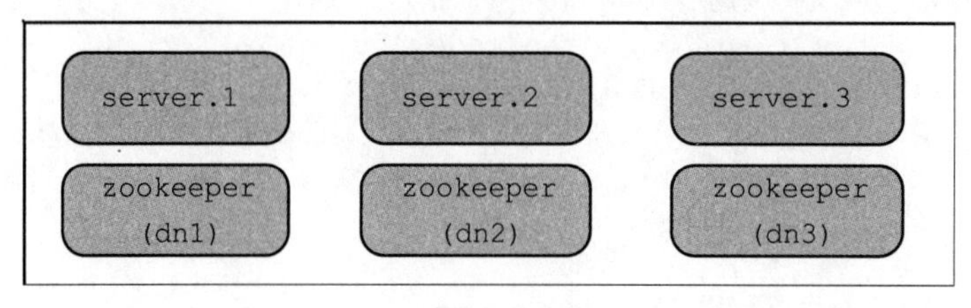

图 2-5

3）同步文件

在配置 ZooKeeper 集群时，每个节点的配置文件中必须包含一个与图 2-5 中所示节点对应关系一致的唯一数字标识符。例如，如果配置文件中包含 server.1=dn1:2888:3888，则该 ZooKeeper 节点上的 myid 文件应填入配置中对应的数字，本例中为数字 1，以表明该节点在集群中的身份。

配置完成 ZooKeeper 节点后，可以使用 Linux 的 scp 命令将配置文件安全地同步到其他节点，具体操作命令如下：

```
# 在/tmp 目录添加一个含有临时服务器节点名的文本文件
[hadoop@dn1 ~]$ vi /tmp/node.list

# 添加如下内容
dn2
dn3
# 保存并退出

# 使用 scp 命令把 ZooKeeper 文件夹同步到指定目录
[hadoop@dn1 ~]$ for i in `cat /tmp/ node.list`; \
do scp -r /data/soft/new/ZooKeeper $i:/data/soft/new;done
```

同步完成后，确保将 dn2 服务器和 dn3 服务器上的 myid 文件分别修改为 2 和 3，以匹配它们在 ZooKeeper 集群配置中的唯一标识符。这一步骤保证了每个节点在集群中拥有正确的标识，从而能够顺利地进行通信和协作。

3. 配置环境变量

在 Linux 中，为 ZooKeeper 系统配置全局环境变量可以带来极大的便利。这样，可以直接在任何位置使用 ZooKeeper 的脚本，而无须每次都切换到 ZooKeeper 的 bin 目录下，具体操作命令如下：

```
# 配置环境变量
[hadoop@dn1 ~]$ vi ~/.bash_profile
# 配置 ZooKeeper 全局变量
export ZK_HOME=/data/soft/new/ZooKeeper
export PATH=$PATH: $ZK_HOME/bin
# 保存编辑的内容并退出
```

之后，可以使用如下命令让刚刚配置的环境变量立即生效：

```
# 让环境变量立即生效
[hadoop@dn1 ~]$ source ~/.bash_profile
```

接着，在其他两台服务器（dn2 和 dn3）上也执行相同的配置操作。

4. 启动 ZooKeeper

在已安装 ZooKeeper 的服务器上，分别执行以下命令启动 ZooKeeper 系统进程，具体操作命令如下：

```
# 在不同的节点下启动 ZooKeeper 服务进程
[hadoop@dn1 ~]$ zkServer.sh start
[hadoop@dn2 ~]$ zkServer.sh start
[hadoop@dn3 ~]$ zkServer.sh start
```

尽管这种方式可以管理 ZooKeeper 集群，但并不十分便捷。为此，我们可以将上述启动命令封装成一个分布式管理脚本文件（zks-daemons.sh），并将该脚本存放到$ZK_HOME/bin 目录下。zks-daemons.sh 脚本的具体实现可参见代码 2-2。

代码 2-2

```
#! /bin/bash

# 设置 ZooKeeper 集群服务器地址
hosts=(dn1 dn2 dn3)

# 获取输入命令参数
come=$1

# 执行分布式管理命令
function ZooKeeper()
{
    for i in ${hosts[@]}
        do
            echo -e "\n*********ZooKeeper [$i]*****************"
            stdate=`date "+%Y-%m-%d %H:%M:%S,${smill:0:3}"`
            echo -e "\n$stdate INFO [ZooKeeper $i] execute $cmd."
            ssh hadoop@$i "source /etc/profile;zkServer.sh $cmd" &
            sleep 2
            echo -e "\n****************************************"
        done
}

# 判断输入的 ZooKeeper 命令参数是否有效
case "$1" in
    start)
        ZooKeeper
        ;;
    stop)
        ZooKeeper
        ;;
    status)
        ZooKeeper
        ;;
    start-foreground)
        ZooKeeper
        ;;
    upgrade)
        ZooKeeper
        ;;
    restart)
        ZooKeeper
        ;;
    print-cmd)
        ZooKeeper
```

```
        ;;
    *)
        echo "Usage: $0 \
         {start|start-foreground|stop|restart|status|upgrade|print-cmd}"
        RETVAL=1
esac
```

5. 验证 zks-daemons.sh 文件

启动 ZooKeeper 系统进程后，在终端中输入 jps 命令。若显示 QuorumPeerMain 进程，则表示 ZooKeeper 服务进程已成功启动。当然，也可以使用 ZooKeeper 的状态命令 status 查看，具体操作命令如下：

```
# 使用 status 命令来查看
[hadoop@dn1 ~]$ zk-daemons.sh status
```

在 ZooKeeper 集群系统正常运行的情况下，若有 3 台服务器部署了 ZooKeeper 系统，系统则会从 3 台服务器中选出一台担任 Leader 角色，而其余两台服务器则自动成为 Follower 角色。

执行 zk-daemons.sh status 命令后的预览截图如图 2-6 所示。

```
[hadoop@dn1 ~]$ zks-daemons.sh status

*********Zookeeper [dn1]*****************

2021-05-11 00:56:01, INFO [Zookeeper dn1] execute status.
JMX enabled by default
Using config: /data/soft/new/zookeeper/bin/../conf/zoo.cfg
Mode: follower

*****************************************

*********Zookeeper [dn2]*****************

2021-05-11 00:56:03, INFO [Zookeeper dn2] execute status.
JMX enabled by default
Using config: /data/soft/new/zookeeper/bin/../conf/zoo.cfg
Mode: leader

*****************************************

*********Zookeeper [dn3]*****************

2021-05-11 00:56:05, INFO [Zookeeper dn3] execute status.
JMX enabled by default
Using config: /data/soft/new/zookeeper/bin/../conf/zoo.cfg
Mode: follower

*****************************************
```

图 2-6

2.1.6　实例：Hadoop 的安装与配置

本书采用的 Hadoop 版本是 3.3.0。在部署 Hadoop 集群时，需要对其核心文件进行配置。这些配置内容简单易懂。阅读完本节后，读者应该能够独立完成所需的配置工作。需要配置的文件如下：

```
core-site.xml hdfs-site.xml map-site.xml yarn-site.xml
hadoop-env.sh yarn-env.sh fair-scheduler.xml
```

将 Hadoop 集群所需的环境变量配置到/etc/profile 文件中，具体操作命令如下：

```
# 添加 Hadoop 集群系统环境变量
export HADOOP_HOME=/data/soft/new/hadoop
export HADOOP_CONF_DIR=/data/soft/new/hadoop-config
export HADOOP_YARN_HOME=$HADOOP_HOME
export HADOOP_MAPRED_HOME=$HADOOP_HOME
export HADOOP_OPTS="-Djava.library.path=${HADOOP_HOME}/lib/native/"
export PATH=$PATH:$HADOOP_HOME/bin: $HADOOP_HOME/sbin
# 保存附加的内容，并退出
```

执行如下命令，让刚配置的环境变量立即生效：

```
# 让刚配置的 Hadoop 集群系统环境变量立即生效
[hadoop@nna ~]$ source /etc/profile
```

若要验证 Hadoop 环境变量是否配置成功，可以在终端中输入以下命令：

```
# 显示 Hadoop 环境变量
[hadoop@nna ~]$ echo $HADOOP_HOME
```

如果在终端中显示对应的路径信息，则表示 Hadoop 集群系统的环境变量配置成功。

1. core-site.xml（配置 Service 的 URI 地址、Hadoop 集群临时目录等）

在配置 Hadoop 的临时目录、分布式文件系统服务地址、序列文件缓存区大小等属性值时，可以通过 core-site.xml 文件来进行设置，详细的配置内容请参见代码 2-3。

代码 2-3

```
<?xml version="1.0" encoding="UTF-8"?>
<configuration>
    <!--
    指定分布式文件存储系统（HDFS）的 NameService 为 cluster1，是 NameNode 的 URI
    -->
    <property>
        <name>fs.defaultFS</name>
        <value>hdfs://cluster1</value>
    </property>
    <!--
    设置序列文件缓冲区的大小
    -->
    <property>
        <name>io.file.buffer.size</name>
        <value>131072</value>
    </property>
    <!-- 指定 Hadoop 临时目录 -->
    <property>
        <name>hadoop.tmp.dir</name>
        <value>/data/soft/new/tmp</value>
    </property>
    <!--指定可以在任何 IP 访问 -->
    <property>
```

```
        <name>hadoop.proxyuser.hadoop.hosts</name>
        <value>*</value>
    </property>
    <!--指定所有账号可以访问 -->
    <property>
        <name>hadoop.proxyuser.hadoop.groups</name>
        <value>*</value>
    </property>
    <!-- 指定故障转移的 ZooKeeper 地址 -->
    <property>
        <name>ha.ZooKeeper.quorum</name>
        <value>dn1:2181,dn2:2181,dn3:2181</value>
    </property>
</configuration>
```

2. hdfs-site.xml（配置 Hadoop 集群的 HDFS 别名、通信地址、端口等）

在配置 Hadoop 集群系统的分布式文件系统别名、通信地址、端口等信息时，可以通过配置 hdfs-site.xml 文件来进行设置，详细的设置内容请参见代码 2-4。

代码 2-4

```
<?xml version="1.0" encoding="UTF-8"?>
<configuration>
    <!--
    指定 HDFS 的 NameService 为 cluster1，需要和 core-site.xml 中保持一致
    -->
    <property>
        <name>dfs.nameservices</name>
        <value>cluster1</value>
    </property>
    <!-- cluster1 下面有两个 NameNode，分别是 nna 节点和 nns 节点 -->
    <property>
        <name>dfs.ha.namenodes.cluster1</name>
        <value>nna,nns</value>
    </property>
    <!-- nna 节点的 RPC 通信地址 -->
    <property>
        <name>dfs.namenode.rpc-address.cluster1.nna</name>
        <value>nna:9820</value>
    </property>
    <!-- nns 节点的 RPC 通信地址 -->
    <property>
        <name>dfs.namenode.rpc-address.cluster1.nns</name>
        <value>nns:9820</value>
    </property>
    <!-- nna 节点的 HTTP 通信地址 -->
    <property>
        <name>dfs.namenode.http-address.cluster1.nna</name>
        <value>nna:9870</value>
    </property>
```

```
    <!-- nns 节点的 HTTP 通信地址 -->
    <property>
        <name>dfs.namenode.http-address.cluster1.nns</name>
        <value>nns:9870</value>
    </property>
    <!-- 指定 NameNode 的元数据在 JournalNode 上的存放位置 -->
    <property>
        <name>dfs.namenode.shared.edits.dir</name>
        <value>
                qjournal://dn1:8485;dn2:8485;dn3:8485/cluster1
        </value>
    </property>
    <!-- 配置失败自动切换实现方式 -->
    <property>
        <name>dfs.client.failover.proxy.provider.cluster1</name>
        <value>
org.apache.hadoop.hdfs.server.namenode.ha.ConfiguredFailoverProxyProvider
        </value>
    </property>
    <!-- 配置隔离机制 -->
    <property>
        <name>dfs.ha.fencing.methods</name>
        <value>sshfence</value>
    </property>
    <!-- 使用隔离机制时需要 SSH 免密码登录 -->
    <property>
        <name>dfs.ha.fencing.ssh.private-key-files</name>
        <value>/home/hadoop/.ssh/id_rsa</value>
    </property>
    <!-- 指定 NameNode 的元数据在 JournalNode 上的存放位置 -->
    <property>
        <name>dfs.journalnode.edits.dir</name>
        <value>/data/soft/new/tmp/journal</value>
    </property>
    <!--指定支持高可用自动切换机制 -->
    <property>
        <name>dfs.ha.automatic-failover.enabled</name>
        <value>true</value>
    </property>
    <!--指定 NameNode 名称空间的存储地址 -->
    <property>
        <name>dfs.namenode.name.dir</name>
        <value>/data/soft/new/dfs/name</value>
    </property>
    <!--指定 DataNode 数据存储地址 -->
    <property>
        <name>dfs.datanode.data.dir</name>
        <value>/data/soft/new/dfs/data</value>
    </property>
```

```
    <!-- 指定数据冗余份数 -->
    <property>
        <name>dfs.replication</name>
        <value>3</value>
    </property>
    <!-- 指定可以通过 Web 访问 HDFS 目录 -->
    <property>
        <name>dfs.webhdfs.enabled</name>
        <value>true</value>
    </property>
    <!-- 通过 0.0.0.0 来保证既能以内网地址访问，也能以外网地址访问 -->
    <property>
        <name>dfs.journalnode.http-address</name>
        <value>0.0.0.0:8480</value>
    </property>
    <property>
        <name>dfs.journalnode.rpc-address</name>
        <value>0.0.0.0:8485</value>
    </property>
    <!--
    通过 ZKFailoverController 来实现自动故障切换
    -->
    <property>
        <name>ha.ZooKeeper.quorum</name>
        <value>dn1:2181,dn2:2181,dn3:2181</value>
    </property>
</configuration>
```

3. map-site.xml（配置计算任务托管的资源框架名称、历史任务访问地址等）

在配置 Hadoop 集群系统计算任务托管的资源框架名称、历史任务访问地址等信息时，可以通过 map-site.xml 文件来进行设置，详细的设置内容请参见代码 2-5。

代码 2-5

```
<?xml version="1.0" encoding="UTF-8"?>
<configuration>
    <!--
    计算任务托管的资源框架名称
    -->
    <property>
        <name>mapreduce.framework.name</name>
        <value>yarn</value>
    </property>
    <!--
    配置 MapReduce JobHistory Server 地址，默认端口为 10020
    -->
    <property>
        <name>mapreduce.jobhistory.address</name>
        <value>0.0.0.0:10020</value>
    </property>
```

```
    <!--
    配置 MapReduce JobHistory Server Web 地址，默认端口为 19888
    -->
    <property>
        <name>mapreduce.jobhistory.webapp.address</name>
        <value>0.0.0.0:19888</value>
    </property>
    <!-- 配置 map 任务的内存 -->
    <property>
        <name>mapreduce.map.memory.mb</name>
        <value>512</value>
    </property>
    <property>
        <name>mapreduce.map.java.opts</name>
        <value>-Xmx512M</value>
    </property>
    <!-- 配置 reduce 任务的内存 -->
    <property>
        <name>mapreduce.reduce.memory.mb</name>
        <value>512</value>
    </property>
    <property>
        <name>mapreduce.reduce.java.opts</name>
        <value>-Xmx512M</value>
    </property>
    <property>
        <name>mapred.child.java.opts</name>
        <value>-Xmx512M</value>
    </property>
    <!-- 配置依赖 JAR 包、配置文件的路径地址 -->
    <property>
        <name>mapreduce.application.classpath</name>
        <value>
  /data/soft/new/hadoop-config,/data/soft/new/hadoop/share/hadoop/common/*,/d
ata/soft/new/hadoop/share/hadoop/common/lib/*,/data/soft/new/hadoop/share/hadoo
p/hdfs/*,/data/soft/new/hadoop/share/hadoop/hdfs/lib/*,/data/soft/new/hadoop/sh
are/hadoop/yarn/*,/data/soft/new/hadoop/share/hadoop/yarn/lib/*,/data/soft/new/
hadoop/share/hadoop/mapreduce/*,/data/soft/new/hadoop/share/hadoop/mapreduce/li
b/*
        </value>
    </property>
</configuration>
```

4. yarn-site.xml（配置资源管理器）

Hadoop 集群系统的资源管理和调度由 YARN 负责，它主要承担作业的调度与监控以及数据共享等任务，详细的配置内容请参见代码 2-6。

代码 2-6

```
<?xml version="1.0" encoding="UTF-8"?>
```

```
<configuration>
    <!-- RM（Resource Manager）失联后重新连接的时间 -->
    <property>
        <name>yarn.resourcemanager.connect.retry-interval.ms</name>
        <value>2000</value>
    </property>
    <!-- 启用 Resource Manager HA，默认为 false -->
    <property>
        <name>yarn.resourcemanager.ha.enabled</name>
        <value>true</value>
    </property>
    <!-- 配置 Resource Manager -->
    <property>
        <name>yarn.resourcemanager.ha.rm-ids</name>
        <value>rm1,rm2</value>
    </property>
    <property>
        <name>ha.ZooKeeper.quorum</name>
        <value>dn1:2181,dn2:2181,dn3:2181</value>
    </property>
    <!-- 启用故障自动切换 -->
    <property>
        <name>yarn.resourcemanager.ha.automatic-failover.enabled</name>
        <value>true</value>
    </property>
    <!-- rm1 配置开始 -->
    <!-- 把 Resource Manager 主机 rm1 的角色配置为 NameNode Active-->
    <property>
        <name>yarn.resourcemanager.hostname.rm1</name>
        <value>nna</value>
    </property>
    <!-- 把 Resource Manager 主机 rm1 的角色配置为 NameNode Standby-->
    <property>
        <name>yarn.resourcemanager.hostname.rm2</name>
        <value>nns</value>
    </property>
    <!--
    在 nna 上配置 rm1，在 nns 上配置 rm2，将配置好的文件同步到其他节点上，但在 YARN 的另一台
机器上一定要调整相应的配置文件
    -->
    <property>
        <name>yarn.resourcemanager.ha.id</name>
        <value>rm1</value>
    </property>
    <!-- 启用自动恢复功能 -->
    <property>
        <name>yarn.resourcemanager.recovery.enabled</name>
        <value>true</value>
    </property>
    <!-- 配置与 ZooKeeper 的连接地址 -->
```

```
<property>
    <name>yarn.resourcemanager.zk-state-store.address</name>
    <value>dn1:2181,dn2:2181,dn3:2181</value>
</property>
<!--用于持久化 RM（Resource Manager）状态存储，是基于 ZooKeeper 实现的 -->
<property>
    <name>yarn.resourcemanager.store.class</name>
    <value>
org.apache.hadoop.yarn.server.resourcemanager.recovery.ZKRMStateStore
    </value>
</property>
<!-- ZooKeeper 地址用于 RM（Resource Manager）实现状态存储以及 HA 的设置-->
<property>
    <name>hadoop.zk.address</name>
    <value>dn1:2181,dn2:2181,dn3:2181</value>
</property>
<!-- 集群 ID 标识 -->
<property>
    <name>yarn.resourcemanager.cluster-id</name>
    <value>cluster1-yarn</value>
</property>
<!-- schelduler 失联等待连接时间 -->
<property>
    <name>
        yarn.app.mapreduce.am.scheduler.connection.wait.interval-ms
    </name>
    <value>5000</value>
</property>
<!-- 配置 rm1，其应用访问管理接口 -->
<property>
    <name>yarn.resourcemanager.address.rm1</name>
    <value>nna:8132</value>
</property>
<!-- 调度接口地址 -->
<property>
    <name>yarn.resourcemanager.scheduler.address.rm1</name>
    <value>nna:8130</value>
</property>
<!-- RM 的 Web 访问地址 -->
<property>
    <name>
        yarn.resourcemanager.webapp.address.rm1
    </name>
    <value>nna:8188</value>
</property>
<property>
    <name>
        yarn.resourcemanager.resource-tracker.address.rm1
    </name>
    <value>nna:8131</value>
```

```
        </property>
        <!-- RM 管理员接口地址 -->
        <property>
            <name>yarn.resourcemanager.admin.address.rm1</name>
            <value>nna:8033</value>
        </property>
        <property>
            <name>yarn.resourcemanager.ha.admin.address.rm1</name>
            <value>nna:23142</value>
        </property>
        <!-- rm1 配置结束 -->
        <!-- rm2 配置开始 -->
        <!-- 配置 rm2，与 rm1 配置一致，只是将 nna 节点名称换成 nns 节点名称 -->
        <property>
            <name>yarn.resourcemanager.address.rm2</name>
            <value>nns:8132</value>
        </property>
        <property>
            <name>yarn.resourcemanager.scheduler.address.rm2</name>
            <value>nns:8130</value>
        </property>
        <property>
            <name>yarn.resourcemanager.webapp.address.rm2</name>
            <value>nns:8188</value>
        </property>
        <property>
            <name>yarn.resourcemanager.resource-tracker.address.rm2</name>
            <value>nns:8131</value>
        </property>
        <property>
            <name>yarn.resourcemanager.admin.address.rm2</name>
            <value>nns:8033</value>
        </property>
        <property>
            <name>yarn.resourcemanager.ha.admin.address.rm2</name>
            <value>nns:23142</value>
        </property>
        <!-- rm2 配置结束 -->
        <!--
            NM（NodeManager）的附属服务，需要设置成 mapreduce_shuffle 才能运行 MapReduce
任务
        -->
        <property>
            <name>yarn.nodemanager.aux-services</name>
            <value>mapreduce_shuffle</value>
        </property>
        <!-- 配置 shuffle 处理类 -->
        <property>
            <name>yarn.nodemanager.aux-services.mapreduce.shuffle.class</name>
            <value>org.apache.hadoop.mapred.ShuffleHandler</value>
```

```
</property>
<!—NM（NodeManager）本地文件路径 -->
<property>
    <name>yarn.nodemanager.local-dirs</name>
    <value>/data/soft/new/yarn/local</value>
</property>
<!-- NM（NodeManager）日志存放路径 -->
<property>
    <name>yarn.nodemanager.log-dirs</name>
    <value>/data/soft/new/log/yarn</value>
</property>
<!-- ShuffleHandler 运行服务端口，用于把 Map 结果输出到请求 Reducer  -->
<property>
    <name>mapreduce.shuffle.port</name>
    <value>23080</value>
</property>
<!-- 故障处理类 -->
<property>
    <name>yarn.client.failover-proxy-provider</name>
    <value>
org.apache.hadoop.yarn.client.ConfiguredRMFailoverProxyProvider
    </value>
</property>
<!-- 故障自动转移的 ZooKeeper 路径地址 -->
<property>
    <name>
        yarn.resourcemanager.ha.automatic-failover.zk-base-path
    </name>
    <value>/yarn-leader-election</value>
</property>
<!-- 查看任务调度进度，在 nns 节点上需要将访问地址修改为 http://nns:9001 -->
<property>
    <name>mapreduce.jobtracker.address</name>
    <value>http://nna:9001</value>
</property>
<!—启用聚合操作日志 -->
<property>
    <name>yarn.log-aggregation-enable</name>
    <value>true</value>
</property>
<!-- 指定日志在 HDFS 上的路径 -->
<property>
    <name>yarn.nodemanager.remote-app-log-dir</name>
    <value>/tmp/logs</value>
</property>
<!-- 指定日志在 HDFS 上的路径 -->
<property>
    <name>yarn.nodemanager.remote-app-log-dir-suffix</name>
    <value>logs</value>
</property>
```

```
    <!-- 聚合后的日志在 HDFS 上保存多长时间，单位为秒，这里保存 72 小时 -->
    <property>
        <name>yarn.log-aggregation.retain-seconds</name>
        <value>259200</value>
    </property>
    <!-- 删除任务在 HDFS 上执行的间隔，执行时将满足条件的日志删除 -->
    <property>
        <name>yarn.log-aggregation.retain-check-interval-seconds</name>
        <value>3600</value>
    </property>
    <!--RM 浏览器代理端口 -->
    <property>
        <name>yarn.web-proxy.address</name>
        <value>nna:8090</value>
    </property>
    <!-- 配置 Fair 调度策略  -->
    <property>
        <description>
            CLASSPATH for YARN applications. A comma-separated list
            of CLASSPATH entries. When this value is empty, the following default
            CLASSPATH for YARN applications would be used.
            For Linux:
            HADOOP_CONF_DIR,
            $HADOOP_COMMON_HOME/share/hadoop/common/*,
            $HADOOP_COMMON_HOME/share/hadoop/common/lib/*,
            $HADOOP_HDFS_HOME/share/hadoop/hdfs/*,
            $HADOOP_HDFS_HOME/share/hadoop/hdfs/lib/*,
            $HADOOP_YARN_HOME/share/hadoop/yarn/*,
            $HADOOP_YARN_HOME/share/hadoop/yarn/lib/*
        </description>
        <name>yarn.application.classpath</name>
        <value>/data/soft/new/hadoop/etc/hadoop,
            /data/soft/new/hadoop/share/hadoop/common/*,
            /data/soft/new/hadoop/share/hadoop/common/lib/*,
            /data/soft/new/hadoop/share/hadoop/hdfs/*,
            /data/soft/new/hadoop/share/hadoop/hdfs/lib/*,
            /data/soft/new/hadoop/share/hadoop/yarn/*,
            /data/soft/new/hadoop/share/hadoop/yarn/lib/*
        </value>
    </property>
    <!-- 配置 Fair 调度策略指定类  -->
    <property>
        <name>yarn.resourcemanager.scheduler.class</name>
        <value>
org.apache.hadoop.yarn.server.resourcemanager.scheduler.fair.FairScheduler
        </value>
    </property>
    <!-- 启用 RM 系统监控  -->
    <property>
        <name>yarn.resourcemanager.system-metrics-publisher.enabled</name>
```

```
        <value>true</value>
    </property>
    <!-- 指定调度策略配置文件  -->
    <property>
        <name>yarn.scheduler.fair.allocation.file</name>
        <value>/data/soft/new/hadoop/etc/hadoop/fair-scheduler.xml</value>
    </property>
    <!-- 每个 NodeManager 节点分配的内存大小  -->
    <property>
        <name>yarn.nodemanager.resource.memory-mb</name>
        <value>1024</value>
    </property>
    <!-- 每个 NodeManager 节点分配的 CPU 核数  -->
    <property>
        <name>yarn.nodemanager.resource.cpu-vcores</name>
        <value>1</value>
    </property>
    <!-- 物理内存和虚拟内存的比率 -->
    <property>
        <name>yarn.nodemanager.vmem-pmem-ratio</name>
        <value>4.2</value>
    </property>
</configuration>
```

5. fair-scheduler.xml（配置调度策略文件）

当在 Hadoop 集群系统 YARN 中使用 FairScheduler 作为调度策略时，需要在 fair-scheduler.xml 文件中进行详细配置，详细的设置内容请参见代码 2-7。

代码 2-7

```
<?xml version="1.0"?>
<allocations>
    <queue name="root">
        <!-- 默认队列 -->
        <queue name="default">
            <!-- 最多可运行的 App 数 -->
            <maxRunningApps>10</maxRunningApps>
            <!-- 最小需分配的内存容量和 CPU 个数 -->
            <minResources>1024mb,1vcores</minResources>
            <!-- 最大可分配的内存容量和 CPU 个数-->
            <maxResources>2048mb,2vcores</maxResources>
            <!-- 调度策略 -->
            <schedulingPolicy>fair</schedulingPolicy>
            <weight>1.0</weight>
            <aclSubmitApps>hadoop</aclSubmitApps>
            <aclAdministerApps>hadoop</aclAdministerApps>
        </queue>
        <!-- 配置 Hadoop 用户队列 -->
        <queue name="hadoop">
            <!-- 最多可允许的 App 数 -->
```

```
            <maxRunningApps>10</maxRunningApps>
            <!-- 最小需分配的内存容量和 CPU 个数 -->
            <minResources>1024mb,1vcores</minResources>
            <!-- 最大可分配的内存容量和 CPU 个数 -->
            <maxResources>3072mb,3vcores</maxResources>
            <!-- 调度策略 -->
            <schedulingPolicy>fair</schedulingPolicy>
            <weight>1.0</weight>
            <aclSubmitApps>hadoop</aclSubmitApps>
            <aclAdministerApps>hadoop</aclAdministerApps>
        </queue>
        <!-- 配置 queue_1024_01 用户队列 -->
        <queue name="queue_1024_01">
            <!-- 最大可运行的 App 数 -->
            <maxRunningApps>10</maxRunningApps>
            <!-- 最小需分配的内存容量和 CPU 个数 -->
            <minResources>1000mb,1vcores</minResources>
            <!-- 最大可分配的内存容量和 CPU 个数 -->
            <maxResources>2048mb,2vcores</maxResources>
            <!-- 调度策略 -->
            <schedulingPolicy>fair</schedulingPolicy>
            <weight>1.0</weight>
            <aclSubmitApps>hadoop,user1024</aclSubmitApps>
            <aclAdministerApps>hadoop,user1024</aclAdministerApps>
        </queue>
    </queue>
    <fairSharePreemptionTimeout>600000</fairSharePreemptionTimeout>
    <defaultMinSharePreemptionTimeout>
        600000
    </defaultMinSharePreemptionTimeout>
</allocations>
```

6. hadoop-env.sh（在 Hadoop 集群启动脚本中添加 JAVA_HOME 路径）

```
# 设置 JAVA_HOME 路径
export JAVA_HOME=/data/soft/new/jdk
# 编辑完成后，保存并退出
```

7. yarn-env.sh（在资源管理器启动脚本中添加 JAVA_HOME 路径）

```
# 设置 JAVA_HOME 路径
export JAVA_HOME=/data/soft/new/jdk
# 编辑完成后，保存并退出
```

8. worker（存放 DataNode 节点的文件）

在$HADOOP_CONF_DIR 目录下有个名为 worker 的文件，打开并添加以下内容，具体操作命令如下：

```
# 这里我们将$HADOOP_HOME/etc/hadoop 目录中的文件移动到$HADOOP_CONF_DIR 目录
# 编辑 worker 文件
[hadoop@nna ~]$ vi $HADOOP_CONF_DIR/worker
```

```
# 添加以下 DataNode 节点别名，一个节点别名占用一行，多个节点需换行追加
dn1
dn2
dn3
# 编辑完文件后，保存并退出
```

然后，将配置好的 Hadoop 安装目录（包含安装包目录和配置文件目录）同步到其他服务器节点。此外，在每个服务器节点上创建配置文件所需的目录，以 nna 服务器节点为例，其他服务器节点也需执行以下相同的命令来创建目录，如下：

```
# 创建 Hadoop 集群所需的目录
[hadoop@nna ~]$ mkdir -p /data/soft/new/tmp
[hadoop@nna ~]$ mkdir -p /data/soft/new/tmp/journal
[hadoop@nna ~]$ mkdir -p /data/soft/new/dfs/name
[hadoop@nna ~]$ mkdir -p /data/soft/new/dfs/data
[hadoop@nna ~]$ mkdir -p /data/soft/new/yarn/local
[hadoop@nna ~]$ mkdir -p /data/soft/new/log/yarn
```

9. 启动 Hadoop 集群

Hadoop 集群服务的启动都有对应的 Shell 脚本，这些脚本使用起来比较简单，只需运行相应的脚本即可。读者可以通过以下步骤来完成启动过程。

（1）启动 ZooKeeper 服务，执行如下命令：

```
# 在安装 ZooKeeper 服务的节点启动 ZooKeeper
[hadoop@dn1 ~]$ zks-daemons.sh
```

（2）启动 JournalNode 服务。若非首次启动，可跳过该步骤；否则，执行如下命令：

```
# 在 NameNode 节点启动 JournalNode
[hadoop@nna ~]$ hadoop-daemons.sh start journalnode
# 或者单独进入每一个 DataNode 节点，分别启动 Journalnode 进程（两种方式，选其一即可）
[hadoop@dn1 ~]$ hadoop-daemon.sh start journalnode
[hadoop@dn2 ~]$ hadoop-daemon.sh start journalnode
[hadoop@dn3 ~]$ hadoop-daemon.sh start journalnode
```

（3）注册 ZNode。若非首次启动，可跳过该步骤；否则，执行如下命令：

```
# 注册 ZNode
[hadoop@nna ~]$ hdfs zkfc -formatZK
```

（4）格式化 NameNode。若非首次启动，可跳过该步骤；否则，执行如下命令：

```
# 格式化 NameNode
[hadoop@nna ~]$ hdfs namenode -format
```

（5）启动 NameNode，执行如下命令：

```
# 启动 NameNode
[hadoop@nna ~]$ hadoop-daemon.sh start namenode
```

（6）同步 NameNode 元数据，执行如下命令：

```
# 在 Standby 节点上同步 Active 节点的 NameNode 元数据
```

```
[hadoop@nns ~]$ hdfs namenode -bootstrapStandby
```

（7）停止 Active 节点上的 NameNode，执行如下命令：

```
# 停止 Active 节点上的 NameNode
[hadoop@nna ~]$ hadoop-daemon.sh stop namenode
```

（8）启动 HDFS 和 YARN，执行如下命令：

```
# 启动 HDFS
[hadoop@nna ~]$ start-dfs.sh
# 启动 YARN
[hadoop@nna ~]$ start-yarn.sh
```

（9）启动 ProxyServer 和 HistoryServer，执行如下命令：

```
# ProxyServer 和 HistoryServer 服务可以单独启动
# 本书将这两个进程与 NameNode Active 放在一起
# 启动 ProxyServer
[hadoop@nna ~]$ yarn-daemon.sh start proxyserver
# 启动 HistoryServer
[hadoop@nna ~]$ mr-jobhistory-daemon.sh start historyserver
```

完成以上步骤后，Hadoop 集群即可正常启动。读者可以通过浏览器来观察集群的状态信息（如节点容量、系统版本、HDFS 目录结构等），Web 页面访问地址见表 2-2。

表2-2　Web页面访问地址

名　　称	地　　址
HDFS	http://nna:9870/
YARN	http://nna:8188/

2.2　安装 Hive

安装 Hive 比较简单，单机模式和分布式模式的步骤基本一致。由于生产环境所使用的操作系统通常选择 Linux 操作系统，因此本书安装 Hive 的实战操作也是基于 Linux 操作系统来完成的。

2.2.1　实例：单机模式部署

如果是在测试或开发环境中，或需要在本地调试 Hive 应用程序，则可以选择以单机模式部署一个 Hive 服务。

1. 下载 Hive 安装包

访问 Hive 官方网站，找到下载地址，然后在 Linux 操作系统中使用 wget 命令下载，具体操作命令如下：

```
# 下载 Hive 安装包
[hadoop@dn1 ~]$ wget https://mirrors.bfsu.edu.cn/apache/hive/hive-3.1.2/\
```

```
apache-hive-3.1.2-bin.tar.gz
```

2. 解压 Hive 安装包并重命名

下载 Hive 安装包后，在 Linux 操作系统的指定目录下解压，具体操作命令如下：

```
# 解压安装包
[hadoop@dn1 ~]$ tar -zxvf apache-hive-3.1.2-bin.tar.gz
# 重命名
[hadoop@dn1 ~]$ mv apache-hive-3.1.2-bin hive
```

3. 配置 Hive 环境变量

在/home/hadoop/.bash_profile 文件中配置 Hive 环境变量，具体操作命令如下：

```
# 编辑.bash_profile 文件
[hadoop@dn1 ~]$ vi ~/.bash_profile
# 添加如下内容
export HIVE_HOME=/data/soft/new/hive
export PATH=$PATH:$HIVE_HOME/bin
# 保存并退出
```

接着，使用 source 命令使配置的环境变量立即生效，具体操作命令如下：

```
# 使用 source 命令使配置立即生效
[hadoop@dn1 ~]$ source ~/.bash_profile
```

最后，在$HIVE_HOME/conf/hive-env.sh 文件中配置 HADOOP_HOME 变量的路径地址，具体操作命令如下：

```
# 编辑$HIVE_HOME/conf/hive-env.sh 文件
[hadoop@dn1 ~]$ vi $HIVE_HOME/conf/hive-env.sh
# 添加如下内容
HADOOP_HOME=/data/soft/new/hadoop
# 保存并退出
```

4. 配置 hive-site.xml 文件

配置单机模式的 Hive 步骤比较简单，只需在$HIVE_HOME/conf/hive-site.xml 文件中进行少量配置。具体配置内容见代码 2-8。

代码 2-8

```
<?xml version="1.0" encoding="UTF-8" standalone="no"?>
<?xml-stylesheet type="text/xsl" href="configuration.xsl"?>
<!-- 设置 Hive 在 HDFS 上的路径地址 -->
<property>
    <name>hive.metastore.warehouse.dir</name>
    <value>/user/hive/warehouse</value>
</property>
<!-- 设置 MySQL 连接地址 -->
<property>
    <name>javax.jdo.option.ConnectionURL</name>
    <value>
```

```
    jdbc:mysql://nna:3306/hive3?createDatabaseIfNotExist=true
    &amp;characterEncoding=UTF-8&amp;useSSL=false
    </value>
</property>
<!-- 设置 MySQL 驱动 -->
<property>
   <name>javax.jdo.option.ConnectionDriverName</name>
   <value>com.mysql.jdbc.Driver</value>
</property>
<!-- 设置 MySQL 登录用户名 -->
<property>
   <name>javax.jdo.option.ConnectionUserName</name>
   <value>root</value>
</property>
<!-- 设置 MySQL 登录密码 -->
<property>
   <name>javax.jdo.option.ConnectionPassword</name>
   <value>123456</value>
</property>
```

由于 Hive 安装包默认不包含 MySQL 驱动包，因此在启动 Hive 服务之前，需要确保 $HIVE_HOME/lib 目录下存在 MySQL 驱动包。

5. 初始化 Hive

在$HIVE_HOME/bin 目录下存放有多种可以执行 Hive 服务的脚本文件，包含 Hive 客户端脚本。如果是首次安装 Hive，则需要初始化 Hive 元数据信息，具体操作命令如下：

```
# 将 Hive 元数据信息初始化到 MySQL 数据库
[hadoop@dn1 ~]$ schematool -initSchema -dbType mysql
```

6. 验证 Hive 单机模式

完成 Hive 元数据的初始化后，可以运行 Hive 客户端命令进行简单测试，具体操作命令如下：

```
# 执行 Hive SQL 命令
# 1.执行 hive 命令进入 Hive 控制台
[hadoop@dn1 bin]$ hive
# 2.执行 show databases;命令显示数据库名列表
hive> show databases;
```

执行 show databases;命令，如果 Hive 单机模式安装正常，则会显示如图 2-7 所示的操作结果。

图 2-7

如果查询结果出现异常，读者可检测 Hive 单机模式的安装步骤是否与本书讲解的一致。解决异常后，重新执行查询命令即可。

2.2.2 实例：分布式模式部署

企业在生产环境中一般采用分布式模式部署 Hive 服务，原因包括以下几点。

- 可靠性、高容错性：一台 Hive 服务的节点崩溃不会影响其他的 Hive 服务节点。
- 可扩展性：在分布式计算系统中，可以根据业务需求增加更多的 Hive 服务节点。
- 开放性：服务既可本地访问，也可远程访问。
- 高性能：能够自动实现负载均衡，从而提供更高的性能。

如图 2-8 所示是一个分布式 Hive 集群的基础架构图。

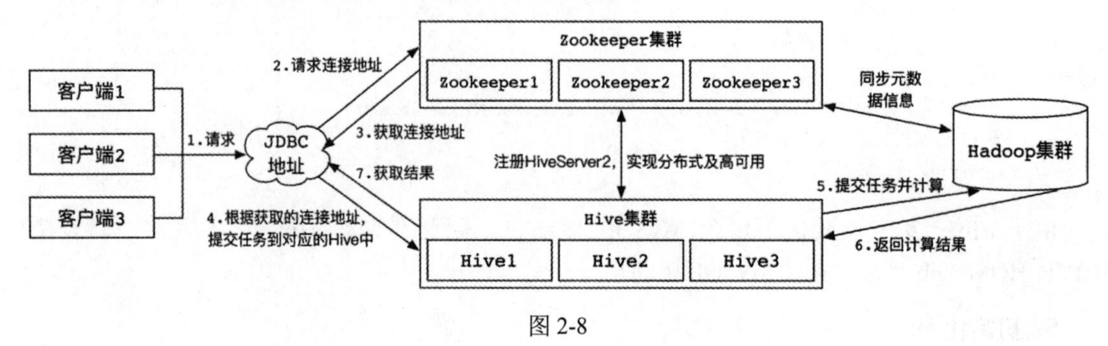

图 2-8

利用 ZooKeeper 系统和命名空间可以实现 Hive 的分布式模式部署。在这种架构中，一个命名空间包含多个 Hive 服务信息。每个 Hive 服务在启动时会向 ZooKeeper 系统注册 Hive 服务信息，而每个客户端则从 ZooKeeper 系统中获取命名空间上的一个 Hive 服务信息。同时，ZooKeeper 系统负责 Hive 集群的负载均衡和故障自动转移。

> **提　示**
>
> 所有 Hive 节点的数据仓库地址需要指向相同的 HDFS，否则各个 Hive 节点的源数据不一致，会导致计算结果不一致。

在分布式模式中，不推荐使用 Standalone（单机）模式的 ZooKeeper 系统，因为这样做具有一定的风险。如果使用的是 Standalone 模式的 ZooKeeper 系统，一旦 ZooKeeper 系统出现故障，整个 Hive 集群将不可用。因此，在生产环境中通常会采用分布式模式来安装 ZooKeeper 系统。

1. 下载 Hive 安装包

和 Hive 单机模式的下载步骤一致。

2. 解压 Hive 安装包并重命名

参考 Hive 单机模式的解压与重命名操作步骤。

3. 配置 Hive 环境变量

和 Hive 单机模式环境变量配置一致。

4. 配置 hive-site.xml 文件

在分布式模式下配置 hive-site.xml 文件时，与单机模式不一致。编辑 hive-site.xml，具体内容见代码 2-9。

代码 2-9

```
    <?xml version="1.0" encoding="UTF-8" standalone="no"?>
    <?xml-stylesheet type="text/xsl" href="configuration.xsl"?>
    <!-- 设置 HDFS 路径地址 -->
    <property>
        <name>hive.metastore.warehouse.dir</name>
       <value>/user/hive/warehouse</value>
    </property>
    <!-- 设置 MySQL 连接地址 -->
    <property>
       <name>javax.jdo.option.ConnectionURL</name>

<value>jdbc:mysql://nna:3306/hive_meta?createDatabaseIfNotExist=true&amp;charac
terEncoding=UTF-8&amp;useSSL=false</value>
    </property>
    <!-- 设置 MySQL 驱动 -->
    <property>
       <name>javax.jdo.option.ConnectionDriverName</name>
       <value>com.mysql.jdbc.Driver</value>
    </property>
    <!-- 设置 MySQL 登录用户名 -->
    <property>
       <name>javax.jdo.option.ConnectionUserName</name>
       <value>root</value>
    </property>
    <!-- 设置 MySQL 登录密码 -->
    <property>
       <name>javax.jdo.option.ConnectionPassword</name>
       <value>123456</value>
    </property>
    <!-- 启用动态注册功能 -->
    <property>
        <name>hive.server2.support.dynamic.service.discovery</name>
        <value>true</value>
    </property>
    <!-- 设置命名空间 -->
    <property>
        <name>hive.server2.ZooKeeper.namespace</name>
        <value>hiveserver2</value>
    </property>
    <!-- 设置 ZooKeeper 连接地址 -->
    <property>
        <name>hive.ZooKeeper.quorum</name>
        <value>dn1:2181,dn2:2181,dn3:2181</value>
    </property>
```

```
<!-- 设置 ZooKeeper 客户端连接端口 -->
<property>
    <name>hive.ZooKeeper.client.port</name>
    <value>2181</value>
</property>
<!-- 绑定 IP，设置成 0.0.0.0 便于管理 -->
<property>
    <name>hive.server2.thrift.bind.host</name>
    <value>0.0.0.0</value>
</property>
<!-- 设置 Thrift 服务的端口，其他节点上的 Hive 和这个端口保持一致 -->
<property>
    <name>hive.server2.thrift.port</name>
    <value>10001</value>
</property>
```

5. 同步 Hive 安装包

将配置好的 Hive 安装目录同步到其他 Hive 节点，具体操作命令如下：

```
# 在/tmp 目录添加一个临时服务器名文本文件
[hadoop@dn1 ~]$ vi /tmp/node.list

# 添加如下内容
dn2
dn3
# 保存并退出

# 使用 scp 命令同步 Hive 文件夹到指定目录
[hadoop@dn1 ~]$ for i in `cat /tmp/node.list`; \
do scp -r /data/soft/new/hive $i:/data/soft/new;done
```

6. 启动 ZooKeeper 集群

在启动 Hive 集群之前，需要先启动 ZooKeeper 集群服务（如果在前面配置 ZooKeeper 集群时已启动，该步骤可以跳过），具体操作命令如下：

```
# 分布式命令启动 ZooKeeper
[hadoop@dn1 ~]$ zks-daemons.sh start
```

7. 启动 Hive 集群

Hive 本身不包含分布式管理脚本，只有单个节点启动 Hive 进程的脚本。但是，可以通过二次开发编写一个分布式管理脚本。

（1）编写 hs2-pid.sh 脚本，用来获取 HiveServer2 进程号，具体实现内容见代码 2-10。

代码 2-10

```
#! /bin/bash
# 获取 Hive 进程号
ps -fe | grep HiveServer2 | grep RunJar | awk -F ' ' '{print $2}'
```

（2）编写 hs2-daemons.sh 脚本，用来管理 Hive 集群服务的启动、停止、查看状态等操作，具体实现内容见代码 2-11。

代码 2-11

```
#! /bin/bash

# Hive 节点地址，如果节点较多，可以写入一个文件
hosts=(dn1 dn2 dn3)

# 查看 Hive 状态
function status()
{
    echo "[`date "+%Y-%m-%d %H:%M:%S"`] INFO : Hive Status..."
    for i in ${hosts[@]}
    do
        sdate=`date "+%Y-%m-%d %H:%M:%S"`
        pid=`ssh $i -q "/data/soft/new/hive/bin/hs2-pid.sh"`
        if [ ! -n "$pid" ]; then
            echo "[$sdate] INFO : HiveServer2[$i] proc has stopped."
        else
            echo "[$sdate] INFO : HiveServer2[$i] proc has running."
        fi
    done
}

# 启动 Hive 服务
function start()
{
    echo "[`date "+%Y-%m-%d %H:%M:%S"`] INFO : Hive Start..."
    for i in ${hosts[@]}
    do
        sdate=`date "+%Y-%m-%d %H:%M:%S"`
        pid=`ssh $i -q "/data/soft/new/hive/bin/hs2-pid.sh"`
        if [ ! -n "$pid" ]; then
            ssh $i -q "source /etc/profile;nohup hive --service hiveserver2 \
            --hiveconf hive.server2.authentication=NONE \
            >> /data/soft/new/hive/logs/hive_hiveserver2.log 2>& 1" &
            echo "[$sdate] INFO : HiveServer2[$i] proc has started."
        else
            echo "[$sdate] INFO : HiveServer2[$i] proc has running."
        fi
    done
}

# 停止 Hive 服务
function stop()
{
    echo "[`date "+%Y-%m-%d %H:%M:%S"`] INFO : Hive Stop..."
    for i in ${hosts[@]}
```

```
    do
        sdate=`date "+%Y-%m-%d %H:%M:%S"`
        pid=`ssh $i -q "/data/soft/new/hive/bin/hs2-pid.sh"`
        if [ ! -n "$pid" ]; then
            echo "[$sdate] INFO : HiveServer2[$i] proc has not running."
        else
            echo "[$sdate] INFO : HiveServer2[$i] proc is stopping by [$pid]."
            ssh $i -q "kill -9 $pid" &
        fi
    done
}

# 判断输入的 Hive 命令参数是否有效
case "$1" in
    start)
        start
        ;;
    stop)
        stop
        ;;
    status)
        status
        ;;
    *)
        echo "Usage: $0 {start|stop|status}"
        RETVAL=1
esac
```

（3）把 hs2-pid.sh 脚本同步到其他 Hive 节点，具体操作命令如下：

```
# 在临时文件中添加要同步的节点主机名或 IP 地址
[hadoop@dn1 bin]$ vi /tmp/node.list

# 添加如下内容（注释不用写入 node.list 文件中）
dn2
dn3
# 保存并退出（注释不用写入 node.list 文件中）

# 同步 hs2-pid.sh 脚本
[hadoop@dn1 bin]$ for i in `cat /tmp/node.list`; \
do scp hs2-pid.sh $i:/data/soft/new/hive/bin;done
```

（4）执行 hs-daemons.sh 脚本并输入 start 参数来启动 Hive 集群，具体操作命令如下：

```
# 启动 Hive 集群
[hadoop@dn1 bin]$ hs2-daemons.sh start
```

执行上述命令，观察操作结果，如图 2-9 所示。

```
[hadoop@dn1 hive]$ hs2-daemons.sh start
[2021-05-14 00:56:01] INFO : Hive Start...
[2021-05-14 00:56:01] INFO : HiveServer2[dn1] proc has started.
[2021-05-14 00:56:01] INFO : HiveServer2[dn2] proc has started.
[2021-05-14 00:56:01] INFO : HiveServer2[dn3] proc has started.
[hadoop@dn1 hive]$
```

图 2-9

8. 验证 Hive 分布式模式

启动 Hive 集群服务后，可以通过 beeline 方式访问 Hive，执行 Hive SQL 语句来验证，具体操作命令如下：

```
# 执行 beeline 命令
[hadoop@dn1 bin]$ beeline

-- 接着输入连接命令
beeline> !connect jdbc:hive2://dn1:2181,dn2:2181,dn3:2181/; \
serviceDiscoveryMode=ZooKeeper;ZooKeeperNamespace=hiveserver2 hadoop ""

-- 执行查询语句
0: jdbc:hive2://dn1:2181,dn2:2181,dn3:2181/> show databases;
```

执行上述命令，观察操作结果，如图 2-10 所示。

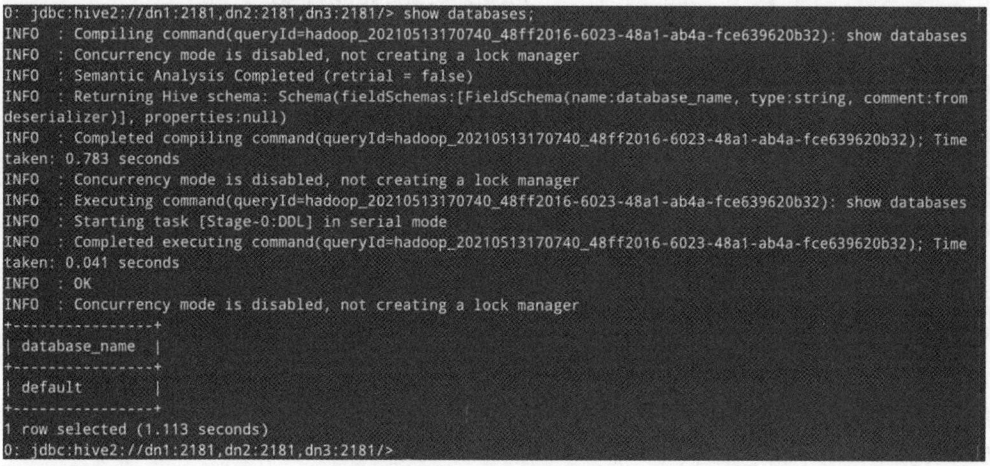

```
0: jdbc:hive2://dn1:2181,dn2:2181,dn3:2181/> show databases;
INFO  : Compiling command(queryId=hadoop_20210513170740_48ff2016-6023-48a1-ab4a-fce639620b32): show databases
INFO  : Concurrency mode is disabled, not creating a lock manager
INFO  : Semantic Analysis Completed (retrial = false)
INFO  : Returning Hive schema: Schema(fieldSchemas:[FieldSchema(name:database_name, type:string, comment:from deserializer)], properties:null)
INFO  : Completed compiling command(queryId=hadoop_20210513170740_48ff2016-6023-48a1-ab4a-fce639620b32); Time taken: 0.783 seconds
INFO  : Concurrency mode is disabled, not creating a lock manager
INFO  : Executing command(queryId=hadoop_20210513170740_48ff2016-6023-48a1-ab4a-fce639620b32): show databases
INFO  : Starting task [Stage-0:DDL] in serial mode
INFO  : Completed executing command(queryId=hadoop_20210513170740_48ff2016-6023-48a1-ab4a-fce639620b32); Time taken: 0.041 seconds
INFO  : OK
INFO  : Concurrency mode is disabled, not creating a lock manager
+----------------+
| database_name  |
+----------------+
| default        |
+----------------+
1 row selected (1.113 seconds)
0: jdbc:hive2://dn1:2181,dn2:2181,dn3:2181/>
```

图 2-10

使用 beeline 方式访问 Hive 时，可以将执行命令封装成一个脚本（auto-beeline.sh），以便在后续再访问时直接执行脚本来简化输入。具体实现内容见代码 2-12。

代码 2-12

```
#! /bin/bash

# 封装 beeline 命令
beeline -u 'jdbc:hive2://dn1:2181,dn2:2181,dn3:2181/; \
serviceDiscoveryMode=ZooKeeper;ZooKeeperNamespace=hiveserver2' -n hadoop -p \
```

```
"" --verbose=true
```

2.3 Hive 在线编辑器安装指南

本节主要介绍如何在 Linux 下安装 Hive 在线编辑器工具——Hue。Hue 是一款免费开源的数据仓库编辑器工具，由 Hue UI、Hue Server 和 Hub Database 三部分组成。用户可以通过浏览器访问 Hue 的 Web 界面，在该界面上编写 Hive SQL 语句，并执行所编写的 Hive SQL 语句以获得 Hive 结果。

2.3.1 实例：在 Linux 系统环境编译 Hue 源代码并获得安装包

1. 下载 Hue 源代码

打开浏览器，输入 https://github.com 进入 GitHub 官网，然后搜索 Hue 关键字，获取具体下载地址 https://github.com/cloudera/hue。

然后，单击 tags 超链接进入 Hue 源代码归档页面。在 Linux 系统中使用 wget 命令下载 hue-4.9.0 版本的源代码，具体操作命令如下：

```
# 下载 Hue-4.9.0 源代码
[hadoop@nna ~]$ wget https://github.com/cloudera/hue/archive/\
refs/tags/release-4.9.0.tar.gz
```

2. 准备编译 Hue 源代码所需要的依赖环境

如果你的 Linux 操作系统中已包含下列待安装的组件，可以跳过此步骤。如果不包含这些组件，可以在 Linux 系统终端执行以下安装命令，具体操作如下：

```
# 安装编译 Hue 源代码的依赖组件
[hadoop@nna ~]$ sudo yum -y install ant asciidoc cyrus-sasl-devel \
cyrus-sasl-gssapi cyrus-sasl-plain gcc gcc-c++ krb5-devel libffi-devel \
libxml2-devel libxslt-devel make mysql mysql-devel openldap-devel \
python-devel sqlite-devel gmp-devel rsync
```

由于编译 Hue 源代码还需要依赖 NodeJS，因此推荐使用 NodeJS 官方提供的编译好的软件包进行安装，具体操作命令如下：

```
# 下载 NodeJS 软件包
[hadoop@nna ~]$ wget \
https://nodejs.org/dist/v14.16.1/node-v14.16.1-linux-x64.tar.xz
# 解压 NodeJS 软件包
[hadoop@nna ~]$ xz -d node-v14.16.1-linux-x64.tar.xz
[hadoop@nna ~]$ tar -xvf node-v14.16.1-linux-x64.tar
# 给 NodeJS 建立软链接，便于配置环境变量
[hadoop@nna ~]$ ln -s /appcom/node-v14.16.1-linux-x64 node
# 编辑系统配置文件
[hadoop@nna ~]$ vi ~/.bash_profile
# 配置如下内容
```

```
export NODE_HOME=/appcom/node
export PATH=$PATH:$NODE_HOME/bin

# 保存并退出，执行 source 命令使配置立即生效
[hadoop@nna ~]$ source ~/.bash_profile
# 执行 NodeJS 命令查看安装是否成功，若打印出 NodeJS 版本信息则表示 NodeJS 安装成功
[hadoop@nna ~]$ npm -v
```

3. 编译 Hue 源代码

Hue 源代码使用 Python 语言开发，编译时需要使用 Python 环境。一般 Linux 操作系统自带 Python 环境，且满足 Hue 源代码编译的要求（Python 2.7 或 Python 3.6+）。Hue 存储数据库支持 MySQL 数据库，我们直接使用 MySQL 数据库作为 Hue 系统的存储数据库即可。

编译 Hue 源代码的具体操作命令如下：

```
# 进入 hue 目录
[hadoop@nna ~]$ cd hue
# 将 hue 软件包编译到指定目录
[hadoop@nna ~]$ PREFIX=/appcom/apps/ make install
```

等待 Hue 源代码编译成功后，会在/appcom/apps/hue 目录下生成编译好的软件目录。

2.3.2　实例：安装 Hue 安装包

1. 配置 Hue 环境变量

将编译好的 Hue 安装包配置到系统环境变量中，具体操作命令如下：

```
# 编辑系统环境变量
[hadoop@nna ~]$ vi ~/.bash_profile
# 配置如下内容
export HUE_HOME=/appcom/apps/hue/build/env
export HUE_CONF=/appcom/apps/hue/desktop/conf
export PATH=$PATH:$HUE_HOME/bin

# 保存并退出，执行 source 命令使配置立即生效
[hadoop@nna ~]$ source ~/.bash_profile
```

2. 配置 Hue 系统文件

进入$HUE_CONF 目录，编辑 hue.ini 配置文件，具体配置内容见代码 2-13。

代码 2-13

```
# 配置数据信息
[desktop]

    # 设置 Web 浏览器 IP 和端口
    http_host=0.0.0.0
    http_port=8888

    # 设置时区
```

```
    time_zone=Asia/Shanghai

    # 设置 MySQL 数据库信息
    [[database]]
        engine=mysql
        host=nna
        port=3306
        user=root
        password=123456
        name=hue

    # 添加编辑器
[notebook]

    # 配置不同的编辑器
    [[interpreters]]
        # 配置 MySQL 编辑器
        [[[mysql]]]
          name = MySQL
          interface=sqlalchemy
          options='{"url": "mysql://root:123456@nna:3306/hue"}'
        # 配置 Hive 编辑器
        [[[hive]]]
          name=Hive
          interface=hiveserver2

# 使用 HA 的方式来访问 Hive
[beeswax]

        # 是否开启 HiveServer2 的服务检查功能
        hive_discovery_hs2 = true
        # 与 hive-site.xml 文件中的 hive.server2.ZooKeeper.namespace 属性值保持一致
        hive_discovery_hiveserver2_znode = /hiveserver2
        # 设置 ZooKeeper 的检测时间
        cache_timeout = 60
        # 设置 hive-site.xml 文件的存放位置
        # 我们可以事先从 Hive 节点上将 hive-site.xml 文件复制到 Hue 所在的服务器上
        hive_conf_dir=/appcom/hive-config
        # 当使用 Hive 3.0 以上的版本时，设置 thrift_version 属性值为 11
        thrift_version=11
        # 使用 SASL 框架建立到主机的连接
        use_sasl=true

# 配置 ZooKeeper 地址信息
[libZooKeeper]

        # 配置 ZooKeeper 的 IP 和端口
        ensemble=dn1:2181,dn2:2181,dn3:2181
```

3. 启动 Hue 系统

配置完成后，在 Linux 系统终端执行启动命令，具体操作命令如下：

```
# 首次启动，需要把元数据同步到 MySQL 数据库，后面非首次启动就无须执行同步元数据的操作
[hadoop@nna ~]$ hue syncdb
[hadoop@nna ~]$ hue migrate
# 启动 Hue 系统
[hadoop@nna ~]$ supervisor &
```

4. 验证 Hue 系统

（1）在浏览器中输入 http://nna:8888 访问 Hue 系统。首次访问 Hue 页面时，系统会要求输入用户名和密码以作为登录 Hue 系统的管理员凭证。输入用户名“hive”和对应的密码“hive”即可获取 Hue 系统的管理员权限，如图 2-11 所示。

图 2-11

（2）输入用户名和密码后，单击“创建账户”按钮即可创建账户并进入 Hue 系统的主界面，随后可以查看面板信息，如图 2-12 所示。

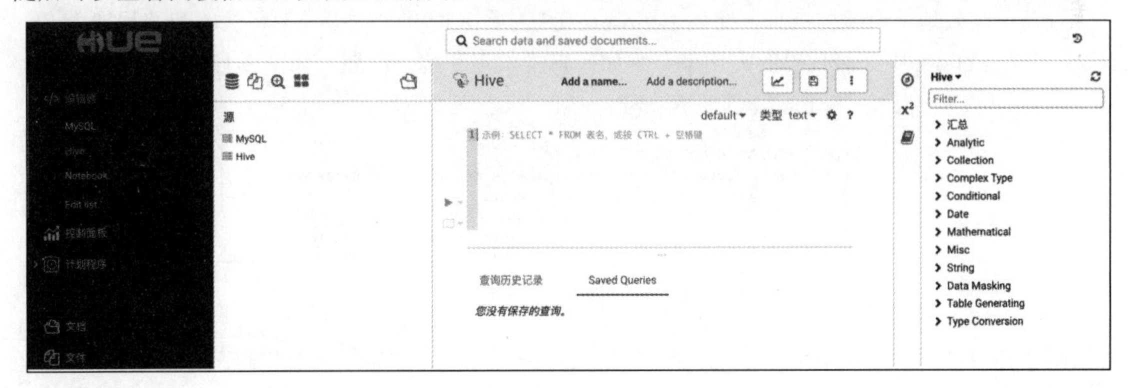

图 2-12

我们在 hue.ini 配置文件中新增了 MySQL 和 Hive 两个编辑器，因此在图 2-12 中的编辑器模块中出现了 MySQL 和 Hive 选项。

5. 停止 Hue 系统

使用 Linux 操作系统的 kill 命令来停止 Hue 系统，具体操作命令如下：

```
[hadoop@nna ~]$ kill -9 `ps -fe |grep supervisor | grep hue | awk -F ' ' \
'{print $2}'` `ps -fe |grep runcherrypyserver | grep hue | awk -F ' ' \
'{print $2}'`
```

2.4 学习 Hive 的建议

本节内容将分享笔者在实际工作中学习和应用 Hive 的心得和建议，旨在帮助读者在阅读完本书后培养积极的学习习惯和独立解决问题的思维方法。

2.4.1 看透本书理论，模仿实战例子

本书的目标是用通俗易懂的语言阐述知识点，这些知识点经过归纳整理，既实用又全面。在解释 Hive 的理论知识后，我们会提供实例，帮助读者进行实践操作，以巩固和加深对理论知识的理解，使读者不仅知其然，还能知其所以然。

本书结构严谨而合理，内容没有跳跃性，也不晦涩难懂，更不会无端堆砌代码。对于重要的代码模块和专业术语，我们都增加了详细的注解，并进行了深入的解析和剖析，力求做到有的放矢。

因此，建议读者在阅读本书时，先对 Hive 的基础理论有一定的掌握，然后尝试按照书中的例子自己实践一遍。最好先手写代码，遇到问题时可以参考本书提供的源代码（下载），完全理解后再继续学习下一章节的内容。

虽然我们尽可能全面地讲解了重点知识，但由于篇幅和定位的限制，仍有许多知识点未能覆盖到。因此，在学习完本书后，你可能还需要去学习新的知识。

2.4.2 利用编程工具自主学习

合理、高效地使用编程工具（比如 Eclipse、IDEA 等）能够快速提升编程效率和编程能力。下面以一个在 Eclipse 中升级代码的案例来介绍如何自主学习和解决问题，如图 2-13 所示。

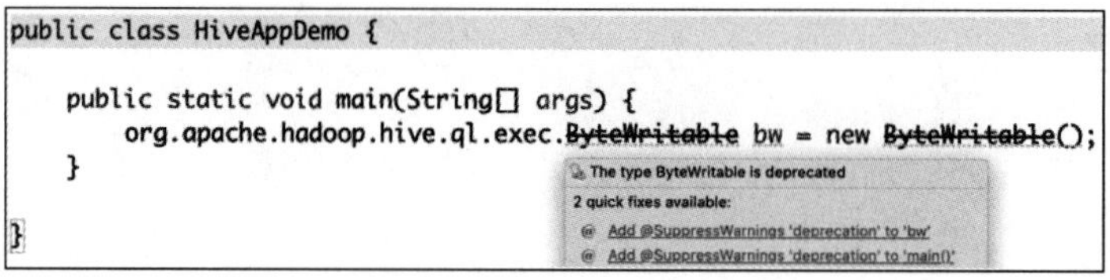

```
public class HiveAppDemo {

    public static void main(String[] args) {
        org.apache.hadoop.hive.ql.exec.ByteWritable bw = new ByteWritable();
    }
}
```


图 2-13

图 2-13 中的代码提示 The type ByteWritable is deprecated，这表示当前代码已经被标记为弃用。在遇到这类提示时，不要着急去网上搜索解决方案。最好的方式是：把鼠标光标放在 ByteWritable 上（在 Eclipse 中可以使用 Ctrl+1 组合键来获取提示），然后按住键盘上的 Ctrl 键并单击鼠标左键，进入 ByteWritable 类中查看详细内容，寻找其他可替代的内容。你会发现有一个 org.apache.hadoop.hive.serde2.io.ByteWritable 类可供使用，如图 2-14 所示。

```
/**
 * ByteWritable.
 * Looks like this has been phased out in favor of org.apache.hadoop.hive.serde2.io.ByteWritable.
 * This class should eventually be removed.
 */
@Deprecated
public class ByteWritable implements WritableComparable {
  private int value;
```

图 2-14

把原来的代码替换为 org.apache.hadoop.hive.serde2.io.ByteWritable 之后，编辑器中的代码不再显示提示信息了，如图 2-15 所示。

```
public class HiveAppDemo {

    public static void main(String[] args) {
        org.apache.hadoop.hive.serde2.io.ByteWritable bw = new ByteWritable();
    }

}
```

图 2-15

这是利用 Eclipse 编程工具的提醒功能来升级代码的方法，同样的思路也可以用来降级版本。在以后的开发过程中，根据编程工具的提示信息或者应用程序的报错信息，就可以轻松解决出现的各类问题。

2.4.3　建立高阶的逻辑思维模式

每项技术或框架的推出都基于持续的研究、实践和不断的测试与优化。它们被设计成易于维护、具有广泛的适用性，并具有高稳定性。因此，当我们在使用某项技术或框架时遇到问题，我们应采取换位思考的方式，设想自己若是该技术或框架的开发者，会如何引导用户理解错误信息、分析并解决问题。我们会考虑如何向用户提供清晰、友好的指导提示，以便他们能够有效地解决遇到的困难。

一般而言，我们所使用的技术或者框架都会有错误反馈机制，比如通过日志文件或者控制台输出的错误信息来反馈。因此，当我们遇到异常或者报错时，不要急于使用搜索引擎来搜索解决方案，更不要急于提问，而是应该先仔细查看具体的报错信息。

笔者在技术论坛发帖时，遇到一些同学在论坛和技术群中询问，遇到问题找不到合理的解决方案。例如，有同学遇到如下错误信息：

```
Exception in thread "main" java.sql.SQLException: Could not open client
transport with JDBC Uri: jdbc:hive2://192.168.121.116:10000/default:
java.net.ConnectException: Connection refused: connect
    at org.apache.hive.jdbc.HiveConnection.openTransport
(HiveConnection.java:215)
    at org.apache.hive.jdbc.HiveConnection.<init>
(HiveConnection.java:163)
    at org.apache.hive.jdbc.HiveDriver.connect(HiveDriver.java:105)
    at java.sql.DriverManager.getConnection(DriverManager.java:571)
    at java.sql.DriverManager.getConnection(DriverManager.java:215)
    at TestHive.main(HelloHive.java:17)
Caused by: org.apache.thrift.transport.TTransportException:
 java.net.ConnectException: Connection refused: connect
```

```
    at org.apache.thrift.transport.TSocket.open(TSocket.java:187)
    at org.apache.thrift.transport.TSaslTransport.open
(TSaslTransport.java:266)
    at org.apache.thrift.transport.TSaslClientTransport.open
(TSaslClientTransport.java:37)
    at org.apache.hive.jdbc.HiveConnection.openTransport
(HiveConnection.java:190)
    ... 5 more
```

初学者看到错误信息中有这么多英文，可能会感到困惑和不知所措，于是到各种论坛和技术群求助解决方案。然而，这类一眼就可以看出来的基础问题，一些技术大牛是不愿意回答的。我们找到关键报错信息 Could not open client transport with JDBC Uri: jdbc:hive2://192.168.121.116:10000/default: java.net.ConnectException: Connection refused: connect（通过 JDBC 的方式连接 Hive 被拒绝了），来探讨一下这种异常可能是由哪些因素导致的：

- 原因 1: 如果你在使用虚拟机学习 Hive，那么确保你的虚拟机网络接口卡（网卡）处于正常运行状态。因为网络连接问题可能会导致无法建立到 Hive 的连接。
- 原因 2: 如果你正在尝试访问物理机上的 Hive 服务，就需要验证所使用的 IP 地址和端口号是否正确。同时，请检查对应的 IP 地址和端口是否受到防火墙的限制，这可能会阻止你的连接请求。
- 原因 3: 请确认 Hive 的服务进程是否正在正常运行。如果服务进程未运行，你将无法连接到 Hive。
- 原因 4: 最后，你需要检查 Hive 的服务端是否开启了权限认证。如果开启了权限认证，而你没有提供正确的凭证，可能会无法连接。

当我们使用这种分析思维来解决一个问题后，以后遇到类似的问题或者新问题时，可以按照这种逻辑思维来分析和定位问题，这将为我们提供一种解决思路。如果能够养成这种良好的逻辑思维习惯，我们的编程能力将得到显著提升，达到一个新的水平。

2.4.4 控制代码版本，降低犯错的代价

在开发企业级项目时，务必对代码做好版本控制。如果没有进行版本控制，代码可能会被自己或者同事不小心覆盖或者删除，这将导致不知道何时出现了错误，或者不清楚其他人修改某一部分代码的原因。当生产环境出现重大事故需要将代码恢复到上一个正确的状态时，如果没有版本控制，修复这个问题将会耗费大量时间和精力。只有做好代码的版本控制，保存并提交每一次的修改记录，才能够快速地查找和恢复。

最好不要手动完成代码版本的控制，我们可以借助专业的版本控制系统，比如 Git。

提　示

> 通常企业会使用 Git 作为代码版本控制系统。如果读者不熟悉 Git 命令，建议使用 SourceTree 工具来操作 Git 代码库。
>
> SourceTree 具备一个精美且简洁的界面，极大地简化了开发者与 Git 代码库之间的操作流程。对于不太熟悉 Git 命令的开发者来说，这种工具具有极高的实用性。

使用代码版本控制系统可以浏览开发者提交的历史记录，掌握项目程序的开发进度。代码版本控制系统可以帮助开发者轻松恢复到之前某一个时间点的版本，也可以通过分支和标签功能发布程序的不同版本，比如测试版、开发版、正式版等。

Hive 的源代码托管在 GitHub 上，由世界各地的 Hive 爱好者共同开发和维护。正因为有代码版本控制系统来维护和管理 Hive 源代码，才能让这么多开源爱好者更好地协作开发和维护 Hive。Hive 这些年的研发产生了许多不同版本，其版本控制做得非常优秀，每次版本迭代时官方都会针对发布的版本编写详细的说明文档，告诉用户有关升级和废弃功能的信息。因此，用户一定要善于查阅各个版本的官方文档。

2.4.5　获取最新、最全的学习资料

在开发应用程序时，一定要学会查阅官方文档，这对于版本升级和提高自己的水平大有裨益。

以 Hive UDF 函数为例，如果我们打算编写一个用户自定义函数（UDF）并将其应用于实际项目中，可能会发现网络上的许多搜索结果都是过时的文章，且解释含糊不清。对于初学者来说，并不友好。然而，如果我们直接访问官方网站查阅文档，将会发现效率大大提高。官方网站对 UDF 函数的编写和使用方法进行了详细的说明，并提供了示例代码。这对于快速上手、节省时间以及提高开发效率至关重要。

然而，我们必须承认，由于一些官方技术文档是用英文编写的，大多数人可能会面临语言障碍。这就需要我们在工作中不断提升自己的英语水平，并学会利用翻译工具获取所需的信息。

2.4.6　学会自己发现和解决问题

在开发应用程序时可能会遇到各种意想不到的问题，即使是经验丰富的程序员也会因为业务逻辑不同而遇到各种新问题。因此，要培养自己发现和解决问题的能力。

如何才能高效地处理异常问题呢？

首先，我们需要发现问题的症结所在。在使用 Java 语言开发 Hive 应用程序时，通常在控制台中会出现大量的异常信息。那么，如何找到有针对性的错误信息呢？通常可以通过查找含有“Caused by”字样的提示来确定。例如以下错误信息：

```
    Caused by: java.lang.RuntimeException:
    org.apache.hadoop.ipc.RemoteException(org.apache.hadoop.security.authorize.
AuthorizationException): User: root is not allowed to impersonate hive
```

当看到“User: root is not allowed to impersonate hive”这样的异常信息时，明显是权限问题，说明使用了错误的用户名。对于这种问题，首先检查自己的用户名是否输入正确，不要急于去搜索。

开发者经常会碰到这样一种情况：代码没有问题，配置也没有问题，但是运行结果却不尽如人意，有时甚至不会抛出任何异常信息。在这种情况下，我们很难提出问题，也很难进行有效的搜索，因为没有异常信息可以作为关键字。因此，我们必须学会如何处理这类问题。

初学者在遇到错误提示时，一开始不要着急去技术群或论坛提问，因为这样效率比较低，特别是当有明显的错误提示信息时。笔者建议读者学会自己解决，因为初学者遇到的问题，在大多数情况下，前辈们已经遇到过，并将这些问题的解决方案归纳整理到了技术博客中。此时，利用搜索引擎进行搜索是最快捷的方法。

利用搜索引擎进行搜索也是有技巧的，不能盲目地搜索。使用合理的搜索方式，精准地搜索关键词才能得到我们想要的结果。比如上面的错误信息，我们可以选择“User: root is not allowed to impersonate hive”作为关键词进行搜索，搜索引擎很快就会展示对应的解决方案。

2.4.7 善于提问，成功一半

对于比较复杂的问题，如果超出了自己的理解和知识范围，利用搜索引擎进行搜索也得不到解决方案，这时可以到技术群或论坛尝试提问。

提问也是有技巧的。在提出问题之前，首先需要提供你的系统开发环境（Windows、Linux 或 macOS）、使用的版本（比如 Hive 3.1.2）、在解决问题之前你进行了什么操作等相关信息。将这些信息说明清楚，以便让解答者了解问题的来龙去脉。

1. 提问推荐句式一

我在 Windows/Linux/macOS 系统上使用的是 Hive 3.1.2 版本的客户端 JAR 包，访问 Hive 时遇到了 xxx 问题，我的连接代码是 xxx 这样写的。我初步判断是 xxx 原因引起的，于是尝试使用 xxx 方式，发现仍然无法解决。随后，我搜索了一下 xxx，发现有人提到可以用 xxx 方式解决该问题。我尝试后仍未成功。我已经尝试了多种解决方案，但仍无法成功，请大家帮忙分析一下问题出在哪里，谢谢！

2. 提问推荐句式二

问题：Hive 抛出异常：User: root is not allowed to impersonate hive。

- Hive 版本：3.1.2。
- Hadoop 版本：3.3.0。

执行命令如下：

```
-- 执行 Hive 连接命令
beeline> !connect jdbc:hive2://dn1:2181,dn2:2181,dn3:2181/; \
serviceDiscoveryMode=ZooKeeper;ZooKeeperNamespace=hiveserver2 hadoop ""
```

抛出异常信息如下：

```
Caused by: java.lang.RuntimeException:
org.apache.hadoop.ipc.RemoteException(org.apache.hadoop.security.authorize.
AuthorizationException): User: root is not allowed to impersonate hive
```

请大家帮忙看看这是什么原因引起的，谢谢！

3. 提问不可取的案例（摘取于技术论坛）

标题：Hive 报错如何解决？

内容：我是完全按照书本上的指导进行编写的，但在运行时报错了，我不知道该如何解决，希望大家能帮忙看一下。

代码如下：

```
publicclassHiveDemo{publicstaticvoidmain(Stringargs[]){Stringaddr=...
```

首先，在提问时，标题中最好包含异常内容，以便一目了然。其次，在描述问题时，应包含明确的错误提示。最后，代码书写要规范，例如上述代码缺少了空格，导致阅读困难，容易引发混淆。

通过在适当位置添加空格，代码格式将变得清晰。优化后的代码如下：

```
public class HiveDemo{public static void main(String args[]){String addr = ...
```

2.4.8 积累总结，举一反三

在学习新技术时，我们应该善于积累和总结。把学过的内容和知识点通过博客的方式进行归纳和整理，以分享给其他人，这是一种很好的自我巩固学习成果的方式。比如，在 Hive 中有 4 种排序方法，它们分别是 order by、sort by、distribute by 和 cluster by。

针对这 4 种排序方法，我们可以总结适用于什么使用场景。

1. order by

功能：如果需要根据指定字段进行全局排序，可以用 order by 来实现，其默认排序方式为升序。

例子：

```
-- 升序
select * from user_info order by id;
-- 降序
select * from user_info order by id desc;
-- 多列排序
select * from user_info order by id, name;
```

2. sort by

功能：根据 mapreduce.job.reduces 的值生成指定数量的 Reduce 任务，执行非全局排序。

例子：

```
-- 设置 Reduce 个数为 10
set mapreduce.job.reduces=10;
-- 根据用户 ID 降序查看用户信息
select * from user_info sort by id desc;
```

3. distribute by

功能：主要用于分区使用，类似于 MapReduce 的 partition，可以与 sort by 结合使用，但是 distribute by 语句需要写在 sort by 语句之前。

例子：

```
-- 设置 Reduce 个数为 10
set mapreduce.job.reduces=10;
-- 根据部门编号分区，以及用户 ID 降序查看用户信息
select * from user_info distribute by dept_no sort by id desc;
```

4. cluster by

功能：当 distribute by 和 sort by 字段相同时，可以使用 cluster by 方式，默认情况下仅支持升序。

例子：

```
-- 根据部门编号排序查看用户信息
select * from user_info cluster by dept_no;
```

2.5 本章小结

本章主要围绕 Hive 的安装与配置进行展开。在安装过程中，针对容易出错的环节提供了提示，例如各个服务器节点之间的免密码登录设置、环境变量的配置等，并给出了相应的解决建议。此外，还详细讲解了在企业内部选择 Hive 的单机模式和分布式模式的方法，以及如何安装和使用 Hive 在线编辑器。最后，提供了一些建议，以帮助读者更好地理解和使用 Hive。

2.6 习题

1. Hive 要实现分布式模式，需要依赖下列哪个组件？（ ）

A. MySQL　B. ZooKeeper　C. Kafka　D. HBase

2. 启动 3 台服务器上的 ZooKeeper 系统进程，会出现几个 Leader 角色？（ ）

A. 1　B. 2　C. 3　D. 4

3. 下列哪个进程属于 HDFS？（ ）

A. NameNode　B. ResourceManager　C. NodeManager　D. QuorumPeerMain

4. 下列属于 Hive 分布式模式的特点是？（ ）

A. 可靠性　B. 可扩展性　C. 高容错性　D. 以上皆是

5. Hive 有几种排序方法？（ ）

A. 1　B. 2　C. 3　D. 4

第2篇　入　门

Hive系统提供了简洁且易用的服务接口，使得用户可以快速编写应用程序。本书第2篇详细介绍Hive命令、支持的数据类型、存储格式、基础操作、数据库、表以及视图。读者可结合实际需求开发Hive应用程序。

第 3 章

实操理解 Hive 的数据类型和存储方式

在 Hive 系统中，数据类型用于描述数据的特性。由于机器无法直接识别数据，因此不同类型的数据会有不同的处理方式。Hive 支持几乎所有常见的数据类型，包括整型、浮点型、字符串型等。此外，Hive 采用特殊的编码方式（如 TextFile、SequenceFile、ORC）来结构化存储数据，以满足不同的存储需求。本章将详细介绍 Hive 的基本数据类型、文件格式和存储方式，为后续的实战应用做好准备。

3.1 掌握 Hive 的基本数据类型

Hive 作为一个数据仓库，其基本数据类型与传统的关系数据库有许多相似之处。例如，无论是 Hive 数据仓库还是关系数据库，都支持整型、浮点型、字符串型等数据类型。这些数据类型的主要作用是限制变量中可以存储的数据类型以及所占用的空间。

3.1.1 字段类型

由于 Hive 源代码是用 Java 语言编写的，因此 Hive 的基本数据类型和 Java 语言的基本数据类型是一一对应的。例如，有符号的整数类型 TINYINT、SMALLINT、INT、BIGINT 分别等价于 Java 语言的 byte、short、int、long 类型，它们分别占用 1 字节、2 字节、4 字节、8 字节。

1. 数值类型

数值类型主要包括有符号的整数类型和浮点类型，具体内容如表 3-1 所示。

表3-1 数值类型

类 型	关 键 字	说 明	示 例
很小的整型	TINYINT	1 字节（8 位）的有符号整数	10Y
短整型	SMALLINT	2 字节（16 位）的有符号整数	10S
整型	INT/INTEGER	4 字节（32 位）的有符号整数	10
长整型	BIGINT	8 字节（64 位）的有符号整数	10L
单精度浮点型	FLOAT	4 字节（32 为）单精度浮点数	10.0

（续表）

类　　型	关 键 字	说　　明	示　　例
双精度浮点型	DOUBLE	8 字节（64 位）双精度浮点数	10.0000
自定义精度	NUMERIC	存储精确的小数值，从 Hive 3.0.0 引入	10.00

2. 日期类型

日期类型主要包括时间戳、日期和间隔，具体内容如表 3-2 所示。

表3-2　日期类型

类　　型	关 键 字	说　　明	示　　例
时间戳	TIMESTAMP	时间戳类型，单位：秒	1621442276
日期	DATE	日期类型，单位：天	'2019-04-20'
间隔	INTERVAL	时间间隔类型，单位：天	INTERVAL '1' DAY

3. 字符串类型

字符串类型主要包括普通字符串、定长字符串和变长字符串，具体内容如表 3-3 所示。

表3-3　字符串类型

类　　型	关 键 字	说　　明	示　　例
普通字符串	STRING	字符串类型	"hive"
定长字符串	CHAR	最大字符数为 255	"hive"
变长字符串	VARCHAR	字符串范围为 1~65535	"hive"

4. 其他类型

其他类型主要包括布尔类型和字节数组类型，具体内容如表 3-4 所示。

表3-4　其他类型

类　　型	关 键 字	说　　明	示　　例
布尔类型	BOOLEAN	布尔类型，可选值 true 和 false	true
字节数组类型	BINARY	字节数组	无法表示

5. 复杂类型

复杂类型主要包括数组、集合、结构体和联合体，具体内容如表 3-5 所示。

表3-5　复杂类型

类　　型	关 键 字	说　　明	示　　例
数组	ARRAY	包含同类元素的数组	[0,1,2,3]
集合	MAP	包含 Key/Value 的集合	{"id":100}
结构体	STRUCT	字段集合，类型可以不一样。比如示例里面 name 是字符串类型，id 是整数类型	{"name":"hive","id":1001}
联合体	UNION	保存指定数据类型中的任意一种	{1:["hive","hadoop","kafka"]}

3.1.2 实例：快速构建包含常用类型的表

在创建 Hive 数据仓库中的表时，表的各个字段的常用类型有整数类型、字符串类型、时间戳类型、日期类型、任意精度类型以及集合类型。

1. 整数类型

整数类型的可用关键字包含 TINYINT、SMALLINT、INT/INTEGER 以及 BIGINT。默认情况下，会将 INTEGER 简写为 INT。超过 INT 取值范围的数字会被认定为 BIGINT。如果一个数字不包含任何后缀，默认将该数字当作整数类型。各种整数类型的表示如表 3-6 所示。

表3-6 整数类型

类型关键字	后　缀	取值范围	示　例
BIGINT	L	-2^{63}~$2^{63}-1$	102400000000L
INTEGER/INT	无	-2^{31}~$2^{31}-1$	10240000
SMALLINT	S	-2^{15}~$2^{15}-1$	1024S
TINYINT	Y	-2^{7}~$2^{7}-1$	10Y

实例说明

创建一个用户信息表，表结构包含用户 ID（BIGINT）、当天考勤次数（TINYINT）、年龄（INT）、部门 ID（SMALLINT），执行建表语句，并观察操作。

访问 Hue 系统，进入 Hive 编辑模块，执行如下 Hive SQL 语句：

```
create table user_info(
user_id bigint comment '用户 ID',
clock_in_num tinyint comment '当天考勤次数',
age int comment '年龄',
dept_no smallint comment '部门 ID'
) comment '记录用户考勤信息'
partitioned by(day string comment '按天分区')
row format delimited fields terminated by '\t';
```

在 Hue 系统中执行上述 Hive SQL 语句，结果如图 3-1 所示。

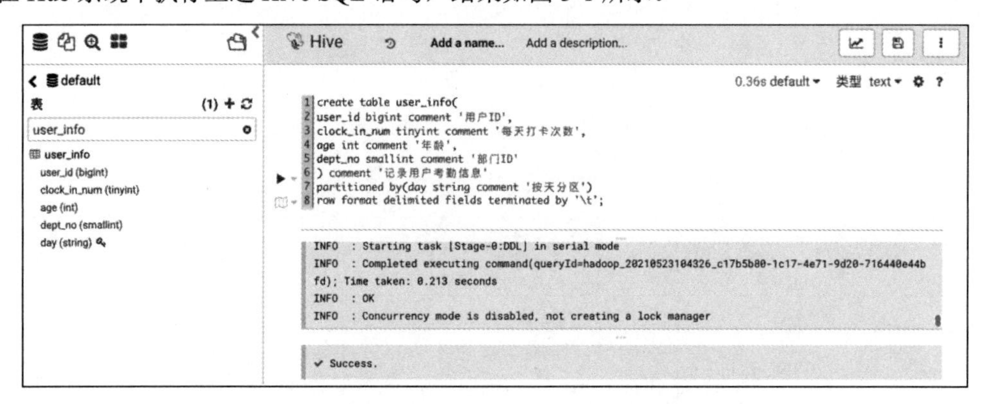

图 3-1

2. 字符串类型

在 Hive 中，字符串类型由三种关键字表示：STRING、VARCHAR 和 CHAR。

- STRING 类型的值可以用单引号（'）或双引号（"）来表示。
- VARCHAR 类型用于指定字符串的长度（介于 1 和 65535 之间），即定义字符串中允许的最大字符数。如果赋给 VARCHAR 的字符串值超过了这个长度，那么超出部分会被截断。例如，创建 name 字段的类型为 VARCHAR(4)并尝试将字符串"hive3"存入该字段，由于字段最大长度是 4 而字符串"hive3"的长度是 5，因此最终存储的结果会是"hive"。
- CHAR 类型与 VARCHAR 类型类似，但它是固定长度的。这意味着如果赋值的长度小于指定的 CHAR 长度，那么不足的部分会用空格填充。CHAR 的最大长度固定为 255。

实例说明

创建一个图书登记表，表结构包含用户名（STRING）、书名（VARCHAR）和是否借出（CHAR）。执行建表语句，并查看操作结果。

访问 Hue 系统，进入 Hive 编辑模块，执行如下 Hive SQL 语句：

```
create table book_info(
user_name string comment '用户名',
book_name varchar(128) comment '书名',
is_lend char(2) comment '是否借出，Y 表示已借，N 表示未借'
) comment '记录用户借阅图书信息'
partitioned by(day string comment '按天分区')
row format delimited fields terminated by '\t';
```

在 Hue 系统中执行上述 Hive SQL 语句，结果如图 3-2 所示。

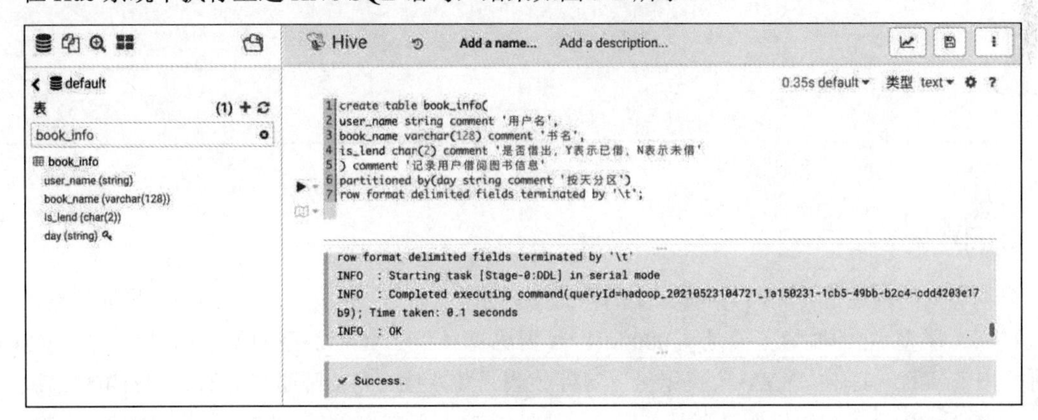

图 3-2

3. 时间戳类型

Hive 支持传统的 UNIX 时间戳，具体支持的场景如下。

- 整数类型：以秒为单位来表示 UNIX 时间戳，例如 1621440000。
- 浮点类型：以秒为单位来表示具有十进制精度的 UNIX 时间戳，例如 1.621440000E9。

- 字符串类型：在 JDBC 中，可以使用 java.sql.Timestamp 格式来表示时间戳，这种格式精确到小数点后 9 位，例如 2021-05-20 12:00:00.000000000。

时间戳在地球的每一个角落都是相同的，但在相同的时间点会有不同的表达方式，因此引入了时区这一概念。

Hive 中的时间戳被解释为无时区，并使用 UNIX 时间戳来表示。为了在不同时区之间进行转换，Hive 提供了一些便捷的用户自定义函数，例如 to_utc_timestamp 和 from_utc_timestamp。

在 Hive 中，所有日期时间用户自定义函数（如年、月、日、小时等）都可以使用 TIMESTAMP 数据类型。

访问 Hue 系统，进入 Hive 编辑模块，执行如下 Hive SQL 语句：

```
create table user_visit_info(
user_name string comment '用户名',
visit_time timestamp comment '用户访问时间'
) comment '记录用户访问信息'
partitioned by(day string comment '按天分区')
row format delimited fields terminated by '\t';
```

在 Hue 系统中执行上述 Hive SQL 语句，结果如图 3-3 所示。

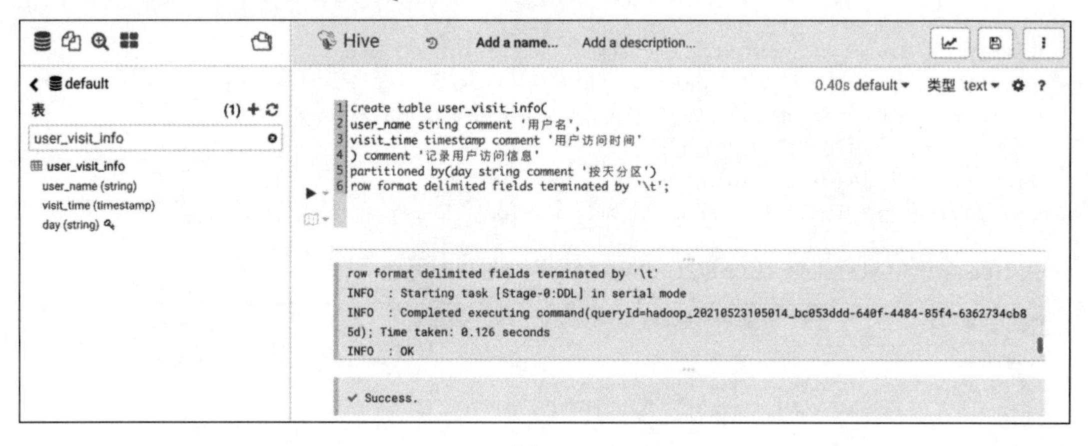

图 3-3

4. 日期类型

日期类型的值通过 YYYY-MM-DD 的格式来表示年/月/日，例如 2021-05-20。日期类型依赖于 Java 的 Date 类型，它的取值范围是从 0000-01-01 到 9999-12-31。日期类型的值是通过 YYYY-MM-DD 的格式来表示的，其中 YYYY 代表年份，MM 代表月份，DD 代表日期。例如，2021-05-20 就表示 2021 年 5 月 20 日。这种日期类型是基于 Java 的 Date 类型来实现的，它的取值范围为 0000-01-01 至 9999-12-31。

在 Hive 中，日期类型的数据可以在日期类型、时间戳类型或者字符串类型之间进行转换，具体内容如表 3-7 所示。

表3-7　日期类型转换

有效的日期类型强制转换	结　果
cast(date as date)	返回日期类型值
cast(timestamp as date)	时间戳中的年/月/日是依赖本地时间的，返回结果为日期类型值
cast(string as date)	如果字符串是 YYYY-MM-DD 格式，则返回对应的年/月/日的日期类型值。如果不是 YYYY-MM-DD 格式，则返回结果为 NULL
cast(date as timestamp)	基于本地时间来生成对应的年/月/日时间戳值
cast(date as string)	日期类型所表示的年月日会被转换成 YYYY-MM-DD 格式的字符串

访问 Hue 系统，进入 Hive 编辑模块，执行如下 Hive SQL 语句：

```
-- date to date
select cast(current_date() as date) as `date`;
-- timestamp as date
select cast(current_timestamp() as date) as `date`;
-- string as date
select cast('2021-05-20' as date) as `date`;
-- date as timestamp
select cast(current_date() as timestamp) as `date`;
-- date as string
select cast(current_date() as string) as `date`;
```

在 Hue 系统中执行上述 Hive SQL 语句，结果如图 3-4 所示。

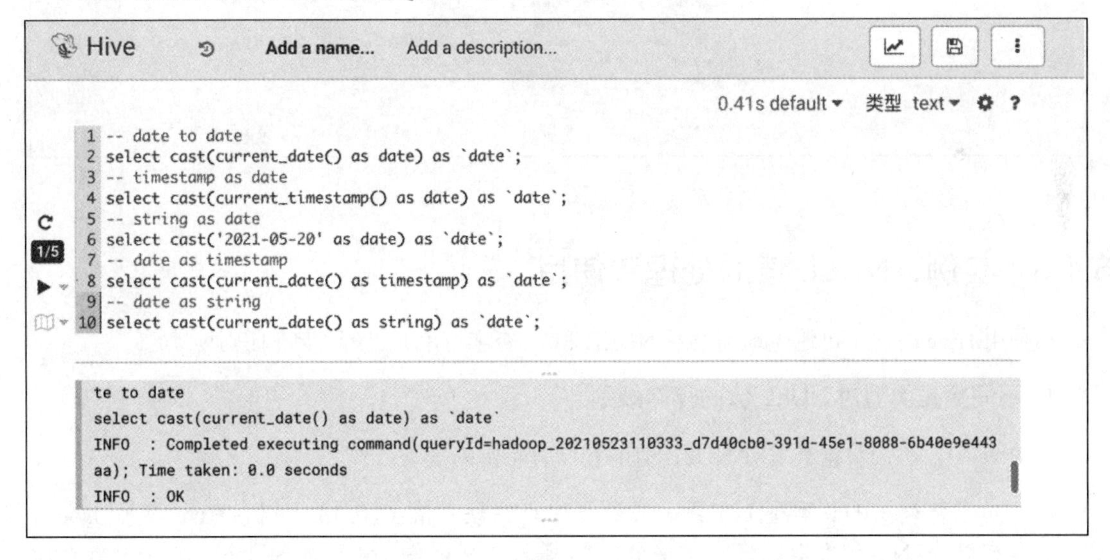

图 3-4

5. 任意精度类型

Hive 中的 DECIMAL 类型是基于 Java 的 BigDecimal 类型来实现的，用于表示 Java 中不可变的任意精度的十进制数。它支持常规运算的加、减、乘、除，以及通过 UDF 函数处理小数类型等。

十进制类型支持科学记数法和非科学记数法，例如 1024（非科学记数法）、1.024E+3（科学记数法）或两者的组合，DECIMAL 类型都能够识别并使用它们。

实例说明

创建一个用户钱包表，表结构包含用户名（STRING）、用户余额（DECIMAL）、用户支出（DECIMAL）。执行建表语句，并查看操作结果。

访问 Hue 系统，进入 Hive 编辑模块，执行如下 Hive SQL 语句：

```
create table user_wallet_info(
user_name string comment '用户名',
deposit decimal(10,2) comment '用户余额，精确到两位小数',
pay decimal(10,2) comment '用户支出，精确到两位小数'
) comment '记录用户钱包信息'
partitioned by(day string comment '按天分区')
row format delimited fields terminated by '\t';
```

在 Hue 系统中执行上述 Hive SQL 语句，结果如图 3-5 所示。

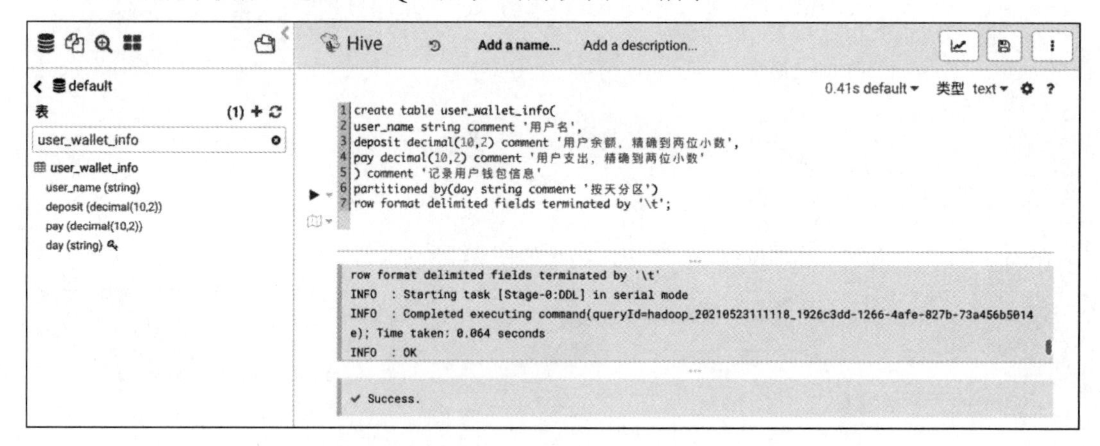

图 3-5

3.1.3 实例：NULL 值的处理和使用

在使用 Hive 时，不可避免地需要对 NULL 和''（空字符串）进行判断和识别。

1. 不同数据类型对 NULL 值的存储规则

在 Hive 中，不同数据类型对 NULL 值的存储有特定的规则：

- 对于整型（INT 类型）字段，当数据中存在缺失值（NULL）时，Hive 实际上会将其存储为'\N'。如果尝试将空字符串（""）插入整型字段，由于这不是一个有效的整数值，Hive 同样会将其解释为 NULL 并以'\N'存储。这种行为确保了整型字段中的数据完整性，防止了无效数据的存储。
- 对于字符串（STRING 类型）字段，NULL 值和空字符串（""）被视为不同的实体。一个真正的 NULL 值在存储时会被标记为'\N'，表示缺失的数据。相反，当插入一个空字符串到 STRING 类型的字段时，Hive 会将其存储为一个长度为零的字符串，而不是 NULL。这种区分确保了数据的精确表示，允许用户明确区分数据的缺失与空值的情况。

2. 不同数据类型对 NULL 值的查询判断

查询时如何判断 NULL 值也依赖于数据类型：

- 对于整型（INT 类型）字段，使用 IS NULL 可以正确判断出值为 NULL 的记录。
- 对于字符串（STRING 类型）字段，使用 IS NULL 可以查询出那些实际存储为'\N'的 NULL 值。但是，如果想查询那些存储为空字符串（""）的记录，则需要使用条件=''。

3. 在 Hive 中对 NULL 值的处理方式

在创建表时，可以直接使用 Hive SQL 语句指定。

实例说明

创建一个用户订单表，表结构包含用户名（STRING）、物品价格（DECIMAL）和物品数量（BIGINT）。执行建表语句，并查看操作结果。

访问 Hue 系统，进入 Hive 编辑模块，执行如下 Hive SQL 语句：

```
create table user_order_info(
user_name string comment '用户名',
item_price decimal(10,2) comment '物品价格，精确到两位小数',
item_nums bigint comment '物品数量'
) comment '记录用户订单信息'
partitioned by(day string comment '按天分区')
row format delimited fields terminated by '\t'
stored as textfile
tblproperties ('serialization.null.format'='');
```

在 Hue 系统中执行上述 Hive SQL 语句，结果如图 3-6 所示。

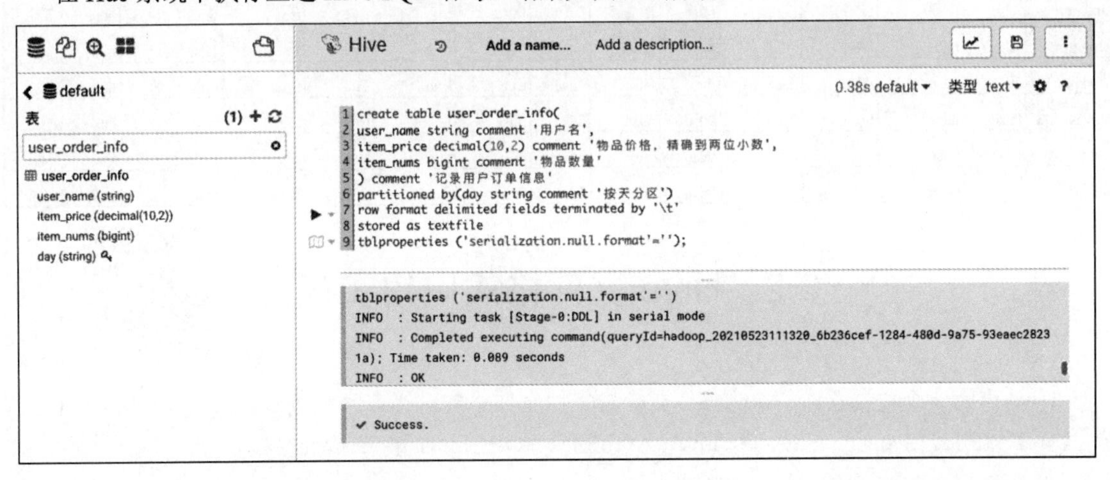

图 3-6

4. NULL 值的使用情况

在使用 Hive 时，处理 NULL 值在某些特定场景下是必要的。以下是一些需要特别关注 NULL 值的场景。

- 场景一：当执行 INSERT 语句向 Hive 表中插入数据时，必须确保插入的列数与表结构定义的列数相匹配。如果某些列没有提供值，不能简单地跳过它们，而必须使用 NULL 值作为占位符来保证列数一致。
- 场景二：在 Hive 的数据文件中，各个列通常是通过某种分隔符（如逗号、制表符等）进行区分的。如果某列没有数据，会存储 NULL 以保持列的位置。例如，如果 Hive 表的结构定义了 10 个字段，但加载的数据文件只包含 6 列信息，那么在查询表中的数据时，剩余未提供数据的列将显示为 NULL 值，以保持列结构的完整性。

3.1.4 允许隐式转换

Hive 内置的数据类型之间可以进行隐式转换，支持隐式转换的数据类型如表 3-8 所示。

表3-8 支持隐式转换的数据类型

	void	boolean	tinyint	smallint	int	bigint	float	double	decimal	string	varchar	timestamp	date	binary
void	true	true	true	true	true	true	true	true	true	true	true	true	true	true
boolean	false	true	false	false	false	false	false	false	false	false	false	false	false	false
tinyint	false	false	true	true	true	true	true	true	true	true	true	false	false	false
smallint	false	false	false	true	true	true	true	true	true	true	true	false	false	false
int	false	false	false	false	true	true	true	true	true	true	true	false	false	false
bigint	false	false	false	false	false	true	true	true	true	true	true	false	false	false
float	false	false	false	false	false	false	true	true	true	true	true	false	false	false
double	false	false	false	false	false	false	false	true	true	true	true	false	false	false
decimal	false	false	false	false	false	false	false	false	true	true	true	false	false	false
string	false	false	false	false	false	false	false	true	true	true	true	false	false	false
varchar	false	false	false	false	false	false	false	true	true	true	true	false	false	false
timestamp	false	false	false	false	false	false	false	false	false	true	true	true	false	false
date	false	false	false	false	false	false	false	false	false	true	true	false	true	false
binary	false	false	false	false	false	false	false	false	false	false	false	false	false	true

3.2 Hive 文件格式应用实践

Hive 作为一个数据仓库解决方案，支持与多种文件格式进行兼容和集成。Hive 支持的文件格式类型有 TextFile、SequenceFile、RCFile、AvroFiles、ORCFiles 和 Parquet。

3.2.1 TextFile

TextFile 是 Hive 的默认文件格式，若在创建表时未指定存储格式，则默认为 TextFile。在导入外部数据时，数据文件会直接被复制到 HDFS 上，不会进行其他处理。

1. 优点

- 数据格式简单。
- 方便与其他工具共享数据，便于查看和编辑。
- 加载数据快。

2. 不足

- 耗费存储空间。
- I/O 性能较差。
- 不能进行数据切分合并，导致不能进行并行操作。

3. 示例

在创建表时，可以直接使用 Hive SQL 语句指定。

实例说明

创建一个用户登录表，表的文件格式为 TextFile，表结构包含用户名（STRING）、用户访问的 URL（STRING）和用户登录次数（BIGINT）。执行建表语句，并查看操作结果。

访问 Hue 系统，进入 Hive 编辑模块，执行如下 Hive SQL 语句：

```
create table user_order_info_textfile(
user_name string comment '用户名',
url string comment '用户访问的 URL',
login_cnt bigint comment '用户登录次数'
) comment '记录用户登录信息'
partitioned by(day string comment '按天分区')
row format delimited fields terminated by '\t'
stored as textfile;
```

在 Hue 系统中执行上述 Hive SQL 语句，结果如图 3-7 所示。

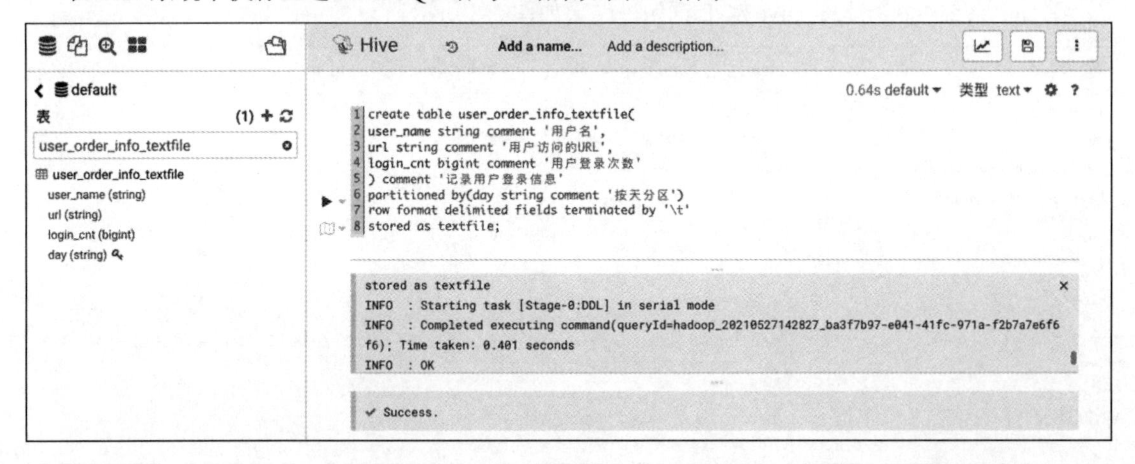

图 3-7

3.2.2 SequenceFile

SequenceFile 是 Hadoop 系统中用于存储二进制形式的键-值对（Key-Value Pair）的平面文件格式。

1. 优点

- 可压缩、可分割。
- 优化磁盘利用率和 I/O。
- 可并行操作数据，查询效率高。

2. 不足

- 存储空间消耗大。
- 对于 Hadoop 生态系统之外的工具不兼容，需要通过 Text 文件进行转换加载。

3. 示例

在创建表时，可以直接使用 Hive SQL 语句指定。

实例说明

创建一个用户登录表，表的文件格式为 SequenceFile，表结构包含用户名（STRING）、用户访问的 URL（STRING）和用户登录次数（BIGINT）。执行建表语句，并查看操作结果。

访问 Hue 系统，进入 Hive 编辑模块，执行如下 Hive SQL 语句：

```
create table user_order_info_sequencefile(
user_name string comment '用户名',
url string comment '用户访问的 URL',
login_cnt bigint comment '用户登录次数'
) comment '记录用户登录信息'
partitioned by(day string comment '按天分区')
row format delimited fields terminated by '\t'
stored as sequencefile;
```

在 Hue 系统中执行上述 Hive SQL 语句，结果如图 3-8 所示。

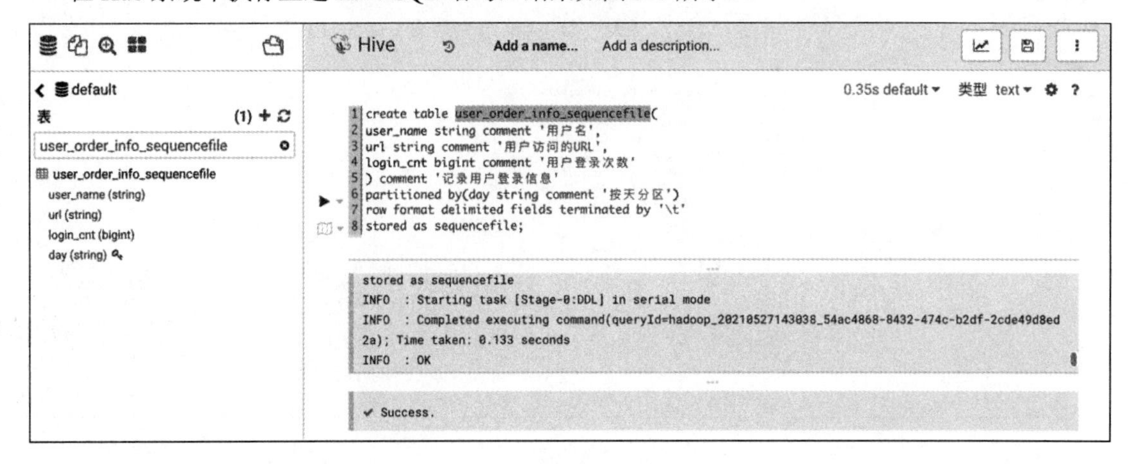

图 3-8

在 SequenceFile 文件格式中，数据以键-值对的形式组织，其中每一个键-值对被视作一条记录。为了提高存储效率和降低数据传输的开销，SequenceFile 支持基于记录的压缩策略。具体来说，SequenceFile 文件格式支持以下 3 种压缩类型。

- 无压缩类型（NONE）：对记录不进行压缩。
- 记录压缩类型（RECORD）：仅压缩每一个记录的 Value 值。
- 块压缩类型（BLOCK）：将一个块中的所有记录压缩在一起。

3.2.3 RCFile

RCFile 是一种专门为基于 MapReduce 的数据仓库系统设计的文件格式，用于优化列式存储和提高查询效率。在 RCFile 中，表数据被组织并存储在一个由二进制键-值对构成的平面文件中。

1. 优点

- 可压缩。
- 高效的列存取，查询效率较高。

2. 不足

- 加载时性能消耗较大。
- 需要通过 Text 文件转换加载。
- 读取全量数据性能低。

3. 示例

在创建表时，可以直接使用 Hive SQL 语句指定。

实例说明

创建一个用户登录表，表的文件格式为 RCFile，表结构包含用户名（STRING）、用户访问的 URL（STRING）和用户登录次数（BIGINT），执行建表语句，并查看操作结果。

访问 Hue 系统，进入 Hive 编辑模块，执行如下 Hive SQL 语句：

```
create table user_order_info_rcfile(
user_name string comment '用户名',
url string comment '用户访问的URL',
login_cnt bigint comment '用户登录次数'
) comment '记录用户登录信息'
partitioned by(day string comment '按天分区')
row format delimited fields terminated by '\t'
stored as rcfile;
```

在 Hue 系统中执行上述 Hive SQL 语句，结果如图 3-9 所示。

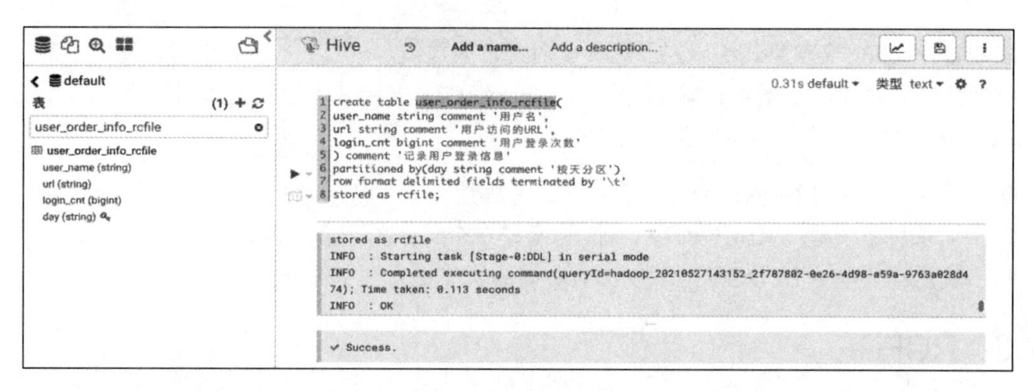

图 3-9

3.2.4 AvroFile

AvroFile 是指使用 Apache Avro 序列化框架来存储数据的文件。Avro 的设计初衷是为了支持大批量的数据交换。

1. 特点

- 丰富的数据结构类型。
- 快速压缩二进制数据，对二进制数据序列化后可以节约数据存储空间和网络传输带宽。
- 持久化数据。
- 可以实现远程接口调用。
- 支持简单的动态语言结合功能。

2. 数据结构

Avro 依赖于数据结构，读取 Avro 数据时，允许每条数据写入时不产生额外的资源开销，这样有利于提升数据序列化的性能。

Avro 数据结构采用 JSON 来定义，这样有助于在已有的 JSON 库语言中实现。例如，一个 IP 的经纬度可以定义为如下的 Avro 数据结构：

```
{
   "namespace": "org.smartloli.hive.avro",
   "type": "record",
   "name": "ip_info",
   "fields": [
      {
         "name": "ip",
         "type": "string"
      },
      {
         "name": "lng",
         "type": "double"
      },
      {
         "name": "lat",
         "type": "double"
      }
```

```
    ]
}
```

3. 基本类型

Avro 包含 8 种简单数据类型，分别是 null、boolean、int、long、float、double、bytes 和 string。具体说明如表 3-9 所示。

表3-9　Avro包含的8种简单数据类型

类　型	含　义
null	空值
boolean	布尔值
int	32 位有符号整数
long	64 位有符号整数
float	单精度（32 位）的浮点数
double	双精度（64 位）的浮点数
bytes	8 位无符号字节
string	字符串

Avro 包含 6 种复杂类型，分别是 record、enum、list、map、union、enum 和 fixed，具体说明如表 3-10 所示。

表3-10　Avro包含的6种复杂类型

类　型	示　例
record	{"type":"record","name":"SRecords","fields":[{"name":"sInt","type":"int"}]}
enum	{"type":"enum","name":"SEnum","symbols":["RED","GREEN","WHITE"]}
list	{"type":"array","items":"string"}
map	{"type":"map","values":"int"}
union	["string","boolean","float"]
fixed	{"type":"fixed","name":"md5","size":16}

4. Avro 转换成 Hive 标准类型

虽然大多数 Avro 类型可以直接转换为等效的 Hive 类型，但并非所有 Avro 类型都能直接转换为对应的 Hive 类型。这种不一致性可能源于两种系统在数据模型和类型系统设计上的微妙差异。为了确保数据能够在 Hive 中正确表示，需要仔细考虑这些类型之间的转换。Avro 类型到 Hive 类型的转换如表 3-11 所示。

表3-11　Avro类型到Hive类型的转换

Avro 类型	Hive 类型
null	void
boolean	boolean
int	int
long	bigint
float	float
double	double

（续表）

Avro 类型	Hive 类型
bytes	binary
string	string
record	struct
map	map
list	array
union	union
enum	string
fixed	binary

5. 示例

在创建表时，可以直接使用 Hive SQL 语句指定。

实例说明

创建一个用户登录 IP 表，表的文件格式为 Avro，表结构包含用户名（STRING）、用户登录 IP（STRING）、经度（DOUBLE）和纬度（DOUBLE）。执行建表语句，并查看操作结果。

访问 Hue 系统，进入 Hive 编辑模块，执行如下 Hive SQL 语句：

```
create table user_ip_info_avro(
user_name string comment '用户名',
ip string comment '用户登录 IP',
lng double comment '经度',
lat double comment '纬度'
) comment '记录用户登录 IP 信息'
partitioned by(day string comment '按天分区')
row format delimited fields terminated by '\t'
stored as avro;
```

在 Hue 系统中执行上述 Hive SQL 语句，结果如图 3-10 所示。

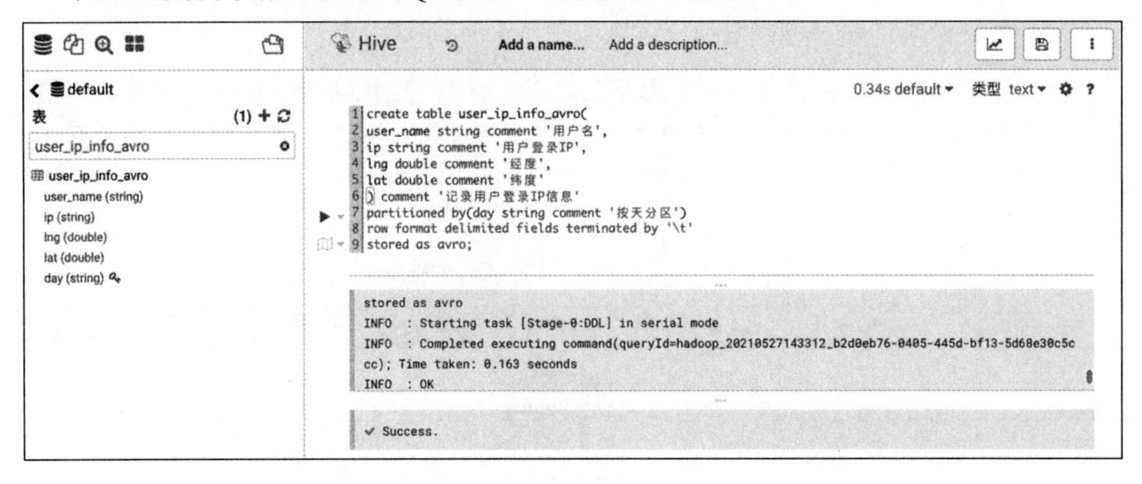

图 3-10

3.2.5 ORCFile

ORCFile 不仅是一种列式文件存储格式，而且它有着很高的压缩比，并且对于 MapReduce 计算框架来说是可以切分的。

在 Hive 中使用 ORC 作为表的文件存储格式，不仅可以很大程度上节省 Hadoop 的存储空间，而且对数据的查询和处理性能有着非常大的提升。此外，由于 ORC 的高压缩比，查询任务需要处理的输入数据量大大减少，这通常导致所需执行的任务数量也随之减少，从而在数据的查询和处理性能上实现了显著的提升。这种性能优势使得 ORC 成为处理大规模数据分析任务时的一个优选文件格式。

1. 优点

- 每个任务只输出单个文件，从而可以减少元数据节点的负载。
- 支持各种复杂的数据类型，例如日期类型、结构体类型、集合类型等。
- 文件中可以存储一些轻量级的索引数据。
- 支持基于数据类型的块模式压缩。
- 能够并行读取相同的文件。
- 元数据存储使用的是 Protocol Buffers，支持添加和删除列。

2. 表属性

存储为 ORC 文件的表使用表属性来控制它们的行为，这些属性用来约束所有客户端使用相同的选项来存储数据，具体的表属性如表 3-12 所示。

表3-12 表属性

属 性	默 认 值	说 明
orc.compress	ZLIB	列压缩格式，包含 NONE、ZLIB、SNAPPY
orc.compress.size	262 144	块压缩大小
orc.stripe.size	67 108 864	存储缓冲区（以字节为单位）用于写入
orc.row.index.stride	10 000	索引项之间的行数
orc.create.index	true	是否创建索引
orc.bloom.filter.columns	""	以逗号分隔的列名称列表
orc.bloom.filter.fpp	0.05	布隆过滤器误报率（大于 0.0 且小于 1.0）

3. 示例

在创建表时，可以直接使用 Hive SQL 语句指定。

实例说明

创建一个用户登录 IP 表，表的文件格式为 ORC，且不进行数据压缩，表结构包含用户名（STRING）、用户登录 IP（STRING）、经度（DOUBLE）和纬度（DOUBLE）。执行建表语句，并查看操作结果。

访问 Hue 系统，进入 Hive 编辑模块，执行如下 Hive SQL 语句：

```
create table user_ip_info_orc(
```

```
user_name string comment '用户名',
ip string comment '用户登录 IP',
lng double comment '经度',
lat double comment '纬度'
) comment '记录用户登录 IP 信息 ORC 格式'
partitioned by(day string comment '按天分区')
row format delimited fields terminated by '\t'
stored as orc tblproperties ("orc.compress"="NONE");
```

在 Hue 系统中执行上述 Hive SQL 语句，结果如图 3-11 所示。

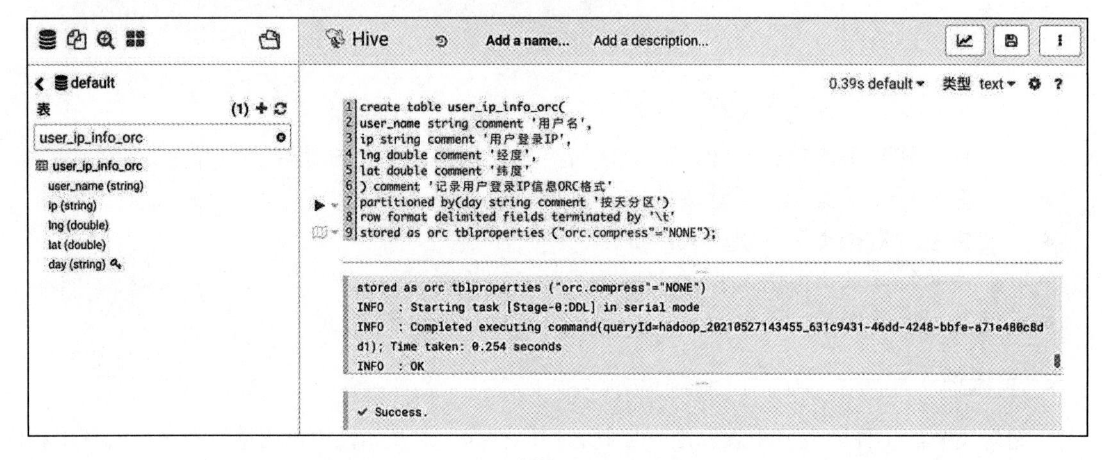

图 3-11

4. 文件结构

ORCFile 由一个或者多个条带（Stripe）组成，每个条带默认大小是 250MB。相比于 RCFile 的默认大小 4MB，ORCFile 在处理大数据集时更加高效。ORC 文件结构中包含 5 个主要组件，它们分别是：

- Index Data：一个轻量级的索引，默认是 10 000 行创建一个索引，保存了一个条带上的数据位置、总行数等信息。
- Row Data：存储具体的数据，先取部分行，然后对这些行按列进行存储。
- Stripe Footer：存储当前条带的统计结果，包括 Max、Min、Count 等信息。
- File Footer：存储当前表的统计结果，以及各个条带的位置信息。
- Postscript：存储当前表的行数、压缩参数、压缩大小、列等信息。

ORC 文件结构如图 3-12 所示。

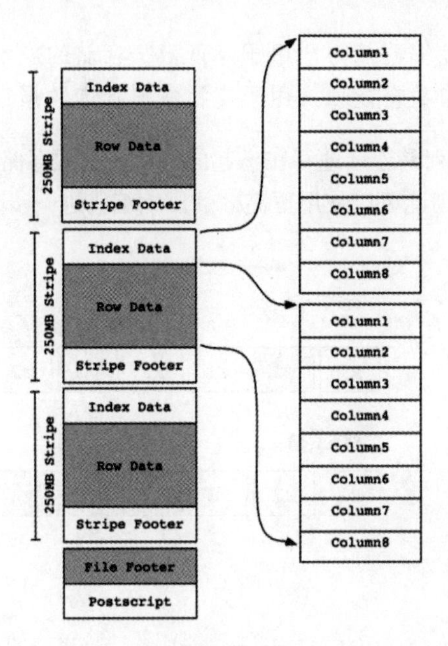

图 3-12

Index Data 中包含每列的最大行、最小行以及每列的行索引。索引中提供了偏移量，可以通过偏移量移动到指定的压缩块位置。默认情况下，索引最多可以跳过 10 000 行数据。

每个 ORC 文件会被分割成若干条带，每个条带内部以列进行存储，所有的列存储在一个文件中。

3.2.6 Parquet

Parquet 的设计原理参考了谷歌的 Dremel 引擎，通过高效的数据重建算法，实现按列存储，进而对列数据引入更加具有针对性的编码和压缩方案，来降低存储代价，从而提升计算性能。

1. 支持的计算引擎

Parquet 支持的引擎有以下几种：

- Apache Hive
- Apache Drill
- Cloudera Impala
- Apache Crunch
- Apache Pig
- Cascading
- Apache Spark

2. 背景

数据的接入、处理、存储和查询是大数据系统不可缺少的 4 个重要环节。随着企业业务数据量的增加，人们开始寻找一种高效的数据格式来解决存储和查询环节的性能瓶颈。通常存储和查询环节的性能瓶颈体现在以下两个方面：

- 需要拥有高效的压缩编码能力，用于降低数据存储的成本。
- 需要拥有高效的读取数据能力，用于支撑快速查询数据。

在行式存储中，一行的多列是连续地写在一起的。而在列式存储中，数据按列分开存储。由于同一列的数据类型是相同的，因此可以使用更高效的压缩编码进一步节约存储空间。如图 3-13 所示为行式与列式的存储分布。

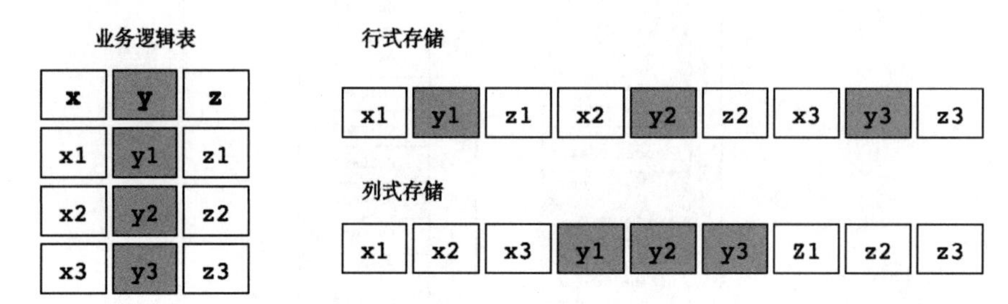

图 3-13

对于大多数存储服务，比如 MySQL、Elasticsearch 等，为了提高查询效率，都会在数据写入时建立对应的索引。而存放在 HDFS 上的大数据是直接以文件的形式进行存储的，那么如何才能实现快速查询呢？目前 Parquet 有以下几种方式可以实现。

- 方式 1：类似于将文件按目录存放的思路，根据某些字段对数据进行分区，在查询时指定相应的分区条件。
- 方式 2：在查询中指定需要返回的字段，跳过不需要的字段，减少加载的数据量。
- 方式 3：预先判断一个文件中是否存在符合条件的数据，有则加载对应的数据，无则跳过该数据文件。

3. 示例

在创建表时，可以直接使用 Hive SQL 语句指定。

实例说明

创建一个用户登录 IP 表，表的文件格式为 Parquet。表结构包含用户名（STRING）、用户登录 IP（STRING）、经度（DOUBLE）和纬度（DOUBLE）。执行建表语句，并查看操作结果。

访问 Hue 系统，进入 Hive 编辑模块，执行如下 Hive SQL 语句：

```
create table user_ip_info_parquet (
user_name string comment '用户名',
ip string comment '用户登录 IP',
lng double comment '经度',
lat double comment '纬度'
) comment '记录用户登录 IP 信息 ORC 格式'
partitioned by(day string comment '按天分区')
row format delimited fields terminated by '\t'
stored as parquet;
```

在 Hue 系统中执行上述 Hive SQL 语句，结果如图 3-14 所示。

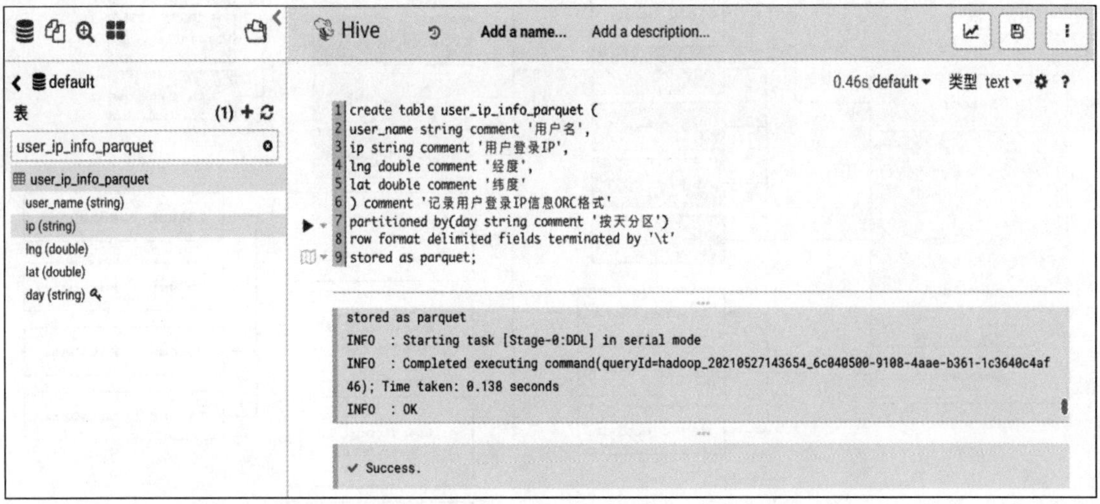
Hive
Add a name...
Add a description...
default
表
(1)
user_ip_info_parquet
user_ip_info_parquet
user_name (string)
ip (string)
lng (double)
lat (double)
day (string)
0.46s default
类型 text
create table user_ip_info_parquet (
user_name string comment '用户名',
ip string comment '用户登录IP',
lng double comment '经度',
lat double comment '纬度'
) comment '记录用户登录IP信息ORC格式'
partitioned by(day string comment '按天分区')
row format delimited fields terminated by '\t'
stored as parquet;
stored as parquet
INFO : Starting task [Stage-0:DDL] in serial mode
INFO : Completed executing command(queryId=hadoop_20210527143654_6c040500-9108-4aae-b361-1c3640c4af
46); Time taken: 0.138 seconds
INFO : OK
Success.

图 3-14

4. 文件结构

一个 Parquet 文件的内容由 Header（头部）、Data Block（数据块）和 Footer（尾部）三个部分组成。在文件的头部和尾部各有一个内容为 PAR1 的 Magic Number，用于标识该文件为 Parquet 文件。

Header 部分包含文件的元数据，而 Data Block 是具体存储数据的区域，由多个 Row Group 组成，每个 Row Group 包含一批数据。假设现有一个文件存放着 10 000 行数据，按照对应的大小切分成 4 个 Row Group，每个 Row Group 将拥有 2 500 行数据。

在每个 Row Group 中，数据是按列进行存储的，每列的所有数据组合成一个 Column Chunk。一个 Row Group 由多个 Column Chunk 组成，Column Chunk 的个数与列数相等。在每个 Column Chunk 中，数据再进行细分，以 Page 作为最小的存储单元。这样分层设计的好处如下：

- 多个 Row Group 可以实现数据的并行加载。
- 不同 Column Chunk 用来实现列存储。
- 数据细分，以 Page 作为最小的存储单元，可以实现更加细粒度的数据访问。

Footer 部分由 FileMetaData、Footer Length 和 Magic Number 这三个部分组成。Footer Length 是一个 4 字节的数据，用来标识 Footer 部分的数据大小，用于寻找 Footer 的起始偏移量位置，其中 Magic Number 仍然是 PAR1。FileMetaData 包含数据结构和每个 Row Group 的元数据信息。每个 Row Group 的元数据信息又包含列的元数据信息，每个列的元数据信息又包含编码、偏移量、统计信息等。Parquet 文件结构描述如图 3-15 所示。

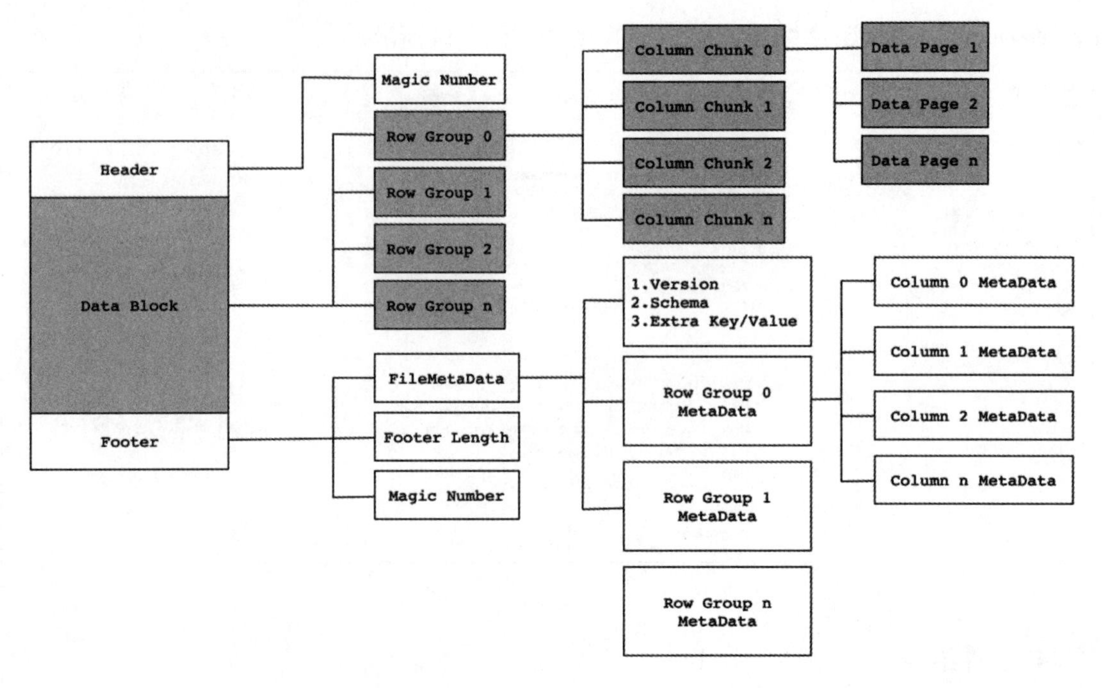

图 3-15

3.2.7 选择不同的文件类型

对于 TextFile、SequenceFile、RCFile、AvroFiles、ORCFiles、Parquet 这些文件类型，在实际项目开发中如何选择？可以从以下几个维度进行评估后选取：

- 读写的速度。
- 按行读取多，还是按列读取多。
- 是否需要支持文件分割。
- 压缩比率。
- 是否支持动态数据结构。

在实际应用中，对于这几种文件类型得出的结论如下：

- 读取少数列时，可以选择面向列存储的 ORC 文件类型或者 Parquet 文件类型。
- 读取列比较多的场景下，选择 Avro 文件类型会更好。
- 数据结构频繁变动的场景，最好选择 Avro 文件类型。
- ORC 文件类型的查询性能最佳。

3.3 存储方式应用实践

数据压缩是处理文件比较重要的一个环节。大部分企业在使用 Hive 时，目标都是尽可能高效地处理数据。选择合适的压缩编解码器可以使任务运行得更快，同时让集群能够存储更多的数据。

3.3.1　数据压缩存储

使用压缩的好处是可以最大化地利用存储空间，同时减少磁盘 I/O 和网络 I/O 的操作。但是，文件压缩和解压缩过程会消耗额外的 CPU 资源。因此，当 CPU 资源有空闲而存储空间较少，并且作业任务属于压缩密集类型时，最好采用压缩的方式来存储数据。在某些情况下，对 Hive 表中的数据进行压缩，在磁盘使用和查询性能方面，可以提供比未压缩时更好的性能。

Hive 的实际数据存储在 HDFS 中，因此 Hive 表数据的压缩需要依赖 HDFS 的压缩算法。HDFS 常见的压缩算法有 GZIP、BZIP2、LZO、SNAPPY 等。

1. 性能对比

实际压测结果表明，在众多压缩算法中，BZIP2 和 GZIP 虽然提供了较高的压缩效率，但它们对 CPU 资源的消耗也相对较大。这意味着在处理数据时，使用这两种算法可能会增加处理器的负担。而 SNAPPY 和 LZO 这两种压缩算法表现出相近的压缩效率，同时它们的 CPU 消耗相对较低，尤其是与 GZIP 相比。这使它们成为在处理能力有限或希望减少 CPU 使用的场景下的合适选择。具体压测结果如表 3-13 所示。

表3-13　压测结果

压缩算法	压缩效率	压缩速度	解压缩速度	是否支持切分
GZIP	1.30	33.18M/s	129.54M/s	否
BZIP2	1.45	7.35M/s	17.08M/s	是
SNAPPY	1.08	151.19M/s	350.59M/s	否
LZO	1.06	167.34M/s	342.12M/s	是（需要建立索引）

从测试的结果来看，BZIP2 压缩算法的压缩效率高于 GZIP 压缩算法，但同时也增加了读取和写入时的性能消耗。而就压缩速度和解压缩效率而言，SNAPPY 和 LZO 压缩算法的表现优于 GZIP 和 BZIP2 压缩算法。

2. 压缩算法的选择

在实际大数据应用场景中，选择合适的数据存储压缩算法至关重要。我们可以综合比较各个压缩算法的优缺点，同时根据实际的业务场景来决定。

1）GZIP

GZIP 压缩算法具有以下优点和缺点。

优点：

- 压缩效率高。
- Hadoop 系统本身支持该压缩算法，处理方便。
- 支持 Hadoop Native 库。

缺点：

- 不支持文件切分。

适合场景：

- 如果每个文件压缩之后的大小在 128MB（HDFS 的默认块大小为 128MB，当文件超过 128MB 时，会对数据进行切分）以内，都可以考虑使用 GZIP 压缩算法。通常情况下，GZIP 压缩算法比较适合不需要切分数据块的场景。

2）BZIP2

BZIP2 压缩算法具有以下优点和缺点。

优点：

- 支持文件切分。
- 具有比 GZIP 压缩算法更高的压缩效率。
- Hadoop 系统本身支持该压缩算法。
- Linux 操作系统自带 bzip2 命令，使用方便。

缺点：

- 压缩/解压缩速度慢。
- 不支持 Native 库。

适合场景：

- 对压缩/解压缩速度要求不高，但需要较高压缩效率的场景，如备份历史数据。
- 输出的文件较大，处理后的数据需要减少磁盘存储需求，且后续对处理后的数据使用频率较低的场景。

3）SNAPPY

SNAPPY 压缩算法具有以下优点和缺点。

优点：

- 压缩/解压缩速度快。
- 支持 Hadoop Native 库。

缺点：

- 不支持文件切分。
- 压缩效率低于 GZIP。
- 需要编译安装。
- Linux 操作系统没有对应的命令。

适合场景：

- 当 MapReduce 作业的 Map 阶段输入的数据量较大时，可用作 Map 阶段到 Reduce 阶段中间数据的压缩算法。
- 对于多个 Job 之间的依赖关系，可用作一个 MapReduce 任务的输出和另一个 MapReduce 任务的输入。

4）LZO

LZO 压缩算法具有以下优点和缺点。

优点：

- 压缩/解压缩速度快。
- 支持文件切分。
- 支持 Hadoop Native 库。
- 可以在 Linux 操作系统下安装 lzop 命令。

缺点：

- 压缩效率低于 GZIP。
- 需要编译安装。
- 特殊文件处理需求（为了支持文件切分，LZO 格式的文件可能需要额外的处理，例如建立索引，这增加了一些操作上的复杂度）。

适合场景：

- 当一个较大的文本文件经过压缩后仍然占用较大空间时，可考虑使用 LZO 压缩算法，尤其是单个文件越大，LZO 压缩算法的优势越明显。

3.3.2 实例：压缩数据大小和原始数据大小对比

在操作 Hive 数据库表时，若处理的数据量庞大，可以通过压缩数据来减小存储容量。下面以 SNAPPY 压缩算法为例，比较数据压缩前后的大小。

实例说明

准备数据源，创建两个 Hive 表，一个表使用 SNAPPY 进行压缩，另一个表不使用任何压缩。将数据加载到这两个表中，然后比较压缩表与未压缩表的大小，查看操作结果。

1. 准备数据源

数据源为 ip_login_text.txt，包含三列，具体操作命令如下：

```
# 编辑 ip_login_text.txt 文件
[hadoop@nna tmp]$ vi ip_login_text.txt
# 添加如下内容（注释不用添加到 ip_login_text.txt）
{"uid":100100102,"type":"ios","ip":"192.168.1.1","tm":1621483994}
{"uid":100100103,"type":"android","ip":"192.168.1.2","tm":1621483994}
{"uid":100100104,"type":"ios","ip":"192.168.0.10","tm":1621483994}
{"uid":100100105,"type":"ios","ip":"192.168.0.20","tm":1621483994}
# 保存并退出（注释不用添加到 ip_login_text.txt）

# 创建一个 HDFS 目录，用来存放待加载到 Hive 表的数据文件
[hadoop@nna tmp]$ hdfs dfs -mkdir -p /user/hive/data/
# 把 ip_login_text.txt 文件上传到 HDFS 的/user/hive/data/目录下
[hadoop@nna tmp]$ hdfs dfs -put ip_login_text.txt /user/hive/data/
```

2. 创建未压缩表

访问 Hue 系统，进入 Hive 编辑模块，执行如下 Hive SQL 语句：

```
create table ip_login_textfile (
uid string comment '用户 ID',
type string comment '手机操作系统类型',
ip string comment 'IP 地址',
tm int comment '上报时间戳'
) comment '记录用户 IP 信息文本格式'
partitioned by(day string comment '按天分区')
row format serde "org.apache.hive.hcatalog.data.JsonSerDe"
stored as textfile;
```

在 Hue 系统中执行上述 Hive SQL 语句，结果如图 3-16 所示。

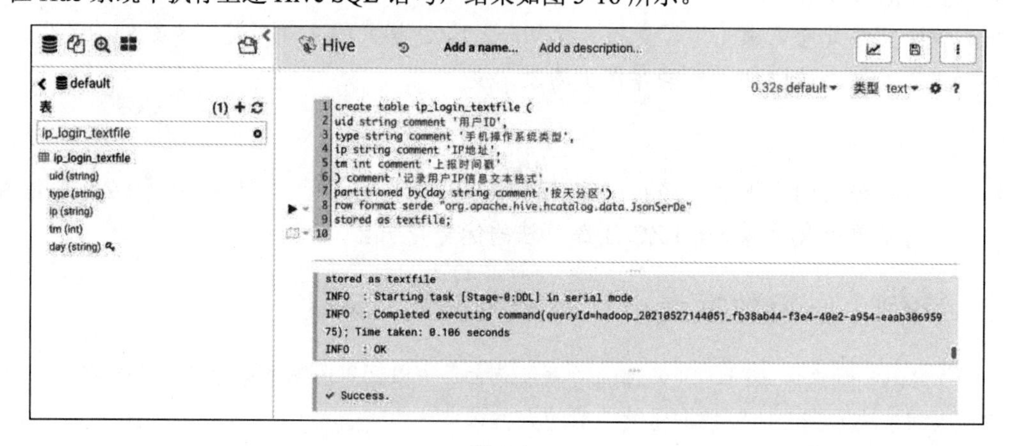

图 3-16

接着，在 Hue 系统中的 Hive 编辑模块中执行加载数据源的 Hive SQL 语句：

```
-- 加载数据源（ip_login_text.txt）
load data inpath '/user/hive/data/ip_login_text.txt' overwrite
into table default.ip_login_textfile partition(day='2021-05-20');
```

在 Hue 系统中执行上述 Hive SQL 语句，结果如图 3-17 所示。

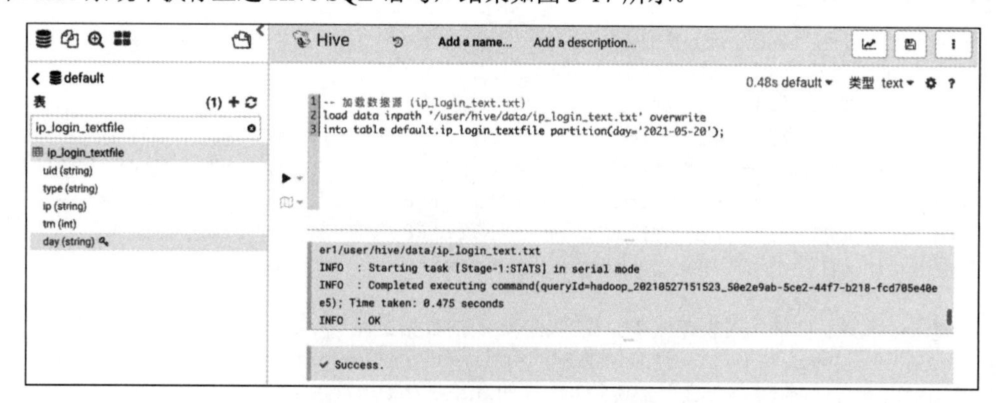

图 3-17

最后，在 Hue 系统中执行 SELECT 命令来查询数据是否加载成功。查询的 Hive SQL 语句如下：

```
-- 查询数据源，检查数据是否加载成功
select * from default.ip_login_textfile where day='2021-05-20' limit 1;
```

在 Hue 系统中执行上述 Hive SQL 语句，结果如图 3-18 所示。

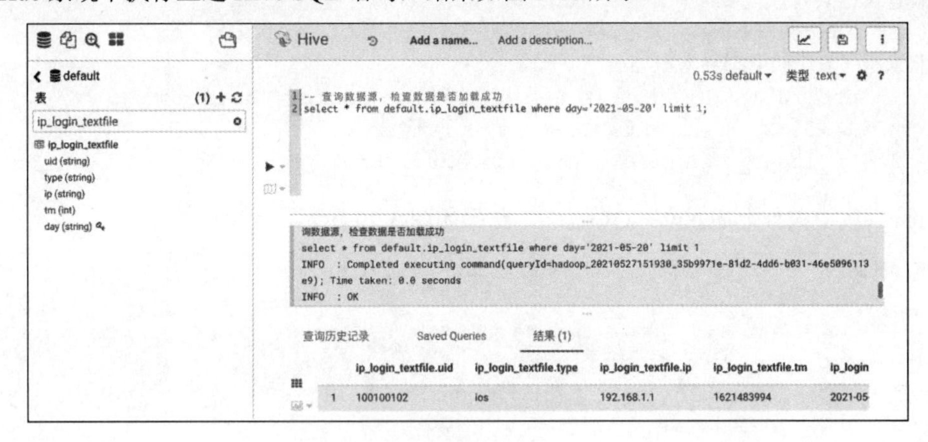

图 3-18

3. 创建压缩表

访问 Hue 系统，进入 Hive 编辑模块，执行如下 Hive SQL 语句：

```
create table ip_login_orcfile_snappy (
uid string comment '用户 ID',
type string comment '手机操作系统类型',
ip string comment 'IP 地址',
tm int comment '上报时间戳'
) comment '记录用户 IP 信息 orc 格式并使用 SNAPPY 进行压缩'
partitioned by(day string comment '按天分区')
clustered by (uid) sorted by(uid) into 2 buckets
stored as orc
tblproperties("orc.compress"="SNAPPY");
```

在 Hue 系统中执行上述 Hive SQL 语句，结果如图 3-19 所示。

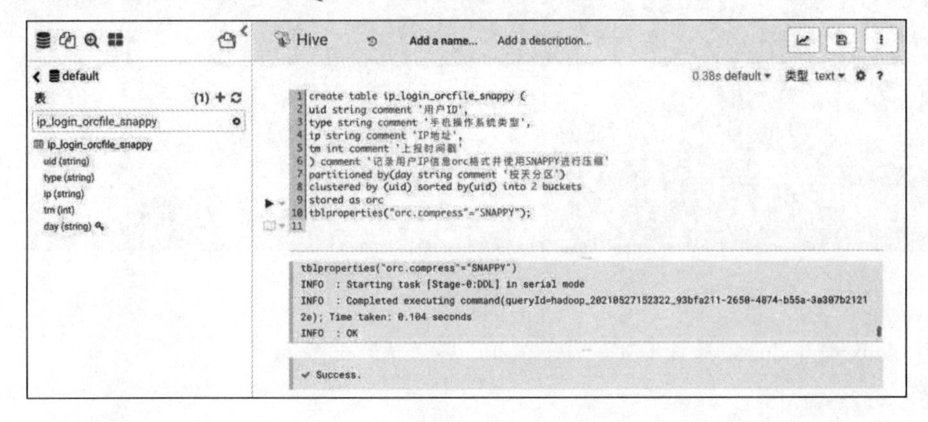

图 3-19

4. 导入数据到压缩表

在 Hue 系统中的 Hive 编辑模块，将未压缩的文本表（ip_login_textfile）中的数据导入压缩表（ip_login_orcfile_snappy）中。具体操作命令如下：

```
-- 设置执行队列
set mapreduce.job.queuename=root.queue_1024_01;
-- 将未压缩表中的数据导入压缩表
insert into table default.ip_login_orcfile_snappy partition
(day='2021-05-20') select uid,type,ip,tm from
default.ip_login_textfile where day='2021-05-20';
```

在 Hue 系统中执行上述 Hive SQL 语句，结果如图 3-20 所示。

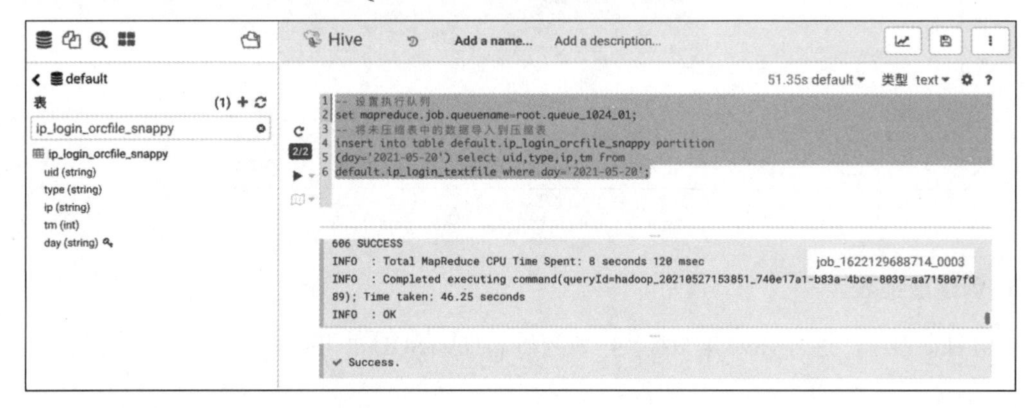

图 3-20

5. 对比压缩表与数据源大小

Hive 表存储在 HDFS 上，可以使用-du -h 命令来统计压缩表的大小。具体操作命令如下：

```
# 统计压缩表存储容量大小
[hadoop@nna ~]$ hdfs dfs -du -h /user/hive/warehouse3 | grep \
ip_login_orcfile_snappy
```

执行上述命令，输出结果如图 3-21 所示。

```
[hadoop@nna ~]$ hdfs dfs -du -h /user/hive/warehouse3 | grep \
> ip_login_orcfile_snappy
SLF4J: Class path contains multiple SLF4J bindings.
SLF4J: Found binding in [jar:file:/data/soft/new/hadoop/share/hadoop/common/lib/slf4j-log4j12-1.7.25.jar!/org/slf4j/impl/StaticLoggerBinder.class]
SLF4J: Found binding in [jar:file:/data/soft/new/hbase/lib/slf4j-log4j12-1.7.5.jar!/org/slf4j/impl/StaticLoggerBinder.class]
SLF4J: See http://www.slf4j.org/codes.html#multiple_bindings for an explanation.
SLF4J: Actual binding is of type [org.slf4j.impl.Log4jLoggerFactory]
1.4 K  2.7 K  /user/hive/warehouse3/ip_login_orcfile_snappy
[hadoop@nna ~]$
```

图 3-21

使用 Linux 命令 du -sh 统计原始文件的大小，具体操作命令如下：

```
# 统计未压缩表大小
[hadoop@nna ~]$ du -sh ip_login_text.txt
```

执行上述命令，输出结果如图 3-22 所示。

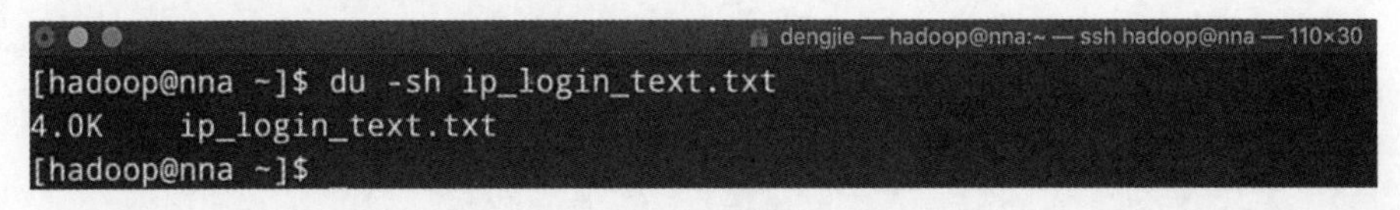

图 3-22

通过分析对比结果，可以发现压缩表的存储容量只有原始文件大小的大约三分之一。

3.4 本章小结

本章旨在帮助读者了解 Hive 的基本数据类型和存储格式，系统地阐述了基本数据类型、常用字段类型、Hive 支持的文件格式以及各类存储方式，以便读者能够充分理解并掌握这些概念。在章节的末尾，还通过一个实际案例来加强知识点的应用，旨在帮助读者巩固所学，并为后续更深入的实战章节打下坚实的基础。

3.5 习　　题

1. 下列哪一项不属于 Hive 的复杂类型？（　　）

   A. STRING　　B. ARRAY　　C. MAP　　D. STRUCT

2. 对于 decimal(10,2)类型，会保留几位小数？（　　）

   A. 1　　B. 2　　C. 8　　D. 10

3. 下列哪一项是 ORCFiles 的默认列压缩格式？（　　）

   A. NONE　　B. ZLIB　　C. SNAPPY　　D. 以上皆不是

4. 如果需要进行数据切分，可以选择下列哪一种压缩算法？（　　）

   A. GZIP　　B. SNAPPY　　C. BZIP2　　D. 以上皆不是

5. 下列哪一种压缩算法可以通过建立索引来实现？（　　）

   A. GZIP　　B. LZO　　C. BZIP2　　D. SNAPPY

第 4 章

Hive 数据管理与查询技巧

在完成 Hive 学习环境的搭建之后，你可能迫不及待地想要亲自尝试 Hive 的各项功能。本章将引导你进行 Hive 基础操作的实际演练，即使你是初学者，没有相关经验，也能逐步掌握 Hive 的基本操作技能。还将通过实例让读者深入理解 Hive 的基本操作，为日后在实际项目中更高效地运用 Hive 进行数据处理和分析打下坚实的基础。

4.1 了解 Hive 命令

Hive 命令与 Hive SQL 语句存在一些区别。Hive 命令主要负责添加依赖包和设置属性等任务。例如，在使用包含 UDF 函数的 Hive SQL 语句时，需要在执行之前添加相应的依赖包；而对于执行包含统计、过滤等操作的 Hive SQL 语句，需要提前设置队列属性。这种差异突显了 Hive 命令在环境配置和准备方面的重要作用，它能确保 SQL 语句顺利执行并达到预期的效果。

4.1.1 Hive 命令列表

Hive 命令可在 Hive SQL 语句、Hive CLI 客户端以及 Beeline 客户端中灵活应用。表 4-1 列举了一些常见的 Hive 命令。

表4-1 常见的Hive命令

命　令	说　明
quit exit	使用 quit 和 exit 命令时，可以退出 Hive CLI 或 Hive Beeline 交互界面
hive	基于 Shell 的使用程序，用于操作 Hive 的命令行客户端
beeline	基于 SQLLine 的 JDBC 客户端界面，用于操作 Hive 的命令行客户端
reset	将配置参数恢复到默认值
set <key>=<value>	声明一个变量，并为这个变量赋值

（续表）

命　　令	说　　明
set	获取由用户或 Hive 系统设置的变量列表
set -v	获取 Hadoop 系统和 Hive 系统上设置的所有变量
add FILE[S] <filepath> <filepath>*	在分布式缓存中添加一个或者多个文件、JAR 包和压缩包
add JAR[S] <filepath> <filepath>*	
add ARCHIVE[S] <filepath> <filepath>*	
list FILE[S] <filepath>*	在分布式缓存中查找文件、JAR 包和压缩包是否存在
list JAR[S] <filepath>*	
list ARCHIVE[S] <filepath>*	
delete FILE[S] <filepath>*	在分布式缓存中删除文件、JAR 包和压缩包
delete JAR[S] <filepath>*	
delete ARCHIVE[S] <filepath>*	
! <command>	在 Hive 命令行客户端中执行 shell 命令
dfs <dfs command>	在 Hive 命令行客户端中执行 dfs 命令
<query string>	执行 Hive SQL 查询语句并打印结果
source FILE <filepath>	在 Hive 命令行客户端中执行脚本文件
compile `<groovy string>` AS GROOVY NAMED <name>	允许编译内联的 Groovy 代码作为 UDF 进行使用

4.1.2 Hive 命令分类

Hive 命令列表中的命令可以分为以下几类。

- 进入与退出 Hive 交互：hive、beeline、quit、exit。
- 设置参数：reset、set。
- 管理资源文件：add、list、delete。
- 执行 Shell 命令：! <command>。
- 操作 HDFS 文件：dfs <dfs command>。
- 执行 HiveSQL 语句：<query string>。
- 执行外部文件：source FILE <filepath>、compile `<groovy string>` AS GROOVY NAMED <name>。

1. 进入与退出 Hive 交互

通过 SSH 客户端工具登录部署有 Hive 客户端的 Linux 服务器，执行 hive 或者 beeline 命令进入 Hive 客户端界面。具体操作命令如下：

```
# 执行 hive 命令进入 Hive 客户端界面
[hadoop@dn1 ~]$ hive
# 执行 beeline 命令进入 Hive 客户端界面
[hadoop@dn1 ~]$ beeline -u 'jdbc:hive2://dn1:2181,dn2:2181,dn3:2181/;
serviceDiscoveryMode=ZooKeeper;ZooKeeperNamespace=hiveserver2' -n \
hadoop -p "" --verbose=true
-- 在 Hive 客户端界面执行退出命令
```

```
hive> exit;
-- 在 Beeline 客户端界面执行退出命令
0: jdbc:hive2://dn1:2181,dn2:2181,dn3:2181/> !exit
```

执行上述命令，结果如图 4-1 所示。

```
Hive命令结果
Hive Session ID = d4a25686-193b-4081-9fd6-79680346334e
hive>
    > exit;
[hadoop@dn1 bin]$
Beeline命令结果
0: jdbc:hive2://dn1:2181,dn2:2181,dn3:2181/>
0: jdbc:hive2://dn1:2181,dn2:2181,dn3:2181/> !exit
Closing: 0: jdbc:hive2://dn1:2181,dn2:2181,dn3:2181/;serviceDiscoveryMode=zooKeeper;zooKeeperNamespace=hiveser
ver2
[hadoop@dn1 bin]$
```

图 4-1

2. 设置参数

通过 SSH 客户端工具登录部署有 Hive 客户端的 Linux 服务器，执行 hive 命令进入 Hive 客户端界面，然后执行 reset 和 set 命令。具体操作命令如下：

```
-- 执行 set 命令，查看属性默认值为 8
hive> set hive.exec.parallel.thread.number;
-- 执行 set 命令，将属性默认值修改为 16
hive> set hive.exec.parallel.thread.number=16;
-- 执行 reset 命令，将属性恢复至默认值
hive> reset;
-- 重新执行 set 命令，查看恢复后的属性值
hive> set hive.exec.parallel.thread.number;
```

执行上述命令，结果如图 4-2 所示。

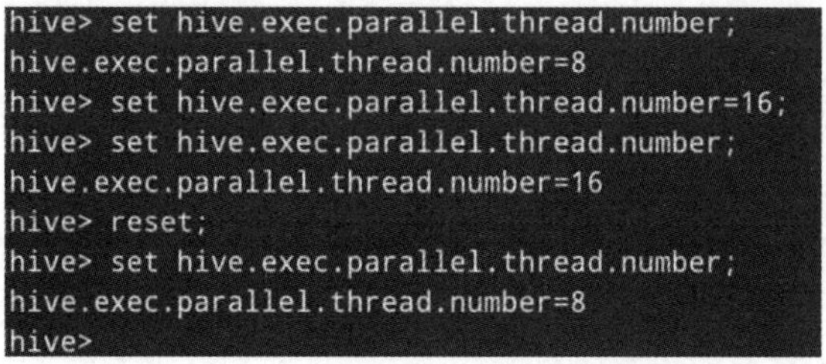

```
hive> set hive.exec.parallel.thread.number;
hive.exec.parallel.thread.number=8
hive> set hive.exec.parallel.thread.number=16;
hive> set hive.exec.parallel.thread.number;
hive.exec.parallel.thread.number=16
hive> reset;
hive> set hive.exec.parallel.thread.number;
hive.exec.parallel.thread.number=8
hive>
```

图 4-2

3. 管理资源文件

通过 SSH 客户端工具登录部署有 Hive 客户端的 Linux 服务器，执行 hive 命令进入 Hive 客户端界面，然后执行 add、list、delete 命令。具体操作命令如下：

```
-- 执行 add 命令
hive> add jar /data/soft/new/hive/lib/arrow-memory-0.8.0.jar;
-- 执行 list 命令
hive> list jar /data/soft/new/hive/lib/arrow-memory-0.8.0.jar;
-- 执行 delete 命令
```

```
hive> delete jar /data/soft/new/hive/lib/arrow-memory-0.8.0.jar;
```

执行上述命令，结果如图4-3所示。

```
hive>
    > add jar /data/soft/new/hive/lib/arrow-memory-0.8.0.jar;
Added [/data/soft/new/hive/lib/arrow-memory-0.8.0.jar] to class path
Added resources: [/data/soft/new/hive/lib/arrow-memory-0.8.0.jar]
hive>
    > list jar /data/soft/new/hive/lib/arrow-memory-0.8.0.jar;
/data/soft/new/hive/lib/arrow-memory-0.8.0.jar
hive>
    > delete jar /data/soft/new/hive/lib/arrow-memory-0.8.0.jar;
Deleted [/data/soft/new/hive/lib/arrow-memory-0.8.0.jar] from class path
hive>
```

图4-3

4. 执行Shell命令

通过SSH客户端工具登录部署有Hive客户端的Linux服务器，执行hive命令进入Hive客户端界面，然后执行Shell命令。具体操作命令如下：

```
-- 执行Shell命令ls，查看当前目录的文件分布
hive> !ls;
```

执行上述命令，结果如图4-4所示。

```
hive>
    > !ls;
hive.list
node.list
hive>
```

图4-4

5. 操作HDFS文件

通过SSH客户端工具登录部署有Hive客户端的Linux服务器，执行hive命令进入Hive客户端界面，然后执行HDFS命令。具体操作命令如下：

```
-- 执行HDFS命令ls，查看HDFS目录分布
hive> dfs -ls /;
```

执行上述命令，结果如图4-5所示。

```
hive>
    > dfs -ls /;
Found 2 items
drwx-wx-wx   - hadoop supergroup          0 2021-05-30 06:01 /tmp
drwx-wx-wx   - hadoop supergroup          0 2021-05-30 05:58 /user
hive>
```

图4-5

6. 执行HiveSQL语句

通过SSH客户端工具登录部署有Hive客户端的Linux服务器，执行hive命令进入Hive客户端界面，然后执行Hive SQL命令。具体操作命令如下：

```
-- 设置执行队列名称
hive> set mapreduce.job.queuename=root.queue_1024_01;
-- 执行 HiveSQL 命令
hive> select * from ip_login_textfile where day='2021-05-20' limit 1;
```

执行上述命令，结果如图 4-6 所示。

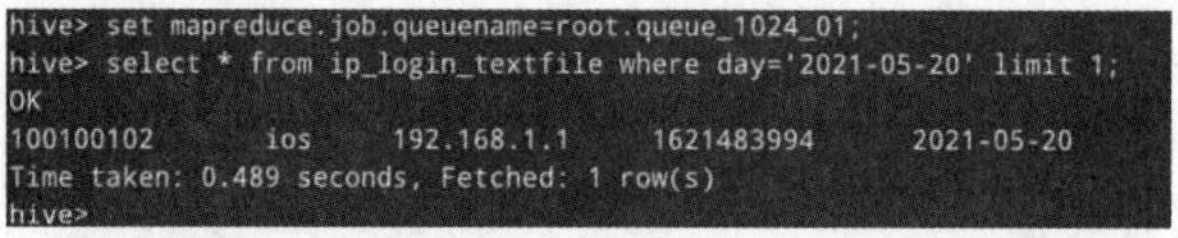

```
hive> set mapreduce.job.queuename=root.queue_1024_01;
hive> select * from ip_login_textfile where day='2021-05-20' limit 1;
OK
100100102       ios     192.168.1.1     1621483994      2021-05-20
Time taken: 0.489 seconds, Fetched: 1 row(s)
hive>
```

图 4-6

7. 执行外部文件

通过 SSH 客户端工具登录部署有 Hive 客户端的 Linux 服务器，执行 hive 命令进入 Hive 客户端界面，然后执行 source 和 compile 命令。具体操作命令如下：

```
[hadoop@dn1 script]$ vi count.hsql
-- 编辑 count.hsql 文件，添加以下内容（本行注释不用添加）
set mapreduce.job.queuename=root.queue_1024_01;
select count(*) as cnt from ip_login_textfile where day='2021-05-20';
-- 执行 source 命令
hive> source /data/soft/new/script/count.hsql;
```

执行上述命令，结果如图 4-7 所示。

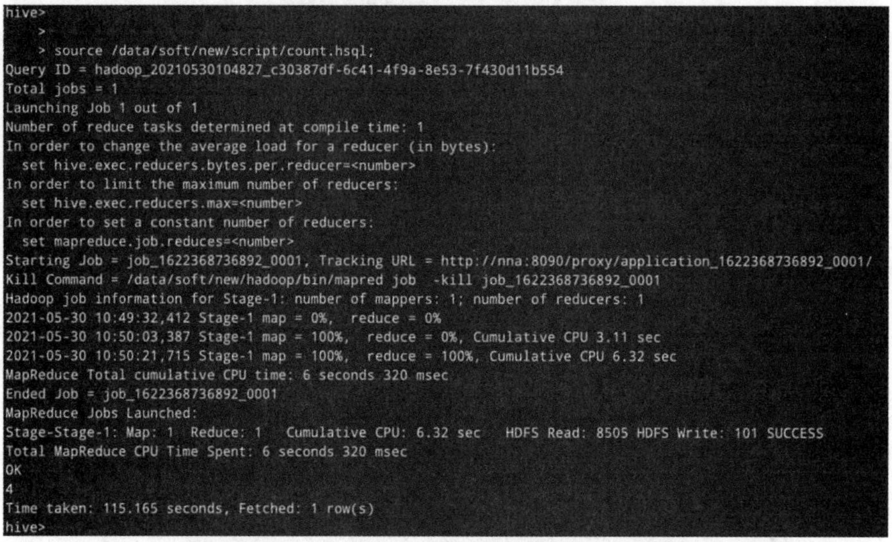

```
hive>
    >
    > source /data/soft/new/script/count.hsql;
Query ID = hadoop_20210530104827_c30387df-6c41-4f9a-8e53-7f430d11b554
Total jobs = 1
Launching Job 1 out of 1
Number of reduce tasks determined at compile time: 1
In order to change the average load for a reducer (in bytes):
  set hive.exec.reducers.bytes.per.reducer=<number>
In order to limit the maximum number of reducers:
  set hive.exec.reducers.max=<number>
In order to set a constant number of reducers:
  set mapreduce.job.reduces=<number>
Starting Job = job_1622368736892_0001, Tracking URL = http://nna:8090/proxy/application_1622368736892_0001/
Kill Command = /data/soft/new/hadoop/bin/mapred job  -kill job_1622368736892_0001
Hadoop job information for Stage-1: number of mappers: 1; number of reducers: 1
2021-05-30 10:49:32,412 Stage-1 map = 0%,  reduce = 0%
2021-05-30 10:50:03,387 Stage-1 map = 100%,  reduce = 0%, Cumulative CPU 3.11 sec
2021-05-30 10:50:21,715 Stage-1 map = 100%,  reduce = 100%, Cumulative CPU 6.32 sec
MapReduce Total cumulative CPU time: 6 seconds 320 msec
Ended Job = job_1622368736892_0001
MapReduce Jobs Launched:
Stage-Stage-1: Map: 1  Reduce: 1   Cumulative CPU: 6.32 sec   HDFS Read: 8505 HDFS Write: 101 SUCCESS
Total MapReduce CPU Time Spent: 6 seconds 320 msec
OK
4
Time taken: 115.165 seconds, Fetched: 1 row(s)
hive>
```

图 4-7

```
-- 执行 compile 命令
hive>
    > compile `import org.apache.hadoop.hive.ql.exec.UDF \;
    > public class Pyth extends UDF {
    >   public double evaluate(double a, double b){
    >     return Math.sqrt((a*a) + (b*b)) \;
```

```
    >   }
    > } ` AS GROOVY NAMED Pyth.groovy;
hive> CREATE TEMPORARY FUNCTION Pyth as 'Pyth';
hive> select Pyth(3,4);
```

执行上述命令，结果如图 4-8 所示。

```
hive>
    > compile `import org.apache.hadoop.hive.ql.exec.UDF \;
    > public class Pyth extends UDF {
    >   public double evaluate(double a, double b){
    >     return Math.sqrt((a*a) + (b*b)) \;
    >   }
    > } ` AS GROOVY NAMED Pyth.groovy;
Added [/tmp/0_1622386633355.jar] to class path
Added resources: [/tmp/0_1622386633355.jar]
hive> CREATE TEMPORARY FUNCTION Pyth as 'Pyth';
OK
Time taken: 0.087 seconds
hive> select Pyth(3,4);
OK
5.0
Time taken: 0.59 seconds, Fetched: 1 row(s)
hive>
```

图 4-8

4.2　选择不同的客户端执行 Hive 命令

在开发Hive项目时，可以从多种不同的客户端中选择一种适合自己的客户端来执行Hive命令。常见的客户端有 Hive CLI、Beeline、Hue 等。

4.2.1　实例：使用 Hive CLI 客户端执行 Hive 命令

Hive CLI 客户端是操作 Hive 数据仓库最常用的方式之一。通过执行 hive -h 命令，可以获取当前 Hive 版本支持的参数说明，具体内容如表 4-2 所示。

表4-2　当前Hive版本支持的参数说明

参　　数	说　　明
--define <key=value>	定义一个变量，用于在 Hive 中使用
--database <databasename>	直接进入 Hive 数据库
-e <quoted-query-string>	执行双引号中的 Hive SQL 语句
-f <filename>	执行一个文件中的 Hive SQL 语句
--hiveconf <property=value>	设置属性，包括设置 hive-site.xml 文件中的属性值
--hivevar <key=value>	设置变量，便于用户自定义变量
-I <filename>	初始化 SQL 文件
--silent	静默模式，不会打印日志信息
--verbose	冗余模式，会打印执行的语句和日志信息

1. 参数 hiveconf 和 hivevar 的区别

在 Hive CLI 命令中有两个重要的参数：hiveconf 和 hivevar。这两个参数的作用域都是会话级别的，也就是说，如果两个并发运行的任务同时传入一个 Key 相同但 Value 不同的参数，它们不会发生线程安全问题。

在使用 hiveconf 变量取值时，必须使用 hiveconf 作为前缀参数，例如${hiveconf:key}。然而，对于 hivevar 变量取值，可以不使用前缀 hivevar，例如${key}。

2. 示例

通过 Hive CLI 客户端可以执行不同的 Hive 命令，例如定义变量、执行文件等操作。

示例说明

使用 Hive CLI 客户端执行常见的 Hive 命令，例如定义变量、执行文件等，并查看操作结果。

编写 Hive SQL 文件，定义变量，并使用 Hive 命令执行。具体操作命令如下：

```
[hadoop@dn1 ~]$ vi query.sql
-- 编写 Hive SQL 文件，添加如下内容（本行注释无须添加）
-- 进入默认数据库
use default;
-- 查看一条表数据
select * from ip_login_textfile where day='${hday}' limit 1;
-- 保存并退出（本行注释无须添加）

# 以静默模式执行 query.sql 文件中的 Hive 命令
[hadoop@dn1 ~]$ hive --hivevar hday='2021-05-20' --silent -f query.sql
```

执行上述命令，结果如图 4-9 所示。

```
Hive Session ID = 8564d352-0c53-4b1c-9363-e6afc08c72c1
100100102       ios     192.168.1.1     1621483994      2021-05-20
```

图 4-9

4.2.2 实例：使用 Beeline 客户端执行 Hive 命令

除使用 Hive CLI 客户端外，还可以通过 Beeline 客户端来访问 Hive 数据仓库。在 Beeline 客户端中执行 beeline -h 命令可以获取当前 Hive 版本支持的参数说明，具体内容如表 4-3 所示。

表4-3 当前Hive版本支持的参数说明

参 数	说 明
-u <database url>	通过 JDBC 的 URL 来连接 Hive 服务端
-r	重新连接上一次使用的 URL
-n <username>	连接的用户名
-p <password>	连接的密码
-d <driver class>	要使用的驱动程序类
-e <query>	执行双引号中的 Hive SQL 语句
-f <file>	执行一个文件中的 Hive SQL 语句

（续表）

参　　数	说　　明
-i <file or files>	初始化文件
-w <password file>	读取密码文件
-a <auth type>	身份验证类型
--property-file <file>	读取配置文件中的属性
--hiveconf property=value	设置属性，但是无法重置 hive.conf.restricted.list 属性
--hivevar name=value	设置变量
--color=[true/false]	设置是否进行高亮显示，默认不使用
--showHeader=[true/false]	查询结果是否显示列名，默认显示
--headerInterval=ROWS	以行数为单位显示列标题的间隔，默认为 100
--fastConnect=[true/false]	连接时，跳过 Hive SQL 语句的制表符，完成构建所有表和列，默认跳过
--autoCommit=[true/false]	启动/禁止自动提交事务，默认禁止
--verbose=[true/false]	显示详细错误信息和调试信息，默认不显示
--showWarnings=[true/false]	显示执行 HiveSQL 语句后产生的警告信息，默认不显示
--showDbInPrompt=[true/false]	显示当天数据库的名称，默认不显示
--showNestedErrs=[true/false]	显示嵌套错误，默认不显示
--numberFormat=[pattern]	使用 DecimalFormat 格式化数字
--force=[true/false]	出现错误后是否继续运行脚本，默认为否
--maxWidth=MAXWIDTH	截断当前数据显示的最大宽度
--maxColumnWidth=MAXCOLWIDTH	最大列宽
--silent=[true/false]	减少输出的信息，默认不减少
--autosave=[true/false]	自动保存首选项，默认不保存
--outputformat=[table/vertical/csv/tsv/dsv/csv2/tsv2]	结果输出格式，默认是表格
--truncateTable=[true/false]	如果为 true，则在超出控制台长度时截断控制台中的列表
--delimiterForDSV=DELIMITER	分隔值输出格式的分隔符，默认为 '|' 字符
--isolation=LEVEL	设置事务隔离级别为 TRANSACTION_READ_COMMITTED 或者 TRANSACTION_SERIALIZABLE
--nullemptystring=[true/false]	将 null 打印为空字符串还是将 null 打印为 NULL，默认将 null 打印为 NULL
--incremental=[true/false]	设置为 false 时，整个结果集在使用之前被提取和缓存，从而产生最佳的显示列大小；设置为 true 时，结果行在获取时立即显示，以额外的显示列填充为代价降低延迟和内存使用量，从 Hive 2.3 版本以后默认为 true
--incrementalBufferRows=NUMROWS	在标准输出时要缓存的行数，默认为 1000
--maxHistoryRows=NUMROWS	存储历史最大行数
--delimiter=;	允许使用多字符分隔符，但不允许使用引号、斜杠和--。默认为分号
--convertBinaryArrayToString=[true/false]	使用系统的默认字符集将二进制列数据显示为字符串，默认不显示

在 Beeline 客户端，结果可以按照不同的格式进行显示。在命令行中，通过 outputformat 选项来设置输出格式，具体支持的输出格式如下。

1. 表格格式

结果以表格的形式进行展示，其中结果的一行对应表中的一行，一行中的值显示在表中的单独列中，Hive SQL 查询默认的输出格式为表格。具体操作命令如下：

```
# 执行如下命令
[hadoop@dn1 ~]$ beeline -u 'jdbc:hive2://dn1:2181,dn2:2181,dn3:2181/;
serviceDiscoveryMode=ZooKeeper;ZooKeeperNamespace=hiveserver2' \
-n hadoop -p "" --verbose=true --outputformat=table -e "select uid,
type,ip from ip_login_textfile where day='2021-05-20' limit 1"
```

执行上述命令，结果如图 4-10 所示。

2. 垂直格式

结果的每一行都以 Key-Value 格式进行展示，其中 Key 是列的名称，Value 是列的名称所对应的值。具体操作命令如下：

```
# 执行如下命令
[hadoop@dn1 ~]$ beeline -u 'jdbc:hive2://dn1:2181,dn2:2181,dn3:2181/;
serviceDiscoveryMode=ZooKeeper;ZooKeeperNamespace=hiveserver2' \
-n hadoop -p "" --verbose=true --outputformat=vertical -e "select uid,
type,ip from ip_login_textfile where day='2021-05-20' limit 1"
```

执行上述命令，结果如图 4-11 所示。

```
+------------+-------+-------------+
|    uid     | type  |     ip      |
+------------+-------+-------------+
| 100100102  | ios   | 192.168.1.1 |
+------------+-------+-------------+
1 row selected (0.975 seconds)
0: jdbc:hive2://dn1:2181,dn2:2181,dn3:2181/>
```

图 4-10

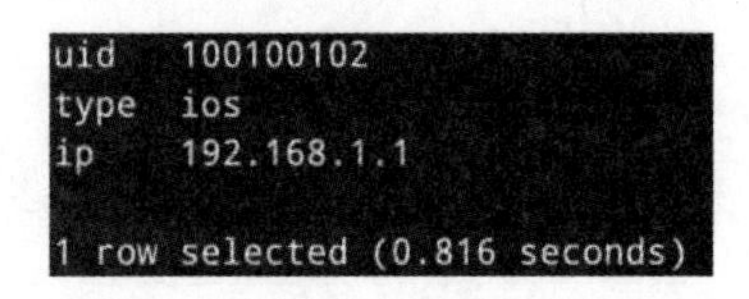

图 4-11

3. XML 属性格式

结果以 XML 格式进行展示，其中每一行都是 XML 中的一个结果元素。行的值显示为结果元素上的属性，属性的名称是列的名称。具体操作命令如下：

```
# 执行如下命令
[hadoop@dn1 ~]$ beeline -u 'jdbc:hive2://dn1:2181,dn2:2181,dn3:2181/;
serviceDiscoveryMode=ZooKeeper;ZooKeeperNamespace=hiveserver2' \
-n hadoop -p "" --verbose=true --outputformat=xmlattr -e "select uid,
type,ip from ip_login_textfile where day='2021-05-20' limit 1"
```

执行上述命令，结果如图 4-12 所示。

```
<resultset>
  <result uid="100100102" type="ios" ip="192.168.1.1"/>
</resultset>
1 row selected (0.802 seconds)
```

图 4-12

4. XML 元素格式

结果以 XML 格式进行展示，其中每一行都是 XML 中的一个结果元素。行的值显示为结果元素的子元素。具体操作命令如下：

```
# 执行如下命令
[hadoop@dn1 ~]$ beeline -u 'jdbc:hive2://dn1:2181,dn2:2181,dn3:2181/;
serviceDiscoveryMode=ZooKeeper;ZooKeeperNamespace=hiveserver2' \
-n hadoop -p "" --verbose=true --outputformat=xmlelements -e \
"select uid,type,ip from ip_login_textfile where day='2021-05-20' limit 1"
```

执行上述命令，结果如图 4-13 所示。

```
<resultset>
  <result>
    <uid>100100102</uid>
    <type>ios</type>
    <ip>192.168.1.1</ip>
  </result>
</resultset>
1 row selected (1.13 seconds)
```

图 4-13

5. 分隔值输出格式

分隔值输出格式是一种将每行的值用不同的分隔符进行分隔的格式化方式，其中有 5 种分隔值输出格式可以使用，它们分别是 csv、tsv、csv2、tsv2 以及 dsv。

由于 Hive 官方已经弃用了 csv 和 tsv 这两种输出格式，因此接下来将详细介绍剩余的 csv2、tsv2 和 dsv 这三种输出格式。这三种输出格式的区别仅在于单元格之间的分隔符：csv2 为逗号，tsv2 为制表符，dsv 为可配置。对于 dsv 格式，可以使用 delimiterForDSV 选项设置分隔符，默认分隔符为'|'。具体操作命令如下：

```
# 指定输出格式为 csv2
[hadoop@dn1 ~]$ beeline -u 'jdbc:hive2://dn1:2181,dn2:2181,dn3:2181/;
serviceDiscoveryMode=ZooKeeper;ZooKeeperNamespace=hiveserver2' \
-n hadoop -p "" --verbose=true --outputformat=csv2 -e "select uid,
type,ip from ip_login_textfile where day='2021-05-20' limit 1"
# 指定输出格式为 tsv2
[hadoop@dn1 ~]$ beeline -u 'jdbc:hive2://dn1:2181,dn2:2181,dn3:2181/;
serviceDiscoveryMode=ZooKeeper;ZooKeeperNamespace=hiveserver2' \
-n hadoop -p "" --verbose=true --outputformat=tsv2 -e "select uid,
type,ip from ip_login_textfile where day='2021-05-20' limit 1"
# 指定输出格式为 dsv
[hadoop@dn1 ~]$ beeline -u 'jdbc:hive2://dn1:2181,dn2:2181,dn3:2181/;
serviceDiscoveryMode=ZooKeeper;ZooKeeperNamespace=hiveserver2' \
-n hadoop -p "" --verbose=true --outputformat=dsv -e "select uid,
type,ip from ip_login_textfile where day='2021-05-20' limit 1"
```

执行上述命令，结果如图 4-14 所示。

输出格式csv2命令结果

```
uid,type,ip
100100102,ios,192.168.1.1
1 row selected (0.797 seconds)
```

输出格式tsv2命令结果

```
uid	type	ip
100100102	ios	192.168.1.1
1 row selected (1.116 seconds)
```

输出格式dsv命令结果

```
uid|type|ip
100100102|ios|192.168.1.1
1 row selected (0.769 seconds)
```

图 4-14

4.2.3 实例：使用 Hue 客户端执行 Hive 命令

本书中配置的 Hue 系统采用高可用方式连接 Hive。我们可以通过在浏览器中输入 Hue 系统的访问地址轻松进入 Hue 客户端主界面。在该界面中，切换到 Hive 编辑器模块，即可编写并执行 Hive 命令。

1. 图形化界面

对于熟悉 SQL 查询工具的人来说，Hue 系统的客户端图形化界面应该是比较直观的。该界面的主要组成部分包含编辑器、控制面板、计划程序等。用户可以在“编辑器-Hive”模块中输入 Hive SQL 语句或者命令，然后单击▸按钮执行。用户还可以使用工具栏来查看已保存的查询，并查看已执行的查询历史记录，如图 4-15 所示。

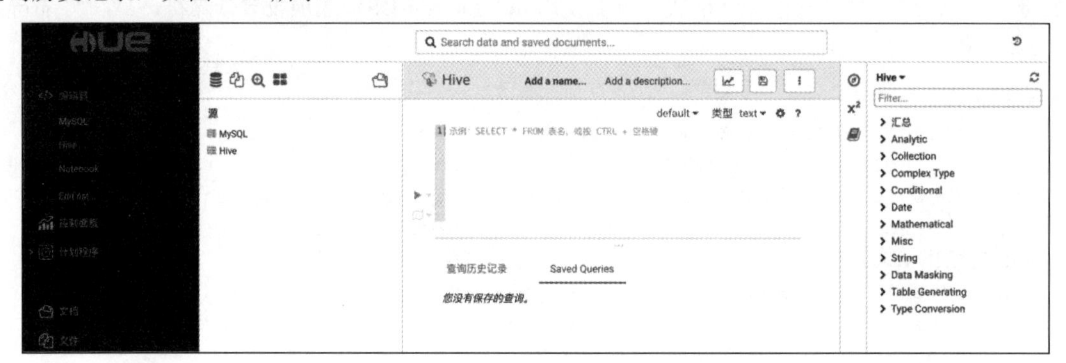

图 4-15

Hue 系统的客户端图形化界面是为最终用户设计的，而不是为系统管理员设计的。通常，业务分析师或数据开发者可以使用 Hue 系统的客户端图形化界面来执行和测试特定的 Hive 数据集。

在“编辑器-Hive”模块中，用户可以选择要访问的任何数据库，而每个数据库中都有属于自己的表集合。如果用户没有指定数据库，那么 Hive 会使用一个名为 default 的数据库。要查看数据库中有哪些表，用户可以单击界面中的“源-Hive”，也可以在代码编辑区域中执行“show tables;”命令来查看数据库中的所有表，结果如图 4-16 所示。

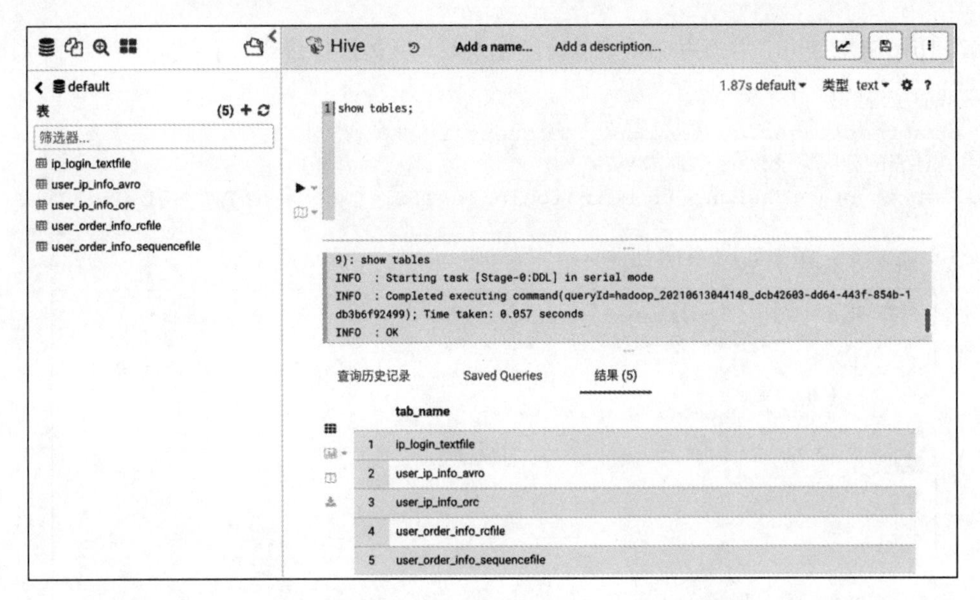

图 4-16

2. 示例

通过 Hue 系统的客户端图形化界面可以执行不同的 Hive 命令，例如查看表的分区结果、统计表的分区记录数等。

编写 Hive SQL 语句，执行并查看表的分区结果，具体操作命令如下：

```
-- 进入默认数据库
use default;
-- 查看表的分区结果
select * from ip_login_textfile where day='2021-05-20' limit 10;
```

执行上述命令，结果如图 4-17 所示。

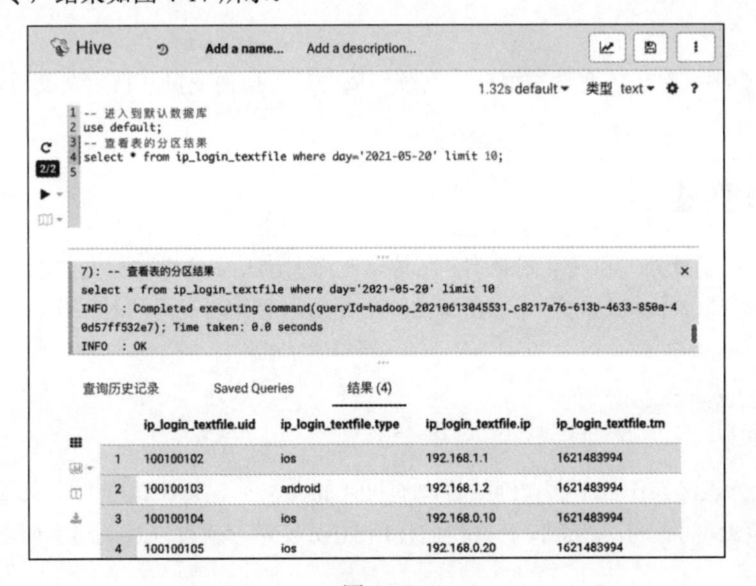

图 4-17

编写 Hive SQL 语句，执行并查看表的分区记录数，具体操作命令如下：

```
-- 设置资源队列
set mapreduce.job.queuename=root.queue_1024_01;
-- 统计表的分区记录数
select count(*) as cnt from ip_login_textfile where day='2021-05-20';
```

执行上述命令，结果如图 4-18 所示。

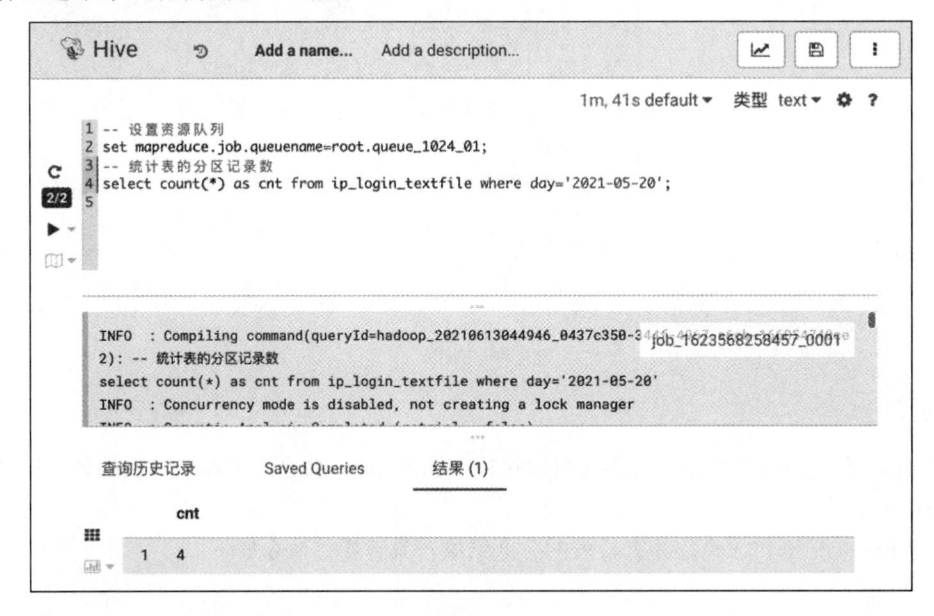

图 4-18

4.3 使用 Hive 的变量

在 Hive 命令中，包含的变量类型有：系统环境变量、属性变量、自定义变量、Java 属性变量等。

4.3.1 Hive 变量

Hive 广泛应用于批处理和交互式查询。在特定环境下，Hive 允许进行变量配置与代码分离的任务。其中，Hive 变量替换机制的设计旨在简化脚本使用，避免与代码同时操作，例如在 Shell 命令中的以下操作：

```
[hadoop@dn1 ~]$ a=b
[hadoop@dn1 ~]$ hive -e "describe $a"
```

如果我们执行这类操作数千次（例如每次均执行 hive -e），每次执行 hive -e 命令启动 Hive 客户端都会花费几秒钟的时间。然而，如果我们使用 Hive 变量，就可以避免这类问题。

4.3.2　实例：使用 Hive CLI 客户端设置系统环境变量

在 Hive CLI 客户端中，要获取系统环境变量，只能读取变量。通过使用命名空间 env 来获取变量，格式为“set env:变量名”。具体操作命令如下：

```
# 执行 hive 命令，进入 Hive CLI 客户端
[hadoop@dn1 ~]$ hive
# 读取系统变量
hive> set env:HOME;
```

执行上述命令，输出结果如图 4-19 所示。

```
env:HOME=/home/hadoop
[hadoop@dn1 ~]$
```

图 4-19

4.3.3　实例：使用 Hive CLI 客户端设置属性变量

在 Hive CLI 客户端中，可以对属性变量进行读写操作，具体操作命令如下：

```
-- 查看当前数据库属性
hive> set hive.cli.print.current.db;
-- 设置当前数据库属性为 true，显示默认数据库 default
hive> set hive.cli.print.current.db=true;
```

执行上述命令，输出结果如图 4-20 所示。

```
hive>
    > set hive.cli.print.current.db;
hive.cli.print.current.db=false
hive>
    > set hive.cli.print.current.db=true;
hive (default)> set hive.cli.print.current.db;
hive.cli.print.current.db=true
hive (default)>
```

图 4-20

4.3.4　实例：使用 Hive CLI 客户端设置自定义变量

在 Hive CLI 客户端中，可以通过自定义方式来对变量进行读写操作，具体操作命令如下：

```
-- 设置自定义变量值
hive (default)> set testval=test_hive;
-- 读取自定义变量值
hive (default)> set testval;
```

执行上述命令，输出结果如图 4-21 所示。

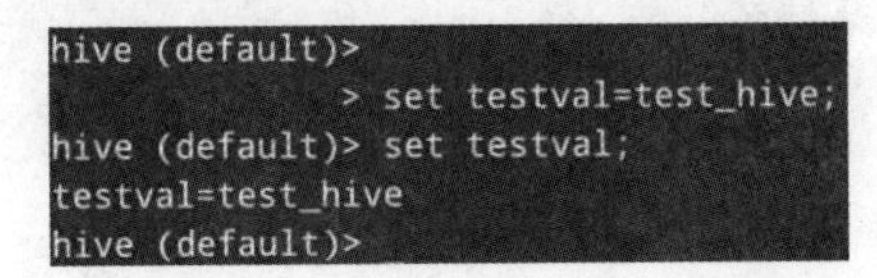

图 4-21

4.3.5 实例：使用 Hive CLI 客户端设置 Java 属性变量

在 Hive CLI 客户端中，可以对 Java 属性变量进行读写操作，具体操作命令如下：

```
-- 设置 Java 属性变量
hive (default)> set system:user.name=hive;
-- 读取 Java 属性变量
hive (default)> set system:user.name;
```

执行上述命令，输出结果如图 4-22 所示。

```
hive (default)>
              > set system:user.name=hive;
hive (default)> set system:user.name;
system:user.name=hive
hive (default)>
```

图 4-22

4.4 实例：使用 Hive 的拓展工具——HCatalog

在大数据生态中，Hive、Spark、Flink 等工具在访问 HDFS 时，数据解析方式不统一。而 HCatalog 提供元数据服务，使得不同组件可以直接访问 HDFS 上的数据。

1. HCatalog 创建表

在 HCatalog 中，使用 Hive 的 DDL 语句，通过-e 参数执行 CREATE TABLE 命令来创建表，具体操作命令如下：

```
# 使用 HCatalog 工具创建表
[hadoop@dn1 bin]$ ./hcat -e "CREATE TABLE hcatalog_table_test(id STRING)"
```

执行上述命令，输出结果如图 4-23 所示。

```
2021-06-13 05:09:25,684 INFO utils.FileUtils: Creating directory if it doesn't exist: hdfs://cluster1/user/hiv
e/warehouse3/hcatalog_table_test
2021-06-13 05:09:26,152 INFO ql.Driver: Completed executing command(queryId=hadoop_20210613050904_4fb50f3e-05f
4-4bb4-8e85-f87f386f13aa); Time taken: 1.463 seconds
OK
2021-06-13 05:09:26,152 INFO ql.Driver: OK
2021-06-13 05:09:26,152 INFO ql.Driver: Concurrency mode is disabled, not creating a lock manager
Time taken: 21.708 seconds
2021-06-13 05:09:26,295 INFO session.SessionState: Deleted directory: /user/hive/tmp/hadoop/92a2b4d5-782b-4e1c
-981f-cd25f839ffde on fs with scheme hdfs
2021-06-13 05:09:26,302 INFO session.SessionState: Deleted directory: /data/soft/new/log/hive/hadoop/92a2b4d5-
782b-4e1c-981f-cd25f839ffde on fs with scheme file
2021-06-13 05:09:26,326 INFO metastore.HiveMetaStore: 0: Cleaning up thread local RawStore...
2021-06-13 05:09:26,326 INFO HiveMetaStore.audit: ugi=hadoop    ip=unknown-ip-addr      cmd=Cleaning up thread
 local RawStore...
2021-06-13 05:09:26,326 INFO metastore.HiveMetaStore: 0: Done cleaning up thread local RawStore
2021-06-13 05:09:26,326 INFO HiveMetaStore.audit: ugi=hadoop    ip=unknown-ip-addr      cmd=Done cleaning up t
hread local RawStore
[hadoop@dn1 bin]$
```

图 4-23

2. HCatalog 查看表集合

在 HCatalog 中，使用 Hive 的 DDL 语句，通过-e 参数执行 SHOW TABLES 命令来查看表结构，具体操作命令如下：

```
# 使用 HCatalog 工具查看表结构
[hadoop@dn1 bin]$ ./hcat -e "SHOW TABLES"
```

执行上述命令，输出结果如图 4-24 所示。

```
2021-06-13 05:11:32,600 INFO exec.ListSinkOperator: RECORDS_OUT_INTERMEDIATE:0, RECORDS_OUT_OPERATOR_LIST_SINK
_0:6,
hcatalog_table_test
ip_login_textfile
user_ip_info_avro
user_ip_info_orc
user_order_info_rcfile
user_order_info_sequencefile
Time taken: 22.483 seconds
```

图 4-24

3. HCatalog 删除表

在 HCatalog 中，使用 Hive 的 DDL 语句，通过-e 参数执行 DROP TABLE 命令来删除一些无效的表，具体操作命令如下：

```
# 使用 HCatalog 工具删除表
[hadoop@dn1 bin]$ ./hcat -e "DROP TABLE hcatalog_table_test"
```

执行上述命令，输出结果如图 4-25 所示。

```
3-abe918b8e954): DROP TABLE hcatalog_table_test
2021-06-13 05:12:57,980 INFO ql.Driver: Starting task [Stage-0:DDL] in serial mode
2021-06-13 05:12:57,983 INFO metastore.HiveMetaStore: 0: get_table : tbl=hive.default.hcatalog_table_test
2021-06-13 05:12:57,983 INFO HiveMetaStore.audit: ugi=hadoop    ip=unknown-ip-addr      cmd=get_table : tbl=hi
ve.default.hcatalog_table_test
2021-06-13 05:12:58,101 INFO metastore.HiveMetaStore: 0: get_table : tbl=hive.default.hcatalog_table_test
2021-06-13 05:12:58,101 INFO HiveMetaStore.audit: ugi=hadoop    ip=unknown-ip-addr      cmd=get_table : tbl=hi
ve.default.hcatalog_table_test
2021-06-13 05:12:58,171 INFO metastore.HiveMetaStore: 0: drop_table : tbl=hive.default.hcatalog_table_test
2021-06-13 05:12:58,171 INFO HiveMetaStore.audit: ugi=hadoop    ip=unknown-ip-addr      cmd=drop_table : tbl=h
ive.default.hcatalog_table_test
2021-06-13 05:12:59,153 INFO metadata.Hive: Dumping metastore api call timing information for : execution phas
e
2021-06-13 05:12:59,153 INFO metadata.Hive: Total time spent in this metastore function was greater than 1000m
s : dropTable_(String, String, boolean, boolean, boolean, )=1052
2021-06-13 05:12:59,153 INFO ql.Driver: Completed executing command(queryId=hadoop_20210613051235_3f424ab8-f59
9-476e-94a3-abe918b8e954); Time taken: 1.2 seconds
OK
2021-06-13 05:12:59,153 INFO ql.Driver: OK
2021-06-13 05:12:59,154 INFO ql.Driver: Concurrency mode is disabled, not creating a lock manager
Time taken: 24.123 seconds
2021-06-13 05:12:59,211 INFO session.SessionState: Deleted directory: /user/hive/tmp/hadoop/fb615be4-7f78-4f4e
-9557-02a3097aa261 on fs with scheme hdfs
2021-06-13 05:12:59,220 INFO session.SessionState: Deleted directory: /data/soft/new/log/hive/hadoop/fb615be4-
7f78-4f4e-9557-02a3097aa261 on fs with scheme file
```

图 4-25

4.5 本章小结

本章介绍了 Hive 的基础知识，带领读者了解了 Hive 的基础命令和使用方法，熟悉了 Hive 不同客户端的用法，了解了 HCatalog 的作用及用法等。

读者可以使用本章提供的素材文件，在实战中练习和掌握 Hive 的基础知识，从而加深对本章知识点的理解，并为后续章节的学习打下坚实的基础。

4.6 习 题

1. 下列哪个命令可以退出 Hive 命令行界面？（ ）

   A. quit　　B. off　　C. close　　D. leave

2. 下列哪个命令可以添加外部依赖 JAR 包？（ ）

   A. set　　B. add　　C. list　　D. delete

3. 下列哪种方式可以进入 Hive 的高可用交互界面？（ ）

   A. hive　　B. beeline　　C. hivecli　　D. 以上皆不可

4. 下列哪项是 Hive 默认的数据库名？（ ）

   A. hive　　B. database　　C. default　　D. warehouse

5. 下列哪个命令可以执行外部文件？（ ）

   A. source　　B. execute　　C. set　　D. dfs

第5章 智能数据治理

Hive SQL 语言是操作 Hive 数据仓库的核心工具，其语法与常规 SQL 相似。为了确保读者获得最佳的学习体验，建议按照章节提供的顺序学习实例，因为后续的实例通常依赖于前面的数据结构和内容。

5.1 Hive 的数据库特性

Hive 是基于 Hadoop 构建的数据仓库，通过定义数据库和表的方式，可以在 Hive 数据仓库中分析结构化数据。这一过程涉及将业务数据按照不同的业务类型分类，采用表格形式存储数据，并通过查询来深入分析这些业务数据的价值。

5.1.1 Hive 数据库

Hive 采用了类 SQL 的查询语言 Hive SQL，因此很容易将 Hive 理解为数据库。其实，从结构上来看，Hive SQL 与 MySQL 语法相似度极高，但是两者还是存在差异的。具体差异体现在以下方面。

- 数据存储：所有 Hive 的数据库数据均存储在 Hadoop 的 HDFS 文件系统中，而 MySQL 数据库数据则保存在本地磁盘中。
- 数据执行：操作 Hive 的数据库，通常会使用 MapReduce、Spark 或者 Tez 其中之一作为执行引擎，而 MySQL 一般都是使用自己的执行引擎。
- 数据格式：Hive 中的数据格式可以由用户自己指定，Hive 在加载数据的过程中不会对数据本身进行任何修改，只是将数据复制或者移动到指定的 HDFS 文件系统中。但是，MySQL 数据库拥有自己的存储引擎，定义了自己的数据格式，所有数据都会按照既定的格式进行存储。
- 数据响应：在处理少量数据（比如 500 万条数据）时，MySQL 的查询响应快于 Hive

的查询响应，如果处理海量数据（比如大于 1 亿条或者更多），那么 Hive 的查询响应将快于 MySQL 的查询响应。

- 数据扩展：Hive 是建立在 Hadoop 之上的，Hive 的扩展性和 Hadoop 的扩展性保持一致。而 MySQL 由于 ACID 语义的严格限制，扩展性非常有限。
- 数据规模：Hive 的执行引擎可以实现并行计算，因此可以支持海量数据的计算，相对来说，MySQL 支持的数据规模较小。

Hive 数据库和 MySQL 数据库的具体差异对比如表 5-1 所示。

表5-1 Hive数据库和MySQL数据库的具体差异

功　能	MySQL	Hive
数据存储	拥有自己的存储引擎	依赖 Hadoop 的 HDFS 来作为存储引擎
数据执行	拥有自己的执行引擎	使用 MapReduce、Spark 或 Tez
数据格式	要求较高	要求较低
数据响应	延时低	延时高
数据扩展	较低	较高
数据规模	较小	海量

与关系数据库（如 MySQL 数据库）相比，Hive 中的数据库（Database）概念还是有所不同的。Hive 数据库的本质是表（Table）的一个目录或者命名空间，对于多租户的大数据集群来说，数据库这种方式可以避免表的命名冲突。

下面通过一个实际的应用场景来理解 Hive 数据库，比如现有不同的用户 A、用户 B 和用户 C，需要将各自的业务数据存储到 Hive 数据库中。

实现用户 A、用户 B 和用户 C 的存储需求，在 Hive 数据仓库中规划不同的数据库，如图 5-1 所示。

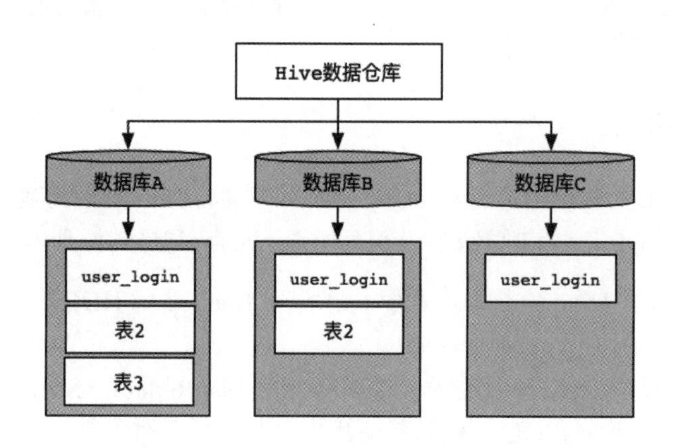

图 5-1

用户 A 的业务数据存储在数据库 A 中，用户 B 的业务数据存储在数据库 B 中，用户 C 的业务数据存储在数据库 C 中。这样一来，不同用户的数据分开存储，互不影响，即使用户 A、用户 B 和用户 C 有相同的业务表，比如用户 A、用户 B 和用户 C 均有一个登录表（user_login），且表名相同，也不会有影响。

5.1.2 如何管理 Hive 数据库

Hive 数据库中的数据存储在 HDFS 文件系统中，本书默认路径为/user/hive/warehouse3。如果需要修改存储路径，可以在 hive-site.xml 文件中修改 hive.metastore.warehouse.dir 属性值。

1. 创建数据库

用户可以使用 CREATE DATABASE 命令在 Hive 中创建一个数据库，如果用户没有明确指定数据库，那么在操作表时将会使用默认的数据库 default。在 Hive 中创建数据库的语法见代码 5-1。

代码 5-1

```
CREATE DATABASE|SCHEMA [IF NOT EXISTS] <database name>
```

这里 IF NOT EXISTS 是一个可选语句，在创建数据库时使用 IF NOT EXISTS 语句来检测数据库是否存在。如果创建的数据库名不存在，则执行创建数据库操作；反之，则忽略创建数据库操作。

下面创建一个游戏玩家数据库，具体操作命令如下：

```
-- 创建一个游戏玩家数据库
hive> CREATE DATABASE IF NOT EXISTS game_user_db;
-- 创建一个备份数据库，用于后面演示删除操作
hive> CREATE DATABASE IF NOT EXISTS game_user_db_bak;
```

执行上述命令，输出结果如图 5-2 所示。

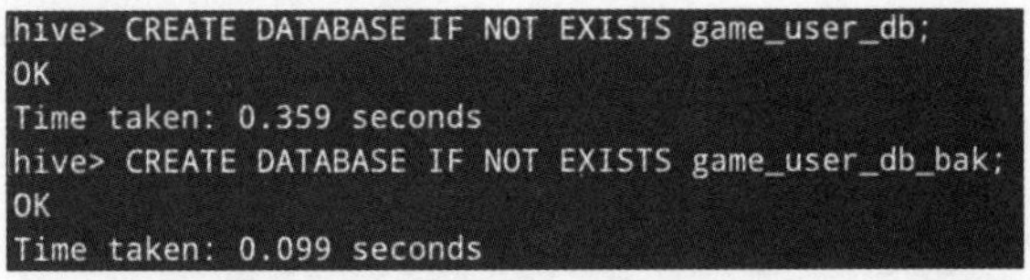

```
hive> CREATE DATABASE IF NOT EXISTS game_user_db;
OK
Time taken: 0.359 seconds
hive> CREATE DATABASE IF NOT EXISTS game_user_db_bak;
OK
Time taken: 0.099 seconds
```

图 5-2

执行创建数据库命令后，我们可以通过 DESCRIBE DATABASE 命令来查看指定的数据库信息，具体操作命令如下：

```
-- 查看 game_user_db 数据库信息
hive> DESCRIBE DATABASE game_user_db;
```

执行上述命令，输出结果如图 5-3 所示。

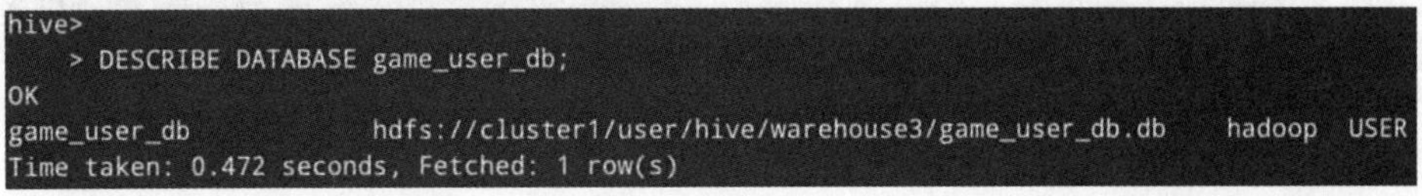

```
hive>
    > DESCRIBE DATABASE game_user_db;
OK
game_user_db            hdfs://cluster1/user/hive/warehouse3/game_user_db.db    hadoop  USER
Time taken: 0.472 seconds, Fetched: 1 row(s)
```

图 5-3

2. 查看数据库

在 Hive 中，使用 SHOW DATABASES 命令来查看数据库列表，具体操作命令如下：

```
-- 模糊匹配以 g 开头的数据库
hive> SHOW DATABASES LIKE 'g*';
```

执行上述命令，输出结果如图 5-4 所示。

```
hive> SHOW DATABASES LIKE 'g*';
OK
game_user_db
game_user_db_bak
Time taken: 0.068 seconds, Fetched: 2 row(s)
hive>
```

图 5-4

然后，可以在 HDFS 文件系统中查看 Hive 数据库的实际路径地址，具体操作命令如下：

```
# 从 HDFS 上查看 Hive 数据库路径
[hadoop@dn1 ~]$ hdfs dfs -ls /user/hive/warehouse3 | grep game_user_db
```

执行上述命令，输出结果如图 5-5 所示。

```
[hadoop@dn1 ~]$ hdfs dfs -ls /user/hive/warehouse3/ | grep game_user_db
drwxr-xr-x   - hadoop supergroup          0 2021-07-11 02:01 /user/hive/warehouse3/game_user_db.db
drwxr-xr-x   - hadoop supergroup          0 2021-07-11 02:01 /user/hive/warehouse3/game_user_db_bak.db
[hadoop@dn1 ~]$
```

图 5-5

从图 5-5 中可以看到创建的 Hive 数据库 game_user_db 和 game_user_db_bak，在 HDFS 文件系统中以数据库名加上“.db”的后缀作为数据库的名称。

3. 修改数据库

在 Hive 中，数据库被创建后，如果我们想修改已被创建的数据库元数据，可以使用 ALTER DATABASE 命令来进行修改 DBPROPERTIES 属性，具体操作命令如下：

```
-- 修改属性值
hive> ALTER DATABASE game_user_db SET DBPROPERTIES('env'='product')
-- 查看修改后的数据库信息
hive> DESCRIBE DATABASE EXTENDED game_user_db;
```

执行上述命令，输出结果如图 5-6 所示。

```
hive>
    > ALTER DATABASE game_user_db SET DBPROPERTIES('env'='product');
OK
Time taken: 0.115 seconds
hive> DESCRIBE DATABASE EXTENDED game_user_db;
OK
game_user_db          hdfs://cluster1/user/hive/warehouse3/game_user_db.db     hadoop  USER    {env=product}
Time taken: 0.101 seconds, Fetched: 1 row(s)
hive>
```

图 5-6

4. 删除数据库

在 Hive 中，使用 DROP DATABASE 命令来删除无效的数据库。当用户执行删除数据库命令时，如果 Hive 系统发现所删除的数据库名不存在，则会出现警告。为了避免这个问题，在执行删除数据库命令时，可以加上 IF EXISTS 可选语句。

在执行删除数据库命令时，Hive 提供了 CASCADE 和 RESTRICT 两个可选项。如果在删除数据库命令最后加上 CASCADE 关键字，那么在删除数据库的同时会将该数据库下已有的表一并删除；

而在删除数据库命令最后加上 RESTRICT 关键字，则与 DROP DATABASE 命令的默认行为一致，需要提前将待删除数据库中的已有表先删除，才能执行删除数据库的命令，否则删除数据库的命令在执行时会失败。

完整的删除数据库的操作命令如下：

```
-- 删除无效的数据库
hive> DROP DATABASE IF EXISTS game_user_db_bak CASCADE;
-- 再次执行 SHOW DATABASES 命令，验证数据库是否成功删除
hive> SHOW DATABASES LIKE 'g*';
```

执行上述命令，输出结果如图 5-7 所示。

```
hive>
    > DROP DATABASE IF EXISTS game_user_db_bak CASCADE;
OK
Time taken: 0.141 seconds
hive> SHOW DATABASES LIKE 'g*';
OK
game_user_db
Time taken: 0.077 seconds, Fetched: 1 row(s)
hive>
```

图 5-7

从图 5-7 中可以看到，执行 DROP DATABASE 命令后，数据库 game_user_db_bak 已被成功删除了。

5.2　认识表类型

在 Hive 数据仓库中，创建表时有多种类型可以选择，例如内部表、外部表和临时表。选择不同的 Hive 表类型，Hive 数据的加载和存储会有所不同。

5.2.1　内部表

1. 什么是内部表

默认情况下，Hive 创建的表属于内部表，其真实数据、元数据和统计信息均由内部 Hive 进程进行管理。表的数据的生命周期受表控制，当内部表被删除时，内部表对应到 HDFS 文件系统中的数据也会随之一并被删除。

Hive 创建内部表时，如果指定了存储路径地址，Hive 会将数据存储到指定的路径中。如果不指定任何存储路径地址，在这种情况下，Hive 会将数据存储在默认的 HDFS 文件系统的路径中，即 ${HIVE_HOME}/conf/hive-site.xml 文件中 hive.metastore.warehouse.dir 属性所指定的 HDFS 文件系统中的路径地址。

2. 适用场景

内部表适用于存储和处理一些重要的源数据，例如：

- 游戏行业的用户充值记录：用于记录用户的充值行为，以便进行数据分析和财务报表

的生成。

- 电商行业的用户订单记录:用于跟踪用户的购买行为,以便进行销售分析和库存管理。
- 社交行业的用户聊天记录：用于保存用户的聊天内容，以便进行用户行为分析和社交关系挖掘。

通过建立内部表，可以对这些重要的业务数据进行有效的存储和管理，以及对数据的生命周期进行管理。

3. 创建内部表

创建内部表的命令比较简单，可以使用 Hive 系统提供的 CREATE TABLE 命令来实现。例如分别创建不指定存储路径和指定存储路径的 Hive 内部表，语法见代码 5-2。

代码 5-2

```
-- 默认存储方式，不指定存储路径
CREATE TABLE IF NOT EXISTS game_user_db.ip_login_tmp_text (
    uid string,
    name string
);

-- 指定存储路径
CREATE TABLE IF NOT EXISTS game_user_db.ip_login_tmp_path_text (
    uid string,
    name string
) LOCATION '/data/apps/tmp/ip_login';
```

在执行表创建语句时，在同名数据库中，如果创建具有相同名称的表或视图，则会抛出异常。此时，可以使用 IF NOT EXISTS 可选语句来忽略这个错误。

5.2.2 外部表

1. 什么是外部表

外部表是和内部表相对的表。如何相对呢？内部表的数据的生命周期受表结构的影响，而外部表的数据的生命周期与表结构互不影响，外部表中的数据只是表对 HDFS 文件系统中相应文件的一个引用而已，当删除外部表结构时，表中对应的 HDFS 文件系统中的数据依然存在。

当数据在 Hive 之外使用时，可以通过创建 Hive 外部表来实现。创建 Hive 外部表时，需要在创建时使用 EXTERNAL 关键字来完成外部表的创建工作。

2. 适合场景

如果我们需要随时删除表中的元数据，并且保留表中的实际数据，此时就可以使用 Hive 外部表。例如企业原始日志数据存储在 HDFS 文件系统中，企业其他部门需要对这些原始数据进行分析，那么此时创建 Hive 外部表就非常合适，这样既能给其他部门提供数据，又能防止其他部门误删原始数据。

3. 创建外部表

创建外部表的命令比较简单，可以使用 Hive 系统提供的 CREATE EXTERNAL TABLE 命令来实现。例如分别创建不指定存储路径和指定存储路径的 Hive 外部表，语法见代码 5-3。

代码 5-3

```
-- 默认存储方式，不指定存储路径
CREATE EXTERNAL TABLE IF NOT EXISTS game_user_db.ip_login_tmp_e_text (
    uid string,
    name string
);

-- 指定存储路径
CREATE EXTERNAL TABLE IF NOT EXISTS game_user_db.ip_login_tmp_e_path_text (
    uid string,
    name string
) LOCATION '/data/apps/external/tmp/ip_login';
```

在删除外部表时，只是删除元数据，不会删除表的真实数据。

5.2.3　临时表

1. 什么是临时表

Hive 中的临时表是用于暂存查询结果的表，它们通常用于处理那些不需要永久存储的中间数据或复杂查询的结果。这些表的生命周期有限，仅在创建它们的会话或终端窗口中可见。数据实际存储在用户的临时目录下，并且在会话或终端窗口关闭时自动清除。这种设计使得临时表成为处理大数据时的理想选择，既可用于有效管理内存，又能在完成必要的计算后释放系统资源。

假如用户创建的临时表的名字（ip_info）与同名数据库下的一个非临时表的名字（ip_info）相同，则在这个会话中使用这个表名时使用的是临时表名，而不是非临时表名。用户在这个会话内将不能使用原表（即同名的非临时表），除非用户删除或者重命名临时表。

2. 适合场景

临时表主要用于临时分析，在关闭 Hive 客户端后，临时表就会消失，数据也会被清理。临时表通常用于存储一些不重要的中间结果或者表，使用完这些数据便可将其删除，从而节省存储空间。

比如，现有一个白名单用户信息文件，需要将这个白名单用户信息文件中的数据与现有的用户信息表进行关联，而且这个关联行为是一次性的，如果新建一个白名单表，那么又会浪费存储空间。此时，就可以创建一个临时表，把白名单用户信息文件中的数据加载到临时表与现有的用户信息表进行关联。操作完成后，既拿到了关联后的数据，又没有占用额外的存储空间，恰好满足了我们的需求。

3. 创建临时表

在创建临时表时，可以选择不同的存储类型，通过 hive.exec.temporary.table.storage 属性来进行配置，该属性有三种取值，具体取值及含义如下。

- memory：将数据存储在内存中。
- ssd：将数据存储在 SSD 上。
- default：将数据存储在默认的用户临时目录中。

创建一个临时表的命令比较简单，可以使用 Hive 系统提供的 CREATE TEMPORARY TABLE 命令来实现。例如分别创建一个存储在内存和存储在 SSD 的 Hive 临时表，语法见代码 5-4。

代码 5-4

```
-- 存储在内存中
set hive.exec.temporary.table.storage = memory;
CREATE TEMPORARY TABLE IF NOT EXISTS game_user_db.ip_login_mem_text (
    uid string,
    name string
);

-- 存储在 SSD 上
set hive.exec.temporary.table.storage = ssd;
CREATE TEMPORARY TABLE IF NOT EXISTS game_user_db.ip_login_ssd_text (
    uid string,
    name string
);
```

5.3 管理表

Hive 数据库表的管理功能和关系数据库表的管理功能类似，同样拥有创建表、修改表、删除表等功能。在 SQL 语法书写方式上也非常相似，熟悉 SQL 的读者可以很快掌握 Hive 数据库表的管理功能。

5.3.1 实例：创建表

1. 创建全量文本表

在 Hive 中，TXT、JSON 等格式的数据均属于文本数据。TXT、JSON 等格式的数据存储到文本表中后，可以在 HDFS 文件系统中使用 hdfs dfs -cat <hdfs_file_path>命令来直接查看。

创建文本表的命令很简单，具体实现见代码 5-5。

代码 5-5

```
-- 创建全量文本表
CREATE TABLE IF NOT EXISTS game_user_db.ip_login_info_text (
    uid int,
    plat int,
    ip string
) ROW FORMAT DELIMITED FIELDS TERMINATED BY ',' LINES TERMINATED BY '\n' STORED
AS TEXTFILE;
```

上述 SQL 语句所代表的含义见表 5-2。

表5-2　上述SQL语句所代表的含义

关 键 信 息	说　　明
game_user_db	数据库名
ip_login_info_text	表名
uid	用户 ID，类型为整型
plat	用户平台 ID，类型为整型
ip	用户的 IP，类型为字符串
DELIMITED FIELDS TERMINATED BY ','	通过英文逗号来分隔字段
LINES TERMINATED BY '\n'	通过换行符来结束一行数据
STORED AS TEXTFILE	保存数据的格式为 TXT

使用 Hive CLI 客户端执行代码 5-5，具体操作命令如下：

```
    -- 执行代码 5-5
    hive> CREATE TABLE IF NOT EXISTS game_user_db.ip_login_info_text (
        > uid int ,
        > plat int ,
        > ip string
        > ) ROW FORMAT DELIMITED FIELDS TERMINATED BY ',' LINES TERMINATED BY '\n'
STORED AS TEXTFILE;
```

执行上述命令，输出结果如图 5-8 所示。

```
hive> CREATE TABLE IF NOT EXISTS game_user_db.ip_login_info_text (
    > uid int,
    > plat int,
    > ip string
    > ) ROW FORMAT DELIMITED FIELDS TERMINATED BY ',' LINES TERMINATED BY '\n' STORED AS TEXTFILE;
OK
Time taken: 0.202 seconds
```

图 5-8

然后，在当前机器上准备好文本数据（ip_login_info.txt），内容如下：

```
# 在本地服务器上编辑如下文本文件
[hadoop@dn1 ~]$ vi /tmp/ip_login_info.txt
# 添加如下内容（本行注释无须添加到 ip_login_info.txt 文本文件中）
1,100,10.211.0.1
2,100,10.211.0.2
3,101,10.211.0.3
4,102,10.211.0.4
5,102,10.211.0.5
6,103,10.211.0.6
7,103,10.211.0.7
8,103,10.211.0.8
9,104,10.211.0.9
10,105,10.211.0.10
```

接着，在 Hive CLI 客户端中切换到 game_user_db 数据库下，然后使用 LOAD DATA LOCAL

命令来加载服务器本地文本文件中的数据（/tmp/ip_login_info.txt），具体操作命令如下：

```
-- 进入数据库 game_user_db
hive> use game_user_db;
-- 加载本地文本文件中的数据（ip_login_info.txt）
hive> LOAD DATA LOCAL INPATH '/tmp/ip_login_info.txt' INTO TABLE
ip_login_info_text;
```

最后，在 Hive CLI 客户端中使用 SELECT 命令查询全量文本表（ip_login_info_text），验证文本文件中的数据（/tmp/ip_login_info.txt）是否加载成功，具体操作命令如下：

```
-- 查询全量文本表（ip_login_info_text）
hive> select * from ip_login_info_text;
```

执行上述命令，输出结果如图 5-9 所示。

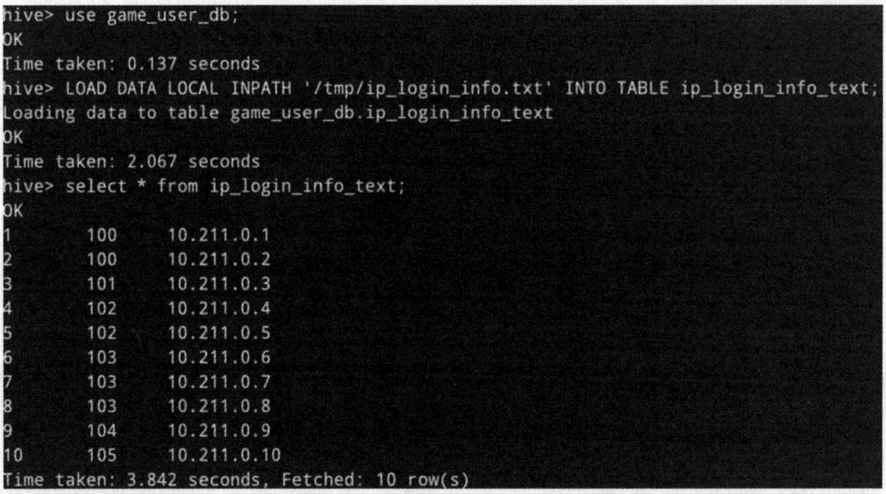

```
hive> use game_user_db;
OK
Time taken: 0.137 seconds
hive> LOAD DATA LOCAL INPATH '/tmp/ip_login_info.txt' INTO TABLE ip_login_info_text;
Loading data to table game_user_db.ip_login_info_text
OK
Time taken: 2.067 seconds
hive> select * from ip_login_info_text;
OK
1       100     10.211.0.1
2       100     10.211.0.2
3       101     10.211.0.3
4       102     10.211.0.4
5       102     10.211.0.5
6       103     10.211.0.6
7       103     10.211.0.7
8       103     10.211.0.8
9       104     10.211.0.9
10      105     10.211.0.10
Time taken: 3.842 seconds, Fetched: 10 row(s)
```

图 5-9

2. 创建全量 ORC 表

在 Hive 中，有时候需要对表进行压缩存储。这时，可以使用 Hive 提供的 ORC 格式来进行压缩存储。ORC 表比文本表所占用的存储空间更小（大约只有文本表存储空间的 20%）。

另外，ORC 表的读性能非常高，可以实现高效的查询功能。创建 ORC 表的命令也很简单，具体实现见代码 5-6。

代码 5-6

```
-- 创建全量 ORC 表
CREATE TABLE IF NOT EXISTS game_user_db.ip_login_info_orc (
    uid int,
    plat int,
    ip string
) ROW FORMAT DELIMITED FIELDS TERMINATED BY ',' LINES TERMINATED BY '\n' STORED
AS ORCFILE;
```

上述 SQL 语句所代表的含义见表 5-3。

表5-3　上述SQL语句所代表的含义

关 键 信 息	含　义
game_user_db	数据库名
ip_login_info_orc	表名
uid	用户 ID，类型为整型
plat	用户平台 ID，类型为整型
ip	用户的 IP，类型为字符串
DELIMITED FIELDS TERMINATED BY ','	通过英文逗号来分隔字段
LINES TERMINATED BY '\n'	通过换行符来结束一行数据
STORED AS ORCFILE	保存数据的格式为 ORC

使用 Hive CLI 客户端执行代码 5-6，具体操作命令如下：

```
-- 切换到数据库 game_user_db 中
hive> use game_user_db;
-- 执行代码 5-6
hive> CREATE TABLE IF NOT EXISTS game_user_db.ip_login_info_orc (
    > uid int ,
    > plat int ,
    > ip string
    > ) ROW FORMAT DELIMITED FIELDS TERMINATED BY ',' LINES TERMINATED BY '\n'
STORED AS ORCFILE;
```

执行上述命令，输出结果如图 5-10 所示。

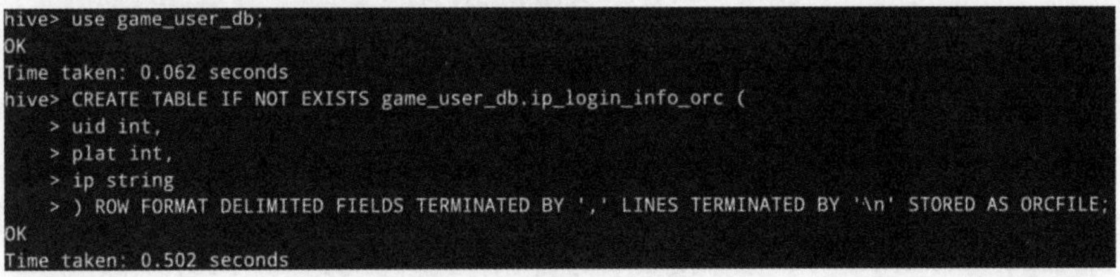

```
hive> use game_user_db;
OK
Time taken: 0.062 seconds
hive> CREATE TABLE IF NOT EXISTS game_user_db.ip_login_info_orc (
    > uid int,
    > plat int,
    > ip string
    > ) ROW FORMAT DELIMITED FIELDS TERMINATED BY ',' LINES TERMINATED BY '\n' STORED AS ORCFILE;
OK
Time taken: 0.502 seconds
```

图 5-10

接着，在 Hive CLI 客户端中执行命令将全量文本表（ip_login_info_text）中的数据写入全量 ORC 表（ip_login_info_orc）中，具体操作命令如下：

```
-- 设置执行队列
hive> set mapreduce.job.queuename=root.queue_1024_01;
-- 将文本表（ip_login_info_text）中的数据写入 ORC 表（ip_login_info_orc）中
hive> INSERT INTO TABLE ip_login_info_orc SELECT * FROM ip_login_info_text;
```

执行上述命令会启动 MapReduce 任务，输出结果如图 5-11 所示。

```
hive> set mapreduce.job.queuename=root.queue_1024_01;
hive> INSERT INTO TABLE ip_login_info_orc SELECT * FROM ip_login_info_text;
Query ID = hadoop_20210711031713_b83f2d65-0507-42ba-9ef9-2a9111008edb
Total jobs = 1
Launching Job 1 out of 1
Number of reduce tasks is set to 0 since there's no reduce operator
Starting Job = job_1625980497047_0002, Tracking URL = http://nna:8090/proxy/application_1625980497047_0002/
Kill Command = /data/soft/new/hadoop/bin/mapred job  -kill job_1625980497047_0002
Hadoop job information for Stage-1: number of mappers: 1; number of reducers: 0
2021-07-11 03:17:55,842 Stage-1 map = 0%,  reduce = 0%
2021-07-11 03:18:24,914 Stage-1 map = 100%,  reduce = 0%, Cumulative CPU 3.12 sec
MapReduce Total cumulative CPU time: 3 seconds 120 msec
Ended Job = job_1625980497047_0002
Stage-4 is selected by condition resolver.
Stage-3 is filtered out by condition resolver.
Stage-5 is filtered out by condition resolver.
Moving data to directory hdfs://cluster1/user/hive/warehouse3/game_user_db.db/ip_login_info_orc/.hive-staging_
hive_2021-07-11_03-17-13_153_6497280012857941555-1/-ext-10000
Loading data to table game_user_db.ip_login_info_orc
MapReduce Jobs Launched:
Stage-Stage-1: Map: 1   Cumulative CPU: 3.12 sec   HDFS Read: 4858 HDFS Write: 541 SUCCESS
Total MapReduce CPU Time Spent: 3 seconds 120 msec
OK
Time taken: 74.392 seconds
```

图 5-11

在浏览器中访问 Tracking URL 后面的地址，输出结果如图 5-12 所示。

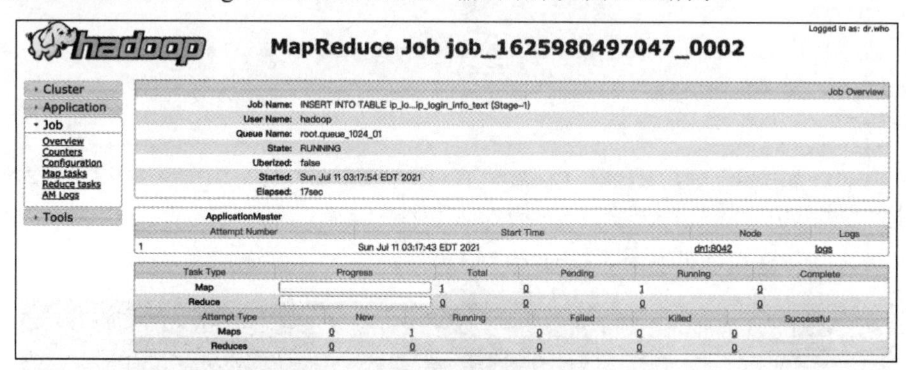

图 5-12

最后，在 Hive CLI 客户端中使用 SELECT 命令查询全量 ORC 表（ip_login_info_orc），验证全量文本表（ip_login_info_text）中的数据是否成功写入全量 ORC 表，具体操作命令如下：

```
-- 查询全量 ORC 表（ip_login_info_orc）
hive> select * from ip_login_info_orc;
```

执行上述命令，输出结果如图 5-13 所示。

```
hive> select * from ip_login_info_orc;
OK
1       100     10.211.0.1
2       100     10.211.0.2
3       101     10.211.0.3
4       102     10.211.0.4
5       102     10.211.0.5
6       103     10.211.0.6
7       103     10.211.0.7
8       103     10.211.0.8
9       104     10.211.0.9
10      105     10.211.0.10
Time taken: 0.925 seconds, Fetched: 10 row(s)
```

图 5-13

5.3.2 实例：修改表

1. 修改表名

进入 Hive CLI 客户端，切换到 game_user_db 数据库下，使用 ALTER TABLE <tablename> RENAME TO 命令对全量文本表（ip_login_info_text）进行重命名，具体操作命令如下：

```
-- 进入 game_user_db 数据库
hive> use game_user_db;
-- 将 ip_login_info_text 表名修改为 ip_login_info_text_new
hive> ALTER TABLE ip_login_info_text RENAME TO ip_login_info_text_new;
-- 使用 DESCRIBE 查看修改后的表
hive> DESCRIBE ip_login_info_text_new;
-- 使用 DESCRIBE 查看修改前的表
hive> DESCRIBE ip_login_info_text;
```

执行上述命令，输出结果如图 5-14 所示。 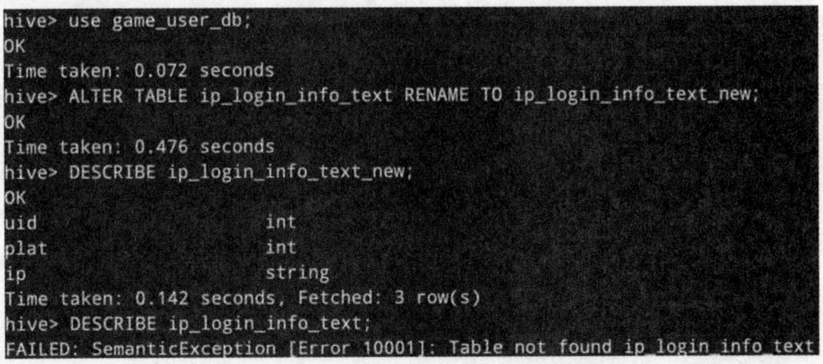

```
hive> use game_user_db;
OK
Time taken: 0.072 seconds
hive> ALTER TABLE ip_login_info_text RENAME TO ip_login_info_text_new;
OK
Time taken: 0.476 seconds
hive> DESCRIBE ip_login_info_text_new;
OK
uid                 int
plat                int
ip                  string
Time taken: 0.142 seconds, Fetched: 3 row(s)
hive> DESCRIBE ip_login_info_text;
FAILED: SemanticException [Error 10001]: Table not found ip_login_info_text
```

图 5-14

在图 5-14 中，可以看出表名 ip_login_info_text 被修改为 ip_login_info_text_new 后，再次使用 DESCRIBE 命令查看修改前的表名（ip_login_info_text）时，会提示该表名不存在，说明表名已经成功修改。

2. 修改列名

进入 Hive CLI 客户端，切换到 game_user_db 数据库下，使用 DESCRIBE 命令查看修改后的全量文本表（ip_login_info_text_new）的表结构，内容如表 5-4 所示。

表5-4　修改后的全量文本表（ip_login_info_text_new）的表结构

列　名	类　型
uid	int
plat	int
ip	string

接着，使用 ALTER TABLE <tablename> CHANGE 命令对全量文本表（ip_login_info_text_new）的列名 uid 进行修改，具体操作命令如下：

```
-- 进入 game_user_db 数据库
```

```
hive> use game_user_db;
-- 将 ip_login_info_text_new 表的列名 uid 修改为 gid
hive> ALTER TABLE ip_login_info_text_new CHANGE uid gid int;
-- 使用 DESCRIBE 命令查看表结构，看是否修改成功
hive> DESCRIBE ip_login_info_text_new;
```

执行上述命令，输出结果如图 5-15 所示。

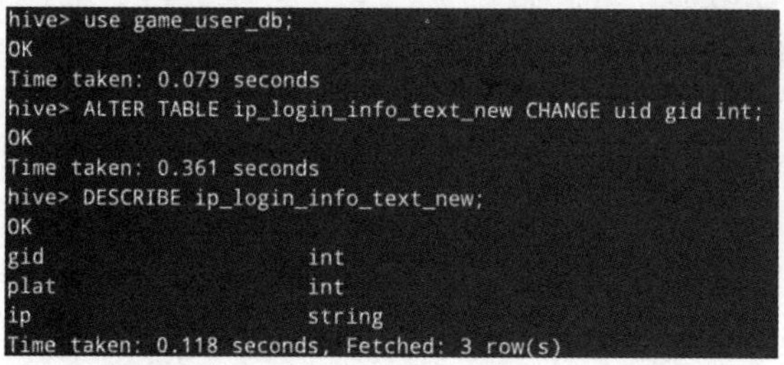

```
hive> use game_user_db;
OK
Time taken: 0.079 seconds
hive> ALTER TABLE ip_login_info_text_new CHANGE uid gid int;
OK
Time taken: 0.361 seconds
hive> DESCRIBE ip_login_info_text_new;
OK
gid                     int
plat                    int
ip                      string
Time taken: 0.118 seconds, Fetched: 3 row(s)
```

图 5-15

3. 修改列注释

进入 Hive CLI 客户端，切换到 game_user_db 数据库下，使用 ALTER TABLE <tablename> CHANGE 命令对全量文本表（ip_login_info_text_new）的列名 gid 的注释进行修改，具体操作命令如下：

```
-- 进入 game_user_db 数据库
hive> use game_user_db;
-- 将 ip_login_info_text_new 表的列名 gid 的注释修改为 User Game ID
hive> ALTER TABLE ip_login_info_text_new CHANGE gid gid int COMMENT 'User
Game ID';
-- 使用 DESCRIBE 命令查看表列名注释，看是否修改成功
hive> DESCRIBE ip_login_info_text_new;
```

执行上述命令，输出结果如图 5-16 所示。 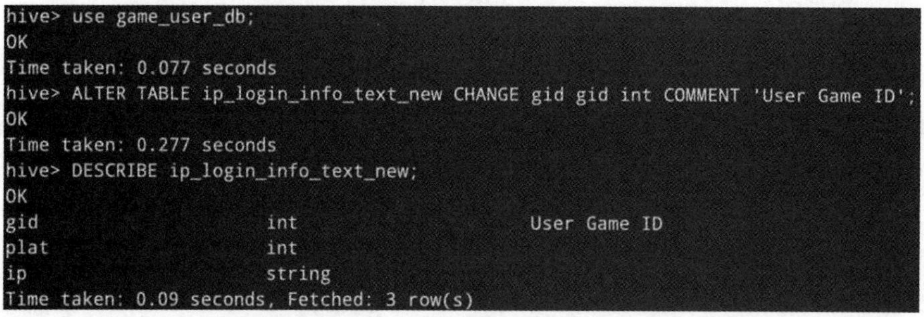

```
hive> use game_user_db;
OK
Time taken: 0.077 seconds
hive> ALTER TABLE ip_login_info_text_new CHANGE gid gid int COMMENT 'User Game ID';
OK
Time taken: 0.277 seconds
hive> DESCRIBE ip_login_info_text_new;
OK
gid                     int                     User Game ID
plat                    int
ip                      string
Time taken: 0.09 seconds, Fetched: 3 row(s)
```

图 5-16

4. 修改表注释

进入 Hive CLI 客户端，切换到 game_user_db 数据库下，使用 ALTER TABLE <tablename> CHANGE 命令对全量文本表（ip_login_info_text_new）的注释进行修改，具体操作命令如下：

```
-- 进入 game_user_db 数据库
```

```
hive> use game_user_db;
-- 将 ip_login_info_text_new 表的注释修改为 User IP Login Info
hive> ALTER TABLE ip_login_info_text_new SET TBLPROPERTIES('comment' = 'User
IP Login Info');
-- 使用 SHOW CREATE TABLE 命令查看表注释，看是否修改成功
hive> SHOW CREATE TABLE ip_login_info_text_new;
```

执行上述命令，输出结果如图 5-17 所示。

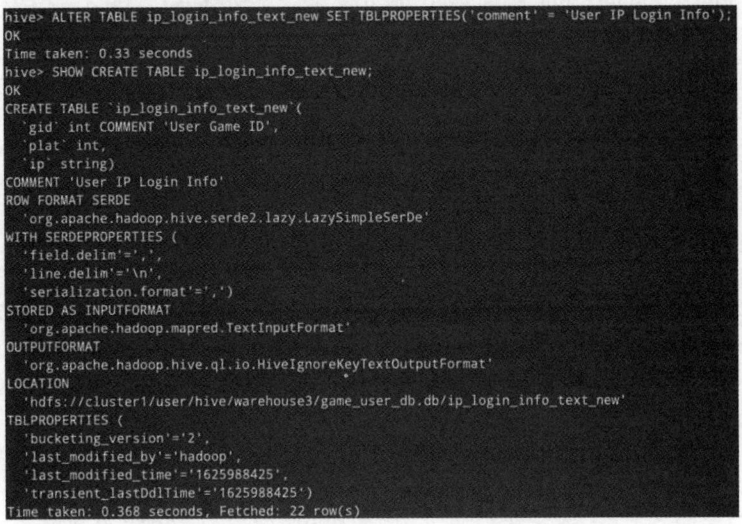

```
hive> ALTER TABLE ip_login_info_text_new SET TBLPROPERTIES('comment' = 'User IP Login Info');
OK
Time taken: 0.33 seconds
hive> SHOW CREATE TABLE ip_login_info_text_new;
OK
CREATE TABLE `ip_login_info_text_new`(
  `gid` int COMMENT 'User Game ID',
  `plat` int,
  `ip` string)
COMMENT 'User IP Login Info'
ROW FORMAT SERDE
  'org.apache.hadoop.hive.serde2.lazy.LazySimpleSerDe'
WITH SERDEPROPERTIES (
  'field.delim'=',',
  'line.delim'='\n',
  'serialization.format'=',')
STORED AS INPUTFORMAT
  'org.apache.hadoop.mapred.TextInputFormat'
OUTPUTFORMAT
  'org.apache.hadoop.hive.ql.io.HiveIgnoreKeyTextOutputFormat'
LOCATION
  'hdfs://cluster1/user/hive/warehouse3/game_user_db.db/ip_login_info_text_new'
TBLPROPERTIES (
  'bucketing_version'='2',
  'last_modified_by'='hadoop',
  'last_modified_time'='1625988425',
  'transient_lastDdlTime'='1625988425')
Time taken: 0.368 seconds, Fetched: 22 row(s)
```

图 5-17

5. 修改列顺序

进入 Hive CLI 客户端，切换到 game_user_db 数据库下，使用 ALTER TABLE <tablename> CHANGE 命令对全量文本表（ip_login_info_text_new）的列名 gid 的顺序进行修改，将列名 gid 移动到列名 plat 的后面。具体操作命令如下：

```
-- 进入 game_user_db 数据库
hive> use game_user_db;
-- 将 ip_login_info_text_new 表的列名 gid 移动到列名 plat 的后面
hive> ALTER TABLE ip_login_info_text_new CHANGE gid gid int AFTER plat;
-- 使用 DESC 命令查看表结构，看是否修改成功
hive> DESCRIBE ip_login_info_text_new;
```

执行上述命令，输出结果如图 5-18 所示。 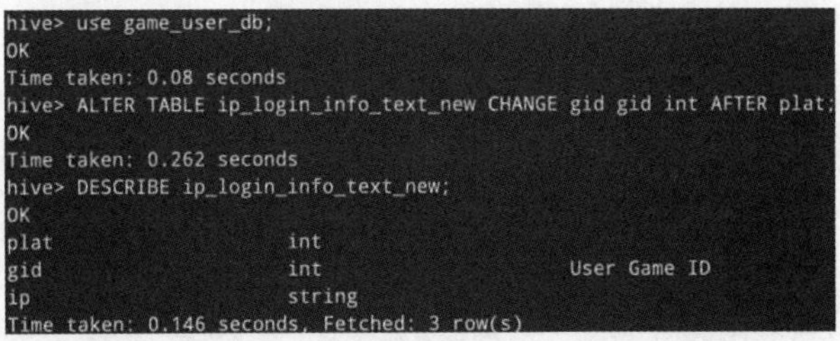

```
hive> use game_user_db;
OK
Time taken: 0.08 seconds
hive> ALTER TABLE ip_login_info_text_new CHANGE gid gid int AFTER plat;
OK
Time taken: 0.262 seconds
hive> DESCRIBE ip_login_info_text_new;
OK
plat                    int
gid                     int                     User Game ID
ip                      string
Time taken: 0.146 seconds, Fetched: 3 row(s)
```

图 5-18

用户在使用 ALTER TABLE 命令对表执行修改时，只会修改表的元数据，表的实际数据是不会被改变的。因此，在执行修改表操作时，需要确保修改的动作和实际数据是一致的。

5.3.3 实例：删除表

1. 删除内部表

编写内部表（ip_login_text_inner）的 SQL 语句，字段包含用户 ID（uid）、用户平台 ID（plat）以及用户访问 IP（ip），具体内容见代码 5-7。

代码 5-7

```
-- 创建全量内部表
CREATE TABLE IF NOT EXISTS game_user_db.ip_login_text_inner (
    uid int,
    plat int,
    ip string
) ROW FORMAT DELIMITED FIELDS TERMINATED BY ',' LINES TERMINATED BY '\n' STORED
AS TEXTFILE;
```

接着，进入 Hive CLI 客户端，在数据库 game_user_db 中创建内部表 ip_login_text_inner，并加载数据，具体操作命令如下：

```
-- 执行代码 5-7
hive> CREATE TABLE IF NOT EXISTS game_user_db.ip_login_text_inner(
    > uid int ,
    > plat int ,
    > ip string
    > ) ROW FORMAT DELIMITED FIELDS TERMINATED BY ',' LINES TERMINATED BY '\n'
STORED AS TEXTFILE;
```

然后，在当前机器上准备好文本数据（ip_login_inner.txt），内容如下：

```
# 在本地服务器上编辑如下文本文件
[hadoop@dn1 ~]$ vi /tmp/ip_login_inner.txt
# 添加如下内容（本行注释无须添加到 ip_login_inner.txt 文本文件中）
1,100,10.211.0.1
2,100,10.211.0.2
3,101,10.211.0.3
4,102,10.211.0.4
5,102,10.211.0.5
6,103,10.211.0.6
7,103,10.211.0.7
8,103,10.211.0.8
9,104,10.211.0.9
10,105,10.211.0.10
```

接着，在 Hive CLI 客户端中使用 LOAD DATA LOCAL 命令加载本地服务器文本文件中的数据（/tmp/ip_login_inner.txt），具体操作命令如下：

```
-- 加载文本数据（ip_login_inner.txt）
```

```
hive> LOAD DATA LOCAL INPATH '/tmp/ip_login_inner.txt' INTO TABLE
ip_login_text_inner;
```

最后，在 Hive CLI 客户端中使用 SELECT 命令查询全量内部表（ip_login_text_inner），验证文本数据是否加载成功，具体操作命令如下：

```
-- 查询全量内部表（ip_login_text_inner）
hive> select * from ip_login_text_inner;
```

执行上述命令，输出结果如图 5-19 所示。

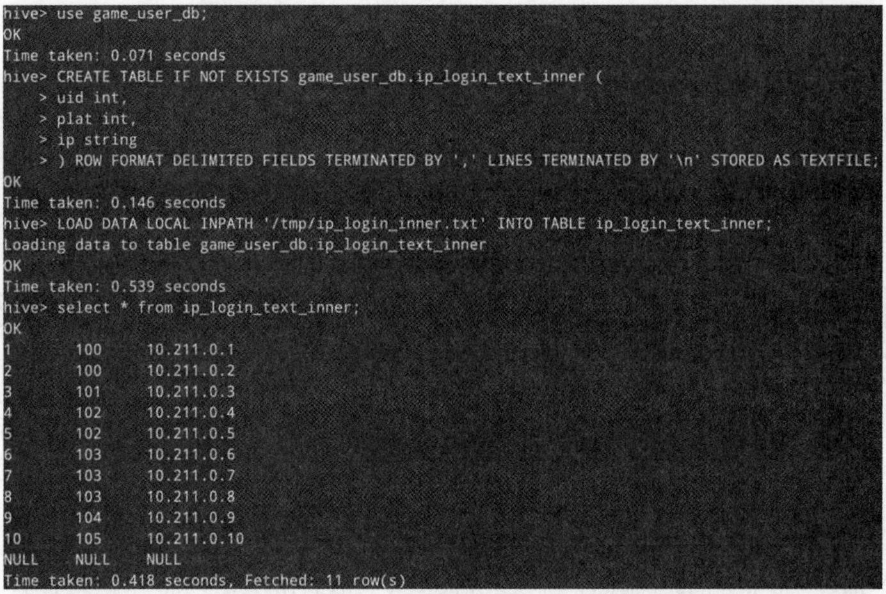

```
hive> use game_user_db;
OK
Time taken: 0.071 seconds
hive> CREATE TABLE IF NOT EXISTS game_user_db.ip_login_text_inner (
    > uid int,
    > plat int,
    > ip string
    > ) ROW FORMAT DELIMITED FIELDS TERMINATED BY ',' LINES TERMINATED BY '\n' STORED AS TEXTFILE;
OK
Time taken: 0.146 seconds
hive> LOAD DATA LOCAL INPATH '/tmp/ip_login_inner.txt' INTO TABLE ip_login_text_inner;
Loading data to table game_user_db.ip_login_text_inner
OK
Time taken: 0.539 seconds
hive> select * from ip_login_text_inner;
OK
1       100     10.211.0.1
2       100     10.211.0.2
3       101     10.211.0.3
4       102     10.211.0.4
5       102     10.211.0.5
6       103     10.211.0.6
7       103     10.211.0.7
8       103     10.211.0.8
9       104     10.211.0.9
10      105     10.211.0.10
NULL    NULL    NULL
Time taken: 0.418 seconds, Fetched: 11 row(s)
```

图 5-19

在删除内部表（ip_login_text_inner）之前，先在 HDFS 上查看 Hive 数据库内部表的分布情况，具体操作命令如下：

```
# 在 HDFS 上查看 Hive 数据库内部表的分布情况
[hadoop@dn1 ~]$ hdfs dfs -ls /user/hive/warehouse3/game_user_db.db | grep
ip_login_text_inner
```

执行上述命令，输出结果如图 5-20 所示。

```
[hadoop@dn1 ~]$ hdfs dfs -ls /user/hive/warehouse3/game_user_db.db | grep ip_login_text_inner
drwxr-xr-x   - hadoop supergroup          0 2021-07-11 03:32 /user/hive/warehouse3/game_user_db.db/ip_login_te
xt_inner
```

图 5-20

然后，在 Hive CLI 客户端中执行 DROP TABLE 命令删除内部表（ip_login_text_inner），具体操作命令如下：

```
-- 进入 game_user_db 数据库
hive> use game_user_db;
-- 删除内部表（ip_login_text_inner）
hive> DROP TABLE ip_login_text_inner;
```

```
hive> SHOW TABLES LIKE 'ip_login_text_inner*';
```

执行上述命令，输出结果如图 5-21 所示。

```
hive> use game_user_db;
OK
Time taken: 0.063 seconds
hive> DROP TABLE ip_login_text_inner;
OK
Time taken: 0.22 seconds
hive> SHOW TABLES LIKE 'ip_login_text_inner*';
OK
Time taken: 0.081 seconds
```

图 5-21

最后，在 HDFS 上查看 Hive 数据库内部表的分布情况，具体操作命令如下：

```
# 在 HDFS 上查看 Hive 数据库内部表的分布情况
[hadoop@dn1 ~]$ hdfs dfs -ls /user/hive/warehouse3/game_user_db.db | grep
ip_login_text_inner
```

执行上述命令，输出结果如图 5-22 所示。

```
[hadoop@dn1 ~]$ hdfs dfs -ls /user/hive/warehouse3/game_user_db.db | grep ip_login_text_inner
[hadoop@dn1 ~]$
```

图 5-22

观察图 5-22 可以发现，Hive 数据库中内部表（ip_login_text_inner）存储在 HDFS 上的数据被删除了。

2. 删除外部表

编写外部表（ip_login_text_outer）的 SQL 语句，字段包含用户 ID（uid）、用户平台 ID（plat）以及用户访问 IP（ip），具体内容见代码 5-8。

代码 5-8

```
-- 创建全量外部表
CREATE EXTERNAL TABLE IF NOT EXISTS game_user_db.ip_login_text_outer (
    uid int,
    plat int,
    ip string
) ROW FORMAT DELIMITED FIELDS TERMINATED BY ',' LINES TERMINATED BY '\n' STORED
AS TEXTFILE;
```

接着，进入 Hive CLI 客户端，在数据库 game_user_db 中创建外部表 ip_login_text_outer，并加载数据，具体操作命令如下：

```
-- 执行代码 5-8
hive> CREATE EXTERNAL TABLE IF NOT EXISTS game_user_db.ip_login_text_out(
    > uid int ,
    > plat int ,
    > ip string
    > ) ROW FORMAT DELIMITED FIELDS TERMINATED BY ',' LINES TERMINATED BY '\n'
STORED AS TEXTFILE;
```

然后，在当前机器上准备好文本数据（/tmp/ip_login_outer.txt），内容如下：

```
# 在本地服务器上编辑如下文本文件
[hadoop@dn1 ~]$ vi /tmp/ip_login_outer.txt
# 添加如下内容（本行注释无须添加到 ip_login_outer.txt 文本文件中）
1,100,10.211.0.1
2,100,10.211.0.2
3,101,10.211.0.3
4,102,10.211.0.4
5,102,10.211.0.5
6,103,10.211.0.6
7,103,10.211.0.7
8,103,10.211.0.8
9,104,10.211.0.9
10,105,10.211.0.10
```

接着，在 Hive CLI 客户端中使用 LOAD DATA LOCAL 命令加载本地服务器文本文件中的数据（/tmp/ip_login_outer.txt），具体操作命令如下：

```
-- 加载文本数据（ip_login_outer.txt）
hive> LOAD DATA LOCAL INPATH '/tmp/ip_login_outer.txt' INTO TABLE
ip_login_text_outer;
```

最后，在 Hive CLI 客户端中使用 SELECT 命令查询全量外部表（ip_login_text_outer），验证文本数据是否加载成功，具体操作命令如下：

```
-- 查询外部表（ip_login_text_outer）
hive> select * from ip_login_text_outer;
```

执行上述命令，输出结果如图 5-23 所示。

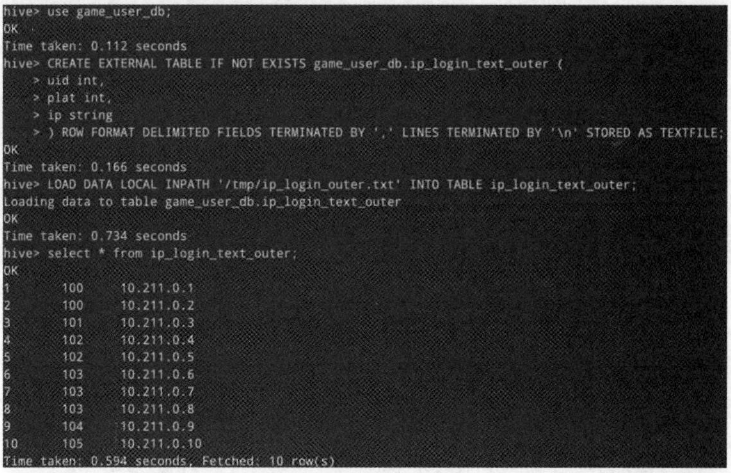

```
hive> use game_user_db;
OK
Time taken: 0.112 seconds
hive> CREATE EXTERNAL TABLE IF NOT EXISTS game_user_db.ip_login_text_outer (
    > uid int,
    > plat int,
    > ip string
    > ) ROW FORMAT DELIMITED FIELDS TERMINATED BY ',' LINES TERMINATED BY '\n' STORED AS TEXTFILE;
OK
Time taken: 0.166 seconds
hive> LOAD DATA LOCAL INPATH '/tmp/ip_login_outer.txt' INTO TABLE ip_login_text_outer;
Loading data to table game_user_db.ip_login_text_outer
OK
Time taken: 0.734 seconds
hive> select * from ip_login_text_outer;
OK
1       100     10.211.0.1
2       100     10.211.0.2
3       101     10.211.0.3
4       102     10.211.0.4
5       102     10.211.0.5
6       103     10.211.0.6
7       103     10.211.0.7
8       103     10.211.0.8
9       104     10.211.0.9
10      105     10.211.0.10
Time taken: 0.594 seconds, Fetched: 10 row(s)
```

图 5-23

在删除外部表（ip_login_text_outer）之前，先在 HDFS 上查看 Hive 数据库表的分布情况，具体操作命令如下：

```
# 在 HDFS 上查看 Hive 数据库外部表的分布情况
```

```
[hadoop@dn1 ~]$ hdfs dfs -ls /user/hive/warehouse3/game_user_db.db | grep
ip_login_text_outer
```

执行上述命令，输出结果如图 5-24 所示。

```
[hadoop@dn1 ~]$ hdfs dfs -ls /user/hive/warehouse3/game_user_db.db | grep ip_login_text_outer
drwxr-xr-x   - hadoop supergroup          0 2021-07-11 03:42 /user/hive/warehouse3/game_user_db.db/ip_login_te
xt_outer
[hadoop@dn1 ~]$
```

图 5-24

然后，在 Hive CLI 客户端中执行 DROP TABLE 命令删除外部表（ip_login_text_outer），具体操作命令如下：

```
-- 进入 game_user_db 数据库
hive> use game_user_db;
-- 删除外部表（ip_login_text_outer）
hive> DROP TABLE ip_login_text_outer;
-- 执行 SHOW TABLES 命令查看外部表是否删除成功
hive> SHOW TABLES LIKE 'ip_login_text_outer*';
```

执行上述命令，输出结果如图 5-25 所示。

```
hive> use game_user_db;
OK
Time taken: 0.086 seconds
hive> DROP TABLE ip_login_text_outer;
OK
Time taken: 0.212 seconds
hive> SHOW TABLES LIKE 'ip_login_text_outer*';
OK
Time taken: 0.081 seconds
```

图 5-25

最后，在 HDFS 上查看 Hive 数据库外部表的分布情况，具体操作命令如下：

```
# 在 HDFS 上查看 Hive 数据库外部表的分布情况
[hadoop@dn1 ~]$ hdfs dfs -ls /user/hive/warehouse3/game_user_db.db | grep
ip_login_text_outer
```

执行上述命令，输出结果如图 5-26 所示。

```
[hadoop@dn1 ~]$ hdfs dfs -ls /user/hive/warehouse3/game_user_db.db | grep ip_login_text_outer
drwxr-xr-x   - hadoop supergroup          0 2021-07-11 03:42 /user/hive/warehouse3/game_user_db.db/ip_login_te
xt_outer
[hadoop@dn1 ~]$
```

图 5-26

观察图 5-26 可以发现，删除 Hive 数据库中的外部表后，存储在 HDFS 上的实际数据仍然存在，实际数据并没有被删除。因此，删除 Hive 数据库中的外部表时，只会删除表的元数据，实际存储在 HDFS 上的数据不会被删除。

5.4 管理表分区

Hive 数据库中表分区的概念和传统关系数据库中的表分区有所不同。例如，传统数据库 Oracle

中表分区的方式使用独立的段来存储实际的数据，当用户写入数据时，Oracle 数据库会自动分配分区。

Hive 数据库中，表分区（Partition）是一种根据分区列（如日期时间、平台 ID 等）的值对表进行粗略划分的机制。

5.4.1　实例：新增表分区

编写外部分区表（ip_login_text_outer_p）的 SQL 语句，字段包含用户 ID（uid）、用户平台 ID（plat）以及用户访问 IP（ip），具体内容见代码 5-9。

代码 5-9

```
-- 创建外部分区表
CREATE EXTERNAL TABLE IF NOT EXISTS ip_login_text_outer_p (
    uid int,
    plat int,
    ip string
) PARTITIONED BY(day string)
ROW FORMAT DELIMITED FIELDS TERMINATED BY ','
LINES TERMINATED BY '\n' STORED AS TEXTFILE;
```

接着，进入 Hive CLI 客户端，切换到 game_user_db 数据库下，然后在数据库 game_user_db 中创建外部分区表，具体操作命令如下：

```
-- 进入 game_user_db 数据库
hive> use game_user_db;
-- 执行代码 5-9
hive> CREATE EXTERNAL TABLE IF NOT EXISTS ip_login_text_outer_p (
    > uid int ,
    > plat int ,
    > ip string
    > ) PARTITIONED BY(day string)
    > ROW FORMAT DELIMITED FIELDS TERMINATED BY ','
    > LINES TERMINATED BY '\n' STORED AS TEXTFILE;
```

执行上述命令，输出结果如图 5-27 所示。

```
hive> use game_user_db;
OK
Time taken: 0.32 seconds
hive> CREATE EXTERNAL TABLE IF NOT EXISTS ip_login_text_outer_p (
    > uid int,
    > plat int,
    > ip string
    > ) PARTITIONED BY(day string)
    > ROW FORMAT DELIMITED FIELDS TERMINATED BY ','
    > LINES TERMINATED BY '\n' STORED AS TEXTFILE;
OK
Time taken: 0.126 seconds
```

图 5-27

然后，执行 ALTER TABLE 命令来给分区表（ip_login_text_outer_p）添加新分区，具体操作命令如下：

```
-- 给分区表（ip_login_text_outer_p）添加分区
hive> ALTER TABLE ip_login_text_outer_p ADD PARTITION (day='2021-07-10');
-- 执行 SHOW PARTITIONS 命令来验证新分区是否添加成功
hive> SHOW PARTITIONS ip_login_text_outer_p;
```

执行上述命令，输出结果如图 5-28 所示。

```
hive> ALTER TABLE ip_login_text_outer_p ADD PARTITION (day='2021-07-10');
OK
Time taken: 0.245 seconds
hive> SHOW PARTITIONS ip_login_text_outer_p;
OK
day=2021-07-10
Time taken: 0.15 seconds, Fetched: 1 row(s)
```

图 5-28

5.4.2 实例：重命名表分区

进入 Hive CLI 客户端，切换到 game_user_db 数据库下，然后执行 ALTER TABLE 命令对外部分区表中已有的分区进行重命名，具体操作命令如下：

```
-- 进入 game_user_db 数据库
hive> use game_user_db;
-- 查看表分区情况
hive> SHOW PARTITIONS ip_login_text_outer_p;
-- 将分区 day 的值 2021-07-10 重命名为 2021-07-12
hive> ALTER TABLE ip_login_text_outer_p PARTITION (day='2021-07-10')
RENAME TO PARTITION (day='2021-07-12');
-- 再次查看表分区情况，看是否重命名成功
hive> SHOW PARTITIONS ip_login_text_outer_p;
```

执行上述命令，输出结果如图 5-29 所示。

```
hive> use game_user_db;
OK
Time taken: 0.038 seconds
hive> SHOW PARTITIONS ip_login_text_outer_p;
OK
day=2021-07-10
Time taken: 0.178 seconds, Fetched: 1 row(s)
hive> ALTER TABLE ip_login_text_outer_p PARTITION (day='2021-07-10') RENAME TO PARTITION (day='2021-07-12');
OK
Time taken: 0.743 seconds
hive> SHOW PARTITIONS ip_login_text_outer_p;
OK
day=2021-07-12
Time taken: 0.368 seconds, Fetched: 1 row(s)
```

图 5-29

观察图 5-29 可以发现，分区表中分区字段 day 的值已成功被修改。

5.4.3 实例：交换表分区

编写外部分区表（ip_login_text_outer_r）的 SQL 语句，字段包含用户 ID（uid）、用户平台 ID（plat）以及用户访问 IP（ip），具体内容见代码 5-10。

代码 5-10

```
-- 创建外部分区表
```

```
CREATE EXTERNAL TABLE IF NOT EXISTS ip_login_text_outer_r (
    uid int,
    plat int,
    ip string
) PARTITIONED BY(day string)
ROW FORMAT DELIMITED FIELDS TERMINATED BY ','
LINES TERMINATED BY '\n' STORED AS TEXTFILE;
```

接着，进入 Hive CLI 客户端，切换到 game_user_db 数据库下，然后创建新外部分区表（ip_login_text_outer_r），并将 ip_login_text_outer_p 外部分区表中的数据迁移到新创建的外部分区表（ip_login_text_outer_r）中，具体操作命令如下：

```
-- 进入 game_user_db 数据库
hive> use game_user_db;
-- 执行代码 5-10
hive> CREATE EXTERNAL IF NOT EXISTS TABLE ip_login_text_outer_r(
    > uid int ,
    > plat int ,
    > ip string
    > ) PARTITIONED BY(tm string)
    > ROW FORMAT DELIMITED FIELDS TERMINATED BY ','
    > LINES TERMINATED BY '\n' STORED AS TEXTFILE;
-- 查看新分区表（ip_login_text_r）的分区情况
hive> SHOW PARTITIONS ip_login_text_outer_r;
-- 将 ip_login_text_outer_p 分区表中的数据迁移到 ip_login_text_outer_r 分区表中
hive> ALTER TABLE ip_login_text_outer_r EXCHANGE
PARTITION (tm='2021-07-05') WITH TABLE ip_login_text_outer_p;
-- 查看新分区表（ip_login_text_outer_r）的分区情况
hive> SHOW PARTITIONS ip_login_text_outer_r;
-- 查看旧分区表（ip_login_text_outer_p）的分区情况
hive> SHOW PARTITIONS ip_login_text_outer_p;
```

执行上述命令，输出结果如图 5-30 所示。

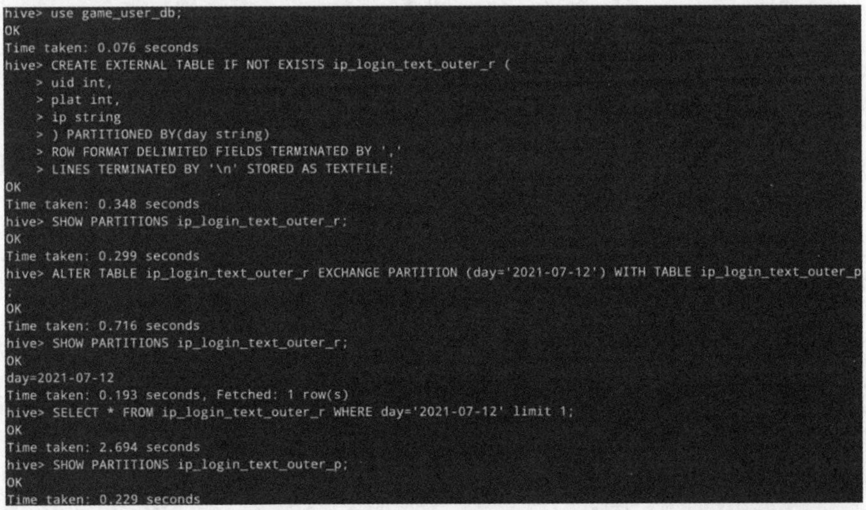

```
hive> use game_user_db;
OK
Time taken: 0.076 seconds
hive> CREATE EXTERNAL TABLE IF NOT EXISTS ip_login_text_outer_r (
    > uid int,
    > plat int,
    > ip string
    > ) PARTITIONED BY(day string)
    > ROW FORMAT DELIMITED FIELDS TERMINATED BY ','
    > LINES TERMINATED BY '\n' STORED AS TEXTFILE;
OK
Time taken: 0.348 seconds
hive> SHOW PARTITIONS ip_login_text_outer_r;
OK
Time taken: 0.299 seconds
hive> ALTER TABLE ip_login_text_outer_r EXCHANGE PARTITION (day='2021-07-12') WITH TABLE ip_login_text_outer_p
;
OK
Time taken: 0.716 seconds
hive> SHOW PARTITIONS ip_login_text_outer_r;
OK
day=2021-07-12
Time taken: 0.193 seconds, Fetched: 1 row(s)
hive> SELECT * FROM ip_login_text_outer_r WHERE day='2021-07-12' limit 1;
OK
Time taken: 2.694 seconds
hive> SHOW PARTITIONS ip_login_text_outer_p;
OK
Time taken: 0.229 seconds
```

图 5-30

观察图 5-30 可以发现，ip_login_text_outer_r 表分区的数据在迁移之前是空的，执行迁移命令后，ip_login_text_outer_p 表分区中的数据已经迁移到 ip_login_text_outer_r 表中了。

5.4.4 实例：删除表分区

进入 Hive CLI 客户端，切换到 game_user_db 数据库下，使用 ALTER TABLE <tablename> DROP PARTITION 命令对外部分区表中已有的分区数据进行删除，具体操作命令如下：

```
-- 进入 game_user_db 数据库
hive> use game_user_db;
-- 查看分区表（ip_login_text_outer_r）的分区情况
hive> SHOW PARTITIONS ip_login_text_outer_r;
-- 删除已有分区
hive> ALTER TABLE ip_login_text_outer_r DROP PARTITION (day='2021-07-12');
-- 查看分区表（ip_login_text_outer_r）的分区是否成功被删除
hive> SHOW PARTITIONS ip_login_text_outer_r;
```

执行上述命令，输出结果如图 5-31 所示。

```
hive> SHOW PARTITIONS ip_login_text_outer_r;
OK
day=2021-07-12
Time taken: 0.17 seconds, Fetched: 1 row(s)
hive>  ALTER TABLE ip_login_text_outer_r DROP PARTITION (day='2021-07-12');
Dropped the partition day=2021-07-12
OK
Time taken: 0.832 seconds
hive> SHOW PARTITIONS ip_login_text_outer_r;
OK
Time taken: 0.609 seconds
```

图 5-31

观察图 5-31 可以发现，外部分区表（ip_login_text_outer_r）中分区 day 值 2021-07-12 所在的分区已被删除。

5.5 导入与导出表数据

通常情况下，开发人员为了将已有的业务数据转换为有价值的信息，需要先将数据导入 Hive 数据库表中，然后编写逻辑 SQL 语句来操作这些业务数据进行分析，最后将分析结果导出。

5.5.1 实例：将业务数据导入 Hive 表

1. 基于本地文件的导入

在当前机器上准备好文本数据（/tmp/ip_login_info_import.txt），内容如下：

```
# 在本地服务器上编辑如下文本文件
[hadoop@dn1 ~]$ vi /tmp/ip_login_info_import.txt
# 添加如下内容（本行注释无须添加到 ip_login_info_import.txt 文本文件中）
1,600,10.211.1.1
```

```
2,600,10.211.2.2
3,701,10.211.2.3
4,702,10.211.0.4
5,802,10.211.3.5
6,803,10.211.3.6
7,803,10.211.5.7
8,803,10.211.6.8
9,904,10.211.11.9
10,905,10.211.12.10
```

接着，创建一个新的全量文本表来装载本地文件中的新数据，具体内容见代码 5-11。

代码 5-11

```
-- 创建全量文本表
CREATE TABLE IF NOT EXISTS game_user_db.ip_login_info_import_text (
    uid int,
    plat int,
    ip string
) ROW FORMAT DELIMITED FIELDS TERMINATED BY ',' LINES TERMINATED BY '\n' STORED
AS TEXTFILE;
```

使用 Hive CLI 客户端执行代码 5-11，具体操作命令如下：

```
-- 执行代码 5-11
hive> CREATE TABLE IF NOT EXISTS game_user_db.ip_login_info_import_text (
    > uid int ,
    > plat int ,
    > ip string
    > ) ROW FORMAT DELIMITED FIELDS TERMINATED BY ',' LINES TERMINATED BY '\n'
STORED AS TEXTFILE;
```

执行上述命令，输出结果如图 5-32 所示。

```
hive> CREATE TABLE IF NOT EXISTS game_user_db.ip_login_info_import_text (
    > uid int,
    > plat int,
    > ip string
    > ) ROW FORMAT DELIMITED FIELDS TERMINATED BY ',' LINES TERMINATED BY '\n' STORED AS TEXTFILE;
OK
Time taken: 0.232 seconds
```

图 5-32

然后，切换到 game_user_db 数据库下，使用 LOAD DATA LOCAL 命令来加载本地文本文件中的数据（/tmp/ip_login_info_import.txt），具体操作命令如下：

```
-- 进入 game_user_db 数据库
hive> use game_user_db;
-- 加载本地文本文件中的数据（ip_login_info_import.txt）
hive> LOAD DATA LOCAL INPATH '/tmp/ip_login_info_import.txt' INTO TABLE
ip_login_info_import_text;
```

最后，在 Hive CLI 客户端中使用 SELECT 命令查询文本表（ip_login_info_import_text），验证文本文件中的数据（ip_login_info_import.txt）是否加载成功，具体操作命令如下：

```
-- 查询全量文本表（ip_login_info_import_text）
hive> select * from ip_login_info_import_text;
```

执行上述命令，输出结果如图 5-33 所示。

```
hive> LOAD DATA LOCAL INPATH '/tmp/ip_login_info_import.txt' INTO TABLE ip_login_info_import_text;
Loading data to table game_user_db.ip_login_info_import_text
OK
Time taken: 0.455 seconds
hive> select * from ip_login_info_import_text;
OK
1       600     10.211.1.1
2       600     10.211.2.2
3       701     10.211.2.3
4       702     10.211.0.4
5       802     10.211.3.5
6       803     10.211.3.6
7       803     10.211.5.7
8       803     10.211.6.8
9       904     10.211.11.9
10      905     10.211.12.10
Time taken: 0.489 seconds, Fetched: 10 row(s)
```

图 5-33

2. 基于表的导入

创建一个新的全量文本表，表字段只包含用户 ID 和平台 ID，具体内容见代码 5-12。

代码 5-12

```
-- 创建新的全量文本表
CREATE TABLE IF NOT EXISTS game_user_db.ip_login_info_new_text (
    uid int,
    plat int
) ROW FORMAT DELIMITED FIELDS TERMINATED BY ',' LINES TERMINATED BY '\n' STORED
AS TEXTFILE;
```

使用 Hive CLI 客户端执行代码 5-12，具体操作命令如下：

```
-- 执行代码 5-12
hive> CREATE TABLE IF NOT EXISTS game_user_db.ip_login_info_new_text (
    > uid int ,
    > plat int
    > ) ROW FORMAT DELIMITED FIELDS TERMINATED BY ',' LINES TERMINATED BY '\n'
STORED AS TEXTFILE;
```

执行上述命令，输出结果如图 5-34 所示。

```
hive> CREATE TABLE IF NOT EXISTS game_user_db.ip_login_info_new_text (
    > uid int,
    > plat int
    > ) ROW FORMAT DELIMITED FIELDS TERMINATED BY ',' LINES TERMINATED BY '\n' STORED AS TEXTFILE;
OK
Time taken: 0.171 seconds
```

图 5-34

然后，切换到 game_user_db 数据库下并设置执行队列，使用 INSERT INTO TABLE 命令将全量文本表（ip_login_info_import_text）中的数据导入新创建的全量文本表（ip_login_info_new_text）中，具体操作命令如下：

```
-- 进入 game_user_db 数据库
hive> use game_user_db;
-- 设置执行队列
hive> set mapreduce.job.queuename=root.queue_1024_01;
-- 将表（ip_login_info_import_text）的数据导入表（ip_login_info_new_text）中
hive> INSERT INTO TABLE ip_login_info_new_text select uid,plat from
ip_login_info_import_text;
```

执行上述命令，输出结果如图 5-35 所示。

```
hive> use game_user_db;
OK
Time taken: 0.071 seconds
hive> set mapreduce.job.queuename=root.queue_1024_01;
hive> INSERT INTO TABLE ip_login_info_new_text select uid,plat from ip_login_info_import_text;
Query ID = hadoop_20210711041225_a958e41e-4435-4098-8585-aeaa4c377cef
Total jobs = 3
Launching Job 1 out of 3
Number of reduce tasks is set to 0 since there's no reduce operator
Starting Job = job_1625980497047_0003, Tracking URL = http://nna:8090/proxy/application_1625980497047_0003/
Kill Command = /data/soft/new/hadoop/bin/mapred job  -kill job_1625980497047_0003
Hadoop job information for Stage-1: number of mappers: 1; number of reducers: 0
2021-07-11 04:13:02,634 Stage-1 map = 0%,  reduce = 0%
2021-07-11 04:13:19,598 Stage-1 map = 100%,  reduce = 0%, Cumulative CPU 3.06 sec
MapReduce Total cumulative CPU time: 3 seconds 60 msec
Ended Job = job_1625980497047_0003
Stage-4 is selected by condition resolver.
Stage-3 is filtered out by condition resolver.
Stage-5 is filtered out by condition resolver.
Moving data to directory hdfs://cluster1/user/hive/warehouse3/game_user_db.db/ip_login_info_new_text/.hive-sta
ging_hive_2021-07-11_04-12-25_142_1594691872146255831-1/-ext-10000
Loading data to table game_user_db.ip_login_info_new_text
MapReduce Jobs Launched:
Stage-Stage-1: Map: 1   Cumulative CPU: 3.06 sec   HDFS Read: 4576 HDFS Write: 152 SUCCESS
Total MapReduce CPU Time Spent: 3 seconds 60 msec
OK
Time taken: 57.076 seconds
```

图 5-35

最后，在 Hive CLI 客户端中使用 SELECT 命令查询新文本表（ip_login_info_new_text），验证表（ip_login_info_import_text）中的数据是否成功导入新文本表中，具体操作命令如下：

```
-- 查询新全量文本表（ip_login_info_new_text）
hive> select * from ip_login_info_new_text limit 1;
```

执行上述命令，输出结果如图 5-36 所示。

```
hive> select * from ip_login_info_new_text limit 1;
OK
1       600
Time taken: 0.287 seconds, Fetched: 1 row(s)
```

图 5-36

3. 基于 HDFS 文件的导入

在当前机器上准备好文本数据（/tmp/ip_login_info_hdfs.txt），内容如下：

```
# 在本地服务器上编辑如下文本文件
[hadoop@dn1 ~]$ vi /tmp/ip_login_info_hdfs.txt
```

```
# 添加如下内容（本行注释无须添加到 ip_login_info_hdfs.txt 文本文件中）
1,600,10.211.1.1
2,600,10.211.2.2
3,701,10.211.2.3
4,702,10.211.0.4
5,802,10.211.3.5
6,803,10.211.3.6
7,803,10.211.5.7
8,803,10.211.6.8
9,904,10.211.11.9
10,905,10.211.12.10
```

接着，将编辑好的文本文件（ip_login_info_hdfs.txt）上传到 HDFS 文件系统中，具体操作命令如下：

```
# 创建 HDFS 目录，用于存储文本文件
[hadoop@dn1 ~]$ hdfs dfs -mkdir -p /data/apps/hive
# 上传文本文件（ip_login_info_hdfs.txt）到 HDFS 文件系统
[hadoop@dn1 ~]$ hdfs dfs -put /tmp/ip_login_info_hdfs.txt /data/apps/hive
```

然后，创建一个新的全量文本表来装载 HDFS 文件系统中的新数据，具体内容见代码 5-13。

代码 5-13

```
-- 创建全量文本表
CREATE TABLE IF NOT EXISTS game_user_db.ip_login_info_hdfs_text (
    uid int,
    plat int,
    ip string
) ROW FORMAT DELIMITED FIELDS TERMINATED BY ',' LINES TERMINATED BY '\n' STORED
AS TEXTFILE;
```

使用 Hive CLI 客户端执行代码 5-13，具体操作命令如下：

```
-- 进入 Hive CLI 客户端
[hadoop@dn1 ~]$ hive
-- 执行代码 5-13
hive> CREATE TABLE IF NOT EXISTS game_user_db.ip_login_info_hdfs_text (
    > uid int ,
    > plat int ,
    > ip string
    > ) ROW FORMAT DELIMITED FIELDS TERMINATED BY ',' LINES TERMINATED BY '\n'
STORED AS TEXTFILE;
```

执行上述命令，输出结果如图 5-37 所示。

```
hive> CREATE TABLE IF NOT EXISTS game_user_db.ip_login_info_hdfs_text (
    > uid int,
    > plat int,
    > ip string
    > ) ROW FORMAT DELIMITED FIELDS TERMINATED BY ',' LINES TERMINATED BY '\n' STORED AS TEXTFILE;
OK
Time taken: 0.691 seconds
```

图 5-37

然后，切换到 game_user_db 数据库下，使用 LOAD DATA 命令来加载 HDFS 文件系统中的数据（ip_login_info_hdfs.txt），具体操作命令如下：

```
-- 进入 game_user_db 数据库
hive> use game_user_db;
-- 加载 HDFS 文件系统中的数据（ip_login_info_hdfs.txt）
hive> LOAD DATA INPATH '/data/apps/hive/' INTO TABLE
ip_login_info_hdfs_text;
```

最后，在 Hive CLI 客户端中使用 SELECT 命令查询文本表（ip_login_info_hdfs_text），验证 HDFS 文件系统中的数据（ip_login_info_hdfs.txt）是否加载成功，具体操作命令如下：

```
-- 查询全量文本表（ip_login_info_hdfs_text）
hive> select * from ip_login_info_hdfs_text;
```

执行上述命令，输出结果如图 5-38 所示。

```
hive> use game_user_db;
OK
Time taken: 0.084 seconds
hive> LOAD DATA INPATH '/data/apps/hive/' INTO TABLE ip_login_info_hdfs_text;
Loading data to table game_user_db.ip_login_info_hdfs_text
OK
Time taken: 0.489 seconds
hive> select * from ip_login_info_hdfs_text;
OK
1       600     10.211.1.1
2       600     10.211.2.2
3       701     10.211.2.3
4       702     10.211.0.4
5       802     10.211.3.5
6       803     10.211.3.6
7       803     10.211.5.7
8       803     10.211.6.8
9       904     10.211.11.9
10      905     10.211.12.10
Time taken: 0.439 seconds, Fetched: 10 row(s)
```

图 5-38

4. 将查询结果导入新表

使用这种方式导入数据，等价于将旧表中的表结构直接复制到新表，可以根据用户自定义过滤条件来生成新表数据，比如将表（ip_login_info_hdfs_text）中的数据只导入 5 条记录到表（ip_login_info_create_text）中。具体操作命令如下：

```
hive> use game_user_db;
-- 设置执行队列
hive> set mapreduce.job.queuename=root.queue_1024_01;
-- 将表（ip_login_info_hdfs_text）中的数据导入 5 条到表（ip_login_info_create_text）中
hive> CREATE TABLE ip_login_info_create_text AS SELECT uid,plat,ip FROM
ip_login_info_hdfs_text LIMIT 5;
```

执行上述命令，输出结果如图 5-39 所示。

```
hive> use game_user_db;
OK
Time taken: 0.068 seconds
hive> set mapreduce.job.queuename=root.queue_1024_01;
hive> CREATE TABLE ip_login_info_create_text AS SELECT uid,plat,ip FROM ip_login_info_hdfs_text LIMIT 5;
Query ID = hadoop_20210711042233_7ca18728-df66-4070-be1f-3238ca30eaba
Total jobs = 1
Launching Job 1 out of 1
Number of reduce tasks determined at compile time: 1
In order to change the average load for a reducer (in bytes):
  set hive.exec.reducers.bytes.per.reducer=<number>
In order to limit the maximum number of reducers:
  set hive.exec.reducers.max=<number>
In order to set a constant number of reducers:
  set mapreduce.job.reduces=<number>
Starting Job = job_1625980497047_0004, Tracking URL = http://nna:8090/proxy/application_1625980497047_0004/
Kill Command = /data/soft/new/hadoop/bin/mapred job  -kill job_1625980497047_0004
Hadoop job information for Stage-1: number of mappers: 1; number of reducers: 1
2021-07-11 04:23:09,471 Stage-1 map = 0%,  reduce = 0%
2021-07-11 04:23:30,978 Stage-1 map = 100%,  reduce = 0%, Cumulative CPU 2.6 sec
2021-07-11 04:23:45,669 Stage-1 map = 100%,  reduce = 100%, Cumulative CPU 5.83 sec
MapReduce Total cumulative CPU time: 5 seconds 830 msec
Ended Job = job_1625980497047_0004
Moving data to directory hdfs://cluster1/user/hive/warehouse3/game_user_db.db/ip_login_info_create_text
MapReduce Jobs Launched:
Stage-Stage-1: Map: 1  Reduce: 1   Cumulative CPU: 5.83 sec   HDFS Read: 7958 HDFS Write: 179 SUCCESS
Total MapReduce CPU Time Spent: 5 seconds 830 msec
OK
Time taken: 74.118 seconds
```

图 5-39

最后，在 Hive CLI 客户端中使用 SELECT 命令查询文本表（ip_login_info_create_text），验证表（ip_login_info_hdfs_text）中的数据是否导入成功，具体操作命令如下：

```
-- 查询全量文本表（ip_login_info_create_text）
hive> select * from ip_login_info_create_text;
```

执行上述命令，输出结果如图 5-40 所示。

```
hive> select * from ip_login_info_create_text;
OK
5       802     10.211.3.5
4       702     10.211.0.4
3       701     10.211.2.3
2       600     10.211.2.2
1       600     10.211.1.1
Time taken: 0.293 seconds, Fetched: 5 row(s)
```

图 5-40

5.5.2 实例：从 Hive 表中导出业务数据

1. 导出为本地文件

切换到 game_user_db 数据库下，设置执行队列。然后，查询表结果并设置导出格式，同时指定导出到本地的路径地址，具体操作命令如下：

```
-- 进入 game_user_db 数据库
hive> use game_user_db;
-- 设置执行队列
hive> set mapreduce.job.queuename=root.queue_1024_01;
-- 导出到本地路径
hive> INSERT OVERWRITE LOCAL DIRECTORY '/data/soft/new/apps/hive' ROW FORMAT
DELIMITED FIELDS TERMINATED BY ',' SELECT * FROM ip_login_info_create_text;
```

执行上述命令，输出结果如图 5-41 所示。

```
hive> use game_user_db;
OK
Time taken: 0.1 seconds
hive> set mapreduce.job.queuename=root.queue_1024_01;
hive> INSERT OVERWRITE LOCAL DIRECTORY '/data/soft/new/apps/hive/' ROW FORMAT DELIMITED FIELDS TERMINATED BY '
,' SELECT * FROM ip_login_info_create_text;
Query ID = hadoop_20210711043122_9ac0a7c2-4b58-4feb-82a2-1c50e02c832b
Total jobs = 1
Launching Job 1 out of 1
Number of reduce tasks is set to 0 since there's no reduce operator
Starting Job = job_1625980497047_0006, Tracking URL = http://nna:8090/proxy/application_1625980497047_0006/
Kill Command = /data/soft/new/hadoop/bin/mapred job  -kill job_1625980497047_0006
Hadoop job information for Stage-1: number of mappers: 1; number of reducers: 0
2021-07-11 04:31:56,180 Stage-1 map = 0%,  reduce = 0%
2021-07-11 04:32:17,510 Stage-1 map = 100%,  reduce = 0%, Cumulative CPU 3.0 sec
MapReduce Total cumulative CPU time: 3 seconds 0 msec
Ended Job = job_1625980497047_0006
Moving data to local directory /data/soft/new/apps/hive
MapReduce Jobs Launched:
Stage-Stage-1: Map: 1   Cumulative CPU: 3.0 sec   HDFS Read: 4073 HDFS Write: 85 SUCCESS
Total MapReduce CPU Time Spent: 3 seconds 0 msec
OK
Time taken: 57.005 seconds
```

图 5-41

导出任务执行成功后，会在本地目录/data/soft/new/apps/hive 下生成一个 000000_0 文件，使用 Linux 操作系统的 cat 命令查看文件中的内容，结果如图 5-42 所示。

```
[hadoop@dn1 hive]$ cat 000000_0
5,802,10.211.3.5
4,702,10.211.0.4
3,701,10.211.2.3
2,600,10.211.2.2
1,600,10.211.1.1
[hadoop@dn1 hive]$
```

图 5-42

2. 导出为 HDFS 文件

切换到 game_user_db 数据库下，设置执行队列。然后，查询表结果并设置导出格式，同时指定导出到 HDFS 文件系统上的路径地址，具体操作命令如下：

```
-- 进入 game_user_db 数据库
hive> use game_user_db;
-- 设置执行队列
hive> set mapreduce.job.queuename=root.queue_1024_01;
-- 导出到 HDFS 文件系统中
hive> INSERT OVERWRITE DIRECTORY '/data/export/hive' ROW FORMAT
DELIMITED FIELDS TERMINATED BY ',' SELECT * FROM ip_login_info_create_text;
```

执行上述命令，输出结果如图 5-43 所示。

```
hive> use game_user_db;
OK
Time taken: 0.101 seconds
hive> set mapreduce.job.queuename=root.queue_1024_01;
hive> INSERT OVERWRITE DIRECTORY '/data/export/hive' ROW FORMAT DELIMITED FIELDS TERMINATED BY ',' SELECT * FR
OM ip_login_info_create_text;
Query ID = hadoop_20210711043723_c7be626a-f703-42f6-bc8d-500ec9c17d7c
Total jobs = 3
Launching Job 1 out of 3
Number of reduce tasks is set to 0 since there's no reduce operator
Starting Job = job_1625980497047_0007, Tracking URL = http://nna:8090/proxy/application_1625980497047_0007/
Kill Command = /data/soft/new/hadoop/bin/mapred job  -kill job_1625980497047_0007
Hadoop job information for Stage-1: number of mappers: 1; number of reducers: 0
2021-07-11 04:37:57,041 Stage-1 map = 0%,  reduce = 0%
2021-07-11 04:38:17,172 Stage-1 map = 100%,  reduce = 0%, Cumulative CPU 2.43 sec
MapReduce Total cumulative CPU time: 2 seconds 430 msec
Ended Job = job_1625980497047_0007
Stage-3 is selected by condition resolver.
Stage-2 is filtered out by condition resolver.
Stage-4 is filtered out by condition resolver.
Moving data to directory hdfs://cluster1/data/export/hive/.hive-staging_hive_2021-07-11_04-37-23_147_838298445
6897871839-1/-ext-10000
Moving data to directory /data/export/hive
MapReduce Jobs Launched:
Stage-Stage-1: Map: 1   Cumulative CPU: 2.43 sec   HDFS Read: 4007 HDFS Write: 85 SUCCESS
Total MapReduce CPU Time Spent: 2 seconds 430 msec
OK
Time taken: 55.181 seconds
```

图 5-43

导出任务执行成功后，会在 HDFS 文件系统的/data/export/hive 目录下生成一个 000000_0 文件，使用 HDFS 命令查看文件中的内容，结果如图 5-44 所示。

```
[hadoop@dn1 ~]$ hdfs dfs -cat /data/export/hive/000000_0
5,802,10.211.3.5
4,702,10.211.0.4
3,701,10.211.2.3
2,600,10.211.2.2
1,600,10.211.1.1
```

图 5-44

3. 导出到其他表

创建一个新的全量文本表，表字段只包含用户 ID 和平台 ID，具体内容见代码 5-14。

代码 5-14

```
-- 创建新的全量文本表
CREATE TABLE IF NOT EXISTS game_user_db.ip_login_info_export_text (
    uid int,
    plat int
) ROW FORMAT DELIMITED FIELDS TERMINATED BY ',' LINES TERMINATED BY '\n' STORED
AS TEXTFILE;
```

使用 Hive CLI 客户端，执行代码 5-14，具体操作命令如下。

```
-- 执行代码 5-14
hive> CREATE TABLE IF NOT EXISTS game_user_db.ip_login_info_export_text (
    > uid int ,
    > plat int
    > ) ROW FORMAT DELIMITED FIELDS TERMINATED BY ',' LINES TERMINATED BY '\n'
STORED AS TEXTFILE;
```

执行上述命令，输出结果如图 5-45 所示。

```
hive> CREATE TABLE IF NOT EXISTS game_user_db.ip_login_info_export_text (
    > uid int,
    > plat int
    > ) ROW FORMAT DELIMITED FIELDS TERMINATED BY ',' LINES TERMINATED BY '\n' STORED AS TEXTFILE;
OK
Time taken: 0.123 seconds
```

图 5-45

然后，切换到 game_user_db 数据库中并设置执行队列，使用 INSERT INTO TABLE 命令将全量文本表（ip_login_info_hdfs_text）中的数据导出到新创建的全量文本表（ip_login_info_export_text）中，具体操作命令如下：

```
-- 进入 game_user_db 数据库
hive> use game_user_db;
-- 设置执行队列
hive> set mapreduce.job.queuename=root.queue_1024_01;
-- 将表（ip_login_info_hdfs_text）中的数据导出到表（ip_login_info_export_text）中
hive> INSERT INTO TABLE ip_login_info_export_text select uid,plat from
ip_login_info_hdfs_text;
```

执行上述命令，输出结果如图 5-46 所示。

```
hive> use game_user_db;
OK
Time taken: 0.071 seconds
hive> set mapreduce.job.queuename=root.queue_1024_01;
hive> INSERT INTO TABLE ip_login_info_export_text select uid,plat from ip_login_info_hdfs_text;
Query ID = hadoop_20210711044316_16406297-12ab-4b83-8674-b9ef263814b7
Total jobs = 3
Launching Job 1 out of 3
Number of reduce tasks is set to 0 since there's no reduce operator
Starting Job = job_1625980497047_0008, Tracking URL = http://nna:8090/proxy/application_1625980497047_0008/
Kill Command = /data/soft/new/hadoop/bin/mapred job  -kill job_1625980497047_0008
Hadoop job information for Stage-1: number of mappers: 1; number of reducers: 0
2021-07-11 04:43:49,347 Stage-1 map = 0%,  reduce = 0%
2021-07-11 04:44:07,828 Stage-1 map = 100%,  reduce = 0%, Cumulative CPU 2.21 sec
MapReduce Total cumulative CPU time: 2 seconds 210 msec
Ended Job = job_1625980497047_0008
Stage-4 is selected by condition resolver.
Stage-3 is filtered out by condition resolver.
Stage-5 is filtered out by condition resolver.
Moving data to directory hdfs://cluster1/user/hive/warehouse3/game_user_db.db/ip_login_info_export_text/.hive-
staging_hive_2021-07-11_04-43-16_601_2321365520470750519-1/-ext-10000
Loading data to table game_user_db.ip_login_info_export_text
MapReduce Jobs Launched:
Stage-Stage-1: Map: 1   Cumulative CPU: 2.21 sec   HDFS Read: 4553 HDFS Write: 155 SUCCESS
Total MapReduce CPU Time Spent: 2 seconds 210 msec
OK
Time taken: 52.926 seconds
```

图 5-46

最后，在 Hive CLI 客户端中使用 SELECT 命令查询新文本表（ip_login_info_export_text），验证表（ip_login_info_hdfs_text）中的数据是否导出成功，具体操作命令如下：

```
-- 查询新全量文本表（ip_login_info_export_text）
hive> select * from ip_login_info_export_text;
```

执行上述命令，输出结果如图 5-47 所示。

```
hive> select * from ip_login_info_export_text;
OK
1	600
2	600
3	701
4	702
5	802
6	803
7	803
8	803
9	904
10	905
Time taken: 0.248 seconds, Fetched: 10 row(s)
```

图 5-47

5.6 本章小结

本章重点介绍了 Hive 数据库以及表的核心概念和关键特性。我们的目标是帮助读者初步理解何为 Hive 数据库及其数据表，并通过一系列的实例来加强实践操作，使读者能够熟练运用 Hive 数据库和表。通过本章的学习，将为深入探讨后续章节打下坚实的基础。

5.7 习题

1. 下列哪项属于 Hive 的执行引擎？（　　）
   A. Spark　　B. MapReduce　　C. Tez　　D. 以上皆是

2. 创建下列哪种类型的表需要使用 EXTERNAL 关键字？（　　）
   A. 内部表　　B. 外部表　　C. 临时表　　D. 以上皆不是

3. 修改表信息，需要使用下列哪个命令？（　　）
   A. SELECT　　B. ALTER　　C. DROP　　D. TRUNCATE

4. 清空表数据，需要使用下列哪个命令？（　　）
   A. SELECT　　B. ALTER　　C. DROP　　D. TRUNCATE

5. 加载 HDFS 文件系统中的数据到 Hive 表，需要使用下列哪个命令？（　　）
   A. LOAD DATA　　B. LOAD DATA LOCAL　　C. LOAD　　D. 以上皆是

第6章

智能数据库查询

Hive 是一个典型的数据仓库工具，允许用户通过编写 SQL 语句来进行数据分析和指标计算，以满足各种不同的业务需求。本章将详细介绍如何使用 SELECT 语句进行查询，探索常用的函数，以及如何运用子查询、连接查询、窗口函数和分析函数来执行复杂的数据操作。

6.1 使用 SELECT 语句

SELECT 语句是使用 Hive 对数据进行价值分析的基础，通过 SELECT 语句可以对表中的数据进行不同的操作，例如分组、排序、连接查询等。在计算各类指标，例如 PV（Page View，页面访问量）、UV（Unique Visitor，页面去重访问量）时，离不开 SELECT 语句的使用。

6.1.1 实例：分组详解

在 Hive 中，如果需要对表数据进行分组处理，通常会使用 GROUP BY 关键字对检索结果进行分组，同时会和聚合函数一起使用，例如 COUNT()、MAX()、MIN()、AVG()等。

在执行分组操作时，需要对表数据按照某些字段的值进行分组，将相同的值放到一起，而 GROUP BY 的语法结构见代码 6-1。

代码 6-1

```
-- GROUP BY 语法结构
SELECT id, count(*) AS pv
FROM test_table
GROUP BY id
```

在 Hive 中执行分组操作时，提交的 SQL 任务本质上会转换为 MapReduce 任务。具体来说，GROUP BY 操作在执行过程中会使用到 MapReduce 框架中的 reduce 操作。该操作的性能受限于可用的 reduce 任务的数量，这一数量可以通过参数 mapred.reduce.tasks 来设置。

此外，执行 GROUP BY 操作之后输出的文件数量与配置的 reduce 任务数是一致的。每个 reduce 任务都会输出一个文件，因此最终产生的文件数量等于 reduce 任务的数量。这些输出文件的大小则依赖于每个 reduce 任务处理的数据量。

下面通过实战演练来深入理解 GROUP BY 的相关操作，具体内容见代码 6-2。

代码 6-2

```
-- 创建表
CREATE TABLE IF NOT EXISTS game_user_db.user_gender_sum (
    gender string,
    cnt bigint
) ROW FORMAT DELIMITED FIELDS TERMINATED BY ','
LINES TERMINATED BY '\n' STORED AS TEXTFILE;
-- 设置执行队列
set mapreduce.job.queuename=root.queue_1024_01;
-- 分组去重
INSERT OVERWRITE TABLE game_user_db.user_gender_sum
SELECT gender, COUNT(DISTINCT user_id) AS user_cnt
FROM game_user_db.user_gender
GROUP BY gender;
```

代码 6-2 中的 SQL 语句从 user_gender 表中查询出性别和根据用户 ID 去重后的总人数，并且根据性别进行分组，最后将聚合后的数据覆盖写入一个（user_gender_sum）新表中。

在执行代码 6-2 之前，我们需要先准备表（user_gender）所需要的数据，数据内容如下：

```
[hadoop@dn1 ~]$ vi /tmp/user_gender.txt
1001,m,10.211.0.1
1001,m,10.211.0.1
1002,f,10.211.0.3
1003,m,10.211.0.5
1003,m,10.211.0.5
1003,m,10.211.0.5
1005,f,10.211.0.8
1005,f,10.211.0.8
1006,f,10.211.0.9
1008,m,10.211.0.10
```

然后，创建表（user_gender）结构，具体操作命令如下：

```
-- 创建表
hive> CREATE TABLE IF NOT EXISTS game_user_db.user_gender (
    > user_id int,
    > gender string,
    > ip string
    > ) ROW FORMAT DELIMITED FIELDS TERMINATED BY ','
    > LINES TERMINATED BY '\n' STORED AS TEXTFILE;
-- 加载数据
    > LOAD DATA LOCAL INPATH '/tmp/user_gender.txt'
    > INTO TABLE game_user_db.user_gender;
```

数据准备完成后，开始执行代码 6-2 中的内容，具体操作命令如下：

```
-- 创建表
hive> CREATE TABLE IF NOT EXISTS game_user_db.user_gender_sum (
    > gender string,
    > cnt bigint
    > ) ROW FORMAT DELIMITED FIELDS TERMINATED BY ','
    > LINES TERMINATED BY '\n' STORED AS TEXTFILE;
-- 设置执行队列
    > set mapreduce.job.queuename=root.queue_1024_01;
-- 分组去重
    > INSERT OVERWRITE TABLE game_user_db.user_gender_sum
    > SELECT gender, COUNT(DISTINCT user_id) AS user_cnt
    > FROM game_user_db.user_gender
    > GROUP BY gender;
```

执行上述命令，输出结果如图 6-1 所示。

```
hive> INSERT OVERWRITE TABLE game_user_db.user_gender_sum
    > SELECT gender, COUNT(DISTINCT user_id) AS user_cnt
    > FROM game_user_db.user_gender
    > GROUP BY gender;
Query ID = hadoop_20210921091417_50ce256c-fc65-4405-988d-1754637d06db
Total jobs = 1
Launching Job 1 out of 1
Number of reduce tasks not specified. Estimated from input data size: 1
In order to change the average load for a reducer (in bytes):
  set hive.exec.reducers.bytes.per.reducer=<number>
In order to limit the maximum number of reducers:
  set hive.exec.reducers.max=<number>
In order to set a constant number of reducers:
  set mapreduce.job.reduces=<number>
Starting Job = job_1632228354660_0002, Tracking URL = http://nna:8090/proxy/application_1632228354660_0002/
Kill Command = /data/soft/new/hadoop/bin/mapred job  -kill job_1632228354660_0002
Hadoop job information for Stage-1: number of mappers: 1; number of reducers: 1
2021-09-21 09:14:57,453 Stage-1 map = 0%,  reduce = 0%
2021-09-21 09:15:12,778 Stage-1 map = 100%,  reduce = 0%, Cumulative CPU 2.51 sec
2021-09-21 09:15:29,123 Stage-1 map = 100%,  reduce = 100%, Cumulative CPU 5.24 sec
MapReduce Total cumulative CPU time: 5 seconds 240 msec
Ended Job = job_1632228354660_0002
Loading data to table game_user_db.user_gender_sum
MapReduce Jobs Launched:
Stage-Stage-1: Map: 1  Reduce: 1   Cumulative CPU: 5.24 sec   HDFS Read: 9436 HDFS Write: 92 SUCCESS
Total MapReduce CPU Time Spent: 5 seconds 240 msec
OK
Time taken: 74.767 seconds
```

图 6-1

这里，还有个平时执行 GROUP BY 操作容易忽略的细节，就是 SELECT 语句后面的非聚合列必须出现在 GROUP BY 关键字后面，否则 SQL 语句不符合语法要求，例如代码 6-3 中的语句是不符合语法要求的。

代码 6-3

```
-- 设置执行队列
set mapreduce.job.queuename=root.queue_1024_01;
-- 不符合语法要求的 GROUP BY 语句
SELECT user_id, gender, COUNT(*) FROM game_user_db.user_gender
GROUP BY user_id LIMIT 10;
```

下面执行代码 6-3 中的内容，具体操作命令如下：

```
-- 设置执行队列
hive> set mapreduce.job.queuename=root.queue_1024_01;
-- 不符合语法要求的 GROUP BY 语句
    > SELECT user_id, gender, COUNT(*) AS cnt
    > FROM game_user_db.user_gender
    > GROUP BY user_id LIMIT 10;
```

执行上述命令，输出结果如图 6-2 所示。

```
hive>
    > set mapreduce.job.queuename=root.queue_1024_01;
hive> SELECT user_id, gender, COUNT(*) FROM game_user_db.user_gender
    > GROUP BY user_id LIMIT 10;
FAILED: SemanticException [Error 10025]: Line 1:16 Expression not in GROUP BY key 'gender'
```

图 6-2

代码 6-3 中的 SQL 语句之所以不符合语法要求，是因为在 SELECT 语句中出现了两个非聚合列：用户 ID（user_id）和用户性别（gender），但是在 GROUP BY 关键字后面只有用户 ID（user_id）。

对代码 6-3 中的 SQL 语句进行修改，修改为正确的、符合语法要求的 SQL 语句，见代码 6-4。

代码 6-4

```
-- 设置执行队列
set mapreduce.job.queuename=root.queue_1024_01;
-- 不符合语法要求的 GROUP BY 语句
SELECT user_id, gender, COUNT(*) FROM game_user_db.user_gender
GROUP BY user_id,gender LIMIT 10;
```

下面执行代码 6-4 中的内容，具体操作命令如下：

```
-- 设置执行队列
hive> set mapreduce.job.queuename=root.queue_1024_01;
-- 符合语法要求的 GROUP BY 语句
   > SELECT user_id, gender, COUNT(*) AS cnt
   > FROM game_user_db.user_gender
   > GROUP BY user_id, gender LIMIT 10;
```

执行上述命令，输出结果如图 6-3 所示。

```
Starting Job = job_1632228354660_0004, Tracking URL = http://nna:8090/proxy/application_1632228354660_0004/
Kill Command = /data/soft/new/hadoop/bin/mapred job  -kill job_1632228354660_0004
Hadoop job information for Stage-1: number of mappers: 1; number of reducers: 1
2021-09-21 09:34:05,329 Stage-1 map = 0%,  reduce = 0%
2021-09-21 09:34:22,365 Stage-1 map = 100%,  reduce = 0%, Cumulative CPU 1.78 sec
2021-09-21 09:34:31,876 Stage-1 map = 100%,  reduce = 100%, Cumulative CPU 3.84 sec
MapReduce Total cumulative CPU time: 3 seconds 840 msec
Ended Job = job_1632228354660_0004
MapReduce Jobs Launched:
Stage-Stage-1: Map: 1  Reduce: 1   Cumulative CPU: 3.84 sec   HDFS Read: 9178 HDFS Write: 213 SUCCESS
Total MapReduce CPU Time Spent: 3 seconds 840 msec
OK
1001    m       2
1002    f       1
1003    m       3
1005    f       2
1006    f       1
1008    m       1
Time taken: 64.623 seconds, Fetched: 6 row(s)
```

图 6-3

6.1.2　实例：排序详解

在 Hive 中，排序是一个比较常见的操作，特别是在对数据进行分析的时候，往往需要对数据结果进行排序。Hive 中有 4 个和排序相关联的关键字，分别是 ORDER BY、DISTRIBUTE BY、SORT BY 和 CLUSTER BY。

下面通过实战演练分别对这 4 种排序方式进行逐一操作，具体操作流程如图 6-4 所示。

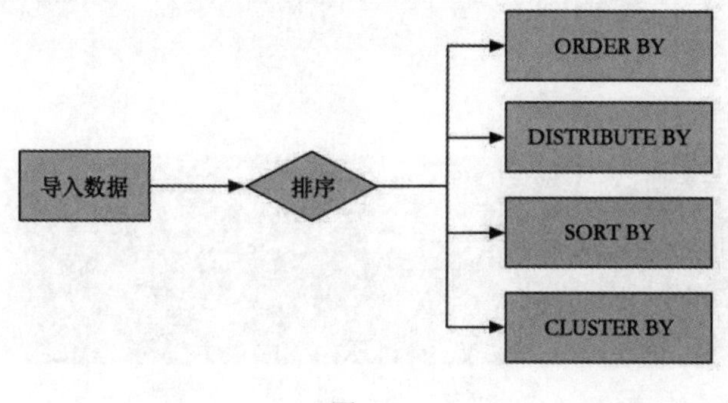

图 6-4

1. 准备数据

新建一个员工薪资信息表（employ_salary_info），具体实现见代码 6-5。

代码 6-5

```
-- 创建全量表
CREATE TABLE IF NOT EXISTS game_user_db.employ_salary_info (
    dept_id int,
    employ_id int,
    employ_name string,
    employ_salary int
) ROW FORMAT DELIMITED FIELDS TERMINATED BY ',' LINES TERMINATED BY '\n' STORED
AS TEXTFILE;
```

上述 SQL 语句所代表的含义如表 6-1 所示。

表6-1　上述SQL语句所代表的含义

关键信息	含义
game_user_db	数据库名
employ_salary_info	表名
dept_id	部门 ID，类型为整型
employ_id	员工 ID，类型为整型
employ_name	员工姓名，类型为字符串
employ_salary	员工薪资，类型为整型
DELIMITED FIELDS TERMINATED BY ','	通过英文逗号来分隔字段
LINES TERMINATED BY '\n'	通过换行符来结束一行数据
STORED AS TEXTFILE	保存数据的格式为 TXT

使用 Hive CLI 客户端执行代码 6-5，具体操作命令如下：

```
-- 执行代码 6-5
hive> CREATE TABLE IF NOT EXISTS game_user_db.employ_salary_info (
    > dept_id int ,
    > employ_id int ,
    > employ_name string ,
    > employ_salary int
    > ) ROW FORMAT DELIMITED FIELDS TERMINATED BY ',' LINES TERMINATED BY '\n'
STORED AS TEXTFILE;
```

执行上述命令，输出结果如图 6-5 所示。

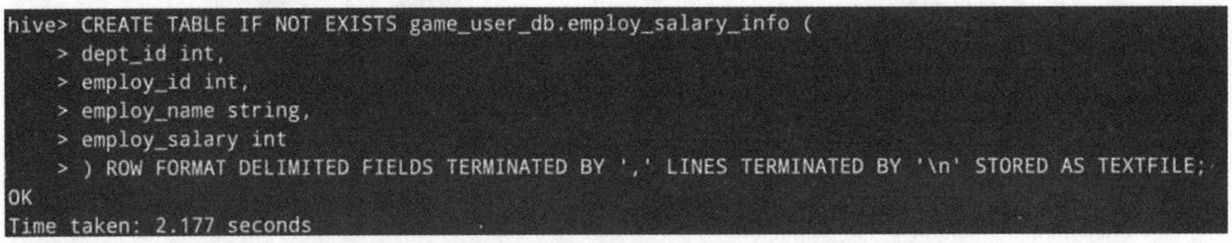

```
hive> CREATE TABLE IF NOT EXISTS game_user_db.employ_salary_info (
    > dept_id int,
    > employ_id int,
    > employ_name string,
    > employ_salary int
    > ) ROW FORMAT DELIMITED FIELDS TERMINATED BY ',' LINES TERMINATED BY '\n' STORED AS TEXTFILE;
OK
Time taken: 2.177 seconds
```

图 6-5

然后，在当前机器上准备文本数据（employ_salary_info.txt），内容如下：

```
# 在本地服务器上编辑如下文本文件
[hadoop@dn1 ~]$ vi /tmp/employ_salary_info.txt
# 添加如下内容（本行注释无须添加到 employ_salary_info.txt 文本文件中）
1,1001,xiaolan001,5000
1,1002,xiaolan002,5001
1,1003,xiaolan003,5002
1,1004,xiaolan004,5003
1,1005,xiaolan005,5004
2,1006,xiaohei001,6500
2,1007,xiaohei002,6501
2,1008,xiaohei003,6502
2,1009,xiaohei004,6503
2,1010,xiaohei005,6504
3,1011,xiaobai001,7500
3,1012,xiaobai002,7501
3,1013,xiaobai003,7502
3,1014,xiaobai004,7503
3,1015,xiaobai005,7504
4,1016,xiaofei001,8500
4,1017,xiaofei002,8501
4,1018,xiaofei003,8502
4,1019,xiaofei004,8503
4,1020,xiaofei005,8504
5,1021,xiaohua001,9500
5,1022,xiaohua002,9501
5,1023,xiaohua003,9502
5,1024,xiaohua004,9503
5,1025,xiaohua005,9504
```

接着，在 Hive CLI 客户端中，切换到 game_user_db 数据库下，然后使用 LOAD DATA LOCAL

命令来加载服务器本地文本文件中的数据（/tmp/employ_salary_info.txt），具体操作命令如下：

```
-- 进入数据库 game_user_db
hive> use game_user_db;
-- 加载本地文本文件中的数据（employ_salary_info.txt）
hive> LOAD DATA LOCAL INPATH '/tmp/employ_salary_info.txt' INTO TABLE
employ_salary_info;
```

最后，在 Hive CLI 客户端中使用 SELECT 命令查询全量文本表（employ_salary_info），验证文本文件中的数据（/tmp/employ_salary_info.txt）是否加载成功，具体操作命令如下：

```
-- 设置执行队列
hive> set mapreduce.job.queuename=root.queue_1024_01;
-- 查询全量文本表（employ_salary_info）
SELECT COUNT(*) as cnt FROM employ_salary_info;
```

执行上述命令，输出结果如图 6-6 所示。

```
hive>  set mapreduce.job.queuename=root.queue_1024_01;
hive>
    > SELECT COUNT(*) as cnt FROM employ_salary_info;
Query ID = hadoop_20210921094216_bae9e486-183f-419c-beb0-e2a8cc02fabc
Total jobs = 1
Launching Job 1 out of 1
Number of reduce tasks determined at compile time: 1
In order to change the average load for a reducer (in bytes):
  set hive.exec.reducers.bytes.per.reducer=<number>
In order to limit the maximum number of reducers:
  set hive.exec.reducers.max=<number>
In order to set a constant number of reducers:
  set mapreduce.job.reduces=<number>
Starting Job = job_1632228354660_0006, Tracking URL = http://nna:8090/proxy/application_1632228354660_0006/
Kill Command = /data/soft/new/hadoop/bin/mapred job  -kill job_1632228354660_0006
Hadoop job information for Stage-1: number of mappers: 1; number of reducers: 1
2021-09-21 09:42:49,582 Stage-1 map = 0%,  reduce = 0%
2021-09-21 09:43:05,172 Stage-1 map = 100%,  reduce = 0%, Cumulative CPU 1.86 sec
2021-09-21 09:43:19,012 Stage-1 map = 100%,  reduce = 100%, Cumulative CPU 3.81 sec
MapReduce Total cumulative CPU time: 3 seconds 810 msec
Ended Job = job_1632228354660_0006
MapReduce Jobs Launched:
Stage-Stage-1: Map: 1  Reduce: 1   Cumulative CPU: 3.81 sec   HDFS Read: 8928 HDFS Write: 102 SUCCESS
Total MapReduce CPU Time Spent: 3 seconds 810 msec
OK
25
Time taken: 64.343 seconds, Fetched: 1 row(s)
```

图 6-6

2. ORDER BY

在使用 ORDER BY 对查询结果进行排序时，Hive 会默认使用单个 Reducer 来执行全局排序操作。这是因为如果使用多个 Reducer，则无法保证数据全局有序，因为每个 Reducer 只能对其处理的数据部分进行排序，而不能保证跨 Reducer 的数据顺序。由于全局排序限制了只能使用一个 Reducer，当处理大量数据时，这可能会导致任务的计算时间显著增加，因为所有的数据都必须通过这个单一的 Reducer 来进行处理和排序。

Hive 中的 ORDER BY 与传统关系数据库中的 ORDER BY 的功能是相同的，均是按照某一项或者某几项排序来输出结果。但是在 Hive 中，如果指定 hive.mapred.mode 属性值为 strict（默认值为 nonstrict），在执行 ORDER BY 命令的时候就必须指定 LIMIT 来限制输出条数，否则执行会报错。

在使用 ORDER BY 命令进行排序时，ORDER BY 有两个选项，分别是升序（ASC）和降序（DESC），其中升序为默认值。

下面对表（employ_salary_info）中的员工薪资数据，按照部门 ID 和薪资进行升序排序，具体实现内容见代码 6-6。

代码 6-6

```
-- 设置执行模式为非严格模式
set hive.mapred.mode=nonstrict;

-- 设置执行队列
set mapreduce.job.queuename=root.queue_1024_01;

-- 按照部门和薪资进行升序排序
SELECT employ_name, dept_id, employ_salary FROM employ_salary_info ORDER BY
dept_id, employ_salary LIMIT 10;
```

然后，在 Hive CLI 客户端中执行代码 6-6，具体操作命令如下：

```
-- 进入 game_user_db 数据库
hive> use game_user_db;
-- 设置执行模式为非严格模式
hive> set hive.mapred.mode=nonstrict;
    >
-- 设置执行队列
hive> set mapreduce.job.queuename=root.queue_1024_01;
    >
-- 按照部门和薪资进行升序排序
hive> SELECT employ_name, dept_id, employ_salary FROM employ_salary_info
    > ORDER BY dept_id, employ_salary LIMIT 10;
```

执行上述命令，输出结果如图 6-7 所示。

```
Starting Job = job_1632228354660_0007, Tracking URL = http://nna:8090/proxy/application_1632228354660_0007/
Kill Command = /data/soft/new/hadoop/bin/mapred job  -kill job_1632228354660_0007
Hadoop job information for Stage-1: number of mappers: 1; number of reducers: 1
2021-09-21 09:49:01,404 Stage-1 map = 0%,  reduce = 0%
2021-09-21 09:49:15,888 Stage-1 map = 100%,  reduce = 0%, Cumulative CPU 1.64 sec
2021-09-21 09:49:26,259 Stage-1 map = 100%,  reduce = 100%, Cumulative CPU 3.73 sec
MapReduce Total cumulative CPU time: 3 seconds 730 msec
Ended Job = job_1632228354660_0007
MapReduce Jobs Launched:
Stage-Stage-1: Map: 1  Reduce: 1   Cumulative CPU: 3.73 sec   HDFS Read: 8861 HDFS Write: 387 SUCCESS
Total MapReduce CPU Time Spent: 3 seconds 730 msec
OK
xiaolan001      1       5000
xiaolan002      1       5001
xiaolan003      1       5002
xiaolan004      1       5003
xiaolan005      1       5004
xiaohei001      2       6500
xiaohei002      2       6501
xiaohei003      2       6502
xiaohei004      2       6503
xiaohei005      2       6504
Time taken: 61.371 seconds, Fetched: 10 row(s)
```

图 6-7

从图 6-7 中可以看到，使用 ORDER BY 进行全局排序时只分配了一个 Reducer。

3. DISTRIBUTE BY

在某些情况下，任务需要控制某个特定行分配到哪个 Reducer 中，通常是为了进行后续的聚合操作。此时 DISTRIBUTE BY 命令可以帮助我们实现这类需求，DISTRIBUTE BY 与 MapReduce 中的自定义分区类似，一般与 SORT BY 结合使用来完成分区排序的功能。

> **提　示**
>
> 在使用 DISTRIBUTE BY 命令进行测试时，尽量分配多个 Reducer 进行处理，否则无法有效地看到 DISTRIBUTE BY 的效果。

下面对表（employ_salary_info）中的员工薪资数据，按照部门 ID 和薪资进行降序排序，具体实现内容见代码 6-7。

代码 6-7

```
-- 设置 Reducer 的个数为 4
set mapreduce.job.reduces=4;
-- 设置执行队列
set mapreduce.job.queuename=root.queue_1024_01;
-- 按照部门和薪资进行降序排序，并将结果导出到本地
INSERT OVERWRITE LOCAL DIRECTORY '/tmp/distribute/employ_result'
SELECT employ_name, dept_id, employ_salary FROM employ_salary_info
DISTRIBUTE BY dept_id SORT BY employ_salary DESC;
```

然后，在 Hive CLI 客户端中执行代码 6-7，具体操作命令如下：

```
-- 进入 game_user_db 数据库
hive> use game_user_db;
-- 设置 Reducer 的个数为 4
hive> set mapreduce.job.reduces=4;
-- 设置执行队列
    > set mapreduce.job.queuename=root.queue_1024_01;
-- 按照部门和薪资进行降序排序
hive> INSERT OVERWRITE LOCAL DIRECTORY '/tmp/distribute/employ_result'
   > SELECT employ_name, dept_id, employ_salary FROM employ_salary_info
   > DISTRIBUTE BY dept_id SORT BY employ_salary DESC;
```

执行上述命令，输出结果如图 6-8 所示。

```
Launching Job 1 out of 1
Number of reduce tasks not specified. Defaulting to jobconf value of: 4
In order to change the average load for a reducer (in bytes):
  set hive.exec.reducers.bytes.per.reducer=<number>
In order to limit the maximum number of reducers:
  set hive.exec.reducers.max=<number>
In order to set a constant number of reducers:
  set mapreduce.job.reduces=<number>
Starting Job = job_1632228354660_0008, Tracking URL = http://nna:8090/proxy/application_1632228354660_0008/
Kill Command = /data/soft/new/hadoop/bin/mapred job  -kill job_1632228354660_0008
Hadoop job information for Stage-1: number of mappers: 1; number of reducers: 4
2021-09-21 09:55:18,440 Stage-1 map = 0%,  reduce = 0%
2021-09-21 09:55:30,254 Stage-1 map = 100%,  reduce = 0%, Cumulative CPU 2.02 sec
2021-09-21 09:55:41,837 Stage-1 map = 100%,  reduce = 25%, Cumulative CPU 4.34 sec
2021-09-21 09:55:46,033 Stage-1 map = 100%,  reduce = 50%, Cumulative CPU 6.38 sec
2021-09-21 09:55:50,310 Stage-1 map = 100%,  reduce = 75%, Cumulative CPU 8.45 sec
2021-09-21 09:55:57,549 Stage-1 map = 100%,  reduce = 100%, Cumulative CPU 11.01 sec
MapReduce Total cumulative CPU time: 11 seconds 10 msec
Ended Job = job_1632228354660_0008
Moving data to local directory /tmp/distribute/employ_result
MapReduce Jobs Launched:
Stage-Stage-1: Map: 1  Reduce: 4   Cumulative CPU: 11.01 sec   HDFS Read: 18976 HDFS Write: 450 SUCCESS
Total MapReduce CPU Time Spent: 11 seconds 10 msec
OK
Time taken: 70.836 seconds
```

图 6-8

可以看到本地/tmp/distribute/employ_result 目录下是 4 个 Reducer 对应的 4 个输出文件，通过 Linux 的 cat 命令查看每个文件的内容，结果如图 6-9 所示。

```
[hadoop@dn1 employ_result]$ cat 000000_0
xiaohei00526504
xiaohei00426503
xiaohei00326502
xiaohei00226501
xiaohei00126500
[hadoop@dn1 employ_result]$ cat 000001_0
xiaofei00548504
xiaofei00448503
xiaofei00348502
xiaofei00248501
xiaofei00148500
xiaolan00515004
xiaolan00415003
xiaolan00315002
xiaolan00215001
xiaolan00115000
[hadoop@dn1 employ_result]$ cat 000002_0
xiaobai00537504
xiaobai00437503
xiaobai00337502
xiaobai00237501
xiaobai00137500
[hadoop@dn1 employ_result]$ cat 000003_0
xiaohua00559504
xiaohua00459503
xiaohua00359502
xiaohua00259501
xiaohua00159500
```

图 6-9

从图 6-9 的预览结果中可以看到，有一个文件（000001_0）中有两个分区，并且分区是降序排序的。之所以会有两个分区，是因为 Reducer 只有 4 个，而部门 ID 有 5 个不同的 ID。同时，每个文件都是按照部门 ID 分区进行降序排序的，并且分区下又是按照员工的薪资进行降序排序的。

4. SORT BY

Hive 中的 SORT BY 不是全局排序，SORT BY 的执行是在数据进入 Reducer 前完成排序的。因此，如果使用 SORT BY 进行排序操作，同时设置了 mapred.reduce.task 的值大于 1，则 SORT BY 只保证每个 Reducer 的输出有序，不保证全局的输出有序。

在执行 SORT BY 命令时，无论 hive.mapred.mode 的值为 strict 还是 nonstrict，对于 SORT BY 来说都不受影响。SORT BY 的数据只能保证在同一个 Reducer 中的数据可以按照指定字段进行排序。

在使用 SORT BY 时，用户可以自定义设置执行 Reducer 的个数，通过 mapred.reduce.tasks 属性来完成设置，对输出的数据再执行归并排序，即可获得全部的输出结果。

下面对表（employ_salary_info）中的员工薪资数据，按照员工 ID 进行降序排序，具体实现内容见代码 6-8。

代码 6-8

```
-- 设置 Reducer 的个数为 2
set mapreduce.job.reduces=2;
-- 设置执行队列
set mapreduce.job.queuename=root.queue_1024_01;
-- 按照员工 ID 进行降序排序，并限制输出结果为 5 条数据
SELECT * FROM employ_salary_info SORT BY employ_id DESC LIMIT 5;
```

然后，在 Hive CLI 客户端中执行代码 6-8，具体操作命令如下：

```
-- 进入 game_user_db 数据库
hive> use game_user_db;
-- 设置 Reducer 的个数为 2
hive> set mapreduce.job.reduces=2;
-- 设置执行队列
    > set mapreduce.job.queuename=root.queue_1024_01;
-- 按照部门和薪资进行降序排序，并限制输出结果为 5 条数据
hive> SELECT * FROM employ_salary_info SORT BY employ_id DESC LIMIT 5;
```

执行上述命令，输出结果如图 6-10 所示。

```
Launching Job 2 out of 2
Number of reduce tasks determined at compile time: 1
In order to change the average load for a reducer (in bytes):
  set hive.exec.reducers.bytes.per.reducer=<number>
In order to limit the maximum number of reducers:
  set hive.exec.reducers.max=<number>
In order to set a constant number of reducers:
  set mapreduce.job.reduces=<number>
Starting Job = job_1632228354660_0010, Tracking URL = http://nna:8090/proxy/application_1632228354660_0010/
Kill Command = /data/soft/new/hadoop/bin/mapred job  -kill job_1632228354660_0010
Hadoop job information for Stage-2: number of mappers: 2; number of reducers: 1
2021-09-21 10:08:53,542 Stage-2 map = 0%,  reduce = 0%
2021-09-21 10:09:08,095 Stage-2 map = 100%,  reduce = 0%, Cumulative CPU 4.13 sec
2021-09-21 10:09:18,590 Stage-2 map = 100%,  reduce = 100%, Cumulative CPU 6.52 sec
MapReduce Total cumulative CPU time: 6 seconds 520 msec
Ended Job = job_1632228354660_0010
MapReduce Jobs Launched:
Stage-Stage-1: Map: 1  Reduce: 2   Cumulative CPU: 5.57 sec   HDFS Read: 11662 HDFS Write: 367 SUCCESS
Stage-Stage-2: Map: 2  Reduce: 1   Cumulative CPU: 6.52 sec   HDFS Read: 9155 HDFS Write: 262 SUCCESS
Total MapReduce CPU Time Spent: 12 seconds 90 msec
OK
5       1025    xiaohua005      9504
5       1024    xiaohua004      9503
5       1023    xiaohua003      9502
5       1022    xiaohua002      9501
5       1021    xiaohua001      9500
Time taken: 120.914 seconds, Fetched: 5 row(s)
```

图 6-10

为了验证 SORT BY 是否为全局有序，我们将排序结果导出到本地，具体操作命令如下：

```
hive> INSERT OVERWRITE LOCAL DIRECTORY '/tmp/sort/employ_result'
    > SELECT * FROM employ_salary_info SORT BY employ_id DESC;
```

可以看到本地/tmp/sort/employ_result 目录下是两个 Reducer 对应的两个输出文件，通过 Linux 的 cat 命令查看每个文件的内容，结果如图 6-11 所示。

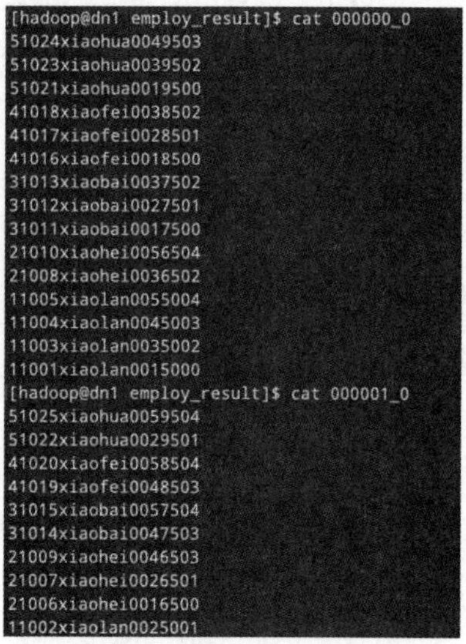

```
[hadoop@dn1 employ_result]$ cat 000000_0
51024xiaohua0049503
51023xiaohua0039502
51021xiaohua0019500
41018xiaofei0038502
41017xiaofei0028501
41016xiaofei0018500
31013xiaobai0037502
31012xiaobai0027501
31011xiaobai0017500
21010xiaohei0056504
21008xiaohei0036502
11005xiaolan0055004
11004xiaolan0045003
11003xiaolan0035002
11001xiaolan0015000
[hadoop@dn1 employ_result]$ cat 000001_0
51025xiaohua0059504
51022xiaohua0029501
41020xiaofei0058504
41019xiaofei0048503
31015xiaobai0057504
31014xiaobai0047503
21009xiaohei0046503
21007xiaohei0026501
21006xiaohei0016500
11002xiaolan0025001
```

图 6-11

从图 6-11 的预览结果中可以看到，每个 Reducer 内部进行了排序，但是对全局结果集来说并非有序。

5. CLUSTER BY

在 Hive 中，如果 DISTRIBUTE BY 和 SORT BY 命令所使用的排序字段是相同的，此时可以使用 CLUSTER BY 命令进行替换。CLUSTER BY 命令除拥有 DISTRIBUTE BY 的功能外，还拥有 SORT BY 的功能。但是，排序方式只能是升序排序，不能像 DISTRIBUTE BY 一样可以选择升序或者降序排序，否则会报错。

下面对表（employ_salary_info）中的员工薪资数据，按照部门 ID 进行分区的升序排序（默认），具体实现内容见代码 6-9。

代码 6-9

```
-- 设置 Reducer 的个数为 4
set mapreduce.job.reduces=4;
-- 设置执行队列
set mapreduce.job.queuename=root.queue_1024_01;
-- 按照部门 ID 进行分区且默认升序排序，并导出到本地
INSERT OVERWRITE LOCAL DIRECTORY '/tmp/cluster/employ_result'
SELECT * FROM employ_salary_info CLUSTER BY dept_id;
```

然后，在 Hive CLI 客户端中执行代码 6-9，具体操作命令如下：

```
-- 进入 game_user_db 数据库
hive> use game_user_db;
-- 设置 Reducer 的个数为 4
hive> set mapreduce.job.reduces=4;
-- 设置执行队列
   > set mapreduce.job.queuename=root.queue_1024_01;
-- 按照部门 ID 进行分区且默认升序排序，并导出到本地
hive> INSERT OVERWRITE LOCAL DIRECTORY '/tmp/cluster/employ_result'
    > SELECT * FROM employ_salary_info CLUSTER BY dept_id;
```

执行上述命令，输出结果如图 6-12 所示。

```
    > set mapreduce.job.queuename=root.queue_1024_01;
hive> INSERT OVERWRITE LOCAL DIRECTORY '/tmp/cluster/employ_result'
    > SELECT * FROM employ_salary_info CLUSTER BY dept_id;
Query ID = hadoop_20210921102053_35914279-ed0d-449a-9a29-023f7a5004fb
Total jobs = 1
Launching Job 1 out of 1
Number of reduce tasks not specified. Defaulting to jobconf value of: 4
In order to change the average load for a reducer (in bytes):
  set hive.exec.reducers.bytes.per.reducer=<number>
In order to limit the maximum number of reducers:
  set hive.exec.reducers.max=<number>
In order to set a constant number of reducers:
  set mapreduce.job.reduces=<number>
Starting Job = job_1632228354660_0012, Tracking URL = http://nna:8090/proxy/application_1632228354660_0012/
Kill Command = /data/soft/new/hadoop/bin/mapred job  -kill job_1632228354660_0012
Hadoop job information for Stage-1: number of mappers: 1; number of reducers: 4
2021-09-21 10:21:25,818 Stage-1 map = 0%,  reduce = 0%
2021-09-21 10:21:42,593 Stage-1 map = 100%,  reduce = 0%, Cumulative CPU 2.48 sec
2021-09-21 10:21:54,224 Stage-1 map = 100%,  reduce = 25%, Cumulative CPU 5.12 sec
2021-09-21 10:21:57,433 Stage-1 map = 100%,  reduce = 50%, Cumulative CPU 7.87 sec
2021-09-21 10:22:04,860 Stage-1 map = 100%,  reduce = 75%, Cumulative CPU 10.17 sec
2021-09-21 10:22:08,074 Stage-1 map = 100%,  reduce = 100%, Cumulative CPU 12.86 sec
MapReduce Total cumulative CPU time: 12 seconds 860 msec
Ended Job = job_1632228354660_0012
Moving data to local directory /tmp/cluster/employ_result
MapReduce Jobs Launched:
Stage-Stage-1: Map: 1  Reduce: 4   Cumulative CPU: 12.86 sec   HDFS Read: 19862 HDFS Write: 575 SUCCESS
Total MapReduce CPU Time Spent: 12 seconds 860 msec
OK
Time taken: 76.436 seconds
```

图 6-12

可以看到本地/tmp/cluster/employ_result 目录下是 4 个 Reducer 对应的 4 个输出文件，通过 Linux 的 cat 命令查看每个文件的内容，结果如图 6-13 所示。

```
[hadoop@dn1 employ_result]$ cat 000000_0
21010xiaohei0056504
21009xiaohei0046503
21008xiaohei0036502
21007xiaohei0026501
21006xiaohei0016500
[hadoop@dn1 employ_result]$ cat 000001_0
11005xiaolan0055004
11002xiaolan0025001
11003xiaolan0035002
11001xiaolan0015000
11004xiaolan0045003
41018xiaofei0038502
41019xiaofei0048503
41020xiaofei0058504
41017xiaofei0028501
41016xiaofei0018500
[hadoop@dn1 employ_result]$ cat 000002_0
31013xiaobai0037502
31015xiaobai0057504
31014xiaobai0047503
31012xiaobai0027501
31011xiaobai0017500
[hadoop@dn1 employ_result]$ cat 000003_0
51021xiaohua0019500
51022xiaohua0029501
51023xiaohua0039502
51024xiaohua0049503
51025xiaohua0059504
```

图 6-13

从图 6-13 的预览结果中可以看到，每个输出文件中按照部门 ID 进行分区且有多个分区的话，部门 ID 默认是升序排序的。

6.1.3　实例：JOIN 查询详解

在实际项目中，Hive 大部分应用场景涉及不同库表之间的 JOIN 操作，例如在进行两个表的 JOIN 操作时，Hive 执行引擎会将 Hive SQL 语句映射成 MapReduce 任务。而用户在使用 JOIN 的过程中，如果参与 JOIN 的表数据量很大，对于 JOIN 的使用不够规范的话，会造成任务占用大量的资源，比如内存、CPU、磁盘 I/O、网络 I/O 等。

在 Hive 中，针对 JOIN 操作提供了不同的优化措施，例如 MapJoin、CommonJoin、Sort-Merge-BucketJoin。下面通过实战演练分别对这三种 JOIN 方式进行逐一操作，具体操作流程如图 6-14 所示。

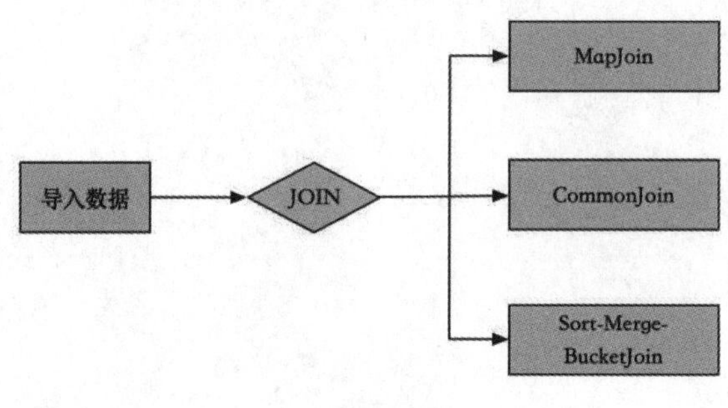

图 6-14

1. MapJoin

MapJoin 的使用场景：如果执行 JOIN 操作的两个表，一个是比较小的表，另一个是特别大的表，此时可以将较小的表放入内存中，然后对较大的表进行 Map 操作。

当 JOIN 操作发生在 Map 操作中时，每当扫描一个较大的表中的数据，就需要查看较小的表中的数据，判断哪条数据与之相符，然后进行 JOIN 操作，而这里的 JOIN 操作不会涉及 Reduce 操作。

在 Map 端执行 JOIN 操作的好处在于没有 Shuffle，在实际应用场景中，可以通过设置 Hive 属性 hive.auto.convert.join 值为 true，让 Hive 自动识别较小的表，来达到使用 MapJoin 的方式来完成小表和大表的 JOIN 操作。

> **提　示**
>
> 小表的标准判断由 Hive 属性值 hive.mapjoin.smalltable.filesize 来决定，默认值为 25MB，如果表大小的实际值小于 25MB，此时 Hive 在执行的时候会自动转换为 MapJoin。

新建一个用户订单表（user_order_info）和用户信息表（user_profile_info），具体实现见代码 6-10。

代码 6-10

```
-- 创建用户订单表
CREATE TABLE IF NOT EXISTS game_user_db.user_order_info (
    user_id int,
    order_id int,
    shop_name string,
    shop_price float
) ROW FORMAT DELIMITED FIELDS TERMINATED BY ',' LINES TERMINATED BY '\n' STORED
AS TEXTFILE;
-- 创建用户信息表
CREATE TABLE IF NOT EXISTS game_user_db.user_profile_info (
    user_id int,
    user_age int,
```

```
    user_gender string,
  user_name string
  ) ROW FORMAT DELIMITED FIELDS TERMINATED BY ',' LINES TERMINATED BY '\n' STORED
AS TEXTFILE;
```

SQL 语句表（user_order_info）所代表的含义如表 6-2 所示。

表6-2　SQL语句表（user_order_info）所代表的含义

关 键 信 息	含　义
game_user_db	数据库名
user_order_info	表名
user_id	用户 ID，类型为整型
order_id	订单 ID，类型为整型
shop_name	购物名称，类型为字符串
shop_price	购物价格，类型为浮点型
DELIMITED FIELDS TERMINATED BY ','	通过英文逗号来分隔字段
LINES TERMINATED BY '\n'	通过换行符来结束一行数据
STORED AS TEXTFILE	保存数据的格式为 TXT

SQL 语句表（user_profile_info）所代表的含义如表 6-3 所示。

表6-3　SQL语句表（user_profile_info）所代表的含义

关 键 信 息	含　义
game_user_db	数据库名
user_profile_info	表名
user_id	用户 ID，类型为整型
user_age	用户年龄，类型为整型
user_gender	用户性别，类型为字符串
user_name	用户姓名，类型为字符串
DELIMITED FIELDS TERMINATED BY ','	通过英文逗号来分隔字段
LINES TERMINATED BY '\n'	通过换行符来结束一行数据
STORED AS TEXTFILE	保存数据的格式为 TXT

使用 Hive CLI 客户端执行代码 6-10，具体操作命令如下：

```
-- 执行代码 6-10
hive> CREATE TABLE IF NOT EXISTS game_user_db.user_order_info (
    > user_id int ,
    > order_id int ,
    > shop_name string ,
    > shop_proce float
    > ) ROW FORMAT DELIMITED FIELDS TERMINATED BY ','
    > LINES TERMINATED BY '\n' STORED AS TEXTFILE;
    >
    > CREATE TABLE IF NOT EXISTS game_user_db.user_profile_info (
    > user_id int ,
```

```
    > user_age int ,
    > user_gender string ,
    > user_name string
    > ) ROW FORMAT DELIMITED FIELDS TERMINATED BY ','
    > LINES TERMINATED BY '\n' STORED AS TEXTFILE;
```

执行上述命令，输出结果如图 6-15 所示。

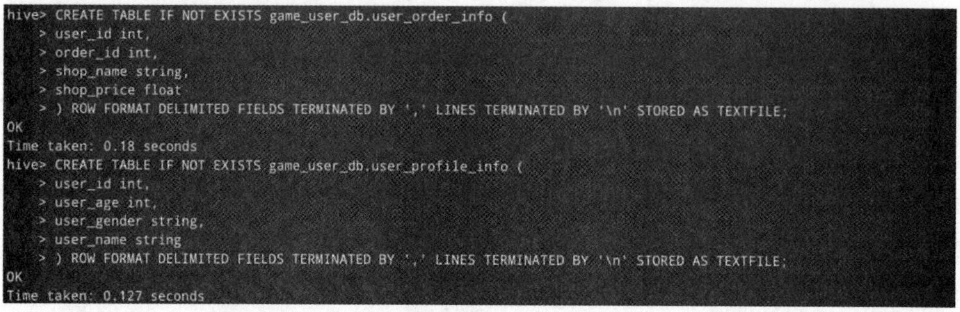

```
hive> CREATE TABLE IF NOT EXISTS game_user_db.user_order_info (
    > user_id int,
    > order_id int,
    > shop_name string,
    > shop_price float
    > ) ROW FORMAT DELIMITED FIELDS TERMINATED BY ',' LINES TERMINATED BY '\n' STORED AS TEXTFILE;
OK
Time taken: 0.18 seconds
hive> CREATE TABLE IF NOT EXISTS game_user_db.user_profile_info (
    > user_id int,
    > user_age int,
    > user_gender string,
    > user_name string
    > ) ROW FORMAT DELIMITED FIELDS TERMINATED BY ',' LINES TERMINATED BY '\n' STORED AS TEXTFILE;
OK
Time taken: 0.127 seconds
```

图 6-15

然后，在当前机器上准备用户订单数据（user_order.txt），生成用户订单数据的脚本内容，代码如下：

```
# 生成用户订单数据的脚本内容
#! /bin/bash

count=10000
user_id=80000
order_id=60000

for ((i = 0; i < count; i++)); do
    price_left=$(( ( RANDOM % 100 )  + 1 ))
    price_right=$(( ( RANDOM % 10 )  + 1 ))
    shop_id=$(( ( RANDOM % 200 )  + 1 ))
    shop_name="book"$shop_id
    echo $(($i+$user_id))","$(($i+$order_id))\
    ","$shop_name","$price_left.$price_right \
       | awk '{gsub(/ /,"")}1' \
    >> /tmp/user_order.txt
done
```

接着，在当前机器上准备用户信息数据（user_profile.txt），生成用户信息数据的脚本内容，代码如下：

```
# 生成用户信息数据的脚本内容
#! /bin/bash

count=100
user_id=80000
gender_arr=(M F M F M F)
```

```
for ((i = 0; i < count; i++)); do
    age=$(( ( RANDOM % 60 )  + 1 ))
    gender_id=$(( ( RANDOM % 5 )  + 1 ))
    user_name_id=$(( ( RANDOM % 100 )  + 1 ))
    user_name="xiaoming"$user_name_id
    echo $(($i+$user_id))","${age}","\
    ${gender_arr[$gender_id]}","$user_name\
    | awk '{gsub(/ /,"")}1' \
    >> /tmp/user_profile.txt
done
```

接着，在 Hive CLI 客户端中，切换到 game_user_db 数据库下，然后使用 LOAD DATA LOCAL 命令来加载服务器本地文本文件中的数据（/tmp/user_order.txt 和/tmp/user_profile.txt），具体操作命令如下：

```
-- 进入数据库 game_user_db
hive> use game_user_db;
-- 加载本地文本文件中的数据（user_order.txt）
hive> LOAD DATA LOCAL INPATH '/tmp/user_order.txt' INTO TABLE
user_order_info;
-- 加载本地文本文件中的数据（user_profile.txt）
hive> LOAD DATA LOCAL INPATH '/tmp/user_profile.txt' INTO TABLE
user_profile_info;
```

下面对用户订单表（user_order_info）和用户信息表（user_profile_info）进行 JOIN 操作，具体实现内容见代码 6-11。

代码 6-11

```
-- 设置 MapJoin 自动转换
set hive.auto.convert.join=true;
-- 设置执行队列
set mapreduce.job.queuename=root.queue_1024_01;
-- 按照用户 ID 进行 JOIN 操作
SELECT COUNT(*) AS cnt
FROM (
SELECT user_id
FROM user_profile_info
) a
JOIN (
SELECT user_id
FROM user_order_info
) b
ON a.user_id = b.user_id;
```

然后，在 Hive CLI 客户端中执行代码 6-11，具体操作命令如下：

```
-- 进入 game_user_db 数据库
hive> use game_user_db;
-- 设置 MapJoin 自动转换
hive> set hive.auto.convert.join=true;
-- 设置执行队列
```

```
    > set mapreduce.job.queuename=root.queue_1024_01;
-- 按照用户 ID 进行 JOIN 操作
hive> SELECT COUNT(*) AS cnt
    > FROM (
    > SELECT user_id
    > FROM user_profile_info
    > ) a
    > JOIN (
      > SELECT user_id
      > FROM user_order_info
      > ) b
    > ON a.user_id = b.user_id;
```

执行上述命令，输出结果如图 6-16 所示。

```
Starting Job = job_1632228354660_0014, Tracking URL = http://nna:8090/proxy/application_1632228354660_0014/
Kill Command = /data/soft/new/hadoop/bin/mapred job  -kill job_1632228354660_0014
Hadoop job information for Stage-2: number of mappers: 1; number of reducers: 1
2021-09-21 10:56:07,326 Stage-2 map = 0%,  reduce = 0%
2021-09-21 10:56:21,774 Stage-2 map = 100%,  reduce = 0%, Cumulative CPU 2.71 sec
2021-09-21 10:56:37,739 Stage-2 map = 100%,  reduce = 100%, Cumulative CPU 4.85 sec
MapReduce Total cumulative CPU time: 4 seconds 850 msec
Ended Job = job_1632228354660_0014
MapReduce Jobs Launched:
Stage-Stage-2: Map: 1  Reduce: 1   Cumulative CPU: 4.85 sec   HDFS Read: 256565 HDFS Write: 103 SUCCESS
Total MapReduce CPU Time Spent: 4 seconds 850 msec
OK
100
Time taken: 82.43 seconds, Fetched: 1 row(s)
```

图 6-16

通过执行上述 JOIN 任务，输出的日志中显示本地执行了 MapJoin 任务，然后将文件转存到 xxx.hashtable 中，再把一个文件上传到该文件中让其进行 MapJoin，之后运行 MapReduce 代码进行统计，具体流程如图 6-17 所示。

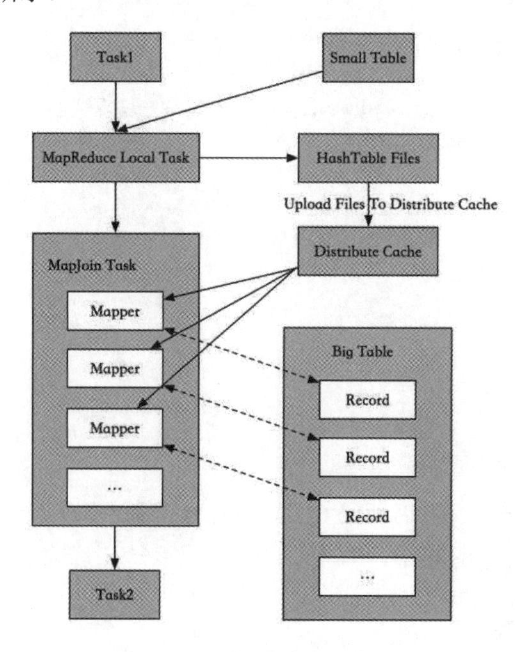

图 6-17

本质上，MapJoin 就是将小表作为一个完整的驱动表进行 JOIN 操作，通常情况下，要连接的各个表中的数据会分布在不同的 Map 中进行处理。同一个 Key 对应的 Value 可能存储在不同的 Map 中，因此必须在 Reduce 阶段进行 JOIN 操作。要使 MapJoin 能够顺利进行，必须满足以下条件：

- 有一份表的数据分布在不同的 Map 中。
- 其他待 JOIN 的表的数据必须在每个 Map 中有完整的副本。

在执行 MapJoin 操作时，会将小表的数据全部读入内存中，在 Map 阶段直接拿另一个表的数据和内存中的数据进行匹配，这时使用 Distribute Cache 将小表分发到各个节点上，以供 Mapper 加载使用，由于在 Map 阶段进行了 JOIN 操作，节省了 Reduce 运行所耗费的时间，这样任务整体的执行效率也会高很多。

2. CommonJoin

如果进行 JOIN 操作的两个表的数据量都非常大，那么它会把相同 Key 的 Value 合在一起，进行 CommonJoin 操作。Common Join 又称为 Shuffle Join 或者 Reduce Join，如果不指定 MapJoin 或者不符合 MapJoin 条件，那么 Hive 解析器会将 JOIN 操作转换成 Common Join。整个过程包含 Map、Shuffle 和 Reduce 这三个阶段。

- Map 阶段：读取源表中的数据，Map 输出时以 JOIN ON 条件中的列为 Key，如果 JOIN 有多个关联键，那么以这些关联键的组合作为 Key。Map 输出的 Value 为 JOIN 之后所关心的列，同时在 Value 中还会包含表的标签信息，用于标明此 Value 对应哪张表，并按照 Key 进行排序。
- Shuffle 阶段：根据 Key 的值进行 Hash，并将 Key-Value 按照 Hash 值推送至不同的 Reduce 中，这样可以确保两个表中相同的 Key 位于同一个 Reduce 中。
- Reduce 阶段：根据 Key 的值完成 JOIN 操作，在此期间通过标签来识别不同表中的数据。

Common Join 执行 JOIN 操作的流程如图 6-18 所示。

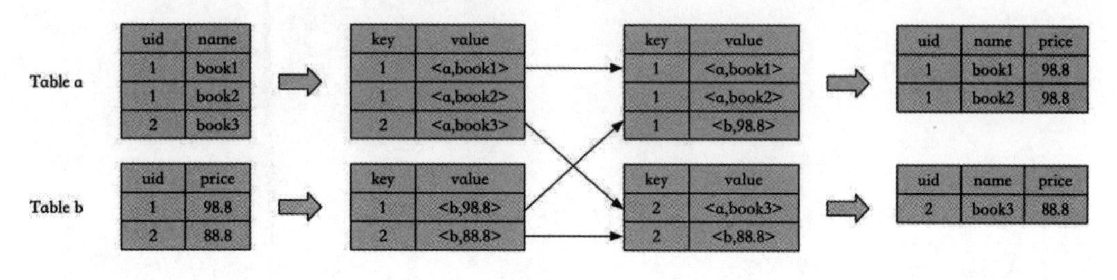

图 6-18

在当前机器上准备用户信息数据（user_profile.txt），将数量级与用户订单表保持一致，生成用户信息数据的脚本内容如下：

```
# 生成用户信息数据的脚本
#! /bin/bash

count=10000
user_id=80000
```

```
gender_arr=(M F M F M F)

for ((i = 0; i < count; i++)); do
    age=$(( ( RANDOM % 60 )  + 1 ))
    gender_id=$(( ( RANDOM % 5 )  + 1 ))
    user_name_id=$(( ( RANDOM % 100 )  + 1 ))
    user_name="xiaoming"$user_name_id
    echo $(($i+$user_id))","${age}","\
    ${gender_arr[$gender_id]}","$user_name\
    | awk '{gsub(/ /,"")}1' \
    >> /tmp/user_profile.txt
done
```

接着，在 Hive CLI 客户端中，切换到 game_user_db 数据库下，然后使用 LOAD DATA LOCAL 命令来加载服务器本地文本文件中的数据（/tmp/user_profile.txt），具体操作命令如下：

```
-- 进入数据库 game_user_db
hive> use game_user_db;
-- 加载本地文本文件中的数据（user_profile.txt）
hive> LOAD DATA LOCAL INPATH '/tmp/user_profile.txt' INTO TABLE
user_profile_info;
```

下面将用户订单表（user_order_info）和用户信息表（user_profile_info）进行 JOIN 操作，具体实现内容见代码 6-12。

代码 6-12

```
-- 按照用户 ID 进行 JOIN 操作
SELECT COUNT(*) AS cnt
FROM (
SELECT user_id
FROM user_profile_info
) a
JOIN (
SELECT user_id
FROM user_order_info
) b
ON a.user_id = b.user_id;
```

然后，在 Hive CLI 客户端中执行代码 6-13，具体操作命令如下：

```
-- 进入 game_user_db 数据库
hive> use game_user_db;

-- 设置执行队列
hive> set mapreduce.job.queuename=root.queue_1024_01;

-- 按照用户 ID 进行 JOIN 操作
hive> SELECT COUNT(*) AS cnt
    > FROM (
    > SELECT user_id
    > FROM user_profile_info
```

```
    > ) a
    > JOIN (
       > SELECT user_id
       > FROM user_order_info
    > ) b
    > ON a.user_id = b.user_id
```

执行上述命令，输出结果如图 6-19 所示。

```
Starting Job = job_1632228354660_0016, Tracking URL = http://nna:8090/proxy/application_1632228354660_0016/
Kill Command = /data/soft/new/hadoop/bin/mapred job  -kill job_1632228354660_0016
Hadoop job information for Stage-2: number of mappers: 1; number of reducers: 1
2021-09-21 11:08:49,753 Stage-2 map = 0%,  reduce = 0%
2021-09-21 11:09:04,766 Stage-2 map = 100%,  reduce = 0%, Cumulative CPU 2.98 sec
2021-09-21 11:09:15,118 Stage-2 map = 100%,  reduce = 100%, Cumulative CPU 5.12 sec
MapReduce Total cumulative CPU time: 5 seconds 120 msec
Ended Job = job_1632228354660_0016
MapReduce Jobs Launched:
Stage-Stage-2: Map: 1  Reduce: 1   Cumulative CPU: 5.12 sec   HDFS Read: 256565 HDFS Write: 103 SUCCESS
Total MapReduce CPU Time Spent: 5 seconds 120 msec
OK
100
Time taken: 78.407 seconds, Fetched: 1 row(s)
```

图 6-19

3. Sort-Merge-BucketJoin

在 Hive 中，当大表与小表进行 JOIN 操作时，可以使用 MapJoin，但是如果是两个非常大的表进行 JOIN 操作，在执行 Shuffle 操作时速度就会很慢，而且容易出现异常。在 Hive 中，通过 Sort-Merge-Bucket（简称 SMB）的方式可以解决大表与大表之间的 JOIN 问题。

SMB Join 的原理其实就是分而治之的思想，通过 Bucket（分桶）将大表化成小表。在执行 SMB 操作时，首先会进行排序，然后进行合并，紧接着将数据放到所有对应的 Bucket 中，Bucket 是 Hive 中与分区表类似的功能，就是按照 Key 进行 Hash，相同的 Hash 值会放到相同的 Bucket 中。在进行两个表的 JOIN 操作时，首先进行 Bucket 操作，而在执行 JOIN 操作时，会大幅度地对性能进行优化。原因在于，两个表中的一小部分数据进行关联匹配，且都是等值匹配，相同的 Key 会放到一个 Bucket 中，那么在 JOIN 操作时就会大大减少无效数据的扫描。

SMB Join 执行 JOIN 操作的流程如图 6-20 所示。

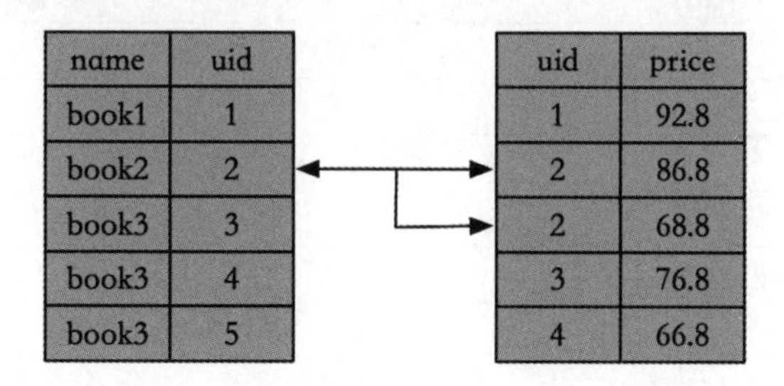

name	uid
book1	1
book2	2
book3	3
book3	4
book3	5

uid	price
1	92.8
2	86.8
2	68.8
3	76.8
4	66.8

图 6-20

新建一个用户物品表（user_item_smb）和用户订单表（user_order_smb），具体实现见代码 6-13。

代码 6-13

```
-- 创建用户信息表
CREATE TABLE IF NOT EXISTS game_user_db.user_item_smb (
```

```
    uid int,
    name string
) CLUSTERED BY(uid) SORTED BY(uid) INTO 16 BUCKETS
ROW FORMAT DELIMITED FIELDS TERMINATED BY ','
LINES TERMINATED BY '\n' STORED AS TEXTFILE;

-- 创建用户订单表
CREATE TABLE IF NOT EXISTS game_user_db.user_order_smb (
    uid int,
    price float
) CLUSTERED BY(uid) SORTED BY(uid) INTO 16 BUCKETS
ROW FORMAT DELIMITED FIELDS TERMINATED BY ','
LINES TERMINATED BY '\n' STORED AS TEXTFILE;
```

SQL 语句表（user_profile_smb）所代表的含义如表 6-4 所示。

表6-4　SQL语句表（user_profile_smb）所代表的含义

关键信息	含　义
game_user_db	数据库名
user_item_smb	表名
uid	用户 ID，类型为整型
name	物品名称，类型为字符串
CLUSTERED BY(uid) SORTED BY(uid)	通过用户 ID 来划分桶
INTO 16 BUCKETS	划分 16 个桶
DELIMITED FIELDS TERMINATED BY ','	通过英文逗号来分隔字段
LINES TERMINATED BY '\n'	通过换行符来结束一行数据
STORED AS TEXTFILE	保存数据的格式为 TXT

SQL 语句表（user_price_smb）所代表的含义如表 6-5 所示。

表6-5　SQL语句表（user_price_smb）所代表的含义

关键信息	含　义
game_user_db	数据库名
user_profile_info	表名
uid	用户 ID，类型为整型
price	物品价格，类型为浮点型
CLUSTERED BY(uid) SORTED BY(uid)	通过用户 ID 来划分桶
INTO 16 BUCKETS	划分 16 个桶
DELIMITED FIELDS TERMINATED BY ','	通过英文逗号来分隔字段
LINES TERMINATED BY '\n'	通过换行符来结束一行数据
STORED AS TEXTFILE	保存数据的格式为 TXT

使用 Hive CLI 客户端执行代码 6-13，具体操作命令如下：

```
-- 执行代码 6-13
hive> CREATE TABLE IF NOT EXISTS game_user_db.user_item_smb (
    > uid int,
```

```
    > name string
    > ) CLUSTERED BY(uid) SORTED BY(uid) INTO 16 BUCKETS
    > ROW FORMAT DELIMITED FIELDS TERMINATED BY ','
    > LINES TERMINATED BY '\n' STORED AS TEXTFILE;
    >
    > CREATE TABLE IF NOT EXISTS game_user_db.user_order_smb (
       > uid int,
    > price float
    > ) CLUSTERED BY(uid) SORTED BY(uid) INTO 16 BUCKETS
    > ROW FORMAT DELIMITED FIELDS TERMINATED BY ','
   > LINES TERMINATED BY '\n' STORED AS TEXTFILE;
```

执行上述命令，输出结果如图 6-21 所示。

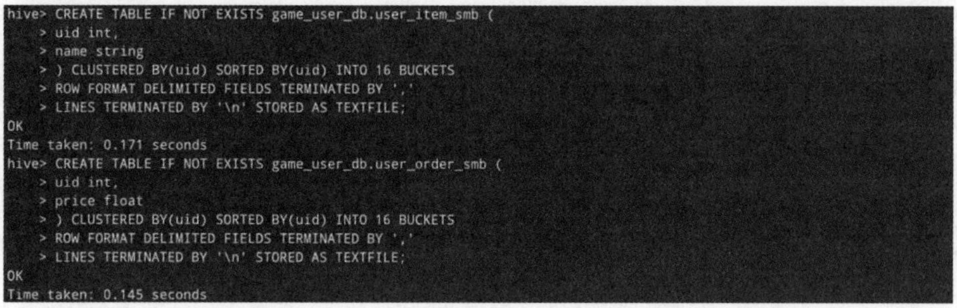

```
hive> CREATE TABLE IF NOT EXISTS game_user_db.user_item_smb (
    > uid int,
    > name string
    > ) CLUSTERED BY(uid) SORTED BY(uid) INTO 16 BUCKETS
    > ROW FORMAT DELIMITED FIELDS TERMINATED BY ','
    > LINES TERMINATED BY '\n' STORED AS TEXTFILE;
OK
Time taken: 0.171 seconds
hive> CREATE TABLE IF NOT EXISTS game_user_db.user_order_smb (
    > uid int,
    > price float
    > ) CLUSTERED BY(uid) SORTED BY(uid) INTO 16 BUCKETS
    > ROW FORMAT DELIMITED FIELDS TERMINATED BY ','
    > LINES TERMINATED BY '\n' STORED AS TEXTFILE;
OK
Time taken: 0.145 seconds
```

图 6-21

然后，在当前机器上准备用户订单数据（user_order_smb.txt），生成用户订单数据的脚本内容，代码如下：

```
# 生成用户订单数据的脚本内容
#! /bin/bash

count=100000
user_id=80000

for ((i = 0; i < count; i++)); do
   price_left=$(( ( RANDOM % 100 )  + 1 ))
   price_right=$(( ( RANDOM % 10 )  + 1 ))
   echo $(($i+$user_id))\
   ","$price_left.$price_right \
      | awk '{gsub(/ /,"")}1' \
   >> /tmp/user_order_smb.txt
done
```

接着，在当前机器上准备用户物品数据（user_item_smb.txt），生成用户物品数据的脚本内容，代码如下：

```
# 生成用户物品数据的脚本内容
#! /bin/bash

count=100000
user_id=80000
```

```
for ((i = 0; i < count; i++)); do
    item_name_id=$(( ( RANDOM % 1000 )  + 1 ))
    item_name="book"$item_name_id
    uid_num=$(( ( RANDOM % 100 )  + 1 ))
    echo $(($i+$user_id+$uid_num))\
    ","$item_name\
    | awk '{gsub(/ /,"")}1' \
    >> /tmp/user_item_smb.txt
done
```

接着，在 Hive CLI 客户端中，切换到 game_user_db 数据库下，然后使用 LOAD DATA LOCAL 命令来加载服务器本地文件中的数据（/tmp/user_order_smb.txt 和/tmp/user_item_smb.txt），具体操作命令如下：

```
-- 进入数据库 game_user_db
hive> use game_user_db;
-- 加载本地文本文件中的数据（user_order.txt）
hive> LOAD DATA LOCAL INPATH '/tmp/user_order_smb.txt' INTO TABLE
user_order_smb;
-- 加载本地文本文件中的数据（user_item_smb.txt）
hive> LOAD DATA LOCAL INPATH '/tmp/user_item_smb.txt' INTO TABLE
user_item_smb;
```

下面将用户订单表（user_order_smb）和用户物品表（user_item_smb）进行 SMB JOIN 操作，具体实现内容见代码 6-14。

代码 6-14

```
-- 设置 SMB Join 属性
set hive.auto.convert.sortmerge.join=true;
set hive.optimize.bucketmapjoin = true;
set hive.optimize.bucketmapjoin.sortedmerge = true;
-- 设置执行队列
set mapreduce.job.queuename=root.queue_1024_01;
-- 按照用户 ID 进行 SMB JOIN 操作
SELECT *
FROM (
SELECT *
FROM user_item_smb
) a
JOIN (
SELECT *
FROM user_order_smb
) b
ON a.uid = b.uid LIMIT 10;
```

然后，在 Hive CLI 客户端中执行代码 6-14，具体操作命令如下：

```
-- 进入 game_user_db 数据库
hive> use game_user_db;
-- 设置 SMB Join 属性
hive> set hive.auto.convert.sortmerge.join=true;
```

```
    > set hive.optimize.bucketmapjoin = true;
    > set hive.optimize.bucketmapjoin.sortedmerge = true;
-- 设置执行队列
    > set mapreduce.job.queuename=root.queue_1024_01;
-- 按照用户 ID 进行 SMB JOIN 操作
hive> SELECT *
     > FROM (
     > SELECT *
     > FROM user_item_smb
     > ) a
     > JOIN (
         > SELECT *
         > FROM user_order_smb
    > ) b
     > ON a.uid = b.uid LIMIT 10;
```

执行上述命令，输出结果如图 6-22 所示。

```
Stage-Stage-1: Map: 16   Cumulative CPU: 48.87 sec   HDFS Read: 2805228 HDFS Write: 7279 SUCCESS
Total MapReduce CPU Time Spent: 48 seconds 870 msec
OK
80095   book209 80095   38.2
80202   book394 80202   53.8
80209   book897 80209   74.1
80236   book378 80236   40.5
80236   book324 80236   40.5
80236   book831 80236   40.5
80274   book514 80274   14.7
80279   book202 80279   75.6
80284   book424 80284   97.7
80327   book669 80327   85.8
Time taken: 120.567 seconds, Fetched: 10 row(s)
```

图 6-22

6.1.4　实例：UNION 查询详解

UNION 用于联合多个 SELECT 命令语句的结果集，将其合并为一个独立的结果集，并对结果集进行去重。UNION ALL 也是用于联合多个 SELECT 命令语句的结果集，但是不能对结果集进行去重。其联合语法见代码 6-15。

代码 6-15

```
-- UNION 语法
select_statement UNION [ALL | DISTINCT] select_statement UNION [ALL | DISTINCT]
select_statement ...
```

我们可以在同一查询中混合使用 UNION ALL 和 UNION DISTINCT，混合 UNION 类型的处理方式是 DISTINCT 联合覆盖其左侧的任何 ALL 联合。同时，也可以通过使用 UNION DISTINCT 显示生成 DISTINCT 联合，另外也可以通过使用不带 DISTINCT 或者 ALL 关键字的 UNION 隐式生成。

下面新建 3 个表：user_pay_u1、user_pay_u2 和 user_pay_u3，用来演示正确和错误使用 UNION 的两种情况。

新建的表 user_pay_u1、user_pay_u2 和 user_pay_u3 的具体实现见代码 6-16。

代码 6-16

```
-- 表 user_pay_u1
CREATE TABLE IF NOT EXISTS game_user_db.user_pay_u1 (
    uid int,
    pay_money int
) ROW FORMAT DELIMITED FIELDS TERMINATED BY ',' LINES TERMINATED BY '\n' STORED
AS TEXTFILE;
-- 表 user_pay_u2
CREATE TABLE IF NOT EXISTS game_user_db.user_pay_u2 (
    uid int,
    pay_money int
) ROW FORMAT DELIMITED FIELDS TERMINATED BY ',' LINES TERMINATED BY '\n' STORED
AS TEXTFILE;
-- 表 user_pay_u3
CREATE TABLE IF NOT EXISTS game_user_db.user_pay_u3 (
    uid int,
    money string
) ROW FORMAT DELIMITED FIELDS TERMINATED BY ',' LINES TERMINATED BY '\n' STORED
AS TEXTFILE;
```

使用 Hive CLI 客户端执行代码 6-16，具体操作命令如下：

```
-- 执行代码 6-16
-- 表 user_pay_u1
hive> CREATE TABLE IF NOT EXISTS game_user_db.user_pay_u1 (
    > uid int,
       > pay_money int
    > ) ROW FORMAT DELIMITED FIELDS TERMINATED BY ','
    > LINES TERMINATED BY '\n' STORED AS TEXTFILE;
-- 表 user_pay_u2
    > CREATE TABLE IF NOT EXISTS game_user_db.user_pay_u2 (
    > uid int,
       > pay_money int
    > ) ROW FORMAT DELIMITED FIELDS TERMINATED BY ','
    > LINES TERMINATED BY '\n' STORED AS TEXTFILE;
-- 表 user_pay_u3
    > CREATE TABLE IF NOT EXISTS game_user_db.user_pay_u3 (
    > uid int,
       > money string
    > ) ROW FORMAT DELIMITED FIELDS TERMINATED BY ','
    > LINES TERMINATED BY '\n' STORED AS TEXTFILE;
```

执行上述命令，输出结果如图 6-23 所示。

```
hive> CREATE TABLE IF NOT EXISTS game_user_db.user_pay_u1 (
    > uid int,
    > pay_money int
    > ) ROW FORMAT DELIMITED FIELDS TERMINATED BY ',' LINES TERMINATED BY '\n' STORED AS TEXTFILE;
OK
Time taken: 0.214 seconds
hive>
    > CREATE TABLE IF NOT EXISTS game_user_db.user_pay_u2 (
    > uid int,
    > pay_money int
    > ) ROW FORMAT DELIMITED FIELDS TERMINATED BY ',' LINES TERMINATED BY '\n' STORED AS TEXTFILE;
OK
Time taken: 0.158 seconds
hive>
    > CREATE TABLE IF NOT EXISTS game_user_db.user_pay_u3 (
    > uid int,
    > money string
    > ) ROW FORMAT DELIMITED FIELDS TERMINATED BY ',' LINES TERMINATED BY '\n' STORED AS TEXTFILE;
OK
Time taken: 0.135 seconds
```

图 6-23

然后，在当前机器上准备文本数据（user_pay.txt），内容如下：

```
# 在本地服务器上编辑如下文本文件
[hadoop@dn1 ~]$ vi /tmp/user_pay.txt
# 添加如下内容（本行注释无须添加到 user_pay.txt 文本文件中）
1000,50
1001,60
1002,70
1003,80
1004,90
```

接着，在 Hive CLI 客户端中，切换到 game_user_db 数据库下，然后使用 LOAD DATA LOCAL 命令来加载服务器本地文本文件中的数据（/tmp/user_pay.txt），具体操作命令如下：

```
-- 进入数据库 game_user_db
hive> use game_user_db;
-- 加载本地文本文件中的数据（user_pay.txt）
hive> LOAD DATA LOCAL INPATH '/tmp/user_pay.txt' INTO TABLE user_pay_u1;
hive> LOAD DATA LOCAL INPATH '/tmp/user_pay.txt' INTO TABLE user_pay_u2;
```

最后，在 Hive CLI 客户端中使用 SELECT…UNION ALL 命令进行联合查询，具体操作命令如下：

```
-- 正确的查询方式
hive> SELECT * FROM user_pay_u1 UNION ALL SELECT * FROM user_pay_u2;
-- 错误的查询方式
hive> SELECT * FROM user_pay_u1 UNION ALL SELECT * FROM user_pay_u3;
```

执行上述命令，输出结果如图 6-24 所示。

```
hive> SELECT * FROM user_pay_u1 UNION ALL SELECT * FROM user_pay_u2;
Query ID = hadoop_20210921121036_331a3e9f-da09-40e6-b03f-12ffa0e9eb50
Total jobs = 1
Launching Job 1 out of 1
Number of reduce tasks is set to 0 since there's no reduce operator
Starting Job = job_1632238708810_0004, Tracking URL = http://nna:8090/proxy/application_1632238708810_0004/
Kill Command = /data/soft/new/hadoop/bin/mapred job  -kill job_1632238708810_0004
Hadoop job information for Stage-1: number of mappers: 2; number of reducers: 0
2021-09-21 12:11:06,929 Stage-1 map = 0%,  reduce = 0%
2021-09-21 12:11:22,697 Stage-1 map = 50%,  reduce = 0%, Cumulative CPU 1.86 sec
2021-09-21 12:11:23,752 Stage-1 map = 100%,  reduce = 0%, Cumulative CPU 3.76 sec
MapReduce Total cumulative CPU time: 3 seconds 760 msec
Ended Job = job_1632238708810_0004
MapReduce Jobs Launched:
Stage-Stage-1: Map: 2   Cumulative CPU: 3.76 sec   HDFS Read: 10662 HDFS Write: 374 SUCCESS
Total MapReduce CPU Time Spent: 3 seconds 760 msec
OK
1000    50
1001    60
1002    70
1003    80
1004    90
1000    50
1001    60
1002    70
1003    80
1004    90
Time taken: 47.936 seconds, Fetched: 10 row(s)
hive> SELECT * FROM user_pay_u1 UNION ALL SELECT * FROM user_pay_u3;
FAILED: SemanticException 1:50 Schema of both sides of union should match: Column pay_money is of type int on first table and type
 string on second table. Error encountered near token 'user_pay_u3'
```

图 6-24

从图 6-24 中可以看到，当对表 user_pay_u1 和表 user_pay_u3 执行 UNION ALL 联合查询时，会抛出编译错误信息，这是由于两个表的字段类型不匹配导致的。

6.2 使用用户自定义函数

Hive 中的用户自定义函数（User Defined Function，UDF）是用户对一些 Hive 列操作进行封装以实现特定功能的函数。例如，在 Hive 的用户自定义函数中，可以直接使用 SELECT 命令语句对查询结果按照一定的格式进行输出。

在使用用户自定义函数之前，我们先来了解一下它的优点和不足之处。用户自定义函数的优点如下：

- 便于对程序进行模块化设计，降低维护成本。
- 预缓存减少代码编译耗时，提高执行效率。
- 可在一定程度上减少网络流量。

当然，用户自定义函数也有其不足之处，主要体现如下：

- 大量的用户自定义函数存入内存，可能会导致系统崩溃，因此，需要对复杂场景的用户自定义函数进行优化，例如将多层嵌套复杂的用户自定义函数优化为等效的单层嵌套来提升性能。
- 对于过滤筛选类型的用户自定义函数，会产生重复计算。

6.2.1 了解用户自定义函数

在 Hive 中，用户可以自行定义一些函数，便于扩展 Hive SQL 的功能，这类函数称为用户自定义函数。用户自定义函数分为两大类，分别是用户自定义聚合函数（User Defined Aggregate Function，

UDAF）和用户自定义表生成函数（User Defined Table-Generating Function，UDTF）。

在 Hive 中，有两个不同的接口用来编写 UDF 应用程序，一个是基础的 UDF 类，另一个是较为复杂的 GenericUDF 类，具体内容如表 6-6 所示。

表6-6　编写UDF应用程序的接口

类	含　义
org.apache.hadoop.hive.ql. exec.UDF	基本类型，例如 Text、IntWritable、LongWritable 等
org.apache.hadoop.hive.ql.udf.generic.GenericUDF	复杂类型，例如 Map、List、Set 等

1. UDF 类

继承 UDF 类，实现 evaluate()函数就可以完成一个 UDF 应用程序的编写，其中 evaluate()函数允许进行重载，具体实现内容见代码 6-17。

代码 6-17

```
/**
 * 实现一个整数相加的功能
 *
 * @author smartloli.
 *
 *        Created by Sep 4, 2021
 */
@Description(name = "sum", value = "_FUNC_(num1,num2) - from the input int"
 + "returns the value that is sum($num1,$num2) ", extended = "Example:\n"
 + " > SELECT _FUNC_(num1,num2) FROM src;")
public class AppUDF extends UDF {
    public int evaluate(int num1, int num2) {
        return num1 + num2;
    }
}
```

在代码 6-17 中，使用到了@Description 注解，该注解是可选项，主要用于对函数进行说明。其中的_FUNC_字符串表示函数名，当使用 DESCRIBE FUNCTION 命令时，可将_FUNC_字符串替换成函数名。

在@Description 注解中，包含三个重要的属性，分别说明如下。

- name：用于指明 Hive 中的函数名。
- value：用于描述函数中的待传参数。
- extended：额外的说明信息，使用 extended 关键字时可以获取更加详细的说明。

2. GenericUDF 类

使用 GenericUDF 类也可以完成一个 UDF 应用程序的编写，只是实现起来比较复杂，通常需要先继承一个 GenericUDF 类，同时接口需要操作 ObjectInspector，并且需要对接收的参数类型和数量进行校验。继承 GenericUDF 类，需要实现 3 个方法，它们分别是：initialize、evaluate 以及 getDisplayString。具体见代码 6-18。

代码 6-18

```
// 只调用一次，并且在 evaluate()函数之前被调用
// 该函数接受的参数是一个 ObjectInspectors 数组
// 该函数检查接受正确的参数类型和参数个数
public abstract ObjectInspector initialize(ObjectInspector[] arguments);

// 类似于 UDF 的 evaluate()方法，用于处理真实的参数，并返回最终结果
public abstract Object evaluate(GenericUDF.DeferredObject[] arguments);

// 当实现的 GenericUDF 出现异常时，打印出提示信息
// 而提示信息就是实现该函数最后返回的字符串结果
public abstract String getDisplayString(String[] children);
```

使用 GenericUDF 类实现数组内整型数据的累加功能，具体内容见代码 6-19。

代码 6-19

```
/**
 * 使用 GenericUDF 类实现数组内整型数据的累加功能
 *
 * @author smartloli.
 *
 *        Created by Sep 4, 2021
 */
@Description(name = "sum", value = "_FUNC_(array) - Returns array sum "
+ "result.", extended = "Example:\n  > SELECT _FUNC_(array(1, 2, 3))"
+ " FROM src LIMIT 1;\n 6")
public class AppGenericUDF extends GenericUDF {

    @Override
    public ObjectInspector initialize(ObjectInspector[] arguments)
    throws UDFArgumentException {
        if (arguments.length != 1) {
            throw new UDFArgumentException("the function "
            +"accepts must be 1 args.");
        }
        if (arguments[0].getCategory()
        .equals(ObjectInspector.Category.LIST)) {
            throw new UDFArgumentException("the function "
            +"accepts must be list.");
        }
        return PrimitiveObjectInspectorFactory
        .writableBooleanObjectInspector;
    }

    @Override
    public Object evaluate(DeferredObject[] arguments) throws HiveException {
        ListObjectInspector arrays = (ListObjectInspector) arguments[0];
        int sum = 0;
        for (int i = 0; i < arrays.getListLength(arguments); i++) {
```

```
            Object object = arrays.getListElement(arguments, i);
            if (object instanceof Integer) {
                sum += Integer.parseInt(object.toString());
            } else {
                throw new UDFArgumentException("the element["
                + object.toString() + "] must be int.");
            }
        }
        return sum;
    }

    @Override
    public String getDisplayString(String[] children) {
        assert (children.length == 1);
        return "children_array(" + children[0] + ")";
    }
}
```

6.2.2 开发用户自定义函数功能

在本地开发 UDF 应用程序时，需要准备操作系统（比如 Windows、Linux、macOS 等）、JDK 环境、语言编辑器等。

1. 本地基础环境

本书开发应用程序的基础环境如表 6-7 所示。

表6-7 基础环境说明

基础环境	说 明	建 议
操作系统	macOS 系统	Windows 和 Linux 也可以，不影响
开发语言	Java	推荐使用 Java 语言开发用户自定义函数
JDK	JDK8	建议使用 JDK8 以上的版本
语言编辑器	Eclipse	Eclipse、IDEA、VS Code 均可，看个人习惯

2. 准备数据表

为了演示用户自定义函数的相关功能，这里提前准备一个数据表，创建表命令见代码 6-20。

代码 6-20

```
-- 创建全量表
CREATE TABLE IF NOT EXISTS game_user_db.item_type_udf (
    item_id int,
    item_type_list array<string>
) ROW FORMAT DELIMITED FIELDS TERMINATED BY '|'
COLLECTION ITEMS TERMINATED BY ','
LINES TERMINATED BY '\n' STORED AS TEXTFILE;
```

上述 SQL 语句所代表的含义如表 6-8 所示。

表6-8　上述SQL语句所代表的含义

关键信息	含义
game_user_db	数据库名
item_type_udf	表名
item_id	商品 ID，类型为整型
item_type_list	商品类型集合，类型为集合
DELIMITED FIELDS TERMINATED BY ','	通过英文逗号来分隔字段
LINES TERMINATED BY '\n'	通过换行符来结束一行数据
STORED AS TEXTFILE	保存数据的格式为 TXT

使用 Hive CLI 客户端执行代码 6-20，具体操作命令如下：

```
-- 执行代码 6-20
hive> CREATE TABLE IF NOT EXISTS game_user_db.item_type_udf (
    > item_id int ,
    > item_type_list array<string>
    > ) ROW FORMAT DELIMITED FIELDS TERMINATED BY ','
    > COLLECTION ITEMS TERMINATED BY '#'
    > LINES TERMINATED BY '\n' STORED AS TEXTFILE;
```

执行上述命令，输出结果如图 6-25 所示。

```
hive> CREATE TABLE IF NOT EXISTS game_user_db.item_type_udf (
    > item_id int,
    > item_type_list array<string>
    > ) ROW FORMAT DELIMITED FIELDS TERMINATED BY ','
    > COLLECTION ITEMS TERMINATED BY '#'
    > LINES TERMINATED BY '\n' STORED AS TEXTFILE;
OK
Time taken: 0.271 seconds
```

图 6-25

然后，在当前机器上准备文本数据（item_type_udf.txt），内容如下：

```
# 在本地服务器上编辑如下文本文件
[hadoop@dn1 ~]$ vi /tmp/item_type_udf.txt
# 添加如下内容（本行注释无须添加到 item_type_udf.txt 文本文件中）
1,H01#H02#H03
2,H02#H03#H03
3,H02#H04#H05
4,H02#H03#H04
5,H02#H06
6,H02#H03#H04#H05#H06
7,H03#H04#H08
8,H05#H07#H08
9,H01#H03#H05#H09
10,H06#H08#H09#H10
```

接着，在 Hive CLI 客户端中，切换到 game_user_db 数据库下，然后使用 LOAD DATA LOCAL 命令来加载服务器本地文本文件中的数据（/tmp/item_type_udf.txt），具体操作命令如下：

```
-- 进入数据库 game_user_db
```

```
hive> use game_user_db;
-- 加载本地文本文件中的数据（item_type_udf.txt）
hive> LOAD DATA LOCAL INPATH '/tmp/item_type_udf.txt' INTO TABLE
item_type_udf;
```

最后，在 Hive CLI 客户端中使用 SELECT 命令查询全量文本表（item_type_udf），验证文本文件中的数据（/tmp/item_type_udf.txt）是否加载成功，具体操作命令如下：

```
-- 查询全量文本表（item_type_udf）
hive> SELECT * FROM game_user_db.item_type_udf LIMIT 10;
```

执行上述命令，输出结果如图 6-26 所示。

```
hive> select * from game_user_db.item_type_udf limit 10;
OK
1       ["H01","H02","H03"]
2       ["H02","H03","H03"]
3       ["H02","H04","H05"]
4       ["H02","H03","H04"]
5       ["H02","H06"]
6       ["H02","H03","H04","H05","H06"]
7       ["H03","H04","H08"]
8       ["H05","H07","H08"]
9       ["H01","H03","H05","H09"]
10      ["H06","H08","H09","H10"]
Time taken: 0.553 seconds, Fetched: 10 row(s)
```

图 6-26

3. 新建工程

准备好本地基础环境后，打开 Eclipse 编辑器，新建一个 Maven 项目工程，然后在项目工程的 pom.xml 文件中添加依赖 JAR 包和依赖编译插件，具体内容见代码 6-21。

代码 6-21

```
<!-- 添加下载依赖 JAR 包的服务端地址 -->
<repositories>
  <repository>
    <id>nexus</id>
    <name>nexus</name>
    <url>https://repo1.maven.org/maven2/</url>
    <releases>
      <enabled>true</enabled>
    </releases>
    <snapshots>
      <enabled>true</enabled>
    </snapshots>
  </repository>
</repositories>

<!-- 添加编写 UDF 应用程序的依赖 JAR 包-->
<dependencies>
  <dependency>
    <groupId>org.apache.hadoop</groupId>
    <artifactId>hadoop-common</artifactId>
    <version>3.3.0</version>
```

```
    </dependency>
    <dependency>
      <groupId>org.apache.hive</groupId>
      <artifactId>hive-exec</artifactId>
      <version>3.1.2</version>
    </dependency>
  </dependencies>

  <!-- 添加编译插件 -->
  <build>
    <plugins>
      <plugin>
        <groupId>org.apache.maven.plugins</groupId>
        <artifactId>maven-shade-plugin</artifactId>
  <version>2.2</version>
  <configuration>
    <filters>
      <filter>
        <artifact>*:*</artifact>
        <excludes>
          <exclude>META-INF/*.SF</exclude>
          <exclude>META-INF/*.DSA</exclude>
          <exclude>META-INF/*.RSA</exclude>
        </excludes>
      </filter>
    </filters>
  </configuration>
        <executions>
          <execution>
            <phase>package</phase>
            <goals>
              <goal>shade</goal>
            </goals>
            <configuration></configuration>
          </execution>
        </executions>
      </plugin>
    </plugins>
  </build>
```

4. 开发函数功能

开发用户自定义函数功能时，声明的类需要集成UDF类或者GenericUDF类，并且实现evaluate()函数中的代码逻辑。在 Hive 中执行 Hive SQL 命令时，调用 UDF 函数的地方都会对其主类进行实例化。对于输入的每行数据都会调用 evaluate()函数，并且 evaluate()函数处理完成后会将结果返回给Hive。

下面分别使用 UDF 类和 GenericUDF 类来开发一个功能，用来判断一个数组中是否包含某个字符串，如果存在则返回 true，否则返回 false。具体见代码 6-22 和代码 6-23。

代码 6-22

```
/**
* 判断数组中是否存在某个字符串
*
* @author smartloli.
*
* Created by Sep 5, 2021
*/
@Description(name = "arrays_exist", value = "_FUNC_(arrays,str) - return true
if"
        + "the array contains value ", extended = "Example:\n"
        + " > SELECT _FUNC_(arrays,str) FROM src;")
public class ArraysUDF extends UDF{
    public boolean evaluate(List<String> arrays, String string) {
        return arrays.contains(string);
    }
}
```

代码 6-23

```
/**
 * 使用 GenericUDF 类判断数组中是否存在某个字符串
 *
 * @author smartloli.
 *
 *        Created by Sep 4, 2021
 */
@Description(name = "arrays_exist", value = "_FUNC_(arrays,str) - "
        + "return true if the array contains value ", extended =
        " > Example:\n SELECT _FUNC_(arrays,str) FROM src;")
public class ArraysGenericUDF extends GenericUDF {

    private static final String FUNC_NAME = "ARRAY_EXIST";
    private transient ObjectInspector objectIns;
    private transient ListObjectInspector listObjectIns;
    private transient ObjectInspector objectEleIns;
    private BooleanWritable result;

    @Override
    public ObjectInspector initialize(ObjectInspector[] arguments)
        throws UDFArgumentException {
        if (arguments.length != 2) {
            throw new UDFArgumentException("the function "
            + "accepts must be 2 args.");
        }
        if (arguments[0].getCategory()
            .equals(ObjectInspector.Category.LIST)) {
            throw new UDFArgumentException("the function "
            + "accepts must be list.");
        }
```

```
        this.listObjectIns = ((ListObjectInspector) arguments[0]);
        this.objectEleIns = this.listObjectIns
            .getListElementObjectInspector();

        this.objectIns = arguments[1];

        if (!(ObjectInspectorUtils.compareTypes(
            this.objectEleIns, this.objectIns))) {
            throw new UDFArgumentTypeException(1,
                this.objectEleIns.getTypeName()
                    + " expected at function ARRAY_EXIST, but "
                        + this.objectIns.getTypeName() + " is found");
        }

        if (!(ObjectInspectorUtils.compareSupported(this.objectIns))) {
            throw new UDFArgumentException("The function ARRAY_EXIST does "
                + "not support comparison for "
                    + this.objectIns.getTypeName() + " types");
        }

        this.result = new BooleanWritable(false);
        return PrimitiveObjectInspectorFactory
        .writableBooleanObjectInspector;
    }

    @Override
    public Object evaluate(DeferredObject[] arguments) throws HiveException {
        this.result.set(false);

        Object array = arguments[0].get();
        Object value = arguments[1].get();

        int arrayLength = this.listObjectIns.getListLength(array);

        if ((value == null) || (arrayLength <= 0)) {
            return this.result;
        }

        for (int i = 0; i < arrayLength; ++i) {
            Object listElement = this.listObjectIns.getListElement(array, i);
            if ((listElement == null) || (ObjectInspectorUtils
                .compare(value, this.objectIns,
                listElement, this.objectEleIns) != 0))
                continue;
            this.result.set(true);
            break;
        }

        return this.result;
    }
```

```
    @Override
    public String getDisplayString(String[] children) {
        assert (children.length == 2);
        return "array_exist(" + children[0] + ", " + children[1] + ")";
    }
}
```

5. 编译和使用函数

当我们开发好一个 UDF 函数功能后，如果想在 Hive 中进行使用，那么需要将开发好的 UDF 函数代码编译成 JAR 包。然后，在 Hive CLI 中将这个编译好的 JAR 包加载到 Hive 中，再通过创建函数命令（CREATE TEMPORARY FUNCTION）来设置一个函数名进行使用。

由于我们使用的是 Java 语言来开发 UDF，因此这里通过 Maven 来管理 Java 应用。当我们开发好一个用户自定义函数功能后，使用 Maven 命令对应用程序代码进行编译和打包，具体操作命令如下：

```
# 切换到应用程序代码目录
cd /Users/dengjie/hadoop/hive-learn
# 然后执行编译和打包
mvn clean package -DskipTests
```

执行上述命令，结果如图 6-27 所示。

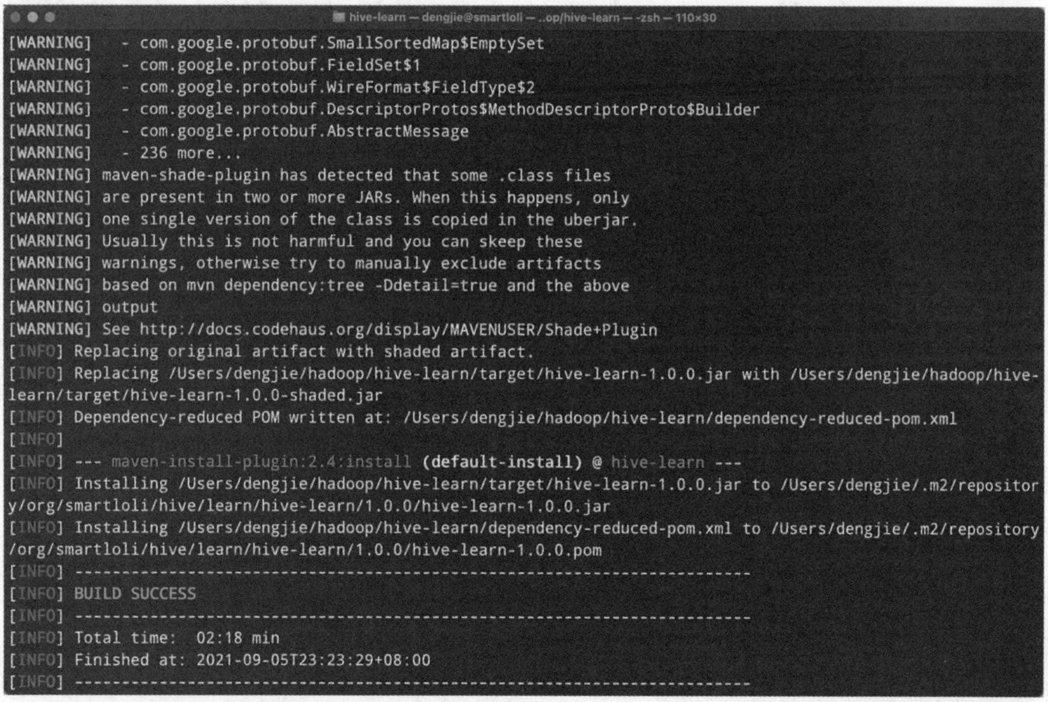

```
hive-learn — dengjie@smartloli — ..op/hive-learn — -zsh — 110×30
[WARNING]   - com.google.protobuf.SmallSortedMap$EmptySet
[WARNING]   - com.google.protobuf.FieldSet$1
[WARNING]   - com.google.protobuf.WireFormat$FieldType$2
[WARNING]   - com.google.protobuf.DescriptorProtos$MethodDescriptorProto$Builder
[WARNING]   - com.google.protobuf.AbstractMessage
[WARNING]   - 236 more...
[WARNING] maven-shade-plugin has detected that some .class files
[WARNING] are present in two or more JARs. When this happens, only
[WARNING] one single version of the class is copied in the uberjar.
[WARNING] Usually this is not harmful and you can skeep these
[WARNING] warnings, otherwise try to manually exclude artifacts
[WARNING] based on mvn dependency:tree -Ddetail=true and the above
[WARNING] output
[WARNING] See http://docs.codehaus.org/display/MAVENUSER/Shade+Plugin
[INFO] Replacing original artifact with shaded artifact.
[INFO] Replacing /Users/dengjie/hadoop/hive-learn/target/hive-learn-1.0.0.jar with /Users/dengjie/hadoop/hive-learn/target/hive-learn-1.0.0-shaded.jar
[INFO] Dependency-reduced POM written at: /Users/dengjie/hadoop/hive-learn/dependency-reduced-pom.xml
[INFO]
[INFO] --- maven-install-plugin:2.4:install (default-install) @ hive-learn ---
[INFO] Installing /Users/dengjie/hadoop/hive-learn/target/hive-learn-1.0.0.jar to /Users/dengjie/.m2/repository/org/smartloli/hive/learn/hive-learn/1.0.0/hive-learn-1.0.0.jar
[INFO] Installing /Users/dengjie/hadoop/hive-learn/dependency-reduced-pom.xml to /Users/dengjie/.m2/repository/org/smartloli/hive/learn/hive-learn/1.0.0/hive-learn-1.0.0.pom
[INFO] ------------------------------------------------------------------------
[INFO] BUILD SUCCESS
[INFO] ------------------------------------------------------------------------
[INFO] Total time:  02:18 min
[INFO] Finished at: 2021-09-05T23:23:29+08:00
[INFO] ------------------------------------------------------------------------
```

图 6-27

接着，进入 Hive CLI 并将打包成功的 JAR 文件加载到 Hive 中使用，具体操作命令如下：

```
# 将打包后的 UDF 应用 JAR 包上传到 HDFS
```

```
[hadoop@dn1 ~]$ hdfs dfs -put hive-learn-1.0.0.jar /data/apps/udf/
# 执行 hive 命令进入 Hive CLI
[hadoop@dn1 ~]$ hive
-- 加载 UDF 应用 JAR 包，并创建函数
hive > add jar hdfs://cluster1/data/apps/udf/hive-learn-1.0.0.jar;
         > CREATE TEMPORARY FUNCTION arrays_contain AS
    > 'org.smartloli.hive.learn.book06.ArraysUDF';
    > SELECT item_type_list,arrays_contain(item_type_list,'H01')
    > FROM game_user_db.item_type_udf LIMIT 10;
```

执行上述命令，结果如图 6-28 所示。

```
hive> SELECT item_type_list,arrays_contain(item_type_list,'H01') FROM game_user_db.item_type_udf LIMIT 1
OK
["H01","H02","H03"]     true
["H02","H03","H03"]     false
["H02","H04","H05"]     false
["H02","H03","H04"]     false
["H02","H06"]   false
["H02","H03","H04","H05","H06"] false
["H03","H04","H08"]     false
["H05","H07","H08"]     false
["H01","H03","H05","H09"]       true
["H06","H08","H09","H10"]       false
Time taken: 0.42 seconds, Fetched: 10 row(s)
```

图 6-28

6.3 使用窗口函数与分析函数来查询数据

Hive SQL 是一个功能强大的数据分析工具，它在处理大规模数据集时提供了数据过滤、转换和聚合等关键操作。这使得它成为数据分析领域中的一个基本且必不可少的组件。此外，Hive SQL 还支持窗口函数（Window Function），这通过 WINDOW 子句实现，允许用户在特定的数据分区和窗口上执行分析，为每条记录生成对应的计算结果，从而提供更丰富的数据分析能力。

6.3.1 了解窗口函数和分析函数

在 Hive SQL 中有一类函数叫聚合函数，比如 SUM()、AVG()、COUNT()等。这类函数可以将多行数据按照一定的规则聚合成一行，一般来说聚合后的行数少于聚合前的行数。但是，在实际应用场景中，有时候会出现既需要显示聚合前的数据，又需要显示聚合后的数据，这时就需要使用窗口函数来实现。

1. 窗口函数

窗口函数又被称为开窗函数，它属于分析函数的一种，用来解决一些复杂报表的统计需求。窗口函数用来计算基于组的某种聚合值，它和聚合函数的不同之处在于，对于每个组返回多行数据，而聚合函数对于每个组只返回一行数据。

窗口函数通常指的是 OVER()函数，它指定了分析函数工作的数据窗口大小，这个数据窗口大小可能会随着行的变化而发生变化。

2. 分析函数

分析函数的类型较多，该函数的主要功能是对数据集合进行各种处理和分析，比如排名函数（ROW_NUMBER、RANK、DENSE_RANK、CUME_DIST、PERCENT_RANK、NTILE等）、聚合函数（COUNT、SUM、AVG、MIN、MAX）、特定位置函数（LEAD、LAG、FIRST_VALUE、LAST_VALUE）等。

3. 简单示例

下面通过一个例子来理解窗口函数和分析函数的运行流程。假如现有一张用户消费表，记录了不同用户每天的消费记录，具体明细如表6-9所示。

表6-9　一张用户消费表记录的不同用户每天的消费记录

date	uid	money
2021-09-01	1001	10.22
2021-09-02	1001	20.23
2021-09-03	1001	12.58
2021-09-04	1001	19.02
2021-09-01	1002	16.68
2021-09-02	1002	22.89
2021-09-03	1002	23.56
2021-09-04	1002	32.79

计算表中不同用户的两日滑动平均值，实现内容见代码6-24。

代码6-24

```
-- 两日滑动平均值
SELECT `date`,uid,money,AVG(money) OVER `w` AS money_avg FROM
game_user_db.user_order_detail WINDOW `w` AS (PARTITION BY uid ORDER BBY `date`)
ROWS BETWEEN 1 PRECEDING AND CURRENT ROW);
```

SQL语句中的OVER、WINDOW和ROWS BETWEEN…AND都是新增的窗口查询关键字。在这个查询中，PARTITION BY和ORDER BY的运行机制与GROUP BY和ORDER BY相似，而不同之处在于前者不会将多行记录聚合为一条结果，而是将它们拆分到互不重叠的分区中进行后续的处理。而ROWS BETWEEN…AND语句用于构建一个窗口的子数据集，该示例中每一个子数据集都包含当前记录和上一条记录。

6.3.2　实例：窗口函数和分析函数详解

1. 准备数据

新建一个用户访问PV表（user_visit_pv），具体实现见代码6-25。

代码6-25

```
-- 创建全量表
CREATE TABLE IF NOT EXISTS game_user_db.user_visit_pv (
```

```
    uid int,
    visit_time string,
    pv bigint
) ROW FORMAT DELIMITED FIELDS TERMINATED BY ',' LINES TERMINATED BY '\n' STORED AS TEXTFILE;
```

上述 SQL 语句所代表的含义如表 6-10 所示。

表6-10　上述SQL语句所代表的含义

关键信息	含　义
game_user_db	数据库名
user_visit_pv	表名
uid	用户 ID，类型为整型
visit_time	访问时间，类型为字符串
pv	PV，类型为整型
DELIMITED FIELDS TERMINATED BY ','	通过英文逗号来分隔字段
LINES TERMINATED BY '\n'	通过换行符来结束一行数据
STORED AS TEXTFILE	保存数据的格式为 TXT

使用 Hive CLI 客户端执行代码 6-25，具体操作命令如下：

```
-- 执行代码 6-25
hive> CREATE TABLE IF NOT EXISTS game_user_db.user_visit_pv (
    > uid int ,
    > visit_time string ,
    > pv bigint
    > ) ROW FORMAT DELIMITED FIELDS TERMINATED BY ','
    > LINES TERMINATED BY '\n' STORED AS TEXTFILE;
```

执行上述命令，输出结果如图 6-29 所示。

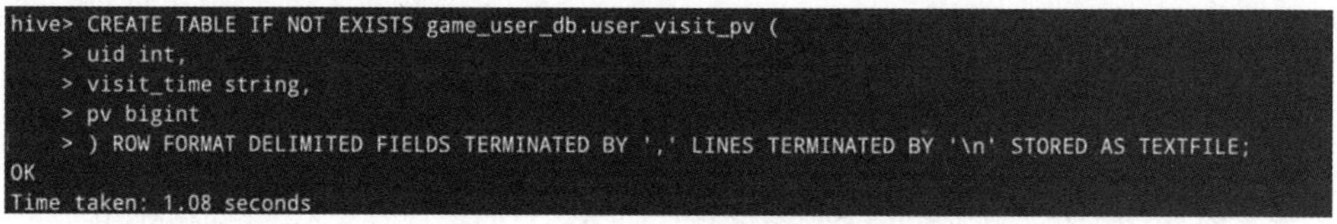

```
hive> CREATE TABLE IF NOT EXISTS game_user_db.user_visit_pv (
    > uid int,
    > visit_time string,
    > pv bigint
    > ) ROW FORMAT DELIMITED FIELDS TERMINATED BY ',' LINES TERMINATED BY '\n' STORED AS TEXTFILE;
OK
Time taken: 1.08 seconds
```

图 6-29

然后，在当前机器上准备文本数据（user_visit_pv.txt），内容如下：

```
# 在本地服务器上编辑如下文本文件
[hadoop@dn1 ~]$ vi /tmp/user_visit_pv.txt
# 添加如下内容（本行注释无须添加到 user_visit_pv.txt 文本文件中）
1000,2021-09-01,100
1001,2021-09-02,120
1002,2021-09-01,150
1002,2021-09-02,166
1002,2021-09-03,178
1003,2021-09-02,200
1003,2021-09-03,300
```

```
1003,2021-09-04,310
1005,2021-09-03,220
1005,2021-09-06,260
1005,2021-09-07,288
```

接着，在 Hive CLI 客户端中，切换到 game_user_db 数据库下，然后使用 LOAD DATA LOCAL 命令来加载服务器本地文本文件中的数据（/tmp/user_visit_pv.txt），具体操作命令如下：

```
-- 进入数据库 game_user_db
hive> use game_user_db;
-- 加载本地文本文件中的数据（user_visit_pv.txt）
hive> LOAD DATA LOCAL INPATH '/tmp/user_visit_pv.txt' INTO TABLE
user_visit_pv;
```

最后，在 Hive CLI 客户端中使用 SELECT 命令查询全量文本表（user_visit_pv），验证文本文件中的数据（/tmp/user_visit_pv.txt）是否加载成功，具体操作命令如下：

```
-- 查询全量文本表（user_visit_pv）
hive> SELECT * FROM user_visit_pv LIMIT 10;
```

执行上述命令，输出结果如图 6-30 所示。

```
hive> SELECT * FROM user_visit_pv LIMIT 10;
OK
1000    2021-09-01      100
1001    2021-09-02      120
1002    2021-09-01      150
1002    2021-09-02      166
1002    2021-09-03      178
1003    2021-09-02      200
1003    2021-09-03      300
1003    2021-09-04      310
1005    2021-09-03      220
1005    2021-09-06      260
Time taken: 0.499 seconds, Fetched: 10 row(s)
```

图 6-30

2. SUM()函数

聚合函数包括 SUM()、AVG()、COUNT()等，在数据处理中扮演着重要角色。以 SUM()为例，该函数能够对指定列中的数值进行分组求和，或者执行连续的累加操作，从而提供对数据集总和的统计分析。具体实现内容见代码 6-26。

代码 6-26

```
-- 设置执行队列
set mapreduce.job.queuename=root.queue_1024_01;
-- 显示列名
set hive.cli.print.header=true;
-- 实现分组连续累加
SELECT uid, visit_time, pv,
 SUM(pv) OVER (PARTITION BY uid ORDER BY visit_time) AS pv01,
 SUM(pv) OVER (PARTITION BY uid ORDER BY visit_time
  ROWS BETWEEN UNBOUNDED PRECEDING AND CURRENT ROW) AS pv02,
 SUM(pv) OVER (PARTITION BY uid ORDER BY visit_time
  ROWS BETWEEN 3 PRECEDING AND CURRENT ROW) AS pv03,
 SUM(pv) OVER (PARTITION BY uid ORDER BY visit_time
```

```
ROWS BETWEEN 3 PRECEDING AND 1 FOLLOWING) AS pv04,
 SUM(pv) OVER (PARTITION BY uid ORDER BY visit_time
  ROWS BETWEEN CURRENT ROW AND UNBOUNDED FOLLOWING) AS pv05
FROM user_visit_pv;
```

然后，在 Hive CLI 客户端中执行代码 6-26，具体操作命令如下：

```
-- 进入 game_user_db 数据库
hive> use game_user_db;
-- 设置执行队列
    > set mapreduce.job.queuename=root.queue_1024_01;
-- 显示列名
    > set hive.cli.print.header=true;
-- 实现分组连续累加
hive> SELECT uid, visit_time, pv,
     > SUM(pv) OVER (PARTITION BY uid ORDER BY visit_time) AS pv01,
     > SUM(pv) OVER (PARTITION BY uid ORDER BY visit_time
     >  ROWS BETWEEN UNBOUNDED PRECEDING AND CURRENT ROW) AS pv02,
     > SUM(pv) OVER (PARTITION BY uid ORDER BY visit_time
     >  ROWS BETWEEN 3 PRECEDING AND CURRENT ROW) AS pv03,
     > SUM(pv) OVER (PARTITION BY uid ORDER BY visit_time
     > ROWS BETWEEN 3 PRECEDING AND 1 FOLLOWING) AS pv04,
     > SUM(pv) OVER (PARTITION BY uid ORDER BY visit_time
     > ROWS BETWEEN CURRENT ROW AND UNBOUNDED FOLLOWING) AS pv05
     > FROM user_visit_pv;;
```

执行上述命令，输出结果如图 6-31 所示。

```
uid     visit_time      pv      pv01    pv02    pv03    pv04    pv05
1000    2021-09-01      100     100     100     100     100     100
1001    2021-09-02      120     120     120     120     120     120
1002    2021-09-01      150     150     150     150     316     494
1002    2021-09-02      166     316     316     316     494     344
1002    2021-09-03      178     494     494     494     494     178
1003    2021-09-02      200     200     200     200     500     810
1003    2021-09-03      300     500     500     500     810     610
1003    2021-09-04      310     810     810     810     810     310
1005    2021-09-03      220     220     220     220     480     768
1005    2021-09-06      260     480     480     480     768     548
1005    2021-09-07      288     768     768     768     768     288
Time taken: 66.238 seconds, Fetched: 11 row(s)
```

图 6-31

上述这些窗口的划分都是在分区内部，超过分区大小就无效了。从执行结果可以看出，如果不指定 ROWS BETWEEN…AND，其默认统计窗口会从起点到当前行。ROWS BETWEEN…AND 涉及的关键字的含义如表 6-11 所示。

表6-11　ROWS BETWEEN…AND涉及的关键字的含义

关　键　字	含　　义
PRECEDING	往前
FOLLOWING	往后
CURRENT ROW	当前行
UNBOUNDED	无边界
UNBOUNDED PRECEDING	从最前面的起点开始
PRECEDING FOLLOWING	到最后面的终点

将上述执行代码扩展一下，假如在实现的代码中不使用 ORDER BY，最终的结果会发生什么变化呢？调整代码逻辑，具体实现内容见代码 6-27。

代码 6-27

```
-- 不使用 ORDER BY
SELECT uid,visit_time,pv,SUM(pv) OVER(PARTITION BY uid) as pv
FROM user_visit_pv;
```

然后，在 Hive CLI 客户端中执行代码 6-27，具体操作命令如下：

```
-- 进入到 game_user_db 数据库
hive> use game_user_db;
-- 不使用 ORDER BY
hive> SELECT uid,visit_time,pv,SUM(pv) OVER(PARTITION BY uid) as pv
    > FROM user_visit_pv;
```

执行上述命令，输出结果如图 6-32 所示。

```
uid     visit_time      pv      pv
1000    2021-09-01      100     100
1001    2021-09-02      120     120
1002    2021-09-03      178     494
1002    2021-09-02      166     494
1002    2021-09-01      150     494
1003    2021-09-04      310     810
1003    2021-09-03      300     810
1003    2021-09-02      200     810
1005    2021-09-07      288     768
1005    2021-09-06      260     768
1005    2021-09-03      220     768
Time taken: 65.93 seconds, Fetched: 11 row(s)
```

图 6-32

通过观察执行结果，可以发现如果代码中没有使用 ORDER BY，不仅分区内没有排序，SUM 计算后的 PV 值也是整个分区的 PV 值。

3. ROW_NUMBER 函数

分析函数中包含 ROW_NUMBER、RANK、DENSE_RANK 等。下面以 ROW_NUMBER 函数为例来获取分组内排序 TOPN 的记录，具体实现见代码 6-28。

代码 6-28

```
-- 实现排序为 TOPN 的记录
SELECT uid,visit_time,pv,ROW_NUMBER()
OVER(PARTITION BY uid ORDER BY pv DESC) AS top FROM user_visit_pv;
```

然后，在 Hive CLI 客户端中执行代码 6-28，具体操作命令如下：

```
-- 进入 game_user_db 数据库
hive> use game_user_db;

-- 实现排序内 TOPN 的记录
hive> SELECT uid,visit_time,pv,ROW_NUMBER()
    > OVER(PARTITION BY uid ORDER BY pv DESC) AS top FROM user_visit_pv;
```

执行上述命令，输出结果如图 6-33 所示。

uid	visit_time	pv	top
1000	2021-09-01	100	1
1001	2021-09-02	120	1
1002	2021-09-03	178	1
1002	2021-09-02	166	2
1002	2021-09-01	150	3
1003	2021-09-04	310	1
1003	2021-09-03	300	2
1003	2021-09-02	200	3
1005	2021-09-07	288	1
1005	2021-09-06	260	2
1005	2021-09-03	220	3

Time taken: 66.596 seconds, Fetched: 11 row(s)

图 6-33

观察执行结果，可以发现 ROW_NUMBER 从 1 开始按照顺序生成分组内的记录序号。

4. LAG 函数

特定位置函数中包含 LEAD、LAG、FIRST_VALUE 等。下面以 LAG 函数为例来统计窗口内往上第 *N* 行的值，具体实现内容见代码 6-29。

代码 6-29

```
-- 统计窗口内往上第 N 行的值
SELECT uid,visit_time,
 LAG(visit_time,1)
  OVER(PARTITION BY uid ORDER BY visit_time) AS lag,
 LAG(visit_time,1,'2021-01-01')
OVER(PARTITION BY uid ORDER BY visit_time) AS lag_default
FROM user_visit_pv;
```

然后，在 Hive CLI 客户端中执行代码 6-29，具体操作命令如下：

```
-- 进入 game_user_db 数据库
hive> use game_user_db;
-- 统计窗口内往上第 N 行的值
hive> SELECT uid,visit_time,
    > LAG(visit_time,1)
    >  OVER(PARTITION BY uid ORDER BY visit_time) AS lag,
    > LAG(visit_time,1,'2021-01-01')
    >  OVER(PARTITION BY uid ORDER BY visit_time) AS lag_default
    > FROM user_visit_pv;
```

执行上述命令，输出结果如图 6-34 所示。

uid	visit_time	lag	lag_default
1000	2021-09-01	NULL	2021-01-01
1001	2021-09-02	NULL	2021-01-01
1002	2021-09-01	NULL	2021-01-01
1002	2021-09-02	2021-09-01	2021-09-01
1002	2021-09-03	2021-09-02	2021-09-02
1003	2021-09-02	NULL	2021-01-01
1003	2021-09-03	2021-09-02	2021-09-02
1003	2021-09-04	2021-09-03	2021-09-03
1005	2021-09-03	NULL	2021-01-01
1005	2021-09-06	2021-09-03	2021-09-03
1005	2021-09-07	2021-09-06	2021-09-06

Time taken: 56.846 seconds, Fetched: 11 row(s)

图 6-34

这里需要注意的是，LAG 函数中第一个参数为列名，第二个参数为往上第 *N* 行的值（默认值为 1），第三个参数为默认值（当往上第 *N* 行为 NULL 的时候，取默认值，如果不指定，则为 NULL）。

6.4 本章小结

本章主要讲述了 Hive 的查询语句 SELECT 的相关用法，目的是让读者掌握排序、用户自定义函数、窗口函数和分析函数等高级内容，通过多个实例让读者实战演练，熟练掌握其使用方法，进而应用到实际项目中。

6.5 习 题

1. 简述 Hive 中排序的用法以及它们之间的区别。
2. 简述 Hive 中 JOIN 的用法以及它们之间的区别。
3. 简述用户自定义函数的应用场景及使用步骤。
4. 简述窗口函数的使用场景和注意事项。
5. 简述分析函数的使用场景和注意事项。

第 7 章

数据智能应用：以视图简化查询流程

在 Hive 中，视图的概念与关系数据库中的视图一致，都是对数据的逻辑表示。它们本质上都是基于 SELECT 语句的查询结果集。

7.1 什么是视图

在用户的视角中，Hive 视图是一种用于数据分析的虚拟表，可以通过查询和操作现有表来创建。这些视图提供了一种方便的方式来组织和访问数据，以满足不同业务需求。

1. 视图的作用

视图的作用类似于筛选，具体说明如下。

- 安全性：通过视图，用户只能查询和修改他们所能看见的数据，使用权限可被限制在一个视图的子集或者基表合并后的子集上。
- 简单性：通过视图可以简化用户的操作，频繁使用的查询可以被定义为视图，不必每次都指定全部查询条件。
- 独立性：通过视图可以帮助用户屏蔽真实表结构上的变化带来的影响。

2. 视图的优点

视图的优点很多，主要体现如下。

- 集中管理：让用户只关心他们感兴趣的某些特定的数据和他们所负责的特定任务，这样可以通过只允许用户看到视图中所定义的数据，而不是视图引用表中的数据，从而间接地提高数据的安全性。
- 简化操作：在定义视图时，将复杂的查询结果集定义为视图，这样每次只需要使用简单的视图查询语句即可。

- 定制数据：视图可以实现让不同的用户以不同的方式看到不同或者相同的数据集，若不同业务方使用相同的数据库表，则视图显得尤为重要。

3. 视图的应用场景

视图的应用场景有很多，主要体现在以下几个方面：

- 数据仓库中存在多维度时，可以采用视图的方式保证维度的一致性。
- 当 Hive 中查询的语句很长或者很复杂时，通过视图可以降低复杂度。
- Hive 中需要通过视图限制基于条件过滤的数据时，可以使用视图来实现。

7.2　管理视图

Hive 中提供了一系列的脚本命令来管理视图，例如创建视图、修改视图、删除视图等。具体可操作命令如表 7-1 所示。

表7-1　Hive中提供的管理视图的命令

关　键　字	含　　义
CREATE VIEW	创建视图
DROP VIEW	删除视图
ALTER VIEW	修改视图

7.2.1　创建视图

在 Hive 系统中，通过 CREATE VIEW 关键字来创建一个具有给定名称的视图，如果已存在同名的表或者视图，则会在创建时出现错误。具体创建语法见代码 7-1。

代码 7-1

```
-- 创建视图语法
CREATE VIEW [IF NOT EXISTS] [db_name.]view_name [(column_name
[COMMENT column_comment], ...) ] [COMMENT view_comment]
[TBLPROPERTIES (property_name = property_value, ...)]
AS SELECT ...;
```

如果在执行创建视图语句时未提供列名，则视图列的名称将自动从定义的 SELECT 语句中派生。如果 SELECT 语句中不包含无别名的标量表达式，例如 a+b，则生成的视图列名称将以_C0、_C1 等形式生成。重命名列时，还可以选择提供列注释，但是不会自动从基础列继承注释。

1. 准备数据

准备一个用户信息表（user_detail_info），里面包含用户的 ID、年龄、性别等信息，具体实现内容见代码 7-2。

代码 7-2

```
-- 创建用户信息表
CREATE TABLE IF NOT EXISTS game_user_db.user_detail_info (
user_id int,
age int,
gender string,
user_name string
) ROW FORMAT DELIMITED FIELDS TERMINATED BY ','
LINES TERMINATED BY '\n' STORED AS TEXTFILE;
```

上述 SQL 语句所代表的含义如表 7-2 所示。

表7-2 上述SQL语句所代表的含义

关键信息	含义
game_user_db	数据库名
user_detail_info	表名
user_id	用户 ID，类型为整型
age	用户年龄，类型为整型
gender	用户性别，类型为字符串
user_name	用户姓名，类型为字符串
DELIMITED FIELDS TERMINATED BY ','	通过英文逗号来分隔字段
LINES TERMINATED BY '\n'	通过换行符来结束一行数据
STORED AS TEXTFILE	保存数据的格式为 TXT

使用 Hive CLI 客户端执行代码 7-2，具体操作命令如下：

```
-- 执行代码 7-2
-- 创建用户信息表
hive> CREATE TABLE IF NOT EXISTS game_user_db.user_detail_info (
    > user_id int ,
    > age int ,
    > gender string ,
    > user_name string
    > ) ROW FORMAT DELIMITED FIELDS TERMINATED BY ','
    > LINES TERMINATED BY '\n' STORED AS TEXTFILE;
```

执行上述命令，输出结果如图 7-1 所示。

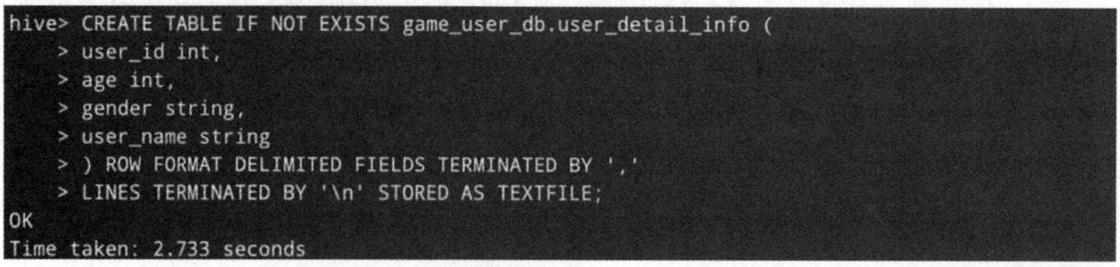

```
hive> CREATE TABLE IF NOT EXISTS game_user_db.user_detail_info (
    > user_id int,
    > age int,
    > gender string,
    > user_name string
    > ) ROW FORMAT DELIMITED FIELDS TERMINATED BY ','
    > LINES TERMINATED BY '\n' STORED AS TEXTFILE;
OK
Time taken: 2.733 seconds
```

图 7-1

然后，在当前机器上准备文本数据（user_detail_info.txt），内容如下：

```
# 在本地服务器上编辑如下文本文件
[hadoop@dn1 ~]$ vi /tmp/user_detail_info.txt
# 添加如下内容（本行注释无须添加到 user_detail_info.txt 文本文件中）
1001,18,M,xiaohong001
1002,20,M,xiaohong002
1003,18,M,xiaohong003
1004,19,F,xiaohong004
1005,21,M,xiaohong005
1006,22,F,xiaoming001
1007,23,F,xiaoming002
1008,20,F,xiaoming003
1009,23,M,xiaoming004
1010,25,M,xiaoming005
1011,27,F,xiaobai001
1012,27,M,xiaobai002
1013,23,F,xiaobai003
1014,26,F,xiaobai004
1015,28,M,xiaobai005
1016,27,F,xiaohei001
1017,29,M,xiaohei002
1018,28,M,xiaohei003
1019,30,M,xiaohei004
1020,29,F,xiaohei005
```

接着，在 Hive CLI 客户端中，切换到 game_user_db 数据库下，然后使用 LOAD DATA LOCAL 命令来加载服务器本地文本文件中的数据（/tmp/user_detail_info.txt），具体操作命令如下：

```
-- 进入数据库 game_user_db
hive> use game_user_db;
-- 加载本地文本文件中的数据（user_detail_info.txt）
hive> LOAD DATA LOCAL INPATH '/tmp/user_detail_info.txt' INTO TABLE
user_detail_info;
```

最后，在 Hive CLI 客户端中使用 SELECT 命令查询全量文本表（user_detail_info），验证文本文件中的数据（/tmp/user_detail_info.txt）是否加载成功，具体操作命令如下：

```
-- 设置执行队列
hive> set mapreduce.job.queuename=root.queue_1024_01;
-- 查询全量文本表（user_detail_info）
hive> SELECT COUNT(*) as cnt FROM user_detail_info;
```

执行上述命令，输出结果如图 7-2 所示。

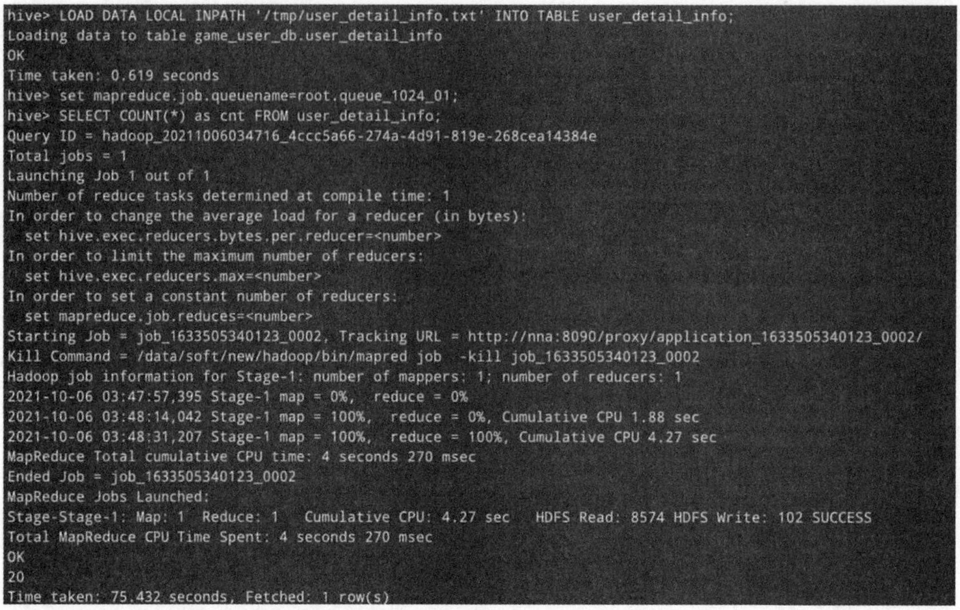

```
hive> LOAD DATA LOCAL INPATH '/tmp/user_detail_info.txt' INTO TABLE user_detail_info;
Loading data to table game_user_db.user_detail_info
OK
Time taken: 0.619 seconds
hive> set mapreduce.job.queuename=root.queue_1024_01;
hive> SELECT COUNT(*) as cnt FROM user_detail_info;
Query ID = hadoop_20211006034716_4ccc5a66-274a-4d91-819e-268cea14384e
Total jobs = 1
Launching Job 1 out of 1
Number of reduce tasks determined at compile time: 1
In order to change the average load for a reducer (in bytes):
  set hive.exec.reducers.bytes.per.reducer=<number>
In order to limit the maximum number of reducers:
  set hive.exec.reducers.max=<number>
In order to set a constant number of reducers:
  set mapreduce.job.reduces=<number>
Starting Job = job_1633505340123_0002, Tracking URL = http://nna:8090/proxy/application_1633505340123_0002/
Kill Command = /data/soft/new/hadoop/bin/mapred job  -kill job_1633505340123_0002
Hadoop job information for Stage-1: number of mappers: 1; number of reducers: 1
2021-10-06 03:47:57,395 Stage-1 map = 0%,  reduce = 0%
2021-10-06 03:48:14,042 Stage-1 map = 100%,  reduce = 0%, Cumulative CPU 1.88 sec
2021-10-06 03:48:31,207 Stage-1 map = 100%,  reduce = 100%, Cumulative CPU 4.27 sec
MapReduce Total cumulative CPU time: 4 seconds 270 msec
Ended Job = job_1633505340123_0002
MapReduce Jobs Launched:
Stage-Stage-1: Map: 1  Reduce: 1   Cumulative CPU: 4.27 sec   HDFS Read: 8574 HDFS Write: 102 SUCCESS
Total MapReduce CPU Time Spent: 4 seconds 270 msec
OK
20
Time taken: 75.432 seconds, Fetched: 1 row(s)
```

图 7-2

2. 创建视图

通过创建视图来限制数据访问，可以用来保护信息不被随意查询。下面我们对代码 7-2 中的用户信息表（user_detail_info）进行访问，通过视图只提供用户信息表（user_detail_info）中的用户 ID 和用户年龄字段的数据，具体实现内容见代码 7-3。

代码 7-3

```
-- 进入 Hive 数据库
use game_user_db;
-- 创建视图
CREATE VIEW user_detail_info_view TBLPROPERTIES('author'='smartloli')
AS SELECT user_id,age FROM user_detail_info;
```

执行代码 7-3，具体操作命令如下：

```
-- 进入 Hive 数据库
hive> use game_user_db;
-- 创建视图
   > CREATE VIEW user_detail_info_view TBLPROPERTIES('author'='smartloli')
   > AS SELECT user_id,age FROM user_detail_info;
```

执行上述命令，输出结果如图 7-3 所示。

```
hive> use game_user_db;
OK
Time taken: 0.056 seconds
hive> CREATE VIEW user_detail_info_view TBLPROPERTIES('author'='smartloli')
    > AS SELECT user_id,age FROM user_detail_info;
OK
Time taken: 0.633 seconds
```

图 7-3

最后，执行 SELECT 语句来查看视图是否创建成功，具体内容见代码 7-4。

代码 7-4

```
-- 进入 Hive 数据库
use game_user_db;
-- 查询视图
SELECT * FROM user_detail_info_view LIMIT 5;
```

执行代码 7-4，具体操作命令如下：

```
-- 进入 Hive 数据库
hive> use game_user_db;
-- 查询视图
hive> SELECT * FROM user_detail_info_view LIMIT 5;
```

执行上述命令，输出结果如图 7-4 所示。

```
hive> SELECT * FROM user_detail_info_view LIMIT 5;
OK
user_detail_info_view.user_id   user_detail_info_view.age
1001    18
1002    20
1003    18
1004    19
1005    21
Time taken: 0.485 seconds, Fetched: 5 row(s)
```

图 7-4

7.2.2 修改视图

在 Hive 数据仓库中，创建一个视图后，后期维护该视图时可以通过 ALTER VIEW 命令来修改视图属性，具体修改语法见代码 7-5。

代码 7-5

```
-- 修改视图语法
ALTER VIEW [db_name.]view_name SET TBLPROPERTIES table_properties;
table_properties:
  : (property_name = property_value, property_name = property_value, ...)
```

视图不能够作为 INSERT、LOAD 或者 ALTER 命令的目标表，视图是只读的，只允许修改元数据中的 TBLPROPERTIES 属性信息。例如，修改视图 user_detail_info_view 中的属性和值，具体实现内容见代码 7-6。

代码 7-6

```
-- 进入 Hive 数据库
use game_user_db;
-- 修改视图属性
ALTER VIEW user_detail_info_view SET TBLPROPERTIES('stime'='now_time');
```

执行代码 7-6，具体操作命令如下：

```
-- 进入 Hive 数据库
hive> use game_user_db;
-- 修改视图属性
hive> ALTER VIEW user_detail_info_view
    > SET TBLPROPERTIES('stime'='now_time');
```

执行上述命令，输出结果如图 7-5 所示。

```
hive> ALTER VIEW user_detail_info_view SET TBLPROPERTIES('stime'='now_time');
OK
Time taken: 0.257 seconds
```

图 7-5

然后，执行 DESC 命令查看视图 user_detail_info_view 的属性是否修改成功，具体操作命令如下：

```
-- 进入 Hive 数据库
hive> use game_user_db;
-- 查看视图
hive> DESC FORMATTED user_detail_info_view;
```

执行上述命令，输出结果如图 7-6 所示。

```
# Detailed Table Information
Database:               game_user_db
OwnerType:              USER
Owner:                  hadoop
CreateTime:             Wed Oct 06 03:53:41 EDT 2021
LastAccessTime:         UNKNOWN
Retention:              0
Table Type:             VIRTUAL_VIEW
Table Parameters:
        author                  smartloli
        bucketing_version       2
        last_modified_by        hadoop
        last_modified_time      1633507051
        stime                   now_time
        transient_lastDdlTime   1633507051

# Storage Information
SerDe Library:          null
InputFormat:            org.apache.hadoop.mapred.TextInputFormat
OutputFormat:           org.apache.hadoop.hive.ql.io.HiveIgnoreKeyTextOutputFormat
Compressed:             No
Num Buckets:            -1
Bucket Columns:         []
Sort Columns:           []

# View Information
View Original Text:     SELECT user_id,age FROM user_detail_info
View Expanded Text:     SELECT `user_detail_info`.`user_id`,`user_detail_info`.`age` FROM `game_user_db`.`user_detail_info`
View Rewrite Enabled:   No
Time taken: 0.189 seconds, Fetched: 33 row(s)
```

图 7-6

7.2.3 删除视图

在 Hive 数据仓库中，如果需要删除视图，可以执行 DROP VIEW 命令来删除。具体删除语法见代码 7-7。

代码 7-7

```
-- 删除视图语法
DROP VIEW [IF EXISTS] [db_name.]view_name;
```

DROP VIEW 用于删除指定视图的元数据，而在视图上使用 DROP TABLE 是不合法的操作。当删除一个被其他视图所引用的视图时，不会出现警告，依赖的视图会被标记为无效，必须由用户删除或者重新创建。例如，将视图 user_detail_info_view 从数据仓库中删除，具体实现内容见代码 7-8。

代码 7-8

```
-- 进入 Hive 数据库
use game_user_db;
-- 删除视图
DROP VIEW user_detail_info_view;
```

下面执行代码 7-8 中的内容，具体操作命令如下：

```
-- 进入 Hive 数据库
hive> use game_user_db;
-- 删除视图
hive> DROP VIEW user_detail_info_view;
```

执行上述命令，输出结果如图 7-7 所示。

```
hive> DROP VIEW user_detail_info_view;
OK
Time taken: 0.313 seconds
```

图 7-7

7.3　物化视图

Apache Hive 3.0.0 中引入的初始实现侧重于引入物化视图和基于项目中这些物化的自动查询重写。特别是物化视图，在 Hive 中可以使用自定义存储，并可以在本地存储或者集成到其他系统中进行存储，比如 Druid。此外，Hive 的新功能，如 LLAP（Live Long and Process）加速，可以与物化视图无缝结合使用。LLAP 是一个内存计算引擎，它允许 Hive 查询在内存中快速执行，从而提高查询速度和响应时间。

7.3.1　非视图非表

视图是对数据进行存储查询的结果集，如果有许多不同的表，用户不断地请求访问它们，并且始终使用相同的连接、过滤器或者聚合。通过视图，用户可以简化对这些数据集的访问，同时为最终用户提供了更清晰、更具意义的数据展示，避免了重复编写相同的复杂查询，并且简化了查询模式。

比如，应用程序需要访问一个商品订单数据集，这个数据集包含商品的购买者信息和具体的订单数量。这类查询需要将用户信息表（user_info）和订单表（order_detail_info）与商品表（shop_info）连接起来。通过创建视图，可以向最终用户隐藏模式的复杂性，仅提供一个具有自定义和专用权限的简化结果表。

在 Hive 中，传统上视图是虚拟的，可能涉及庞大和缓慢的查询。与创建中间表来存储用户的查询结果相比，使用视图不需要改变用户的访问模式，并且确保数据的实时性也较为容易。

主要的优化类型如下：

- 更改数据的物理属性，比如分布、排序等。
- 过滤或者分区行。
- 反规范化，即将若干表组合成一个更大的表。
- 预聚合。

物化视图的目标是提高查询速度，同时减少维护成本，实现零维护操作。其主要特点包括：

- 像存储表一样存储查询结果，比如存储在 Hive 或者 Druid 中。
- 用于重写查询并且不需要更改之前的模式。
- 数据的更新由系统来保证。
- 由于不需要重新创建视图，因此表中的简单写入非常有效。

7.3.2 创建物化视图

在 Hive 中，创建物化视图的语法与 CTAS 语句的语法非常相似，其支持常见的功能，例如分区列、自定义存储处理程序或者传递表属性。创建物化视图的语法见代码 7-9。

代码 7-9

```
-- 创建物化视图的语法
CREATE MATERIALIZED VIEW [IF NOT EXISTS] [db_name.]materialized_view_name
  [DISABLE REWRITE]
  [COMMENT materialized_view_comment]
  [PARTITIONED ON (col_name, ...)]
[CLUSTERED ON (col_name, ...) | DISTRIBUTED ON (col_name, ...)
SORTED ON (col_name, ...)]
  [
    [ROW FORMAT row_format]
    [STORED AS file_format]
      | STORED BY 'storage.handler.class.name' [WITH SERDEPROPERTIES (...)]
  ]
  [LOCATION hdfs_path]
  [TBLPROPERTIES (property_name=property_value, ...)]
AS
<query>;
```

创建物化视图时，其内容将根据查询语句的结果自动填充。物化视图创建语句是原子的，这意味着在填充所有查询结果之前，其他用户不会看到物化视图。

默认情况下，物化视图可用于优化器的查询重写，而该 DISABLE REWRITE 选项可用于在物化视图创建时更改此行为。

1. 准备数据

在创建物化视图时，原始表必须是事务性（transactional）表，因此准备一张带有 transactional 属性的用户信息表（user_detail_transactional_info），里面包含用户的 ID、年龄、性别等信息，具体实现内容见代码 7-10。

代码 7-10

```
-- 设置创建物化视图的源表参数
SET hive.txn.manager=org.apache.hadoop.hive.ql.lockmgr.DbTxnManager;
SET hive.support.concurrency=true;
SET hive.enforce.bucketing=true;
SET hive.exec.dynamic.partition.mode=nonstrict;
SET hive.compactor.initiator.on=true;
SET hive.compactor.worker.threads=8;
-- 创建用户信息表
CREATE TABLE IF NOT EXISTS game_user_db.user_detail_transactional_info (
user_id int,
age int,
gender string,
user_name string
) ROW FORMAT DELIMITED FIELDS TERMINATED BY ','
LINES TERMINATED BY '\n' STORED AS ORC
TBLPROPERTIES ('transactional'='true');
```

上述 SQL 语句所代表的含义如表 7-3 所示。

表7-3　上述SQL语句所代表的含义

关 键 信 息	含　义
game_user_db	数据库名
user_detail_info	表名
user_id	用户 ID，类型为整型
age	用户年龄，类型为整型
gender	用户性别，类型为字符串
user_name	用户姓名，类型为字符串
DELIMITED FIELDS TERMINATED BY ','	通过英文逗号来分隔字段
LINES TERMINATED BY '\n'	通过换行符来结束一行数据
STORED AS TEXTFILE	保存数据的格式为 TXT
TBLPROPERTIES ('transactional'='true')	用来创建物化视图的属性

使用 Hive CLI 客户端执行代码 7-10，具体操作命令如下：

```
-- 执行代码 7-10
-- 设置创建物化视图的源表参数
hive> SET hive.txn.manager=
    > org.apache.hadoop.hive.ql.lockmgr.DbTxnManager;
    > SET hive.support.concurrency=true;
    > SET hive.enforce.bucketing=true;
    > SET hive.exec.dynamic.partition.mode=nonstrict;
    > SET hive.compactor.initiator.on=true;
    > SET hive.compactor.worker.threads=8;
-- 创建用户信息表
hive> CREATE TABLE IF NOT EXISTS game_user_db.user_detail_info (
   > user_id int ,
   > age int ,
   > gender string ,
   > user_name string
   > ) ROW FORMAT DELIMITED FIELDS TERMINATED BY ','
```

```
    > LINES TERMINATED BY '\n' STORED AS ORC
    > TBLPROPERTIES ('transactional'='true');
```

执行上述命令，输出结果如图 7-8 所示。

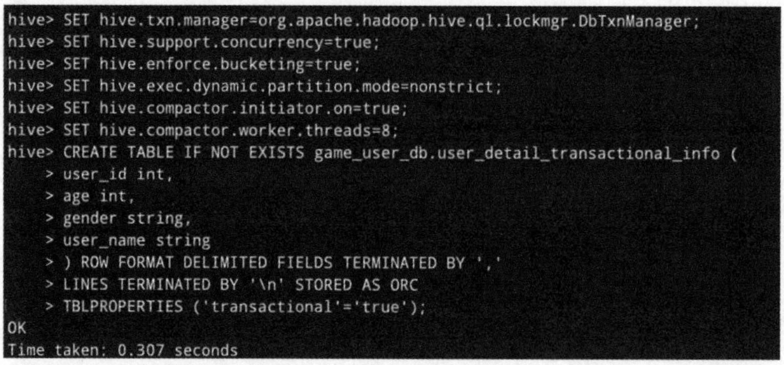

```
hive> SET hive.txn.manager=org.apache.hadoop.hive.ql.lockmgr.DbTxnManager;
hive> SET hive.support.concurrency=true;
hive> SET hive.enforce.bucketing=true;
hive> SET hive.exec.dynamic.partition.mode=nonstrict;
hive> SET hive.compactor.initiator.on=true;
hive> SET hive.compactor.worker.threads=8;
hive> CREATE TABLE IF NOT EXISTS game_user_db.user_detail_transactional_info (
    > user_id int,
    > age int,
    > gender string,
    > user_name string
    > ) ROW FORMAT DELIMITED FIELDS TERMINATED BY ','
    > LINES TERMINATED BY '\n' STORED AS ORC
    > TBLPROPERTIES ('transactional'='true');
OK
Time taken: 0.307 seconds
```

图 7-8

然后，将用户信息表（user_detail_info）中的数据导入带有 transactional 属性的表中。接着，在 Hive CLI 客户端中，切换到 game_user_db 数据库下，然后使用 INSERT OVERWRITE TABLE 命令来导入数据，具体操作命令如下：

```
-- 进入数据库 game_user_db
hive> use game_user_db;
-- 设置执行队列
hive> set mapreduce.job.queuename=root.queue_1024_01;
-- 导入数据
hive> INSERT OVERWRITE TABLE user_detail_transactional_info
    > SELECT * FROM user_detail_info;
```

执行上述命令，输出结果如图 7-9 所示。

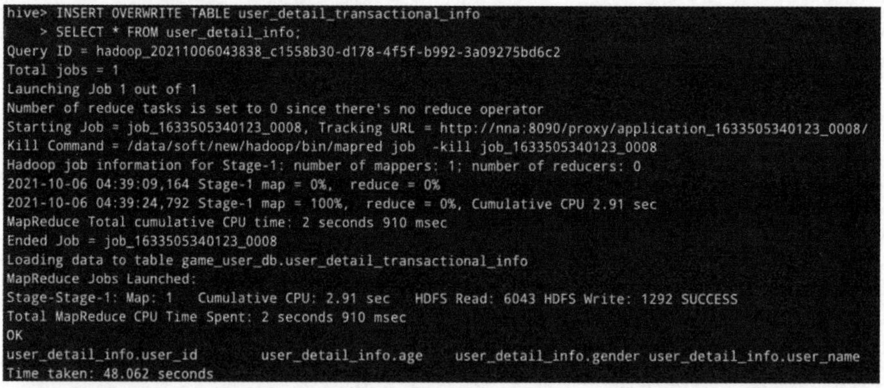

```
hive> INSERT OVERWRITE TABLE user_detail_transactional_info
    > SELECT * FROM user_detail_info;
Query ID = hadoop_20211006043838_c1558b30-d178-4f5f-b992-3a09275bd6c2
Total jobs = 1
Launching Job 1 out of 1
Number of reduce tasks is set to 0 since there's no reduce operator
Starting Job = job_1633505340123_0008, Tracking URL = http://nna:8090/proxy/application_1633505340123_0008/
Kill Command = /data/soft/new/hadoop/bin/mapred job  -kill job_1633505340123_0008
Hadoop job information for Stage-1: number of mappers: 1; number of reducers: 0
2021-10-06 04:39:09,164 Stage-1 map = 0%,  reduce = 0%
2021-10-06 04:39:24,792 Stage-1 map = 100%,  reduce = 0%, Cumulative CPU 2.91 sec
MapReduce Total cumulative CPU time: 2 seconds 910 msec
Ended Job = job_1633505340123_0008
Loading data to table game_user_db.user_detail_transactional_info
MapReduce Jobs Launched:
Stage-Stage-1: Map: 1   Cumulative CPU: 2.91 sec   HDFS Read: 6043 HDFS Write: 1292 SUCCESS
Total MapReduce CPU Time Spent: 2 seconds 910 msec
OK
user_detail_info.user_id        user_detail_info.age    user_detail_info.gender user_detail_info.user_name
Time taken: 48.062 seconds
```

图 7-9

最后，在 Hive CLI 客户端中使用 SELECT 命令查询表（user_detail_transactional_info），验证文本文件中的数据（/tmp/user_detail_transactional_info.txt）是否加载成功，具体操作命令如下：

```
-- 查询全量文本表（user_detail_transactional_info）
hive> SELECT * FROM user_detail_transactional_info LIMIT 10;
```

执行上述命令，输出结果如图 7-10 所示。

```
hive> SELECT * FROM user_detail_transactional_info LIMIT 10;
OK
user_detail_transactional_info.user_id  user_detail_transactional_info.age      user_detail_transactional_info.gender   user_detai
l_transactional_info.user_name
1001    18      M       xiaohong001
1002    20      M       xiaohong002
1003    18      M       xiaohong003
1004    19      F       xiaohong004
1005    21      M       xiaohong005
1006    22      F       xiaoming001
1007    23      F       xiaoming002
1008    20      F       xiaoming003
1009    23      M       xiaoming004
1010    25      M       xiaoming005
Time taken: 0.33 seconds, Fetched: 10 row(s)
```

图 7-10

2. 创建物化视图

在数据仓库中创建物化视图 user_detail_info_mv，具体实现内容见代码 7-11。

代码 7-11

```
-- 进入 Hive 数据库
use game_user_db;
-- 设置执行队列
set mapreduce.job.queuename=root.queue_1024_01;
-- 创建物化视图
CREATE MATERIALIZED VIEW user_detail_info_mv
AS SELECT user_id,age FROM user_detail_transactional_info;
```

下面执行代码 7-11 中的内容，具体操作命令如下：

```
-- 进入 Hive 数据库
hive> use game_user_db;
-- 设置执行队列
hive> set mapreduce.job.queuename=root.queue_1024_01;
-- 创建物化视图
hive> CREATE MATERIALIZED VIEW user_detail_info_mv
    > AS SELECT user_id,age FROM user_detail_transactional_info;
```

执行上述命令，输出结果如图 7-11 所示。

```
hive> CREATE MATERIALIZED VIEW user_detail_info_mv
    > AS SELECT user_id,age FROM user_detail_transactional_info;
Query ID = hadoop_20211006044324_97278f21-f061-4fe0-9968-0abdf3bd9061
Total jobs = 1
Launching Job 1 out of 1
Number of reduce tasks is set to 0 since there's no reduce operator
Starting Job = job_1633505340123_0009, Tracking URL = http://nna:8090/proxy/application_1633505340123_0009/
Kill Command = /data/soft/new/hadoop/bin/mapred job  -kill job_1633505340123_0009
Hadoop job information for Stage-1: number of mappers: 1; number of reducers: 0
2021-10-06 04:43:54,493 Stage-1 map = 0%,  reduce = 0%
2021-10-06 04:44:06,860 Stage-1 map = 100%,  reduce = 0%, Cumulative CPU 1.64 sec
MapReduce Total cumulative CPU time: 1 seconds 640 msec
Ended Job = job_1633505340123_0009
Stage-4 is selected by condition resolver.
Stage-3 is filtered out by condition resolver.
Stage-5 is filtered out by condition resolver.
Moving data to directory hdfs://cluster1/user/hive/warehouse3/game_user_db.db/.hive-staging_hive_2021-10-06_04-43-24_926_665641675
4975935145-1/-ext-10002
Moving data to directory hdfs://cluster1/user/hive/warehouse3/game_user_db.db/user_detail_info_mv
MapReduce Jobs Launched:
Stage-Stage-1: Map: 1   Cumulative CPU: 1.64 sec   HDFS Read: 5799 HDFS Write: 448 SUCCESS
Total MapReduce CPU Time Spent: 1 seconds 640 msec
OK
user_id age
Time taken: 43.977 seconds
```

图 7-11

最后，在 Hive CLI 客户端中使用 SELECT 命令查询物化视图（user_detail_info_mv），具体操作命令如下：

```
-- 进入 Hive 数据库
hive> use game_user_db;
-- 查询物化视图
hive> SELECT * FROM user_detail_info_mv LIMIT 10;
```

执行上述命令，输出结果如图 7-12 所示。

```
hive> SELECT * FROM user_detail_info_mv LIMIT 10;
OK
user_detail_info_mv.user_id     user_detail_info_mv.age
1001    18
1002    20
1003    18
1004    19
1005    21
1006    22
1007    23
1008    20
1009    23
1010    25
Time taken: 0.46 seconds, Fetched: 10 row(s)
```

图 7-12

目前，物化视图操作还支持删除物化视图、显示物化视图列表、查看物化视图详细信息等功能，具体实现见代码 7-12。

代码 7-12

```
-- 删除物化视图
DROP MATERIALIZED VIEW [db_name.]materialized_view_name;
-- 显示物化视图列表
SHOW MATERIALIZED VIEWS [IN database_name] ['identifier_with_wildcards'];
-- 查看物化视图详细信息
DESCRIBE [EXTENDED | FORMATTED] [db_name.]materialized_view_name;
```

具体操作与前面 7.2.2 节和 7.2.3 节的操作类似。

7.3.3 物化视图的生命周期

在默认情况下，物化视图一旦变得过于陈旧，系统将不会使用它来进行自动查询重写。然而，在某些场景下，即便数据有些过时，也仍然可接受。例如，如果物化视图基于的是非事务性表，这时无法验证物化视图的内容是否最新，但用户可能仍希望利用物化视图进行自动查询重写。

为了应对这类情况，可以设定定期的重建机制，比如每 5 分钟重新创建一次物化视图。此外，在 Hive 中，可以通过设置 hive.materializedview.rewriting.time.window 配置参数来定义物化视图数据的更新频率和时间窗口，具体实现内容见代码 7-13。

代码 7-13

```
-- 定义执行重建
SET hive.materializedview.rewriting.time.window=10min;
```

参数值也可以被具体的物化视图覆盖，只需要在创建物化视图时将其设置为报表属性即可。物化视图相关设置参数具体内容见代码 7-14。

代码 7-14

```
<property>
  <name>hive.materializedview.rewriting</name>
  <value>true</value>
  <description>
    是否尝试使用已启用重写的物化视图重写查询
  </description>
</property>
<property>
  <name>hive.materializedview.rewriting.strategy</name>
  <value>heuristic</value>
  <description>
   两种策略：[heuristic, costbased].
   heuristic：如果重写生成了物化视图，则始终尝试使用物化视图选择计划，
              在包含物化视图的可能计划中选择成本较低的计划
   costbased：完全基于成本的策略，始终使用成本较低的计划，
              独立于是否使用物化视图
  </description>
</property>
<property>
  <name>hive.materializedview.rewriting.time.window</name>
  <value>0min</value>
  <description>
   定时执行时间
  </description>
</property>
<property>
  <name>hive.materializedview.rewriting.incremental</name>
  <value>false</value>
  <description>
   是否尝试基于过时的物化和表的当前内容，
   默认值为 true，等于启用增量为物化重建
  </description>
</property>
<property>
  <name>hive.materializedview.rebuild.incremental</name>
  <value>true</value>
  <description>
考虑对物化视图实施增量更新，该过程通过调整物化视图的原始内容来反映源表的最新变更，而非进行全面的重建。这种增量更新策略依据物化视图的代数特性和增量重写原则来优化更新操作
  </description>
</property>
<property>
  <name>hive.materializedview.fileformat</name>
  <value>ORC</value>
  <description>
```

```
    可选格式：[none, textfile, sequencefile, rcfile, orc]。
  </description>
</property>
<property>
  <name>hive.materializedview.serde</name>
  <value>org.apache.hadoop.hive.ql.io.orc.OrcSerde</value>
  <description>
    默认 SerDe 用于物化视图
  </description>
</property>
```

7.4 本章小结

本章主要讲述了 Hive 视图的相关用法，目的是让读者掌握一般视图和物化视图的区别和用法，通过多个实例让读者实战演练，熟练掌握视图的使用方法，进而应用到实际项目中。

7.5 习　　题

1. Hive 中的视图是什么？

2. Hive 中的一般视图和物化视图有什么区别？

3. 在 Hive 的所有版本中，视图都是虚拟的，这个表述是否正确？（　　）

   A. 正确　　　　B. 错误

4. 在创建物化视图时，只支持存储在 Hive 中，这个表述是否正确？（　　）

   A. 正确　　　　B. 错误

5. 简述物化视图的生命周期。

第3篇　进　　阶

本篇将从 Hive 的客户端服务调用、安全机制、权限管理等方面来介绍 Hive 更高级的知识与应用。

第 8 章

使用 Hive RPC 服务

在访问 Hive 数据仓库中的数据时，最常见的方式是通过 Hive Client 控制台进行数据交互。然而，Hive Client 的方式对于编程来说并不是很友好。例如，当需要同时访问 HDFS、HBase 和 Hive 进行数据交互时，使用 Hive Client 的方式会变得非常复杂。

Hive 作为一个分布式数据仓库，采用远程过程调用（Remote Procedure Call，RPC）机制来简化不同分布式组件之间的服务交互。通过 RPC，调用者能够无缝地与远程服务进行通信，而无须注意远程调用的细节，从而提高了系统的易用性和效率。

8.1 RPC 的重要性

8.1.1 什么是 RPC

RPC 建立在 Socket 通信之上，在一台服务器上运行主程序，可以调用另一台服务器上准备好的子程序，就像本地调用一样。

也就是说，在两台服务器（Server1 和 Server2）上，一个应用部署在 Server1 服务器上，想要访问 Server2 服务器上应用程序提供的接口，由于它们不在一个内存空间，是不能直接调用的。因此，需要通过网络来表达调用的语义和传达调用的数据。

对于 RPC 服务机制来说，应用越底层，代码越复杂，它的灵活性就越高，效率也越高。反之，应用越上层，抽象封装得越好，代码越简单，它的效率也就越差。

通过 RPC 服务机制，我们可以充分利用非共享内存的多 CPU 环境，这样可以简单地将应用分布在多台应用服务器上，应用程序就像运行在一个多核 CPU 的服务器上一样。用户可以很方便地实现代码逻辑共享，提高系统资源的利用率，这样也可以将复杂的数据放在处理能力较强的系统上运行，从而减小单台服务器上的负载压力，如图 8-1 所示。

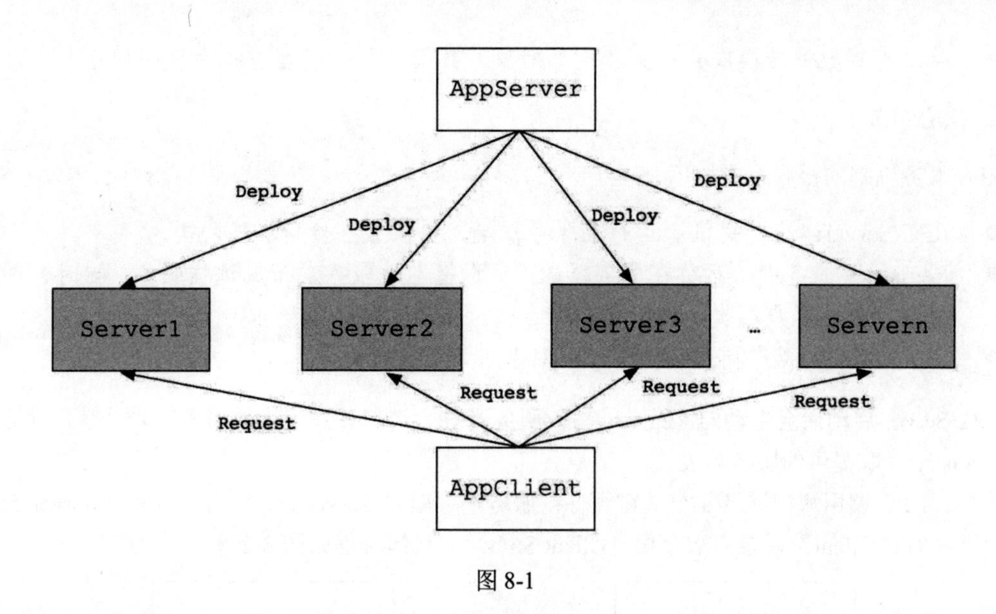

图 8-1

RPC 服务机制是一种广泛采用的客户端/服务端架构模式，它以提升开发效率和稳定性而著称。该机制通过简化模块间的调用流程，透明化了底层通信的具体细节，使得开发者无须深入关注客户端与服务端之间的交互协议，将精力集中在应用程序的逻辑实现上，从而加快开发进度并减少出错的可能性。

这样会导致 RPC 服务机制生成的通信协议不能对每种应用都有最合适的解决方案，与 Socket 相比较，传输相同的有效数据，RPC 服务机制会占用更多的网络带宽和系统资源。

8.1.2 了解 RPC 的用途

RPC 服务机制可以让构建分布式系统更加容易，在提供强大的远程调用能力时，不会影响本地调用的语义简洁性。为了实现这一目标，RPC 服务机制需要提供一种透明调用机制让开发者不必显式地区分本地调用和远程调用。

RPC 服务机制隐藏了底层的通信传输方式，包括 TCP 或者 UDP、序列化方式（JSON/XML/二进制）以及通信细节。开发者在使用的时候只需要了解谁在什么位置提供了什么样的远程接口服务即可，并不需要关注底层通信的细节和调用过程。

1. 通信协议

RPC 服务机制从通信协议的层面可以分为以下几块：

- 基于 HTTP 协议，比如基于文本的 JSON 或者 XML、基于二进制的 Hessian。
- 基于 TCP 协议，比如 Netty、Thrift 等。

2. 序列化与反序列化

在网络中传输数据时，需要使用二进制格式，因此需要对数据进行序列化和反序列化，具体内容如下：

- 将数据集转换成二进制的过程被称为序列化。

- 将二进制数据转换成数据集（比如对象、数组等）的过程被称为反序列化。

3. 核心组成

RPC 服务机制的核心组成如下。

- RPC Server：服务提供者运行在服务器端，提供服务接口和实现类。
- Registry：服务中心运行在服务器端，负责将本地服务发布成远程服务，同时管理远程服务，并给客户端提供读写服务。
- RPC Client：客户端通过远程代理对象来调用远程服务。

RPC Server 启动后会主动向 Registry 写入服务器 IP、端口以及提供的服务列表，客户端启动时会向 Registry 读取提供的服务列表。

通常，RPC 调用流程涉及 4 个关键组件：服务端（RPC Server）、服务端存根（Server Stub）和客户端（RPC Client）、客户端存根（Client Stub），具体流程如图 8-2 所示。

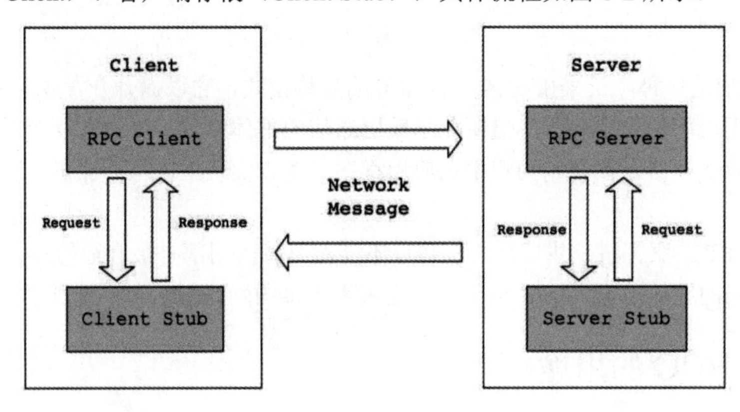

图 8-2

图中各个模块的含义如下。

- RPC Client：服务调用方。
- Client Stub：存放服务端地址信息，将客户端的请求参数打包成网络消息，再通过网络发送给服务方。
- Server Stub：接收客户端发送过来的消息并解压缩，再调用本地服务。
- RPC Server：服务提供方。

RPC 服务机制采用客户端/服务器模式，请求程序是一个客户端应用，而服务提供方是一个服务器。

首先，客户端调用进程发送一个有进程参数的调用信息到服务进程，然后等待回应。在服务提供方进程保持休眠状态，直到调用信息到达时解除休眠状态。

当一个调用信息到达时，服务器获得进程参数，调用服务端方法对调用请求进行计算并得到计算结果，同时发送应答信息，然后等待下一个调用信息。

最终，客户端调用进程在接收到响应信息后，提取出计算结果，从而继续执行后续操作。

8.2　HiveServer2 和 MetaStore

HiveServer2（简称 HS2）是一项使客户端能够针对 Hive 执行查询的服务。HiveServer2 对 HiveServer1 进行了重写，重写之后的 HS2 能够支持多客户端并发和认证，为开发客户端 API（比如 JDBC 和 ODBC）提供了更好的功能支持。

8.2.1　HiveServer2 的架构

基于 Thrift 的 Hive 服务是 HS2 的核心，负责为 Hive 查询提供服务，比如 Beeline 的使用。Thrift 是一个用于构建跨平台的 RPC 框架，它被用来定义和创建跨语言的服务，它的堆栈由 4 个部分组成，具体说明如下。

1. 服务（Server）

HS2 提供了对多种传输协议的支持，包括 TCP 和 HTTP。在 TCP 模式下，它使用 TThreadPoolServer 来处理客户端请求，而在 HTTP 模式下则采用 Jetty 服务器。

TThreadPoolServer 为每个接入的 TCP 连接分配一个工作线程，确保每个线程专门处理一个连接，即使在连接空闲时也是如此。这种一对一的线程模型可能会导致在存在大量并发连接的情况下出现性能瓶颈，因为每个连接都占用一个线程资源，这可能会消耗大量的内存和 CPU 资源。

鉴于此，HS2 在未来的版本中可能会考虑切换到另一种类型的服务器，例如 TThreadedSelectorServer，以更高效地处理 TCP 连接，减少资源消耗，并提高服务的可伸缩性。

2. 传输（Transport）

为了在客户端与服务器间实现代理服务，特别是出于负载均衡和安全的需求，Hive 支持 HTTP 模式以及 TCP 模式。用户可以通过 Hive 的配置属性来设定 Thrift 服务的传输方式，以满足不同的使用场景。具体属性内容见表 8-1。

表8-1　具体属性内容

属　性	默 认 值	可 选 值
hive.server2.transport.mode	binary	binary、http

3. 协议（Protocol）

协议实现的核心职责在于确保数据的序列化与反序列化过程。目前，HiveServer2（HS2）采用 TbinaryProtocol 作为其默认的 Thrift 协议来处理数据序列化。展望未来，基于性能评估的结果，可能会引入其他协议，如 TcompactProtocol，以优化性能和效率。

4. 处理器（Processor）

流程实现是处理请求的应用程序逻辑，例如 ThriftCLIService.ExecuteStatement()方法实现了编译和执行 Hive 查询的逻辑。

8.2.2 MetaStore 元存储管理

MetaStore 在 Hive 数据仓库中扮演着关键角色，提供了数据抽象和数据发现两大关键特性。使用数据抽象功能，用户无须详细了解数据的具体格式和存储细节即可执行查询，而数据发现则使得用户能够轻松识别和访问所需的数据。在没有 Hive 提供的数据抽象机制的情况下，用户需要自行提供关于数据格式、提取和加载机制的详细信息，这无疑增加了操作的复杂性。

在 Hive 中，数据抽象在表创建期间提供，并在每次引用表时进行复用。而数据发现能使用户发现和探索数据仓库中的相关和特定数据。可以使用此元数据构建其他工具，以公开并可能增强有关数据及其可用性的信息。

Hive 表和分区的所有元数据都通过 Hive 的 MetaStore 来访问。元数据使用 JPOX ORM 解决方案进行持久化，因此 Hive 可以使用任何由 JPOX 支持的数据库。这包括大多数商业关系数据库和许多开源数据库，具体支持的数据库列表如表 8-2 所示。

表8-2 支持的数据库列表

数 据 库	最低支持版本	参数值名称
MySQL	5.6.17	mysql
Postgres	9.1.13	postgres
Oracle	11g	oracle
SQL Server	2008 R2	mssql

在配置 Hive 时，可以通过以下两种方式设置元存储服务器和元存储数据库：

- 本地/嵌入式 MetaStore 数据库（Derby）。
- 远程元存储数据库。

1. 基本配置参数

Hive 元存储是无状态的，因此可以有多个实例来实现其高可用性。使用 hive.metastore.uris 可以指定多个远程元存储。Hive 默认使用列表中的第一个，但在连接失败时会随机选择一个并尝试重新连接。具体参数内容如表 8-3 所示。

表8-3 Hive基本配置参数说明

参 数	含 义
javax.jdo.option.ConnectionURL	包含元数据的数据存储的 JDBC 连接字符串
javax.jdo.option.ConnectionDriverName	包含元数据的数据存储的 JDBC 驱动程序类名称
hive.metastore.uris	Hive 连接到这些 URI 之一以向远程 MetaStore 发出元数据请求
hive.metastore.local	本地或者远程元存储
hive.metastore.warehouse.dir	默认位置的 URI

2. 本地/嵌入式 MetaStore 数据库（Derby）

嵌入式 MetaStore 数据库主要用于单元测试。一次只有一个进程可以连接到 MetaStore 数据库，因此这不是一个真正实用的解决方案，但是对于单元测试来说效果很好。

对于单元测试，MetaStore 服务器的本地/嵌入式 MetaStore 服务器配置与嵌入式数据库结合使用。Derby 是嵌入式元存储的默认数据库，具体设置内容如表 8-4 所示。

表8-4　Derby配置参数说明

配置参数	配　置　值	说　　明
javax.jdo.option.ConnectionURL	jdbc:derby:;databaseName=/data/hive/junit_metastore_db;create=true	Derby 数据库存储目录地址
javax.jdo.option.ConnectionDriverName	org.apache.derby.jdbc.EmbeddedDriver	Derby 的 JDBC 驱动类
hive.metastore.warehouse.dir	file://data/hive/test/warehouse	单元测试数据进入本地文件系统

3. 生产环境独立数据库

Hive 提供了与独立的关系数据库集成的能力，这在实际的生产环境中是一种推荐的做法。通过这种方式，元数据可以被存储在一个单独的关系数据库中，如 MySQL，从而实现更加灵活和高效的数据管理。这种设置允许 Hive 从关系数据库中读取和存储元数据，使得元数据管理更加集中化和一致化，同时提供了更好的可维护性和扩展性。具体数据库配置内容如表 8-5 所示。

表8-5　数据库配置

配置参数	配　置　值	说　　明
javax.jdo.option.ConnectionURL	jdbc:mysql://ip:port/db?createDatabaseIfNotExist=true	元数据存储在 MySQL 数据库中
javax.jdo.option.ConnectionDriverName	com.mysql.jdbc.Driver	MySQL 的 JDBC 驱动类
javax.jdo.option.ConnectionUserName	username	连接 MySQL 的用户名
javax.jdo.option.ConnectionPassword	password	连接 MySQL 的密码

8.3　HiveServer2 和 MetaStore 的关系及区别

HiveServer2 和 MetaStore 本质上都是 Hive 本身自带的组件，如图 8-3 所示，它们两者的区别如下。

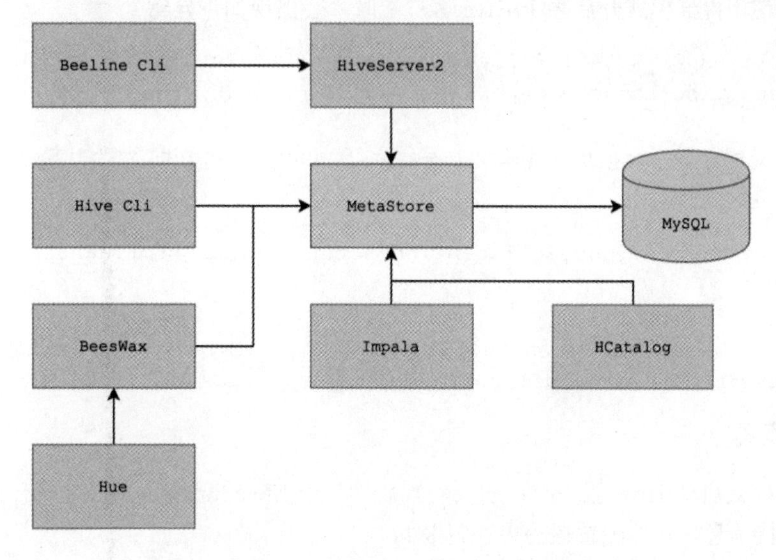

图 8-3

- HiveServer2：它是一个服务端接口，使远程客户端可以执行 SQL 命令并返回执行结果。基于 Thrift RPC 的实现是 HiveServer 的升级版本，同时支持多个客户端并发和身份认证。启动 HiveServer2 服务后，可以通过 JDBC、ODBC 或者 Thrift 进行连接和使用。
- MetaStore：Hive 的 MetaStore 提供一个服务，将 Hive 的元数据信息（如数据库信息、表信息等）提供出去。MetaStore 服务实际上是一种 Thrift 服务，用户无须直接访问 MySQL 数据库，可以通过 MetaStore 服务获取 Hive 的元数据信息，这样做的好处是屏蔽了数据库访问时的驱动、连接地址、用户名、密码等信息。

HiveServer2 和 MetaStore 实质上都是 Thrift 服务，虽然它们可以在同一个进程中启动，但不建议这么做。在实际生产环境中，建议通过启动不同的服务进程来使用。

8.3.1 使用不同模式下的 MetaStore

1. 内嵌模式

在内嵌模式下，Derby 数据库与应用程序共享同一个 JVM，通常由应用程序负责启动和停止，对除启动它的应用程序外的其他应用程序不可见，因此其他应用程序无法访问 Derby。

在不同路径下启动 Hive 服务时，都会生成 metastore_db 文件，每个路径下的 Hive 都拥有一套自己的元数据，无法共享，如图 8-4 所示。

图 8-4

当我们在使用内嵌模式开启多个 Hive 客户端时，会出现如下异常：

```
    Caused by: ERROR XJ040: Failed to start database 'metastore_db' with class
    loader sun.misc.Launcher$AppClassLoader@7cca494b, see the next exception for
details.
            at org.apache.derby.iapi.error.StandardException.newException(Unknown
Source)
            at
org.apache.derby.impl.jdbc.SQLExceptionFactory.wrapArgsForTransportAcrossDRDA(U
nknown Source)
            ... 61 more
    Caused by: ERROR XSDB6: Another instance of Derby may have already booted the
database /appcom/hive/data/metastore_db.
```

2. 本地模式

使用本地模式启动 Hive 服务时，需要内置启动一个 MetaStore，同时会在 hive-site.xml 文件中暴露数据库连接信息。具体配置信息见代码 8-1。

代码 8-1

```
    <?xml version="1.0"?>
    <configuration>
    <property>
        <name>javax.jdo.option.ConnectionURL</name>
        <value>jdbc:mysql://nns:3306/hive_meta?createDatabaseIfNotExist=true</va
lue>
    </property>
    <property>
        <name>javax.jdo.option.ConnectionDriverName</name>
        <value>com.mysql.jdbc.Driver</value>
    </property>
    <property>
        <name>javax.jdo.option.ConnectionUserName</name>
        <value>root</value>
    </property>
    <property>
        <name>javax.jdo.option.ConnectionPassword</name>
        <value>123456</value>
    </property>
    </configuration>
```

启动方式如图 8-5 所示。

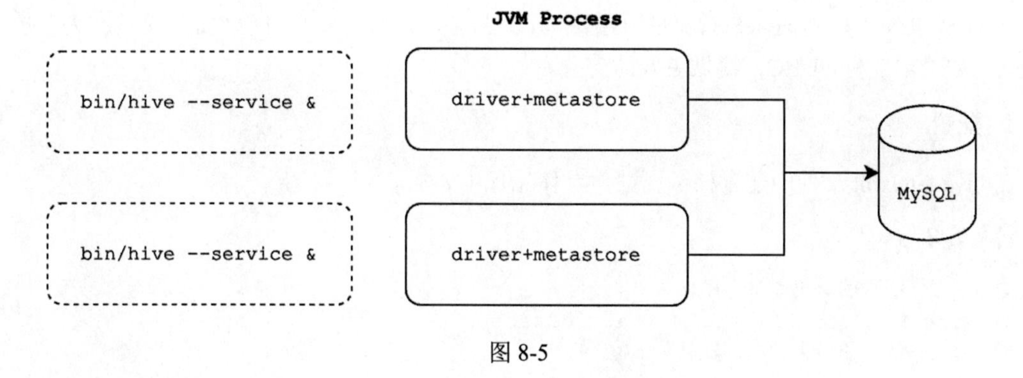

图 8-5

3. 远程模式

为了保证 Hive 服务的高可用性，我们可以启动多个 MetaStore 服务，并且可以在 hive-site.xml 文件中配置远程连接信息。具体配置信息见代码 8-2。

代码 8-2

```
    <property>
       <name>hive.metastore.uris</name>
       <value>thrift://dn1:9083</value>
    </property>
```

启动方式如图 8-6 所示。

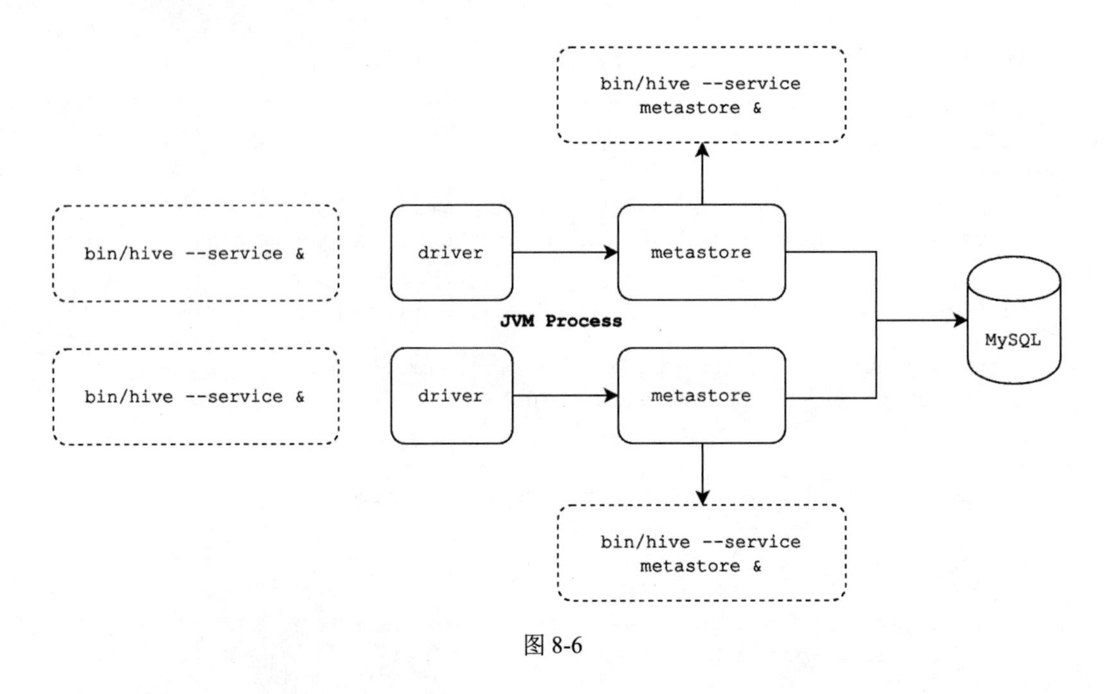

图 8-6

8.3.2 使用 HiveServer2 服务

HiveServer2 是一个服务器接口，使远程客户端能够对 Hive 执行查询并检索结果。当前的实现是基于 Thrift RPC 的，是 HiveServer 的升级版本，支持多客户端并发和身份验证。它旨在为开放 API 客户端（如 JDBC 和 ODBC）提供更好的支持。

1. 配置

在 hive-site.xml 文件中配置核心属性，具体见代码 8-3。

代码 8-3

```
<!-- 工作线程的最小数量，默认为 5 -->
hive.server2.thrift.min.worker.threads
<!-- 工作线程的最大数量，默认为 500 -->
hive.server2.thrift.max.worker.threads
<!-- 要监听的 TCP 端口号，默认为 10000 -->
hive.server2.thrift.port
<!-- 要绑定的 TCP 接口 -->
hive.server2.thrift.bind.host
```

HiveServer2 提供了对 HTTP 传输的支持，使得 Thrift RPC 消息能够通过 HTTP 发送。这对于在客户端与服务器之间使用代理特别有帮助，尤其是在需要负载均衡或增强安全性的场景下。虽然 HiveServer2 能够在 TCP 模式和 HTTP 模式下运行，但不支持同时启用这两种模式。有关如何配置 HiveServer2 以启用 HTTP 模式的具体信息，如表 8-6 所示。

表8-6 配置HiveServer2以启用HTTP模式的具体信息

环 境	默 认 值	含 义
hive.server2.transport.mode	binary	设置为 http 以启用 HTTP 传输模式
hive.server2.thrift.http.port	10001	要监听的 HTTP 端口号
hive.server2.thrift.http.max.worker.threads	500	服务器池中的最大工作线程
hive.server2.thrift.http.min.worker.threads	5	服务器池中的最小工作线程
hive.server2.thrift.http.path	cliservice	处于 HTTP 模式时 URL 端点的路径组件

2. 启动

在部署有 Hive 服务的节点上执行如下命令来启动 HiveServer2 服务，如代码 8-4 所示。

代码 8-4

```
# 方式 1
$HIVE_HOME/bin/hiveserver2
# 方式 2
$HIVE_HOME/bin/hive --service hiveserver2
```

3. 身份认证及安全配置

HiveServer2 支持 SASL、Kerberos、LDAP、CUSTOM 等身份验证方式。认证方式可以通过设置属性 hive.server2.authentication 来实现，该属性的默认值是 NONE，支持的选项包括 NONE、NOSASL、KERBEROS、LDAP、PAM 和 CUSTOM。

1）KERBEROS 模式

在 KERBEROS 模式下，需要设置如下属性：

```
# 服务器的 Kerberos 主体
hive.server2.authentication.kerberos.principal
# 服务器主体的密钥表
hive.server2.authentication.kerberos.keytab
```

2）LDAP 模式

在 LDAP 模式下，需要设置如下属性：

```
# LDAP URL
hive.server2.authentication.ldap.url
# LDAP 基础 DN
hive.server2.authentication.ldap.baseDN
# LDAP 域
hive.server2.authentication.ldap.Domain
```

3）CUSTOM 模式

在 CUSTOM 模式下，需要设置如下属性：

```
# 实现 org.apache.hive.service.auth.PasswdAuthenticationProvide
# 接口的自定义身份验证类
hive.server2.custom.authentication.class
```

8.4 维护 Hive 集群服务

当一个 Hive 集群服务建设投产后，维护工作就开始了，该工作将持续到 Hive 集群服务的生命周期结束。一般情况下，我们可以将集群服务的维护工作分为 4 类，具体内容如图 8-7 所示。

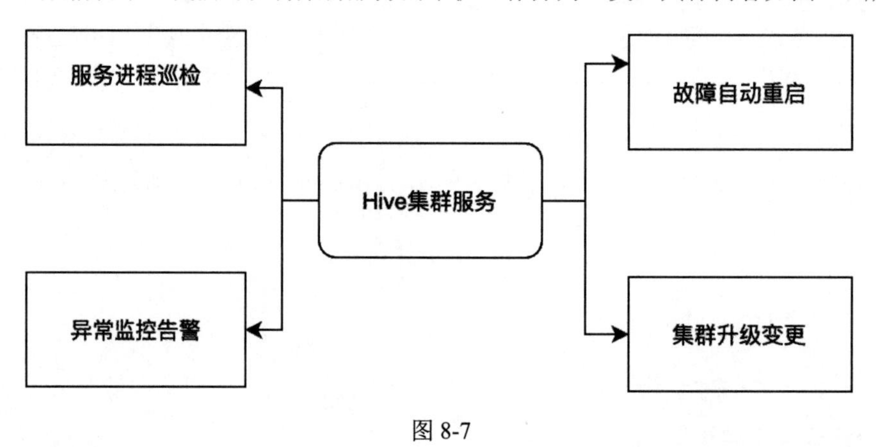

图 8-7

具体说明如下。

- 服务进程巡检：配置自动检测脚本，定时对 Hive 集群服务进程进行健康检查。
- 故障自动重启：当检测到 Hive 服务进程不存在时，自动重启以恢复服务进程。
- 异常监控告警：当 Hive 集群服务进程出现异常或不可用时，及时告警通知。
- 集群升级变更：当 Hive 集群需要修复补丁或升级版本时，动态重启服务进程。

“千里之堤，溃于蚁穴”。任何故障在出现之前都可能会有所表现，小的隐患不消除，可能导致出现重大的生产事故，所以对集群服务进行例行检查非常必要，可以时刻了解和掌握服务的健康状况。

8.4.1 实例：编写自动化脚本让服务维护变得简单

在 Hive 安装包的 bin 目录下只包含简单的脚本命令。对于 Hive 分布式集群来说，并没有相关的分布式命令来操作 Hive 集群。因此，我们需要对已有的 Hive 脚本命令进行二次开发，以满足 Hive 分布式集群服务的需求。这个过程通常分为两步：开发 Hive 进程检测脚本和开发 Hive 分布式集群服务脚本。

1. 开发 Hive 进程检测脚本

首先开发一个 Hive 集群服务进程检测脚本 hs2-pid.sh。通过该脚本来实时检测 Hive 服务进程的运行状态，并获取该进程的进程 ID（即 PID）值。具体实现如代码 8-5 所示。

代码 8-5

```
#! /bin/bash
# 编写 hs2-pid.sh 脚本
# 获取 Hive 进程号
```

```
ps -fe | grep HiveServer2 | grep RunJar | awk -F ' ' '{print $2}'
```

2. 开发 Hive 分布式集群服务脚本

接着，开发 Hive 分布式集群服务脚本 hs2-daemons.sh，用于管理 Hive 集群服务的启动、停止、查看状态等一系列维护操作。具体实现如代码 8-6 所示。

代码 8-6

```
#! /bin/bash

# Hive 节点地址，如果节点较多，可以写入一个文件中
hosts=(dn1 dn2 dn3)

# 查看 Hive 状态
function status()
{
    echo "[`date "+%Y-%m-%d %H:%M:%S"`] INFO : Hive Status..."
    for i in ${hosts[@]}
    do
        sdate=`date "+%Y-%m-%d %H:%M:%S"`
        pid=`ssh $i -q "/data/soft/new/hive/bin/hs2-pid.sh"`
        if [ ! -n "$pid" ]; then
            echo "[$sdate] INFO : HiveServer2[$i] proc has stopped."
        else
            echo "[$sdate] INFO : HiveServer2[$i] proc has running."
        fi
    done
}

# 启动 Hive 服务
function start()
{
    echo "[`date "+%Y-%m-%d %H:%M:%S"`] INFO : Hive Start..."
    for i in ${hosts[@]}
    do
        sdate=`date "+%Y-%m-%d %H:%M:%S"`
        pid=`ssh $i -q "/data/soft/new/hive/bin/hs2-pid.sh"`
        if [ ! -n "$pid" ]; then
            ssh $i -q "source /etc/profile;nohup hive --service hiveserver2 \
            --hiveconf hive.server2.authentication=NONE \
            >> /data/soft/new/hive/logs/hive_hiveserver2.log 2>& 1" &
            echo "[$sdate] INFO : HiveServer2[$i] proc has started."
        else
            echo "[$sdate] INFO : HiveServer2[$i] proc has running."
        fi
    done
}

# 停止 Hive 服务
function stop()
```

```
{
    echo "[`date "+%Y-%m-%d %H:%M:%S"`] INFO : Hive Stop..."
    for i in ${hosts[@]}
    do
        sdate=`date "+%Y-%m-%d %H:%M:%S"`
        pid=`ssh $i -q "/data/soft/new/hive/bin/hs2-pid.sh"`
        if [ ! -n "$pid" ]; then
            echo "[$sdate] INFO : HiveServer2[$i] proc has not running."
        else
            echo "[$sdate] INFO : HiveServer2[$i] proc is stopping by [$pid]."
            ssh $i -q "kill -9 $pid" &
        fi
    done
}

# 判断输入的 Hive 命令参数是否有效
case "$1" in
    start)
        start
        ;;
    stop)
        stop
        ;;
    status)
        status
        ;;
    *)
        echo "Usage: $0 {start|stop|status}"
        RETVAL=1
esac
```

在开发完成 hs2-pid.sh 和 hs2-daemons.sh 脚本后，如何使用这两个脚本来管理 Hive 分布式集群服务？具体操作命令如下：

```
# 在临时文件中添加要同步的节点主机名或 IP
[hadoop@dn1 bin]$ vi /tmp/node.list

# 添加如下内容（注释不用写入 node.list 文件中）
dn2
dn3
# 保存并退出（注释不用写入 node.list 文件中）

# 同步 hs2-pid.sh 脚本
[hadoop@dn1 bin]$ for i in `cat /tmp/node.list`; \
do scp hs2-pid.sh $i:/data/soft/new/hive/bin;done

# 启动 Hive 集群
[hadoop@dn1 bin]$ hs2-daemons.sh start
```

执行上述命令，查看操作结果，运行结果如图 8-8 所示。

```
[hadoop@dn1 hive]$ hs2-daemons.sh start
[2021-05-14 00:56:01] INFO : Hive Start...
[2021-05-14 00:56:01] INFO : HiveServer2[dn1] proc has started.
[2021-05-14 00:56:01] INFO : HiveServer2[dn2] proc has started.
[2021-05-14 00:56:01] INFO : HiveServer2[dn3] proc has started.
[hadoop@dn1 hive]$
```

图 8-8

8.4.2 实例：编写监控脚本让服务状态变得透明

当我们完成自动化维护脚本后，还需要开发一个自动化监控脚本 monitor.sh，用于实时监控 Hive 分布式集群服务的健康状态。当检测到某一台或某几台服务节点上的进程出现异常，例如服务进程退出时，自动监控脚本能够及时恢复 Hive 服务进程，并发送告警信息通知管理员。具体实现如代码 8-7 所示。

代码 8-7

```
#!/bin/sh

# Hive 节点地址，如果节点较多，可以写入一个文件中
hosts=(dn1 dn2 dn3)

echo "[`date "+%Y-%m-%d %H:%M:%S"`] INFO : Hive Server Checking.."
for i in ${hosts[@]}
do
    sdate=`date "+%Y-%m-%d %H:%M:%S"`
    pid=`ssh $i -q "/data/soft/new/hive/bin/hs2-pid.sh"`
    if [ ! -n "$pid" ]; then
        echo "[$sdate] INFO : HiveServer2[$i] proc has not running."
        # 这里可以配置一个告警通知，比如电话、短信等
        echo "通过电话或者短信等渠道发送告警通知"
        # 然后重启 HiveServer2 服务进程
        ssh $i -q "source /etc/profile;nohup hive --service hiveserver2 \
        -hiveconf hive.server2.authentication=NONE \
        >> /data/soft/new/hive/logs/hive_hiveserver2.log 2>& 1" &
    else
        echo "[$sdate] INFO : HiveServer2[$i] proc is running by [$pid]."
    fi
done
```

当我们完成 monitor.sh 脚本的开发后，可以通过在 Linux 系统终端执行 crontab -e 命令来实现定时调度。具体调度实现命令如下：

```
# 配置一个定时调度，用来对 Hive 服务进程进行监控，监控每分钟触发一次
# 这里 monitor.sh 脚本要使用绝对路径
*/1 * * * *   /bin/sh   /home/hadoop/scripts/monitor.sh \
>>/tmp/hive_server_monitor.`date "+%Y-%m-%d"`.log 2>&1
```

8.5 HiveServer2 服务应用实战

HiveServer2 有一个 JDBC 驱动程序，它支持对 HiveServer2 的嵌入式和远程访问。在嵌入式模式下，它运行嵌入式 Hive（类似于 Hive CLI），而远程模式用于通过 Thrift 连接到单独的 HiveServer2 进程。当 Beeline 与 HiveServer2 一起使用时，它还会打印来自 HiveServer2 的日志消息，用于执行到标准错误输出的查询。建议将远程 HiveServer2 模式用于生产环境，因为它更加安全，并且不需要为用户授予直接 HDFS 和元存储访问权限。

8.5.1 嵌入式模式访问

在任意一个 Hive 客户端节点，开启 Hive 嵌入式模式访问客户端，执行如下命令：

```
# 执行 beeline 命令
[hadoop@dn1 bin]$ beeline

-- 接着输入连接命令
beeline> !connect jdbc:hive2://dn1:2181,dn2:2181,dn3:2181/; \
serviceDiscoveryMode=ZooKeeper;ZooKeeperNamespace=hiveserver2 hadoop ""

-- 执行查询语句
0: jdbc:hive2://dn1:2181,dn2:2181,dn3:2181/> show databases;
```

执行上述命令，查看操作结果，如图 8-9 所示。

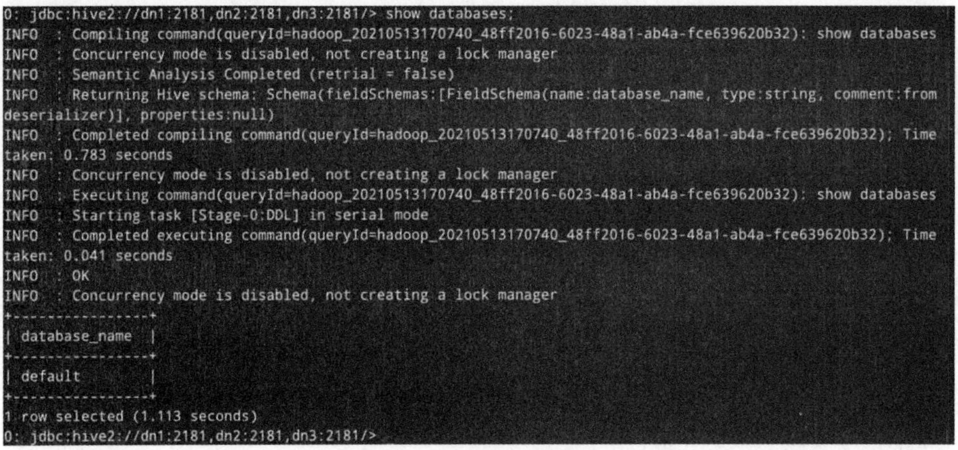

```
0: jdbc:hive2://dn1:2181,dn2:2181,dn3:2181/> show databases;
INFO  : Compiling command(queryId=hadoop_20210513170740_48ff2016-6023-48a1-ab4a-fce639620b32): show databases
INFO  : Concurrency mode is disabled, not creating a lock manager
INFO  : Semantic Analysis Completed (retrial = false)
INFO  : Returning Hive schema: Schema(fieldSchemas:[FieldSchema(name:database_name, type:string, comment:from
deserializer)], properties:null)
INFO  : Completed compiling command(queryId=hadoop_20210513170740_48ff2016-6023-48a1-ab4a-fce639620b32); Time
taken: 0.783 seconds
INFO  : Concurrency mode is disabled, not creating a lock manager
INFO  : Executing command(queryId=hadoop_20210513170740_48ff2016-6023-48a1-ab4a-fce639620b32): show databases
INFO  : Starting task [Stage-0:DDL] in serial mode
INFO  : Completed executing command(queryId=hadoop_20210513170740_48ff2016-6023-48a1-ab4a-fce639620b32); Time
taken: 0.041 seconds
INFO  : OK
INFO  : Concurrency mode is disabled, not creating a lock manager
+----------------+
| database_name  |
+----------------+
| default        |
+----------------+
1 row selected (1.113 seconds)
0: jdbc:hive2://dn1:2181,dn2:2181,dn3:2181/>
```

图 8-9

1. Beeline 命令

在使用 Hive 嵌入式模式访问时，可以使用 Beeline 的相关命令，如表 8-7 所示。

表8-7　Beeline的相关命令

命　　令	说　　明
!<SQLLine command>	在 http://sqlline.sourceforge.net/上提供的 SQLLine 命令列表进行操作，比如使用!quit 退出 Beeline 客户端
!delimiter	为直线编写的查询设置分隔符。允许使用多字符分隔符，但不允许使用引号、顿号、斜杠和 --。默认为英文分号（;）。 用法：!delimiter $$

2. Beeline Hive 命令

当使用 Hive JDBC 驱动程序时，可以从 Beeline 运行 Hive 特定命令。使用英文分号（;）来表示当前 SQL 语句的结束。可以使用“--”前缀指定 SQL 命令中的注释。具体命令如表 8-8 所示。

表8-8　Beeline Hive的相关命令

命　　令	说　　明
reset	将配置重置为默认值
reset <key>	将特定配置变量（键）的值重置为默认值。 注意：如果变量名拼错，Beeline 不会显示错误
set <key>=<value>	设置特定配置变量（键）的值。 注意：如果变量名拼错，Beeline 不会显示错误
set	打印由用户或 Hive 覆盖的配置变量列表
set -v	打印 Hadoop 和 Hive 的所有配置变量
add FILE[S] <filepath> <filepath>* add JAR[S] <filepath> <filepath>* add ARCHIVE[S] <filepath> <filepath>*	将一个或多个文件、JAR 或压缩包添加到分布式缓存的资源列表中
add FILE[S] <ivyurl> <ivyurl>* add JAR[S] <ivyurl> <ivyurl>* add ARCHIVE[S] <ivyurl> <ivyurl>*	使用 ivy://group:module:version?query_string 形式的 Ivy URL 将一个或多个文件、JAR 或压缩包添加到分布式缓存的资源列表中
list FILE[S] list JAR[S] list ARCHIVE[S]	列出已添加到分布式缓存的资源
list FILE[S] <filepath>* list JAR[S] <filepath>* list ARCHIVE[S] <filepath>*	检查给定资源是否已添加到分布式缓存中
delete FILE[S] <filepath>* delete JAR[S] <filepath>* delete ARCHIVE[S] <filepath>*	从分布式缓存中删除资源
delete FILE[S] <ivyurl> <ivyurl>* delete JAR[S] <ivyurl> <ivyurl>* delete ARCHIVE[S] <ivyurl> <ivyurl>*	从分布式缓存中删除使用<ivyurl>添加的资源
reload	使 HiveServer2 知道配置参数 hive.reloadable.aux.jars.path 指定的路径中的任何 JAR 更改（无须重新启动 HiveServer2）。更改可以是添加、删除或更新 JAR 文件
dfs <dfs command>	执行 dfs 命令
<query string>	执行 Hive 查询并将结果打印到标准输出

8.5.2 远程模式访问

Hive JDBC 远程模式访问支持多种编程语言，如 Java、Python、Ruby 等。这里我们以 Java 编程语言为例来说明远程模式访问的实现流程，具体如图 8-10 所示。

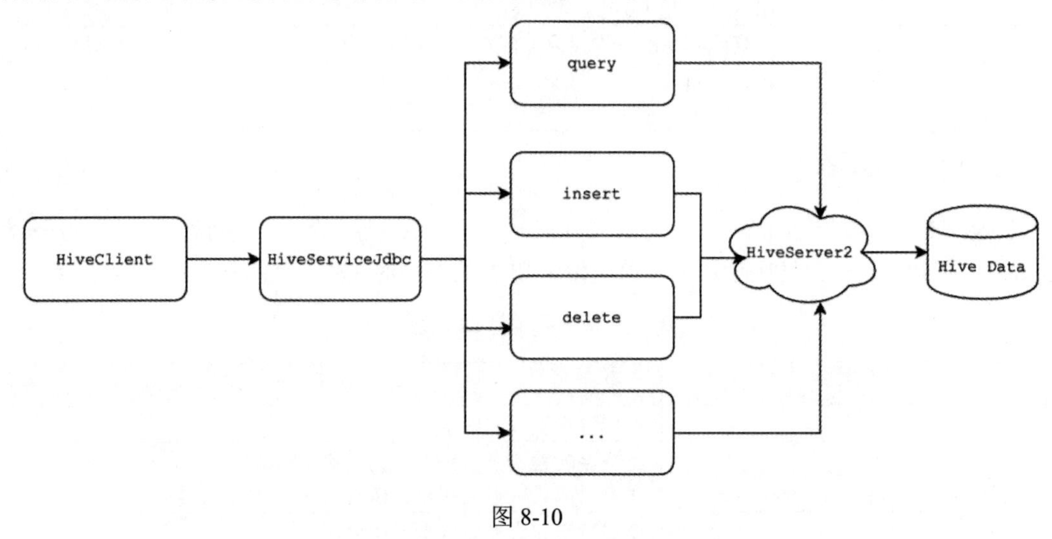

图 8-10

要访问 Hive 集群中的数据库表，可以定义一个 JDBC 服务接口，该接口的功能包含查询、插入、删除等。接着，定义一个数据源访问对象，用来记录驱动类名、连接地址、用户名和密码。然后，为定义的接口实现相应的方法（Method）。最后，通过客户端类调用接口执行相关 SQL 语句来获取结果。

1. 定义服务接口

这里定义一个 JDBC 服务接口，用来规范访问 Hive 集群数据库表所需要的功能，具体实现如代码 8-8 所示。

代码 8-8

```
public interface JdbcService {

    // 定义一个连接对象
    public Connection connection(JdbcBean jdbcBean);
    // 定义一个查询接口
    public List<Map<String,Object>> query(Connection connection,String sql);
    // 定义一个插入接口
    public boolean insert(Connection connection,String sql);
    // 定义一个删除接口
    public boolean delete(Connection connection,String sql);
    // 定义一个关闭对象接口
public void close(AutoCloseable... closes);

}
```

2. 定义数据源对象

通过定义数据源对象来记录 JDBC 驱动类名、连接地址、用户名和密码等信息，具体实现如代码 8-9 所示。

代码 8-9

```
public class JdbcBean {

    // 驱动名称
    private String driverName;
    // JDBC 连接地址
    private String jdbcUrl;
    // JDBC 用户名
    private String username;
    // JDBC 密码
    private String password;

    // 通过构造函数来初始化数据源访问信息
    public JdbcBean(String driverName, String jdbcUrl, String username, String
password) {
        this.driverName = driverName;
        this.jdbcUrl = jdbcUrl;
        this.username = username;
        this.password = password;
    }

    public String getDriverName() {
        return driverName;
    }

    public void setDriverName(String driverName) {
        this.driverName = driverName;
    }

    public String getJdbcUrl() {
        return jdbcUrl;
    }

    public void setJdbcUrl(String jdbcUrl) {
        this.jdbcUrl = jdbcUrl;
    }

    public String getUsername() {
        return username;
    }

    public void setUsername(String username) {
        this.username = username;
    }
```

```
    public String getPassword() {
        return password;
    }

    public void setPassword(String password) {
        this.password = password;
    }
}
```

3. 实现接口逻辑

通过为定义的接口逻辑编写代码，提供访问 Hive 集群数据库表的功能。具体实现如代码 8-10 所示。

代码 8-10

```
public class HiveUtils implements JdbcService {

    // 实现 Hive 集群连接对象的构建
    @Override
    public Connection connection(JdbcBean jdbcBean) {
        Connection connection = null;
        try {
            Class.forName(jdbcBean.getDriverName());
connection = DriverManager.getConnection(jdbcBean.getJdbcUrl(),
 jdbcBean.getUsername(), jdbcBean.getPassword());
        } catch (Exception e) {
            e.printStackTrace();
        }
        return connection;
    }

    // 实现 Hive 集群数据库表的查询
    @Override
public List<Map<String, Object>> query(Connection connection,
String sql) {
        List<Map<String,Object>> results = new ArrayList<>();
        ResultSet rs = null;
        PreparedStatement pst = null;
        if (connection == null) {
            System.out.println("connection is empty!");
            System.exit(-1);
        }
        try{
            pst = connection.prepareStatement(sql);
            rs = pst.executeQuery();

            try{
                ResultSetMetaData rsmd = rs.getMetaData();
                while (rs.next()){
                    Map<String,Object> map = new HashMap<>();
```

```
                for (int i=1;i<=rsmd.getColumnCount();i++){
                    map.put(rsmd.getColumnName(i),
                        rs.getString(rsmd.getColumnName(i)));
                }
                results.add(map);
            }
        }catch (Exception ex){
            ex.printStackTrace();
        }
    }catch (Exception e){
        e.printStackTrace();
    }finally {
        close(rs,connection);
    }

    return results;
}

// 实现 Hive 集群数据库表的插入
@Override
public boolean insert(Connection connection, String sql) {
    boolean status = false;
    PreparedStatement pst = null;
    if (connection == null) {
        System.out.println("connection is empty!");
        System.exit(-1);
    }
    try {
        pst = connection.prepareStatement(sql);
        int code = pst.executeUpdate();
        if(code > 0){
            status = true;
        }
    }catch (Exception e){
        e.printStackTrace();
    }finally {
        close(pst,connection);
    }

    return status;
}

// 实现 Hive 集群数据库表的删除
@Override
public boolean delete(Connection connection, String sql) {
    boolean status = false;
    PreparedStatement pst = null;
    if (connection == null) {
        System.out.println("connection is empty!");
        System.exit(-1);
```

```
        }
        try {
            pst = connection.prepareStatement(sql);
            status = pst.execute();
        }catch (Exception e){
            e.printStackTrace();
        }finally {
            close(pst,connection);
        }

        return status;
    }

    // 实现 Hive 集群对象关闭的回收
    @Override
    public void close(AutoCloseable... closes) {
        for (AutoCloseable close : closes) {
            if (close != null) {
                try {
                    close.close();
                } catch (Exception e) {
                    e.printStackTrace();
                } finally {
                    close = null;
                }
            }
        }
    }
}
```

4. 实现客户端调用接口服务

在完成上述编码后，接下来我们就可以编写客户端来调用服务接口了。具体实现如代码 8-11 所示。

代码 8-11

```
public class HiveClient {
    public static void main(String[] args) {
     // 定义一个待执行的 SQL 语句
        String sql = "select * from test where day='2022-10-10' limit 10;";
        // 定义 JDBC 驱动类名
        String hiveJdbcDriver = "org.apache.hive.jdbc.HiveDriver";
        // 定义 JDBC 连接地址
        String hiveJdbcUrl = "jdbc:hive2://dn1:2181,dn2:2181,dn3:2181/
         ;serviceDiscoveryMode=ZooKeeper;ZooKeeperNamespace=hiveserver2";
        // 定义用户名
        String hiveUserName = "hadoop";
        // 定义密码
        String hivePassword = "";
        // 初始化连接数据源信息
```

```
        JdbcBean jdbcBean = new JdbcBean(hiveJdbcDriver,hiveJdbcUrl
         ,hiveUserName,hivePassword);
        // 实例化一个接口对象
        JdbcService jdbcService = new HiveUtils();
        // 初始化一个 JDBC 连接对象
        Connection connection = jdbcService.connection(jdbcBean);
        // 执行 SQL 查询命令并获取返回接口
        List<Map<String,Object>> results = jdbcService.query(connection,sql);
        // 判断返回结果是否为空
        if(results != null){
         // 打印返回结果
           System.out.println(results.toString());
        }
    }
}
```

8.6　本章小结

本章从如何使用 Hive RPC 服务开始，介绍了 RPC 的重要性以及其组成部分。接着，对比了 HiveServer2 和 MetaStore 的不同之处，阐明了它们在 Hive 体系结构中的功能和作用。此外，通过实战案例，详细介绍了如何在企业内部访问 HiveServer2 服务。

通过本章的学习，读者应能够深入理解 Hive RPC 服务的工作原理，并掌握 HiveServer2 的实际应用。

8.7　习　　题

1. Hive 在使用 Derby 作为元数据存储的时候，同时支持几个客户端连接？（　　）

A. 1　　B. 2　　C. 3　　D. 4

2. 下列哪一项是启动 HiveServer2 的服务命令？（　　）

A. hive　　B. hive --service hiveserver2

C. hive --server hiveserver2　　D. hiveserver2

3. 关于 Hive 不支持 MySQL 作为元数据存储的说法是否正确？（　　）

A. 正确　　B. 错误

第 9 章

引入安全机制保证 Hive 数据安全

作为一个分布式数据仓库，Hive 被广泛用于存储和处理企业海量的数据。这些数据被集中存储，如果没有适当的权限管理，各种业务用户都能轻松获取这些数据集。然而，不同业务用户之间应该存在数据访问差异，只有具备相应权限的用户才能访问其业务所需的数据。

9.1 数据安全的重要性

在探索 Hive 的安全机制之前，我们必须首先认识到数据安全的核心地位，并掌握它的核心要素。数据安全是确保信息的完整性、可用性和保密性的关键部分，对于任何数据处理系统来说都是至关重要的。通过深入理解 Hive 在保障数据安全方面的策略和功能，我们能够更有效地保护和管理存储在数据仓库中的重要信息。

9.1.1 数据安全

对于数据安全来说，通常我们认为缺乏的并非是技术手段，更多的是缺乏规范和安全认知。如果用户能够严格地遵守安全规则，并应用现有的安全技术，数据安全就能够得到保障，而安全事故也会大大减少。数据安全的相关特性如表 9-1 所示。

表9-1 数据安全的相关特性

安全性方面	功　能	作　用
访问安全	对用户进行认证和鉴权	让系统知道是谁在访问和使用数据
数据备份	提供可用的数据	保证数据的高可用，防止数据丢失
安全规范	提供数据安全规范约束	对数据进行审计、加密等
管理安全	维护数据安全的一致性	提供一套完善的安全制度
系统安全	保护数据的安全	保证系统数据的安全可靠

1. 访问安全

访问安全通常指用户访问数据的来源和方式是否安全可控，而数据系统又是 IT 系统的核心，其内容涉及主机、存储、网络等。如果没有合理的访问控制，缺乏访问管理，那么数据安全将是混乱的。最基础的访问安全要实现程序控制、网络隔离、存储管理等。

2. 数据备份

数据备份指用户能否及时有效地备份和保全数据，以及在发生故障之后对数据进行恢复，有效地建立异地数据系统有助于保护数据安全和提高数据的持续可用性。备份是系统中需要考虑的最重要的事项之一，尽管它在系统的整个规划过程中可能被忽视。

3. 安全规范

安全规范通常指通过主动的安全手段对数据安全进行增强、监控、屏蔽，例如数据加密、审计、设置防火墙策略等。在大数据的浪潮中，风险随时存在，因此需要采取主动防护措施来保障数据安全，这样可以帮助我们监控、分析和屏蔽未知的风险。

4. 管理安全

管理安全通常指在企业数据的日常管理维护范围内，充分地保证数据安全，例如文件管理、数据结构调整、系统升级等都可能引入数据风险。管理安全要求通过规范、制度或者技术手段来维护管理安全。

5. 系统安全

系统安全通常指所选系统的安全性和稳定性。大数据组件系统通常使用一些开源免费的系统。如果这些系统在运行和维护的过程中不能及时跟踪系统更新，也无法获取漏洞信息、补丁信息或者安全警告，这会导致系统本身的许多潜在风险无法得到修复。如果系统安全无法保证，那么数据安全的基础也会受到影响。

9.1.2 数据安全的三大原则

数据安全是一个很广泛的概念，通常指的是数据资产的安全。数据安全包含三大原则，分别是机密性、完整性和可用性。

1. 机密性

数据的机密性是指对数据进行加密，只有授权者才能使用，并且保证数据在传输过程中不被窃取。这涉及网络传输加密和数据存储加密，要求加密技术必须自动、实时、精准和可靠。

2. 完整性

数据的完整性是指数据未经授权不得进行修改，确保数据在存储和传输过程中不被篡改、盗用、丢失等。这需要在加密的基础上，运用多种技术手段和策略来实现。完整性是数据安全的核心，要保证数据的完整性，必须设置用户权限和数据密级。这样可以严格控制数据的流动轨迹，监控数据访问人员的操作行为，从源头上控制数据泄露。

3. 可用性

数据的可用性是指经授权的合法用户必须得到系统和网络提供的正常服务。不可因为保护数据泄露而拒绝合法用户的访问请求，数据安全必须能够为合法用户提供安全便捷的访问方式。

9.1.3 大数据的安全性

自从 Hadoop 在 Apache 基金会下开源以来，Hadoop 的功能和数据安全方面经历了不断地完善和更新。最初，Hadoop 是作为一个在分布式环境中存储和索引 Web 数据的项目而起步的，当时的安全功能较为初级。

为了构建一个系统化的安全框架，Apache 开源社区投入了大量资源，将 Hadoop 与多种安全解决方案整合，例如 LDAP 和 Kerberos 等。这促成了 Apache Ranger 的诞生，它负责管理整个 Hadoop 生态系统中的数据权限。现在，无论是哪种执行引擎，不同数据集的用户授权都可以通过 Apache Ranger 来统一管理和实施。

9.2 Hive 中的权限认证

Hive 系统的授权管理方式与操作系统的授权管理方式类似。Hive 系统提供不同的授权和回收权限方式，可以对用户（user）、组（group）、角色（role）进行授权和回收权限。

此外，Hive 还支持丰富的权限管理功能，能够满足数据仓库的权限需求，并且支持自定义权限。下面将逐步引导读者了解如何对这些对象执行授权操作。

9.2.1 授权与回收权限

目前，Hive 系统支持简单的权限管理。默认情况下，Hive 系统不开启权限管理功能，这样所有的用户都具有相同的权限，并且都是超级管理员，即对 Hive 系统中的所有数据库和表都拥有管理权限（如创建、修改、删除等）。然而，这种方式不符合一般数据仓库的安全管理规范。

Hive 系统的权限管理支持不同的管理方式，比如基于文件存储的授权、基于 SQL 标准的授权、传统模式授权等。

在 Hive 系统中，可以通过 GRANT 关键字进行授权，通过 REVOKE 关键字来回收权限。表 9-2 显示了目前 Hive 系统支持的权限关键字。

表9-2 目前Hive系统支持的权限关键字

关 键 字	含 义
ALL	授予所有的权限
ALTER	允许修改表结构信息
UPDATE	允许修改实际表中的数据
CREATE	允许创建数据库、表或者表分区
DROP	允许删除数据库、表或者表分区
LOCK	当出现并发时，允许用户进行锁定或者解锁操作
SELECT	允许用户进行查询操作
SHOW_DATABASE	允许用户查看可用的数据库

9.2.2 传统模式授权

这种模式是 Hive 系统早期版本中可用的授权模式。然而，这种模式没有完整的访问控制模型，存在许多安全漏洞。例如，未定义授权用户权限所需的权限，任何用户都可以授予自己对数据库或者表的访问权限。

要使用这种传统模式的授权，可以在 hive-site.xml 文件中设置两个参数，具体内容见代码 9-1。

代码 9-1

```
<property>
  <name>hive.security.authorization.enabled</name>
  <value>true</value>
  <description>启动或者禁止 Hive 客户端权限认证</description>
</property>

<property>
  <name>hive.security.authorization.createtable.owner.grants</name>
  <value>ALL</value>
  <description>创建表时自动授予所有者的特权，比如查询、删除权限</description>
</property>
<property>
  <name>hive.users.in.admin.role</name>
<value>hadoop</value>
<description>设置管理员</description>
</property>
```

需要注意的是，默认情况下 hive.security.authorization.createtable.owner.grants 属性值为 null，这会导致表的创建者无法访问该表。因此，建议将该属性值设置为 ALL，以便用户能够访问自己创建的表。

1. 了解用户、组和角色

在 Hive 的授权模式中，系统授权的基础构建块是用户和角色。角色是一种授权的抽象，允许系统管理员为一组权限定义一个名称，这样的授权可以在不同的情境中重复使用。角色不仅可以直接分配给用户，还可以嵌套，即一个角色可以包含其他角色。这种灵活的授权机制使得权限管理更加高效和可扩展。例如，在一个具有多个用户和角色的系统中，具体的用户和角色分配情况可以参考表 9-3。通过这种方式，Hive 提供了一种细粒度的访问控制方法，确保数据的安全性和合规性。

表9-3　用户和角色分配情况

用　户	组
user_all_dbs	group_db1,group_db2
user_db1	group_db1
user_db2	group_db2

如果想将每一个用户限制在一组特定的数据库中，可以使用角色来构建授权机制。管理员可以创建两个角色：role_db1 和 role_db2。其中，role_db1 角色将为第一个数据库提供权限，而 role_db2 角色将为第二个数据提供权限。

然后，系统管理员可以将 role_db1 角色授权给 group_db1 或者明确授权给组中的用户，并对第二个数据库的用户的 role_db2 执行相同的操作，将 role_db2 角色授权给 group_db2 或者相应的用户。

为了让需要查看所有数据库的用户获得适当的权限，可以创建一个名为 role_all_dbs 的第三个角色，该角色将包含 role_db1 和 role_db2。当 user_all_dbs 被授予 role_all_dbs 角色时，用户被隐式授予了 role_db1 和 role_db2 的所有权限。

角色与用户和组不同，Hive 系统中的角色必须在使用前手动创建。用户和组由 Hive 系统文件 hive-site.xml 中的 hive.security.authenticator.manager 属性进行管理。当用户连接到 MetaStore 服务器并发出查询时，MetaStore 将确定连接用户的用户名以及与相关属性 ushive.security.authorization.ername 关联的组。然后，通过以下规则将 Hive 操作所需要的权限与用户权限进行比较，并使用该信息来确定用户是否应该有权访问所请求的元数据。

- 用户权限：是否已授权用户权限。
- 组权限：用户是否属于任何已授权限的组。
- 角色权限：用户或者用户所属的任何组是否具有授予权限的角色。

默认情况下，MetaStore 使用 HadoopDefaultAuthenticator 来确定用户到组的映射，这通过使用运行 MetaStore 的机器上的 UNIX 用户名和组来确定授权。为了更清楚地理解这一点，下面通过举例来说明。

假如用户 user1 是运行在 Hive 客户端机器上的组 group1 中的成员，并连接到运行在单独服务器上的 MetaStore。该服务器上也有一个名为 user1 的用户，但在 MetaStore 服务器上，user1 是 group1 组的成员。当 user1 的授权操作被执行，MetaStore 会确定 user1 在 group1 组中，那么其他服务器上的 user1 就会获取权限。

进一步来说，用户在 MetaStore 服务器上所属的组可能与 HDFS 中同一用户所属的组不同。这种差异通常由 HDFS 确定，因为 HDFS 负责管理底层数据的实际存储。如果 Hive 或 HDFS 配置了非默认的用户到组映射机制，或者即便 MetaStore 和 NameNode 都使用默认的映射机制，但相关进程在不同机器上运行，每台机器对用户到组的映射规则可能不同，这都可能导致用户在两个系统中的组成员身份不一致。

需要注意的是，Hive 系统中的 MetaStore 只控制元数据的授权，底层数据由 HDFS 控制。因此，如果两个系统之间的权限和特权不同步，用户可能可以访问元数据，但不能访问实际的数据。如果 MetaStore 和 NameNode 之间的用户到组的映射不同步，用户可能根据 MetaStore 具有访问表所需要的权限，但根据 MetaStore 可能没有访问底层文件的权限。

2. 管理角色

下面进入 Hive CLI，执行相关命令来对角色进行管理，具体内容见代码 9-2。

代码 9-2

```
-- 设置管理员
set role admin;
-- 创建角色
create role role_name1;
-- 删除角色
drop role role_name1;
```

```
-- 展示所有 roles
show roles;
```

使用 Hive CLI 客户端执行代码 9-2，具体操作命令如下：

```
-- 创建或者删除角色
hive> set role admin;
    > create role role_name1;
    > show roles;
    > drop role role_name1;
    > show roles;
```

执行上述命令，输出结果如图 9-1 所示。

```
hive> set role admin;
OK
Time taken: 0.339 seconds
hive> create role role_name1;
OK
Time taken: 0.149 seconds
hive> show roles;
OK
admin
public
role_name1
Time taken: 0.375 seconds, Fetched: 3 row(s)
hive> drop role role_name1;
OK
Time taken: 0.225 seconds
hive> show roles;
OK
admin
public
Time taken: 0.112 seconds, Fetched: 2 row(s)
```

图 9-1

3. 授权角色

在 Hive CLI 中执行相关命令来为角色赋予数据库或者表级别的权限，具体内容见代码 9-3。

代码 9-3

```
-- 赋予角色数据库权限
grant select on database db_name1 to role role_name1;
-- 赋予角色表权限
grant select on table t_name1 to role role_name1;
-- 查看角色数据库权限
show grant role role_name1 on database db_name1;
-- 查看角色表权限
show grant role role_name1 on table t_name1;
```

使用 Hive CLI 客户端执行代码 9-3，具体操作命令如下：

```
-- 授予角色权限
hive> grant select on database db_name1 to role role_name1;
    > grant select on table t_name1 to role role_name1;
```

```
    > show grant role role_name1 on database db_name1;
    > show grant role role_name1 on table t_name1;
```

执行上述命令，输出结果如图 9-2 所示。

```
hive> grant select on database db_name1 to role role_name1;
OK
Time taken: 0.124 seconds
hive> grant select on table t_name1 to role role_name1;
OK
Time taken: 0.257 seconds
hive> show grant role role_name1 on database db_name1;
OK
db_name1                        role_name1      ROLE    SELECT  false   1648380722000   hadoop
Time taken: 0.06 seconds, Fetched: 1 row(s)
hive> show grant role role_name1 on table t_name1;
OK
db_name1        t_name1         role_name1      ROLE    SELECT  false   1648380739000   hadoop
Time taken: 0.072 seconds, Fetched: 1 row(s)
```

图 9-2

4. 回收角色权限

在 Hive CLI 中执行相关命令来回收角色在数据库或者表中的权限，具体内容见代码 9-4。

代码 9-4

```
-- 回收角色数据库权限
revoke select on database db_name1 from role role_name1;
-- 回收角色表权限
revoke select on table t_name1 from role role_name1;
-- 查看角色数据库权限
show grant role role_name1 on database db_name1;
-- 查看角色表权限
show grant role role_name1 on table t_name1;
```

使用 Hive CLI 客户端执行代码 9-4，具体操作命令如下：

```
-- 回收角色权限
hive> revoke select on database db_name1 from role role_name1;
    > revoke select on table t_name1 from role role_name1;
    > show grant role role_name1 on database db_name1;
      > show grant role role_name1 on table t_name1;
```

执行上述命令，输出结果如图 9-3 所示。

```
hive> revoke select on database db_name1 from role role_name1;
OK
Time taken: 0.137 seconds
hive> revoke select on table t_name1 from role role_name1;
OK
Time taken: 0.114 seconds
hive> show grant role role_name1 on database db_name1;
OK
Time taken: 0.064 seconds
hive> show grant role role_name1 on table t_name1;
OK
Time taken: 0.066 seconds
```

图 9-3

9.2.3 基于文件存储的授权

Hive 系统的默认授权方式是基于用户和组合角色的传统模式授权，并授予在数据库或者表上执行操作的权限。但是，这种基于数据库系统类型的授权不太适合 Hadoop 中的典型用例，因为在实现方面存在以下不同之处：

- 与传统的数据库系统不同，Hive 系统不能完全控制其下的所有数据，数据存储在若干不同的文件中，而文件系统又具有独立的授权系统。
- 传统的数据库系统不允许其他应用程序直接访问数据，用户更倾向于使用应用程序直接读取或写入与 Hive 系统相关的文件或者目录。

这样就会产生以下问题：

- 管理员授权给用户权限，但由于用户没有文件系统权限，用户无法访问文件系统。
- 管理员如果删除了用户权限，但用户仍然保留文件系统权限，被删除的用户仍然可以访问文件中的数据。

Hive 官方社区认识到单一的授权模型可能无法满足所有权限管理的需求，因此设计了一种支持可插拔的第三方授权框架。在 Hive 的 HCatalog 组件中，已经实现了这一授权接口，它将底层文件系统的权限作为数据库、表和表分区权限管理的基础。这种灵活的授权机制允许用户根据特定的安全需求定制权限控制策略，从而增强了 Hive 在处理敏感数据时的安全性和灵活性。

1. 元数据的服务的安全性

当多个 Hive 客户端访问元数据时（例如，Hive 元数据通常存储在 MySQL 数据库中），数据库的连接认证信息会在 hive-site.xml 配置文件中进行设置。在这种情况下，即使底层数据受到 HDFS 文件系统访问控制的保护，一些风险用户仍可能对元数据造成损害。

另外，当 Hive 元数据存储服务使用 Thrift 服务与客户端通信，并且具有用于元数据存储和持久化的后台数据库时，在客户端完成的身份认证和授权无法保证 MetaStore 服务端的安全性。为了保证元数据的安全性，Hive 系统开发了向元数据存储服务授权的功能。

2. 元数据服务安全的配置参数

当元数据服务的安全性配置为使用基于存储的授权时，它使用与不同元数据对象对应的文件夹的文件系统权限作为授权策略的真实来源。

如果要启动 Hive 的元数据服务安全，可以在 hive-site.xml 配置文件中配置以下参数，具体内容见代码 9-5。

代码 9-5

```
<property>
  <name>hive.metastore.pre.event.listeners</name>
  <value>org.apache.hadoop.hive.ql.security.authorization
.AuthorizationPreEventListener</value>
  <description>开启 Hive 元数据服务的安全特性</description>
</property>
```

```
<property>
  <name>hive.security.metastore.authorization.manager</name>
  <value>org.apache.hadoop.hive.ql.security.authorization
.StorageBasedAuthorizationProvider</value>
  <description>元数据服务管理器</description>
</property>

<property>
  <name>hive.security.metastore.authenticator.manager</name>
  <value>org.apache.hadoop.hive.ql.security
.HadoopDefaultMetastoreAuthenticator</value>
  <description>存储在元数据服务管理器中的类名</description>
</property>
```

HDFS 的访问控制列表（Access Control List，ACL）给文件管理提供了非常灵活的权限控制，可以很方便地使用 HDFS 命令来对分布式文件系统上的路径进行权限设置。

3. 管理授权

HDFS 支持使用访问控制列表为特定用户和组设置更细粒度的权限。当希望以细粒度的方式来进行权限管理，同时要处理复杂的文件权限和访问需求时，访问控制列表是一种很好的方式。

HDFS 操作访问控制列表时包含两个命令，分别说明如下。

- getfacl：显示文件和目录的访问控制列表。当目录具有默认的访问控制列表时，执行 getfacl 命令会显示默认的访问控制列表。
- setfacl：设置文件和目录的访问控制列表。

在 Hive CLI 节点上执行相关命令来查看和设置目录的权限，具体内容见代码 9-6。

代码 9-6

```
# 查看目录权限
hdfs dfs -getfacl /user/hive/warehouse/
# 授予 test 用户对 warehouse 文件夹的读写和执行权限
hdfs dfs -setfacl -m user:test:rwx /user/hive/warehouse/
# 删除 ACL 策略
hdfs dfs -setfacl -b /user/hive/warehouse/
```

执行代码 9-6，具体操作命令如下：

```
# 执行 ACL 策略
# 查看目录权限
[hadoop@dn1 ~]$ hdfs dfs -getfacl /user/hive/warehouse/
# 授予 test 用户对 warehouse 文件夹的读写和执行权限
[hadoop@dn1 ~]$ hdfs dfs -setfacl -m user:test:rwx /user/hive/warehouse/
# 删除 ACL
[hadoop@dn1 ~]$ hdfs dfs -setfacl -b /user/hive/warehouse/
```

在 Hive 中为文件配置了 ACL 策略后，会在该文件的权限列表末尾显示一个加号（"+"），这个符号标志着文件已应用了 ACL 策略，这与 Linux 文件系统 ACL 的表示方式相似。需要强调的是，尽管可以为设置了 ACL 的文件或目录授予用户特定的权限，但这些权限仍然是受文件掩码限制的，确保了权限的分配不会超出预设的安全范围。

9.2.4　基于 SQL 标准的授权

虽然基于存储的授权可以提供数据库、表和分区级别的访问控制，但由于文件系统提供的访问控制是在目录和文件级别，因此无法在更精细的级别（例如视图和列）上控制授权。细粒度访问控制的先决条件是数据服务器能够仅提供用户需要访问权限的行和列。

在文件系统访问中，通常是将整个文件提供给用户。然而，HiveServer2 服务能够满足更精细的访问控制需求，因为它具备一个接口，该接口能够通过 SQL 语句理解行和列的概念，并能够仅返回 SQL 查询所需的特定行和列，而不是整个文件。这种能力使得 HiveServer2 可以在保护数据安全性的同时，提供更为灵活和高效的数据访问方式。

基于 SQL 标准的授权选项是 Hive 提供的另一种授权方式，这种授权方式提供了一种方法，它可以比基于存储的授权更加细粒地控制访问权限。同时，推荐这样做是因为它允许 Hive 在其授权模型中完全符合 SQL 标准，而不会导致当前用户的向后兼容性问题。一旦用户迁移到这种更加安全的授权机制后，默认的授权机制可以被废弃掉。

这种授权模式可以与 MetaStore 服务器上基于存储的授权结合使用。与 Hive 中的当前默认授权一样，这也将在查询编译时强制执行。为了保证该授权模型的安全性，客户端同样需要安全保证，可以通过以下方式来实现：

- 用户访问必须且仅可以通过 HiveServer2 来访问和执行命令。
- 限制用户代码和非 SQL 命令的执行。

在授权确认过程中，虽然以提交 SQL 命令的用户身份为基础，但实际执行 SQL 命令的是 HiveServer2 用户。因此，HiveServer2 用户必须具备相应目录或文件的权限。

尽管该项目旨在尽可能地遵循 SQL 标准，但在实施过程中仍存在一些差异。这些差异的存在主要是为了方便现有 Hive 用户更容易地过渡到新的授权模型，同时也考虑到了使用的便捷性。

在这种授权模型中，能够访问 Hive CLI、HDFS、hadoop jar 等命令的用户被视为具有特殊权限的用户。这些工具不会通过 HiveServer2 来访问数据，因此它们的访问权限不受此模型的控制。而对于 Hive CLI、MapReduce 等用户，可以通过启用元存储服务器上的基于存储的授权来控制对 Hive 表的访问。

1. Hive 命令和语句的限制

当使用基于 SQL 标准的授权模型时，dfs、add、delete、compile、reset 等命令将被禁用。若需要修改 Hive 配置的命令集合，以限制只有特定用户可以执行，可以通过在 hive-site.xml 文件中修改 hive.security.authorization.sqlstd.confwhitelist 参数来实现。

同时，仅管理员角色的用户有权使用添加或删除功能以及进行宏定义。为了允许用户使用自定义函数，引入了创建永久函数的功能。拥有管理员权限的用户可以通过执行相应命令来添加函数，而所有添加的函数将可供所有用户使用。

2. 权限

SQL 命令中相关权限的含义如表 9-4 所示。

表9-4 SQL命令中相关权限的含义

命　令	含　义
SELECT	赋予读取某个对象的权限
INSERT	赋予添加数据至某个对象（表）的权限
UPDATE	赋予在某个对象（表）上执行更新操作的权限
DELETE	赋予在某个对象（表）上删除数据的权限
ALL	赋予在某个对象上的所有权限（转换为上述所有权限）

3. 对象

权限适用于表和视图，数据库不支持上述权限。而某些操作会考虑数据库所有权。URI 是 Hive 中的另一个对象，因为 Hive 允许在 SQL 语法中使用 URI。上述权限不适合 URI 对象使用，使用的 URI 应指向文件系统中的文件或者目录。授权是根据用户对文件或者目录的权限来完成的。

4. 对象所有权

对于某些操作，对象（表、视图或者数据库）的所有权决定用户是否有执行操作的权限。创建表、视图或者数据库的用户成为其所有者。对于表和视图，所有者通过授予选项获得所有权限，角色也可以是数据库的所有者。ALTER DATABASE 命令可用于将数据库的所有者设置为角色。

5. 用户名和角色名

角色名不区分字母大小写，也就是说 test 和 Test 是同一个角色。而用户名区分字母大小写，这是因为与角色名称不同，用户名不在 Hive 中管理，用户可以通过 HiveServer2 来进行认证管理。

需要注意的是，当配置参数 hive.support.quoted.identifiers 设置为 column 时，用户名和角色名可以选择使用反引号字符（`）引起来。带引号的标识符中允许使用所有 Unicode 字符，双反引号（``）表示反引号字符。但是，当 hive.support.quoted.identifiers 设置的属性值为 none 时，用户名和角色名中只允许使用字母、数字和下画线字符。

6. 角色管理命令

拥有管理员角色后，可以对该角色进行创建、删除、修改、查看等操作。

1）创建角色

管理员可以创建一个新角色，并保留角色名称 ALL、DEFAULT 和 NONE。具体操作命令见代码 9-7。

代码 9-7

```
-- 创建一个新角色
CREATE ROLE new_role_name;
```

2）删除角色

如果在已有角色中有些角色是不需要的，管理员可以删除给定的角色。具体操作命令见代码 9-8。

代码 9-8

```
-- 删除给定角色
DROP ROLE old_role_name;
```

3）查看角色

默认当前角色具有用户的所有角色，除管理员角色外，任何用户都可以运行此命令。具体操作命令见代码 9-9。

代码 9-9

```
-- 查看角色
SHOW CURRENT ROLES;
```

4）设置角色

如果指定了角色名（new_role_name），那么该角色将成为当前角色中的唯一角色。将该角色名（new_role_name）设置为 ALL，会刷新当前角色列表（如果新角色被授权用户）并将它们设置为默认角色列表。

将新角色名（new_role_name）设置为 NONE 时，将删除当前用户的所有当前角色。如果将用户并不属于的角色指定为新角色名（new_role_name），那么将会导致错误。

具体操作命令见代码 9-10。

代码 9-10

```
-- 设置角色
SET ROLE (new_role_name|ALL|NONE);
```

5）显示角色

管理员可以查看所有当前已存在的角色，具体操作命令见代码 9-11。

代码 9-11

```
-- 显示角色
SHOW ROLES;
```

6）授权角色

授权角色操作可以将一个或者多个角色授予其他角色或用户。

如果指定 WITH ADMIN OPTION，则用户获得将角色授予其他用户或者角色的权限。如果授权语句最终创建了角色之间的循环关系，则该命令将失败并出现错误。

具体操作命令见代码 9-12。

代码 9-12

```
-- 授权角色
GRANT role_name [, role_name] ...
TO principal_specification [, principal_specification] ...
[ WITH ADMIN OPTION ];
```

```
principal_specification
  : USER user
| ROLE role

-- 回收角色
REVOKE [ADMIN OPTION FOR] role_name [, role_name] ...
FROM principal_specification [, principal_specification] ... ;

principal_specification
  : USER user
| ROLE role

-- 显示角色授权
SHOW ROLE GRANT (USER|ROLE) principal_name;
```

9.3 使用 Apache Ranger 管理 Hive 权限

在大数据集群中，最基本的是数据以及用于计算数据的资源。同时，数据也是企业的宝贵财富。因此，我们需要合理管理大数据集群中的海量数据，将相应的数据和资源开放给不同的用户使用，以防止数据被窃取、篡改等，这涉及大数据安全。

对于大数据集群的数据安全，主要需求体现在以下几点：

- 兼容多个大数据组件，比如 HDFS、HBase、Hive、YARN、Kafka 等。
- 支持细粒度的权限管控，比如可以达到 Hive 列、HDFS 目录、Kafka 的 Topic 等。
- 开源且社区活跃，和已有大数据集群组件集成时改动要尽可能小，同时要符合业界趋势。

9.3.1 大数据安全组件方案对比

目前，业界使用的比较常见的大数据安全方案主要有以下几种。

- Kerberos：业界比较常用的方案。
- Apache Sentry：是 Cloudera 公司选用的方案，在 CDH 版的大数据组件中有集成。
- Apache Ranger：是 Hortonworks 公司选用的方案，在 HDP 发行版中有集成。

1. Kerberos

Kerberos 是一种基于对称密钥的身份认证协议，它作为一个独立的第三方身份认证服务，可以为其他服务提供身份认证的功能，并且支持单点登录。

Kerberos 协议过程主要有 3 个阶段，每个阶段的交互动作如下。

- 第一阶段：Client 向 KDC 申请 TGT。

- 第二阶段：Client 通过获得的 TGT 向 KDC 申请用于访问 Service 的 Ticket。
- 第三阶段：Client 用返回的 Ticket 访问 Service。

具体流程如图 9-4 所示。

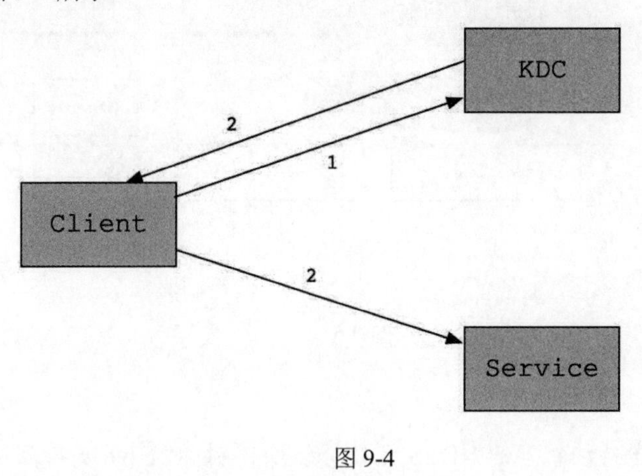

图 9-4

Kerberos 的核心模块及功能如表 9-5 所示。

表9-5　Kerberos的核心模块及功能

模　　块	功　　能
Client	需要访问服务的客户端，KDC 和 Service 会对客户端的身份进行认证
KDC	Kerberos 的服务端程序，用于验证各个模块
Service	集成了 Kerberos 的服务，比如 HDFS、YARN 等

Kerberos 比较突出的优点如下：

- 服务认证，防止一些大数据组件节点（比如 DataNode、Broker 等）绕过权限管控加入集群。
- 解决了服务端到服务端的认证，也解决了客户端到服务端的认证。

同时，Kerberos 也有一些不足的地方，主要体现在：

- Kerberos 为了安全性使用临时 Ticket，认证信息会失效，用户多的情况下重新认证会比较麻烦。
- Kerberos 只能控制访问或者拒绝访问一个服务，不能控制到很细粒度，比如 HDFS 某个路径、Hive 里面的某个表等。

2. Apache Sentry

Apache Sentry 是 Cloudera 公司发布的一个 Hadoop 安全开源组件，它提供了细粒度级别、基于角色的授权。具体流程如图 9-5 所示。

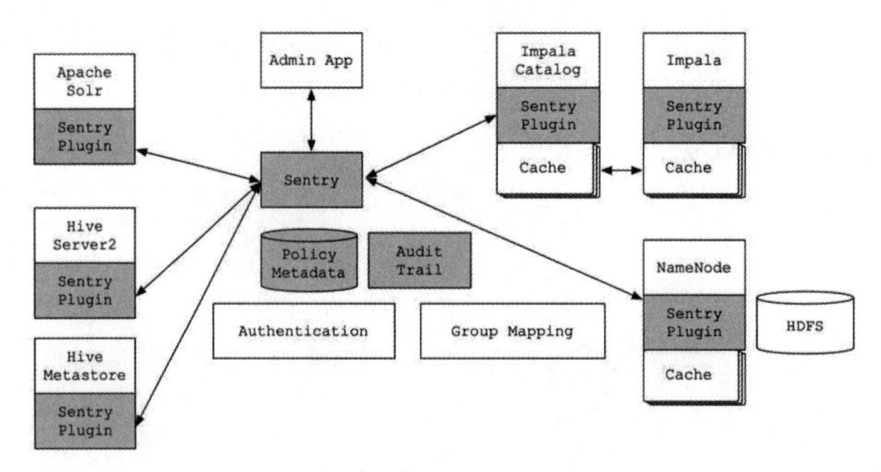

图 9-5

Apache Sentry 比较突出的优点如下：

- Apache Sentry 支持细粒度的 HDFS 元数据访问控制，对 Hive 支持列级别的访问控制。
- Apache Sentry 通过基于角色的授权简化了管理，将访问同一数据源的不同特权级别授予多个角色。
- Apache Sentry 提供了一个统一平台方便管理。
- Apache Sentry 支持集成 Kerberos。

同时，Apache Sentry 也有一些不足的地方，主要体现在：

- 大数据组件只支持 Hive、HDFS、Impala，不支持 HBase、YARN、Kafka 等。

3. Apache Ranger

Apache Ranger 是 Hortonworks 公司发布的一个 Hadoop 安全开源组件，它的优势主要体现在以下几个方面：

- 提供了细粒度级别的权限管控，比如 Hive 的列级别。
- 基于访问策略的权限模型。
- 权限控制采用插件式设计，实现了统一且方便的策略管理。
- 支持审计日志，可以记录各种操作的审计日志，提供统一的查询接口和界面。
- 支持丰富的组件，比如 HDFS、HBase、Hive、YARN、Kafka 等。
- 支持和 Kerberos 集成。
- 提供了 REST 接口供二次开发。

综合对比上述 3 类大数据安全组件方案，考虑以下几个关键因素：

- 支持多组件（比如 HDFS、Hive、Kafka 等），基本能覆盖现有大数据组件。
- 支持审计日志，强大的审计日志功能可以帮助我们追踪用户的操作细节，方便进行问题排查和反馈。
- 拥有自己的用户管理体系，可以去除 Kerberos 用户体系，方便和其他系统对接集成，同时提供多样化的接口供使用。

因此，这里选择使用 Apache Ranger 作为大数据安全管控的解决方案。

9.3.2　什么是 Apache Ranger

Apache Ranger 提供了一个集中式安全管理框架，可解决授权和审计问题。它可以对 Hadoop 生态的组件（如 HDFS、YANR、Hive 等）进行细粒度的数据访问控制。通过操作 Ranger 控制台，管理员可以轻松地通过配置策略来控制用户的访问。

人员、角色和权限一直是系统设计和运维的重点关注对象。如果不建立一套完善的人员、角色和权限关系，那么一个“非法用户”就有可能轻易地访问甚至修改系统的资源和数据。与 UNIX/Linux 系统简单使用“用户/用户组”来设定权限相比，Apache Ranger 提供了界面更友好、操作更便捷的 Web 页面来建立一套完善的人员、角色和权限关系。这样，经过授权的用户可以合法访问授权的资源和数据，而未经过授权的“非法用户”则被屏蔽。

1. Apache Ranger 架构

Apache Ranger 主要由以下 3 个组件构成。

- Ranger Admin：这是 Apache Ranger 的核心模块，它内置了一个 Web 管理页面，用户可以通过该 Web 管理界面或者 REST 接口来制定安全策略。
- Agent Plugin：该模块是嵌入 Hadoop 生态组件中的插件，定期从 Ranger Admin 中拉取策略并执行，同时记录操作记录以供审计。
- User Sync：该模块将操作系统用户和组（Users/Groups）的权限数据同步到 Apache Ranger 的数据库中。

它们之间的关系如图 9-6 所示。

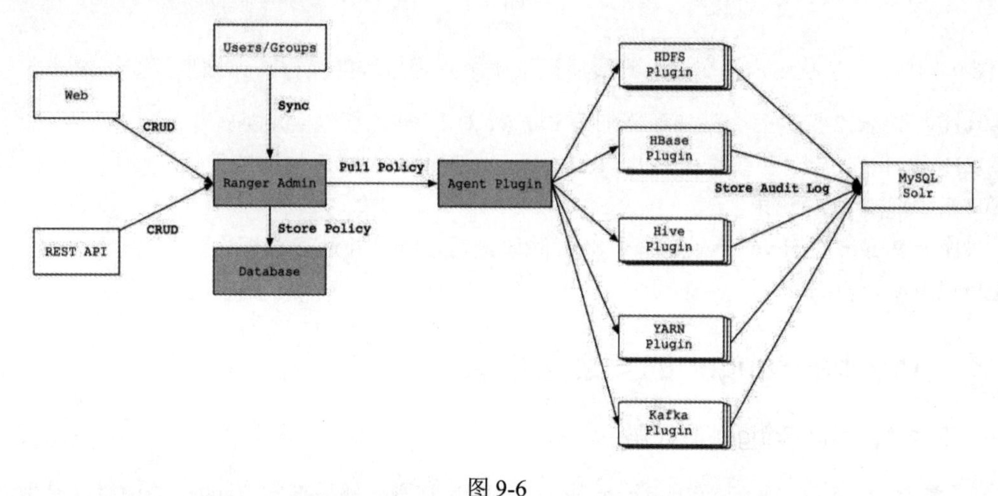

图 9-6

2. Apache Ranger 的工作流程

Ranger Admin 是 Apache Ranger 和用户交互的主要界面，用户登录 Ranger Admin 后，可以针对不同的 Hadoop 组件制定不同的安全策略。在策略制定好并保存后，Agent Plugin 定期从 Ranger Admin 中拉取该组件配置的所有策略，并缓存到本地。

这样，当有用户来请求 Hadoop 组件的数据服务时，Agent Plugin 提供鉴权服务，并将鉴权结果反馈给相应的组件，实现了数据服务的权限控制功能。

如果用户在 Ranger Admin 中修改配置了策略，Agent Plugin 会拉取新策略并更新。如果用户在 Ranger Admin 中删除了配置策略，Agent Plugin 的鉴权服务将无法继续使用。

以 Hive 为例，在 Hive 中提供了两个接口供开发者实现自己的授权策略：

- org.apache.hadoop.hive.ql.security.authorization.plugin.HiveAuthorizerFactory
- org.apache.hadoop.hive.ql.security.authorization.plugin.HiveAuthorizer

其中，HiveAuthorizerFactory 用来生成 HiveAuthorizer 的相关实例。HiveAuthorizer 在初始化时，会启动一个 PolicyRefresher 线程，定时从 Ranger Admin 中拉取所有 Hive 相关的策略，并将其写入本地临时 JSON 文件中进行更新缓存。当需要授权时，直接根据缓存的策略进行授权。具体流程内容如图 9-7 所示。

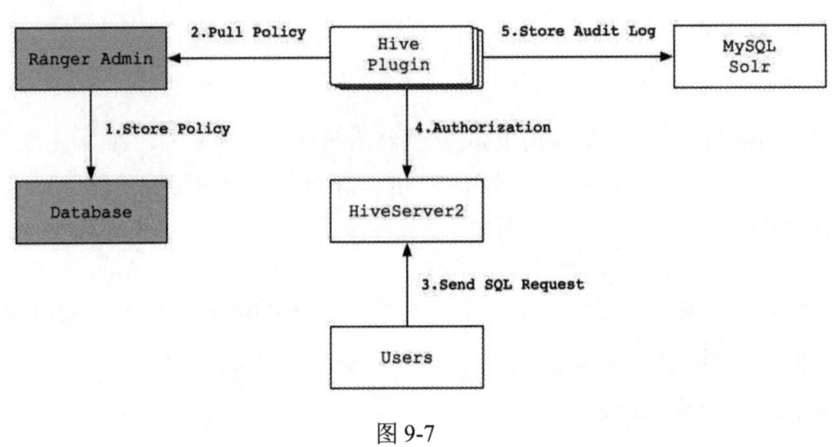

图 9-7

图 9-7 中记录了从用户提交请求到最后记录整个处理过程的流程，详细步骤如下：

步骤 01 HiveServer2 启动后，类加载器加载 Ranger 对 Hive 的权限实现类。

步骤 02 Hive Plugin 启动获取线程 PolicyRefresher 从 Ranger Admin 拉取的策略。

步骤 03 用户提交 SQL 请求。

步骤 04 Hive Plugin 在 HiveServer2 编译 SQL 阶段进行鉴权，并返回鉴权结果。

步骤 05 记录审计日志。

9.3.3 Apache Ranger 的安装与部署

1. 下载 Apache Ranger 源代码

打开浏览器，输入 https://github.com 进入 GitHub 官网，然后搜索 Ranger 关键字，获取具体下载地址 https://github.com/apache/ranger。

然后，单击 tags 超链接进入 Ranger 源代码归档页面，在 Linux 系统中使用 wget 命令下载 ranger-2.1.0 版本的源代码，具体操作命令如下：

```
# 下载 ranger-2.1.0 源代码
```

```
[hadoop@nna ~]$ wget https://github.com/apache/ranger/archive \
/refs/tags/release-2.1.0-rc0.tar.gz
```

2. 准备编译 Apache Ranger 源代码所需的依赖环境

如果你的 Linux 操作系统中已包含了待安装的组件，可以跳过此步骤。如果未包含这些待安装的组件，可以在 Linux 系统终端执行安装命令，依赖环境如表 9-6 所示。

表9-6　依赖环境说明

依赖环境	说　明
JDK8	用于运行 RangerAdmin、RangerKMS
Python2.7	用于 Ranger 自动化安装
Git	用于编译 Ranger 源代码
Maven3.6	用于编译 Ranger 源代码
MySQL8	用于存储授权策略、存储 Ranger 用户/组、存储审计日志等
Solr	可选项，用于存储审计日志
Kerberos	可选项，确保所有请求都被认证

3. 编译 Apache Ranger 源代码

Apache Ranger 源代码使用 Java 语言开发，编译时需要使用 Java 环境，这里使用 Maven 命令进行编译。此外，Apache Ranger 的存储数据库支持 MySQL 数据库，因此我们可以直接使用 MySQL 数据库作为 Apache Ranger 系统的存储数据库即可。

以下是编译 Apache Ranger 源代码的具体操作命令：

```
# 进入 Apache Ranger 目录
[hadoop@nna ~]$ cd apache-ranger-2.1.0
# 执行编译命令
[hadoop@nna ~]$ mvn -DskipTests=true clean package
```

等待 Apache Ranger 源代码编译成功后，会在当前目录的 target 目录下生成编译好的软件，具体结果如图 9-8 所示。

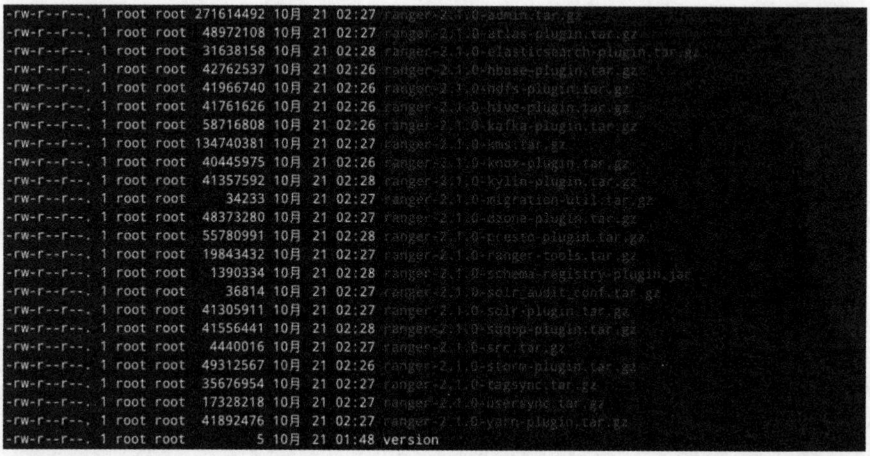

```
-rw-r--r--. 1 root root 271614492 10月 21 02:27 ranger-2.1.0-admin.tar.gz
-rw-r--r--. 1 root root  48972108 10月 21 02:27 ranger-2.1.0-atlas-plugin.tar.gz
-rw-r--r--. 1 root root  31638158 10月 21 02:28 ranger-2.1.0-elasticsearch-plugin.tar.gz
-rw-r--r--. 1 root root  42762537 10月 21 02:26 ranger-2.1.0-hbase-plugin.tar.gz
-rw-r--r--. 1 root root  41966740 10月 21 02:26 ranger-2.1.0-hdfs-plugin.tar.gz
-rw-r--r--. 1 root root  41761626 10月 21 02:26 ranger-2.1.0-hive-plugin.tar.gz
-rw-r--r--. 1 root root  58716808 10月 21 02:26 ranger-2.1.0-kafka-plugin.tar.gz
-rw-r--r--. 1 root root 134740381 10月 21 02:27 ranger-2.1.0-kms.tar.gz
-rw-r--r--. 1 root root  40445975 10月 21 02:26 ranger-2.1.0-knox-plugin.tar.gz
-rw-r--r--. 1 root root  41357592 10月 21 02:28 ranger-2.1.0-kylin-plugin.tar.gz
-rw-r--r--. 1 root root     34233 10月 21 02:27 ranger-2.1.0-migration-util.tar.gz
-rw-r--r--. 1 root root  48373280 10月 21 02:27 ranger-2.1.0-ozone-plugin.tar.gz
-rw-r--r--. 1 root root  55780991 10月 21 02:28 ranger-2.1.0-presto-plugin.tar.gz
-rw-r--r--. 1 root root  19843432 10月 21 02:27 ranger-2.1.0-ranger-tools.tar.gz
-rw-r--r--. 1 root root   1390334 10月 21 02:28 ranger-2.1.0-schema-registry-plugin.jar
-rw-r--r--. 1 root root     36814 10月 21 02:27 ranger-2.1.0-solr_audit_conf.tar.gz
-rw-r--r--. 1 root root  41305911 10月 21 02:27 ranger-2.1.0-solr-plugin.tar.gz
-rw-r--r--. 1 root root  41556441 10月 21 02:28 ranger-2.1.0-sqoop-plugin.tar.gz
-rw-r--r--. 1 root root   4440016 10月 21 02:27 ranger-2.1.0-src.tar.gz
-rw-r--r--. 1 root root  49312567 10月 21 02:26 ranger-2.1.0-storm-plugin.tar.gz
-rw-r--r--. 1 root root  35676954 10月 21 02:27 ranger-2.1.0-tagsync.tar.gz
-rw-r--r--. 1 root root  17328218 10月 21 02:27 ranger-2.1.0-usersync.tar.gz
-rw-r--r--. 1 root root  41892476 10月 21 02:27 ranger-2.1.0-yarn-plugin.tar.gz
-rw-r--r--. 1 root root         5 10月 21 01:48 version
```

图 9-8

4. 安装 ranger-admin

从编译好的软件包中找到 ranger-2.1.0-admin.tar.gz，然后解压该软件包，进入该目录找到 install.properties 文件并编辑。具体编辑内容见代码 9-13。

代码 9-13

```
# 指明使用的数据库类型
DB_FLAVOR=MYSQL
# 数据库连接驱动
SQL_CONNECTOR_JAR=/appcom/ranger-admin/jars/mysql-connector-java-5.1.32-bin
.jar
# 数据库 root 用户名
db_root_user=root
# 数据库密码
db_root_password=Hive123@
# 数据库主机
db_host=nns:3306

# 以下三个属性用于设置 ranger 数据库
# 数据库名
db_name=ranger
# 管理该数据库的用户
db_user=root
# 管理该数据库的密码
db_password=Hive123@

# 不需要保存，为空，否则生成的数据库密码为'_'
cred_keystore_filename=

# 审计日志，如果没有安装 solr，对应的属性值为空
audit_store=

audit_solr_urls=
audit_solr_user=
audit_solr_password=
audit_solr_ZooKeepers=

# 策略管理配置，配置 IP 和端口，保持默认设置即可
policymgr_external_url=http://nna:6080

# 配置 Hadoop 集群的 core-site.xml 文件，把 core-site.xml 文件复制到该目录
hadoop_conf=/data/soft/new/hadoop-conf

# rangerAdmin、rangerTagSync、rangerUsersync、keyadmin 密码配置
# 默认为空，可以不配置，对应的内部组件该属性也要为空
rangerAdmin_password=ranger123
rangerTagsync_password=ranger123
rangerUsersync_password=ranger123
keyadmin_password=ranger123
```

接着初始化 ranger-admin，执行 setup.sh 脚本命令即可。如果执行 setup.sh 脚本命令成功，则会出现如图 9-9 所示的结果。

```
2022-03-26 21:42:56,625  [JISQL] /data/soft/new/jdk/bin/java  -cp /appcom/ranger-admin/jars/mysql-connector-j
ava-5.1.32-bin.jar:/appcom/apps/ranger-2.1.0-admin/jisql/lib/* org.apache.util.sql.Jisql -driver mysqlconj -c
string jdbc:mysql://nns:3306/ranger -u 'root' -p '********' -noheader -trim -c \;  -query "select 1;"
2022-03-26 21:42:57,204  [I] Checking connection passed.
2022-03-26 21:42:57,205  [JISQL] /data/soft/new/jdk/bin/java  -cp /appcom/ranger-admin/jars/mysql-connector-j
ava-5.1.32-bin.jar:/appcom/apps/ranger-2.1.0-admin/jisql/lib/* org.apache.util.sql.Jisql -driver mysqlconj -c
string jdbc:mysql://nns:3306/ranger -u 'root' -p '********' -noheader -trim -c \;  -query "select version fro
m x_db_version_h where version = 'DEFAULT_ALL_ADMIN_UPDATE' and active = 'Y';"
2022-03-26 21:42:57,786  [JISQL] /data/soft/new/jdk/bin/java  -cp /appcom/ranger-admin/jars/mysql-connector-j
ava-5.1.32-bin.jar:/appcom/apps/ranger-2.1.0-admin/jisql/lib/* org.apache.util.sql.Jisql -driver mysqlconj -c
string jdbc:mysql://nns:3306/ranger -u 'root' -p '********' -noheader -trim -c \;  -query "select version fro
m x_db_version_h where version = 'DEFAULT_ALL_ADMIN_UPDATE' and active = 'N';"
2022-03-26 21:42:58,371  [JISQL] /data/soft/new/jdk/bin/java  -cp /appcom/ranger-admin/jars/mysql-connector-j
ava-5.1.32-bin.jar:/appcom/apps/ranger-2.1.0-admin/jisql/lib/* org.apache.util.sql.Jisql -driver mysqlconj -c
string jdbc:mysql://nns:3306/ranger -u 'root' -p '********' -noheader -trim -c \;  -query "insert into x_db_v
ersion_h (version, inst_at, inst_by, updated_at, updated_by,active) values ('DEFAULT_ALL_ADMIN_UPDATE', curre
nt_timestamp, 'Ranger 2.1.0', current_timestamp, 'nna','N') ;"
2022-03-26 21:42:58,995  [I] Ranger all admins default password change request is in process..

2022-03-26 21:43:37,919  [JISQL] /data/soft/new/jdk/bin/java  -cp /appcom/ranger-admin/jars/mysql-connector-j
ava-5.1.32-bin.jar:/appcom/apps/ranger-2.1.0-admin/jisql/lib/* org.apache.util.sql.Jisql -driver mysqlconj -c
string jdbc:mysql://nns:3306/ranger -u 'root' -p '********' -noheader -trim -c \;  -query "update x_db_versio
n_h set active='Y' where version='DEFAULT_ALL_ADMIN_UPDATE' and active='N' and updated_by='nna';"
2022-03-26 21:43:38,394  [I] Ranger all admins default password change request processed successfully..
Installation of Ranger PolicyManager Web Application is completed.
```

图 9-9

然后，执行 set_globals.sh 脚本命令，会出现如下结果：

```
[root@nna ranger-admin]# ./set_globals.sh
usermod: no changes
[2022/03/26 21:45:26]:  [I] Soft linking /etc/ranger/admin/conf
to ews/webapp/WEB-INF/classes/conf
[root@nna ranger-admin]#
```

最后，执行 ranger-admin start 命令启动 Apache Ranger 服务，启动成功后，会出现如图 9-10 所示的登录界面。

图 9-10

在登录界面输入 admin/ranger123 即可成功登录主界面，如图 9-11 所示。

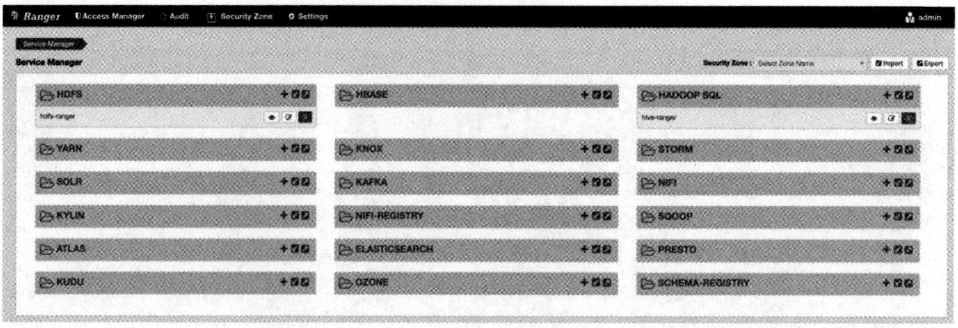

图 9-11

5. 安装 ranger-usersync

从编译好的软件包中找到 ranger-2.1.0-usersync.tar.gz，然后解压该软件包，接着进入该目录找到 install.properties 文件并编辑。具体编辑内容见代码 9-14。

代码 9-14

```
# 配置 ranger admin 的地址
POLICY_MGR_URL = http://nna:6080
# 同步源系统类型
SYNC_SOURCE = unix

# 同步间隔时间，1 分钟
SYNC_INTERVAL = 1

# usersync 程序运行的用户和用户组
unix_user=ranger
unix_group=ranger

# 修改 rangerusersync 用户的密码。注意，此密码应与 ranger-admin 中
# install.properties 的 rangerusersync_password 相同
# 此处可以为空，同样 ranger-admin 也要为空
rangerUsersync_password=ranger123

# 配置 hadoop 的 core-site.xml 路径
hadoop_conf=/data/soft/new/hadoop-config

# 配置 usersync 的 log 路径
logdir=logs
```

接着，执行 setup.sh 脚本命令。如果执行成功，则会出现如图 9-12 所示的结果。

```
2022-03-26 22:02:37,435  [I] Storing policymgr usersync password in credential store:
SLF4J: Failed to load class "org.slf4j.impl.StaticLoggerBinder".
SLF4J: Defaulting to no-operation (NOP) logger implementation
SLF4J: See http://www.slf4j.org/codes.html#StaticLoggerBinder for further details.
log4j:WARN No appenders could be found for logger (org.apache.htrace.core.Tracer).
log4j:WARN Please initialize the log4j system properly.
log4j:WARN See http://logging.apache.org/log4j/1.2/faq.html#noconfig for more info.
The alias ranger.usersync.policymgr.password already exists!! Will try to delete first.
FOUND value of [interactive] field in the Class [org.apache.hadoop.security.alias.CredentialShell] = [true]
Deleting credential: ranger.usersync.policymgr.password from CredentialProvider: jceks://file/etc/ranger/user
sync/conf/rangerusersync.jceks
Credential ranger.usersync.policymgr.password has been successfully deleted.
Provider jceks://file/etc/ranger/usersync/conf/rangerusersync.jceks was updated.
WARNING: You have accepted the use of the default provider password
by not configuring a password in one of the two following locations:
    * In the environment variable HADOOP_CREDSTORE_PASSWORD
    * In a file referred to by the configuration entry
      hadoop.security.credstore.java-keystore-provider.password-file.
Please review the documentation regarding provider passwords in
the keystore passwords section of the Credential Provider API
Continuing with the default provider password.

ranger.usersync.policymgr.password has been successfully created.
Provider jceks://file/etc/ranger/usersync/conf/rangerusersync.jceks was updated.
[I] Successfully updated password of rangerusersync user
```

图 9-12

最后，执行 ranger-usersync start 命令启动 ranger-usersync 服务。如果启动成功，可以在 Apache Ranger 的管理界面看到对应的信息，如图 9-13 所示。

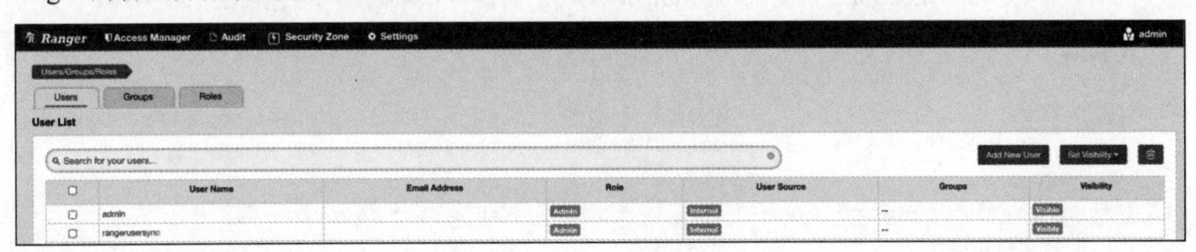

图 9-13

9.3.4　使用 Apache Ranger 对 HDFS 授权

1. 启动 HDFS 插件

从编译好的软件包中找到 ranger-2.1.0-hdfs-plugin.tar.gz，然后解压该软件包，进入该目录找到 install.properties 文件并编辑。具体编辑内容见代码 9-15。

代码 9-15

```
# 配置 ranger admin 的地址
POLICY_MGR_URL = http://nna:6080

# 配置 hdfs 的仓库名
REPOSITORY_NAME=hdfs-ranger

# 配置 hadoop 组件的 HADOOP_HOME
COMPONENT_INSTALL_DIR_NAME=/data/soft/new/hadoop

# 配置 ranger-hdfs-plugin 的所属用户、用户组
CUSTOM_USER=hadoop
```

```
CUSTOM_GROUP=hadoop
```

接着，分别在 enable-hdfs-plugin.sh 和 disable-hdfs-plugin.sh 脚本文件中添加 Java 环境变量信息，具体内容见代码 9-16。

代码 9-16

```
# 添加 JAVA_HOME
export JAVA_HOME=/data/soft/new/jdk/
```

然后，在 enable-hdfs-plugin.sh 脚本文件中找到 Hadoop 和 YARN 的配置文件内容，修改内容见代码 9-17。

代码 9-17

```
elif [ "${HCOMPONENT_NAME}" = "hadoop" ]; then
    # HCOMPONENT_CONF_DIR=${HCOMPONENT_INSTALL_DIR}/etc/hadoop
    HCOMPONENT_CONF_DIR=/data/soft/new/hadoop-config
elif [ "${HCOMPONENT_NAME}" = "yarn" ]; then
    # HCOMPONENT_CONF_DIR=${HCOMPONENT_INSTALL_DIR}/etc/hadoop
    HCOMPONENT_CONF_DIR=/data/soft/new/hadoop-config
```

同时，修改 hdfs-site.xml 文件，添加 Ranger 权限认证内容，具体编辑内容见代码 9-18。

代码 9-18

```
<property>
        <name>dfs.namenode.inode.attributes.provider.class</name>
<value>
   org.apache.ranger.authorization.hadoop.RangerHdfsAuthorizer
      </value>
</property>
<property>
      <name>dfs.permissions</name>
      <value>true</value>
</property>
<property>
       <name>dfs.permissions.ContentSummary.subAccess</name>
       <value>true</value>
</property>
```

最后，执行 enable-hdfs-plugin.sh 脚本命令，使 HDFS 插件生效。执行结果如图 9-14 所示。

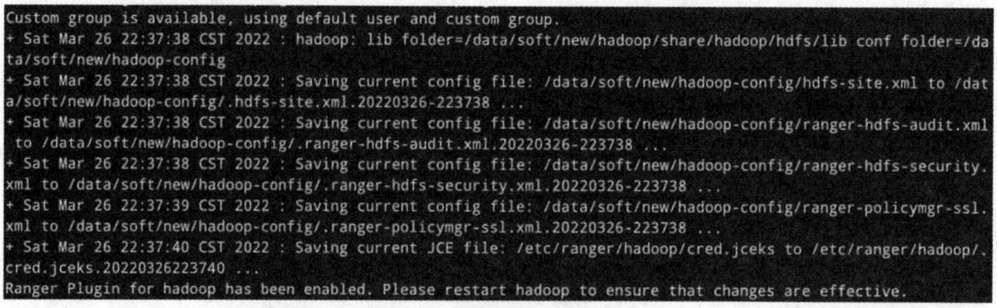

```
Custom group is available, using default user and custom group.
+ Sat Mar 26 22:37:38 CST 2022 : hadoop: lib folder=/data/soft/new/hadoop/share/hadoop/hdfs/lib conf folder=/da
ta/soft/new/hadoop-config
+ Sat Mar 26 22:37:38 CST 2022 : Saving current config file: /data/soft/new/hadoop-config/hdfs-site.xml to /dat
a/soft/new/hadoop-config/.hdfs-site.xml.20220326-223738 ...
+ Sat Mar 26 22:37:38 CST 2022 : Saving current config file: /data/soft/new/hadoop-config/ranger-hdfs-audit.xml
 to /data/soft/new/hadoop-config/.ranger-hdfs-audit.xml.20220326-223738 ...
+ Sat Mar 26 22:37:38 CST 2022 : Saving current config file: /data/soft/new/hadoop-config/ranger-hdfs-security.
xml to /data/soft/new/hadoop-config/.ranger-hdfs-security.xml.20220326-223738 ...
+ Sat Mar 26 22:37:39 CST 2022 : Saving current config file: /data/soft/new/hadoop-config/ranger-policymgr-ssl.
xml to /data/soft/new/hadoop-config/.ranger-policymgr-ssl.xml.20220326-223738 ...
+ Sat Mar 26 22:37:40 CST 2022 : Saving current JCE file: /etc/ranger/hadoop/cred.jceks to /etc/ranger/hadoop/.
cred.jceks.20220326223740 ...
Ranger Plugin for hadoop has been enabled. Please restart hadoop to ensure that changes are effective.
```

图 9-14

2. 添加一个新用户

在一台 Hadoop 的 Client 节点上添加一个新用户（hduser1024），具体操作命令如下：

```
# 添加一个用户
[hadoop@nna ~]$ adduser hduser1024
# 将添加的用户添加到已有的 hadoop 组中
[hadoop@nna ~]$ usermod -a -G hadoop hduser1024
# 复制 hadoop 用户下的环境变量
[hadoop@nna ~]$ cp /home/hadoop/.bash_profile /home/hduser1024/
```

3. 在 Ranger-Admin 页面添加用户

进入 Ranger-Admin 管理页面中，添加一个新用户（hduser1024），并分配到 hadoop 组中，具体操作如图 9-15 所示。

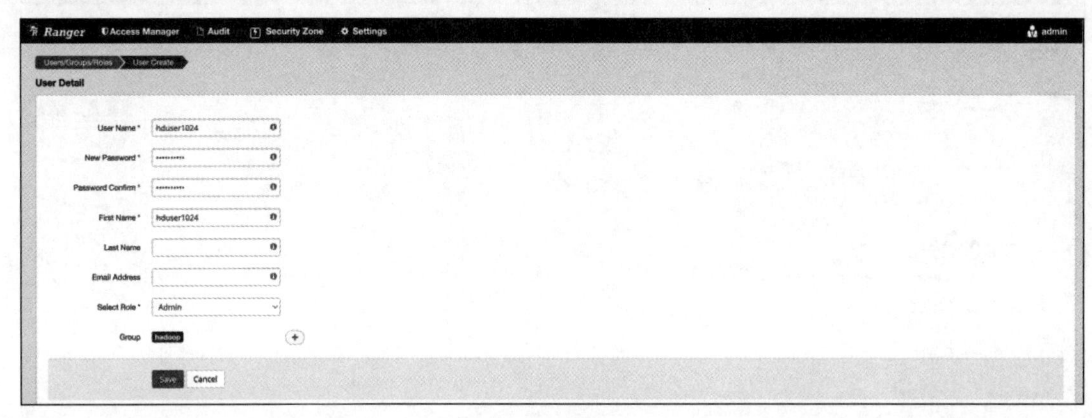

图 9-15

4. 配置 HDFS 策略

进入主界面，选择 HDFS 策略，配置相关信息，具体操作如图 9-16 所示。

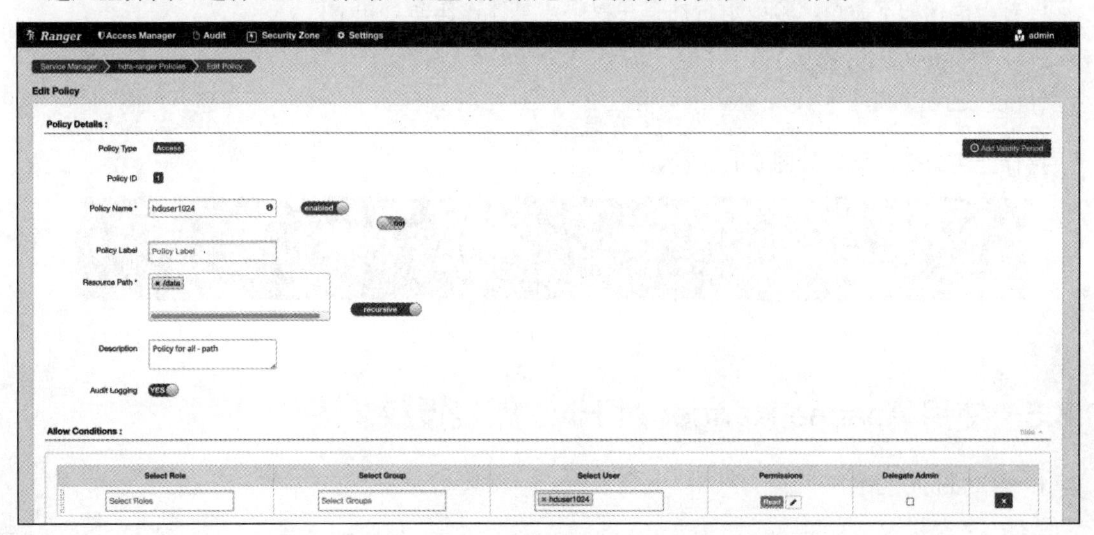

图 9-16

这里策略名称可以任意填写。我们授予 hduser1024 用户在 HDFS 上/data 目录的只读权限，由于我们只给该用户授予了只读权限，因此当执行写操作命令时会抛出权限异常，具体操作命令如下：

```
# 验证只读权限，执行写操作时会抛出异常
[hduser1024@nna ~]$ hdfs dfs -mkdir -p /data/test
```

执行上述命令，结果如图 9-17 所示。

```
[hduser1024@nna ~]$ hdfs dfs -mkdir -p /data/test
mkdir: Permission denied: user=hduser1024, access=WRITE, inode="/data":hadoop:supergroup:drwxr-xr-x
[hduser1024@nna ~]$
```

图 9-17

如果要给当前策略中的 hduser1024 用户添加写权限，配置内容如图 9-18 所示。

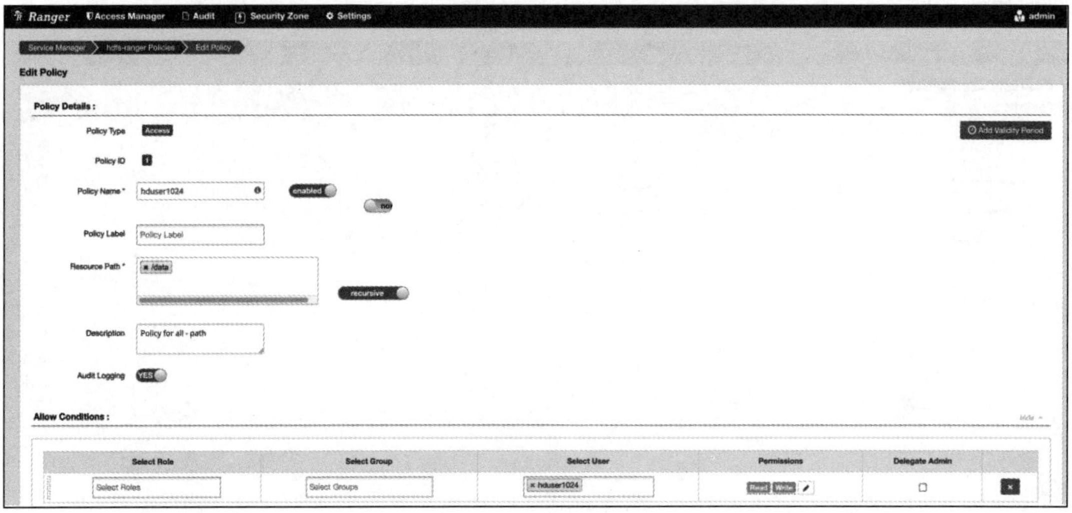

图 9-18

接着，执行如下命令，验证是否拥有写权限，具体操作命令如下：

```
# 验证是否拥有写权限
[hduser1024@nna ~]$ hdfs dfs -mkdir -p /data/test
```

执行上述命令，结果如图 9-19 所示。

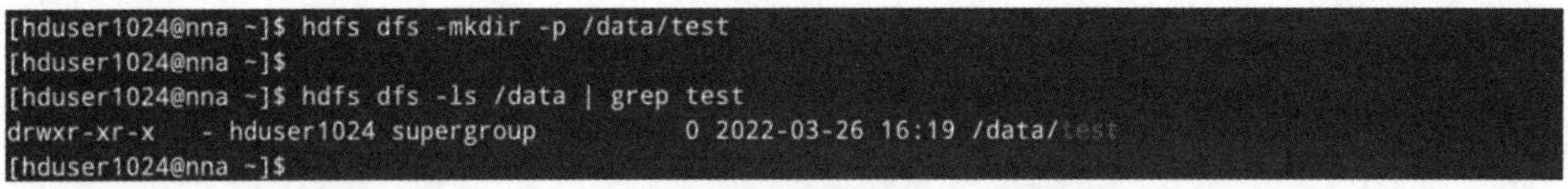

```
[hduser1024@nna ~]$ hdfs dfs -mkdir -p /data/test
[hduser1024@nna ~]$
[hduser1024@nna ~]$ hdfs dfs -ls /data | grep test
drwxr-xr-x   - hduser1024 supergroup          0 2022-03-26 16:19 /data/test
[hduser1024@nna ~]$
```

图 9-19

9.3.5 使用 Apache Ranger 对 Hive 库表授权

1. 启动 Hive 插件

从编译好的软件包中找到 ranger-2.1.0-hive-plugin.tar.gz，然后解压该软件包，进入该目录找到

install.properties 文件并编辑。具体编辑内容见代码 9-19。

代码 9-19

```
# 配置 ranger admin 的地址
POLICY_MGR_URL = http://nna:6080

# 配置 hive 的仓库名
REPOSITORY_NAME=hive-ranger

# 配置 hive 组件的 HIVE_HOME
COMPONENT_INSTALL_DIR_NAME=/data/soft/new/hive

# 配置 ranger-hive-plugin 的所属用户、用户组
CUSTOM_USER=hadoop
CUSTOM_GROUP=hadoop
```

接着，分别在 enable-hive-plugin.sh 和 disable-hive-plugin.sh 脚本文件中添加 Java 环境变量信息，具体内容见代码 9-20。

代码 9-20

```
# 添加 JAVA_HOME
export JAVA_HOME=/data/soft/new/jdk/
```

最后，执行 enable-hive-plugin.sh 脚本命令，使 HDFS 插件生效。执行结果如图 9-20 所示。

```
Custom user and group is available, using custom user and group.
+ Sun Mar 27 01:50:44 CST 2022 : hive: lib folder=/data/soft/new/hive/lib conf folder=/data/soft/new/hive/con
f
+ Sun Mar 27 01:50:44 CST 2022 : Creating default file from [/appcom/apps/ranger-2.1.0-hive-plugin/install/co
nf.templates/default/configuration.xml] for [/data/soft/new/hive/conf/hiveserver2-site.xml] ..
+ Sun Mar 27 01:50:44 CST 2022 : Saving current config file: /data/soft/new/hive/conf/hiveserver2-site.xml to
 /data/soft/new/hive/conf/.hiveserver2-site.xml.20220327-015044 ...
+ Sun Mar 27 01:50:44 CST 2022 : Saving current config file: /data/soft/new/hive/conf/ranger-hive-audit.xml t
o /data/soft/new/hive/conf/.ranger-hive-audit.xml.20220327-015044 ...
+ Sun Mar 27 01:50:45 CST 2022 : Saving current config file: /data/soft/new/hive/conf/ranger-hive-security.xm
l to /data/soft/new/hive/conf/.ranger-hive-security.xml.20220327-015044 ...
+ Sun Mar 27 01:50:45 CST 2022 : Saving current config file: /data/soft/new/hive/conf/ranger-policymgr-ssl.xm
l to /data/soft/new/hive/conf/.ranger-policymgr-ssl.xml.20220327-015044 ...
+ Sun Mar 27 01:50:46 CST 2022 : Saving current JCE file: /etc/ranger/hive-ranger/cred.jceks to /etc/ranger/h
ive-ranger/.cred.jceks.20220327015046 ...
Ranger Plugin for hive has been enabled. Please restart hive to ensure that changes are effective.
```

图 9-20

2. 配置 Hive 策略

进入主界面，选择 Hive 策略，配置相关信息，具体操作如图 9-21 所示。

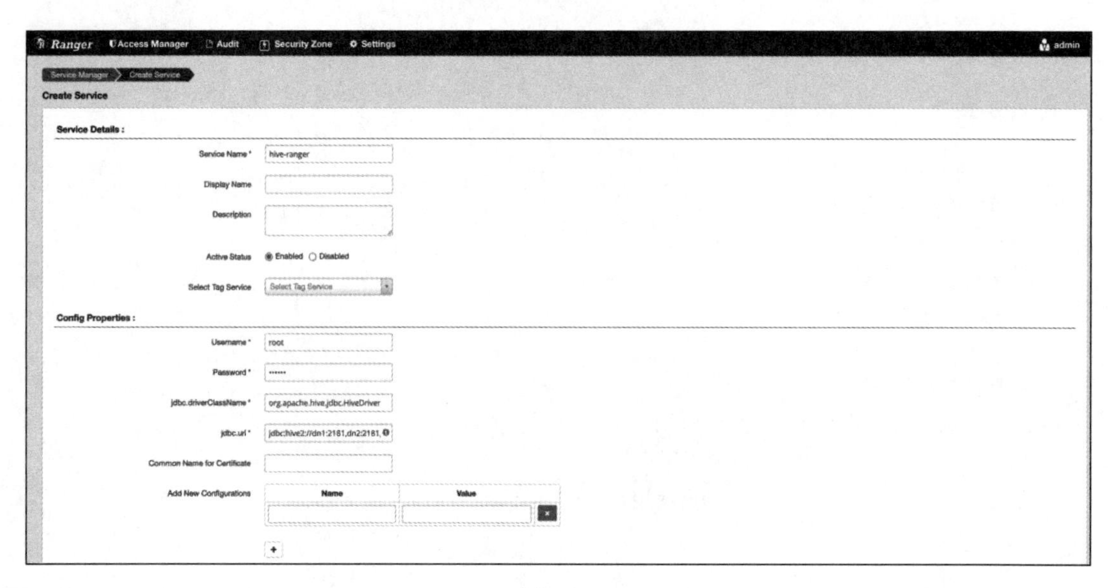

图 9-21

这里策略名称、用户名和密码可以任意填写，JDBC 驱动类和 URL 地址填写内容见代码 9-21。

代码 9-21

```
# 驱动类
org.apache.hive.jdbc.HiveDriver

# URL 地址，使用 ZooKeeper 模式连接方式
jdbc:hive2://dn1:2181,dn2:2181,dn3:2181/;serviceDiscoveryMode=ZooKeeper;ZooKeeperNamespace=hiveserver2
```

接着，进入具体的数据库、表以及列的权限设置页面，具体操作内容如图 9-22 所示。

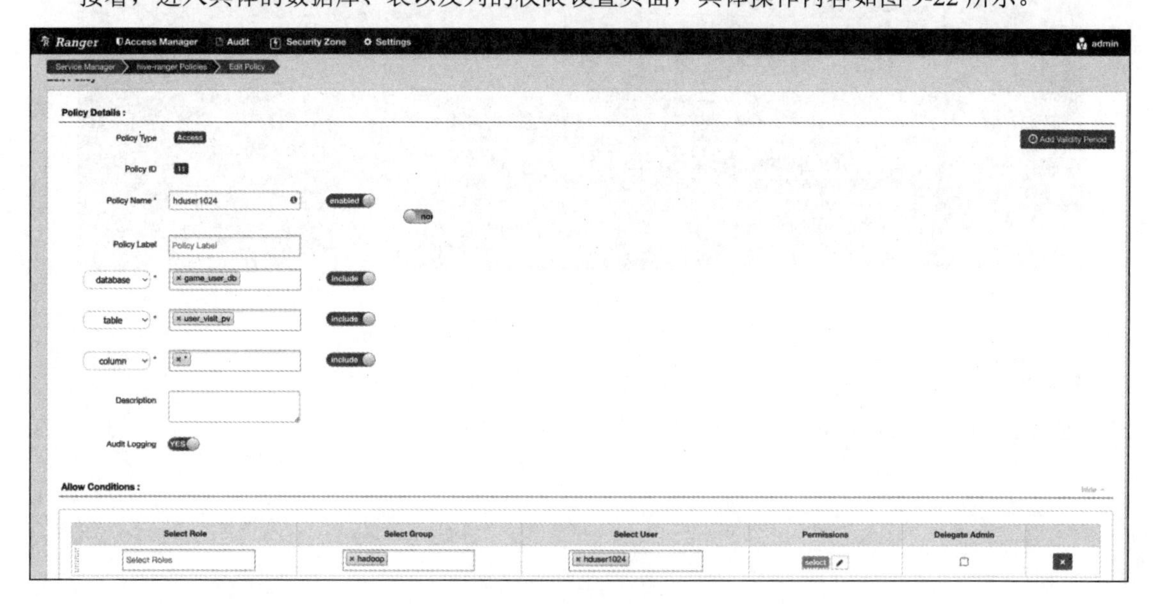

图 9-22

设置数据库 game_user_db，选择表 user_visit_pv，然后为该表下的所有列（使用*号）授予 hduser1024 用户的查询权限（select）。接着，在 Hive 的客户端执行查询语句验证权限，具体操作命令如下：

```
-- 进入 Hive 客户端，并切换到指定数据库
hive> use game_user_db;
-- 查询表内容
hive> select * from user_visit_pv limit 2;
```

执行上述命令，结果如图 9-23 所示。

```
hive> use game_user_db;
OK
Time taken: 0.407 seconds
hive> select * from user_visit_pv limit 2;
OK
1000    2021-09-01      100
1001    2021-09-02      120
Time taken: 0.897 seconds, Fetched: 2 row(s)
```

图 9-23

然后，进入 Hive 策略中，修改只授予 hduser1024 用户读取 uid 字段的权限，具体操作如图 9-24 所示。

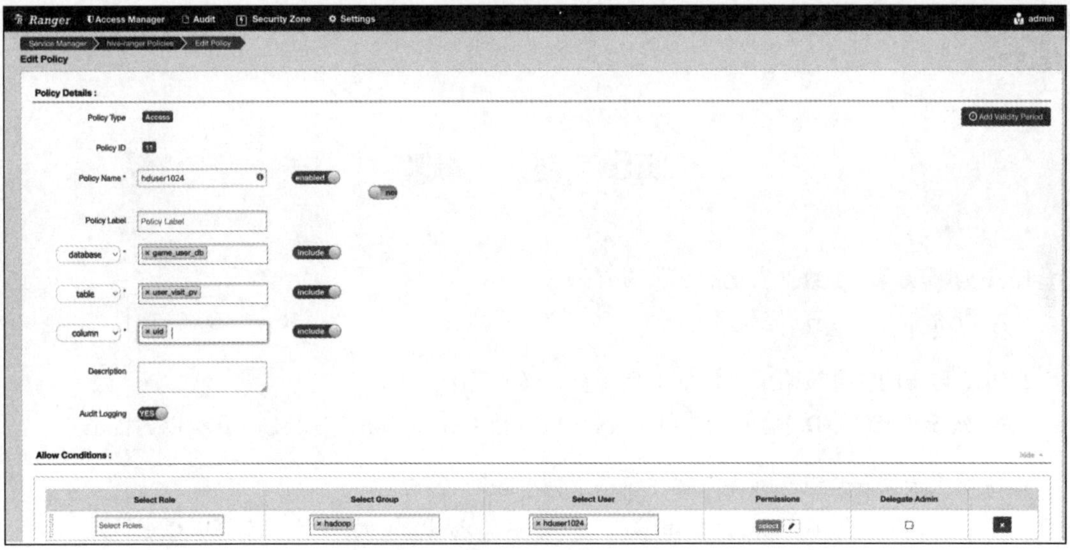

图 9-24

接着，在 Hive 的客户端执行查询语句验证权限，具体操作命令如下：

```
-- 进入 Hive 客户端，并切换到指定数据库
hive> use game_user_db;
-- 查询表内容
hive> select uid from user_visit_pv limit 2;
hive> select uid,pv from user_visit_pv limit 2;
```

执行上述命令，结果如图 9-25 所示。

```
hive> use game_user_db;
OK
Time taken: 0.069 seconds
hive> select uid from user_visit_pv limit 2;
OK
1000
1001
Time taken: 0.353 seconds, Fetched: 2 row(s)
hive> select uid,pv from user_visit_pv limit 2;
FAILED: HiveAccessControlException Permission denied: user [hduser1024] does not have [SELECT] privilege on [ga
me_user_db/user_visit_pv/*]
```

图 9-25

从图 9-25 中可以看到 hduser1024 用户只拥有读取 uid 字段的权限，读取 pv 字段则会抛出权限异常的错误。

9.4 本章小结

本章着重探讨了 Hive 的安全机制，并对 Hive 的传统安全策略进行了对比分析，包括传统模式、基于文件存储的授权机制以及基于 SQL 标准的授权方式。在企业环境中，针对如何选择 Hive 的安全策略，本章比较了业界的几种主流方案，并最终确定采用 Apache Ranger 作为 Hive 的安全策略解决方案。同时，本章还对 Apache Ranger 的安装和使用流程进行了详尽的讲解，并分享了实用的“避坑技巧”。

9.5 习题

1. 下列哪项不属于数据安全的三大原则？（　　）

   A. 机密性　B. 完整性　C. 可用性　D. 高效性

2. Hive 传统的安全策略中，包括下列哪些？（　　）

   A. 传统模式　B. 基于文件存储授权　C. 基于 SQL 标准的授权　D. 以上皆是

3. 关于大数据安全组件解决方案，包括下列哪些？（　　）

   A. Kerberos　B. Apache Sentry　C. Apache Ranger　D. 以上皆是

4. Apache Ranger 是否支持表中列级别的权限控制？（　　）

   A. 支持　B. 不支持

5. 在 Hive 中，下列哪个关键字用于授权使用？（　　）

   A. select　B. grant　C. show　D. alter

第 10 章

数据提取与多维呈现：深度解析 Hive 编程

在 Hive 集群中，虽然 SQL 可以轻松提取数据，但在实际项目中，我们往往需要以多种方式呈现这些数据，包括数据报表和图形看板。为了满足这个需求，Hive 提供了编程语言访问接口，使我们能够迅速获取数据。

10.1 使用编程语言操作 Hive

Hive SQL 提供了一种非常强大的声明性查询语言，可以轻松实现各种查询操作。编写 Hive SQL 查询语句通常更简单明了。然而，在开发与 Hive 相关的应用程序时，编程语言是不可或缺的。主要原因如下。

1. 复杂的业务需求

由于 Hive SQL 在表达能力上受到限制，它并不能胜任所有查询需求。这意味着，某些查询可以通过 Java 或 Python 编程来实现，但使用 Hive SQL 则无法满足。为了解决这个问题，我们可以将 Hive SQL 嵌入更强大的编程语言中，以实现这些特殊查询。

2. 丰富的呈现效果

一个应用程序通常包含多个组成部分，其中查询或更新数据仅是其中之一，其他部分则需要使用编程语言来实现。对于综合性应用程序，必须找到一种方法将 Hive SQL 与编程语言进行集成。

为了更清晰地理解，我们可以通过一张对比图来展示 Hive SQL 和嵌入编程语言后的 Hive SQL 之间的区别，具体如图 10-1 所示。

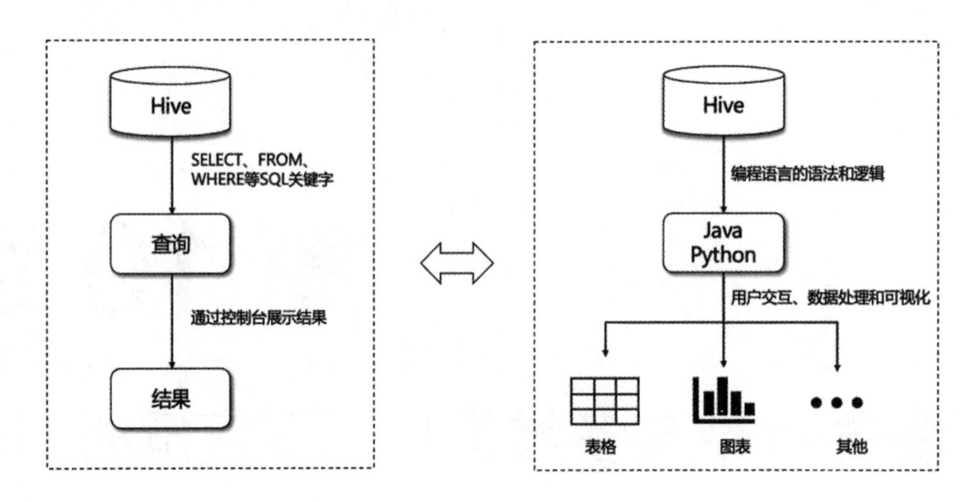

图 10-1

随着对使用编程语言开发 Hive 应用程序需求的认识加深，我们应当探索如何实现编程语言与 Hive SQL 的有效交互。通常，有多种方法可供选择，以便从各种编程环境中调用和执行 Hive SQL 语句。这些方法包括使用 JDBC 驱动，或者特定的语言库和框架，如 Python 的 JayDeBeApi 库、Java 的 Hive JDBC 驱动等，从而实现从代码中直接运行 Hive 查询的功能。通过这些接口，开发者可以将 Hive SQL 查询集成到他们的应用程序中，实现数据处理和分析的自动化。

3. 动态 Hive SQL

编程语言可以通过函数或方法与 Hive 集群服务建立连接，并进行交互操作。通过动态 Hive SQL，我们能够在运行时以字符串形式构建 Hive SQL 查询，随后提交这些查询，并将执行结果存储在程序变量中。每次一个变量（可以是字符串、数组、类对象等）。动态 Hive SQL 的 SQL 接口允许程序在运行时构建和执行 Hive SQL 查询。

4. 嵌入式 Hive SQL

嵌入式 Hive SQL 与动态 Hive SQL 有相似之处，它提供了另一种程序与 Hive 集群服务交互的方式。然而，嵌入式 Hive SQL 与动态 Hive SQL 在执行方式上有一些不同。嵌入式 Hive SQL 语句必须在编译时完全确定，并交给预处理器。这个预处理器会将 Hive SQL 语句提交到 Hive 集群系统，进行预编译和优化，然后将应用程序中的 Hive SQL 语句替换为相应的代码和函数。最终，它调用应用程序语言的编译器进行编译和执行。这意味着嵌入式 Hive SQL 的执行计划在编译时确定，而不是在运行时动态构建。

10.2 Java 操作 Hive 实践

Hive 系统的核心功能是使用 Java 编程语言实现的，因此使用 Java 语言来开发与 Hive 相关的应用程序非常便捷。例如，我们可以利用 Hive 的应用接口，通过 Java 快速实现对 Hive 库表的创建、

修改、删除以及查询等操作。

1. 设置连接信息

首先，我们需要初始化 Hive 连接信息，具体实现内容见代码 10-1。

代码 10-1

```
/**
 * Hive2 JDBC 驱动
 */
private static String driverName = "org.apache.hive.jdbc.HiveDriver";

/**
 * Hive2 连接 URL
 */
private static String url = "jdbc:hive2://dn1:2181,dn2:2181,dn3:2181/;
serviceDiscoveryMode=ZooKeeper;ZooKeeperNamespace=hiveserver2";

/**
 * Hive2 连接用户名
 */
private static String user = "hadoop";

/**
 * Hive2 连接密码
 */
private static String password = "";

/**
 * Hive2 连接对象
 */
private static Connection conn = null;
private static Statement stmt = null;
private static ResultSet rs = null;
```

2. 初始化连接对象

接下来，使用连接字符串创建一个连接对象，以便我们对 Hive 进行后续的一系列操作，具体实现内容见代码 10-2。

代码 10-2

```
/**
 * 初始化 Hive2 连接
 *
 * @throws Exception
 */
@Before
public void init() throws Exception {
    Class.forName(driverName);
    conn = DriverManager.getConnection(url, user, password);
```

```
    stmt = conn.createStatement();
}
```

我们以 ZooKeeper 的高可用模式连接 Hive，连接字符串包括 ZooKeeper 服务的主机名、端口号以及所需的用户名和密码。

3. 操作 Hive 数据库表的实现方法

接下来，编写操作 Hive 数据库表的实现方法，其中包含创建数据库、查看数据库、创建表等，具体实现内容见代码 10-3。

代码 10-3

```
/**
 * 创建数据库
 *
 * @throws Exception
 */
@Test
public void createDatabase() throws Exception {
    String sql = "create database test";
    log.info("sql:{}", sql);
    stmt.execute(sql);
}

/**
 * 查询所有数据库
 *
 * @throws Exception
 */
@Test
public void showDatabases() throws Exception {
    String sql = "show databases";
    log.info("sql:{}", sql);
    rs = stmt.executeQuery(sql);
    while (rs.next()) {
        log.info("查询所有数据库:{}", rs.getString(1));
    }
}

/**
 * 创建表
 *
 * @throws Exception
 */
@Test
public void createTable() throws Exception {
    String sql = "CREATE TABLE game_user_db.weather (\n" +
            "  date_str string,\n" +
            "  high_temp int,\n" +
            "  low_temp int\n" +
```

```
            ") ROW FORMAT DELIMITED FIELDS TERMINATED BY ','";
        log.info("sql:{}", sql);
        stmt.execute(sql);
    }

    /**
     * 查询所有表
     *
     * @throws Exception
     */
    @Test
    public void showTables() throws Exception {
        String sql = "show tables";
        log.info("sql:{}", sql);
        rs = stmt.executeQuery(sql);
        while (rs.next()) {
            log.info("查询所有表名:{}", rs.getString(1));
        }
    }

    /**
     * 查看表结构
     *
     * @throws Exception
     */
    @Test
    public void descTable() throws Exception {
        String sql = "desc emp";
        log.info("sql:{}", sql);
        rs = stmt.executeQuery(sql);
        while (rs.next()) {
            log.info(rs.getString(1) + "\t" + rs.getString(2));
        }
    }

    /**
     * 加载数据
     *
     * @throws Exception
     */
    @Test
    public void loadData() throws Exception {
        String filePath = "/data/tmp.txt";
        String sql = "load data local inpath '" + filePath + "' overwrite into table
test";
        log.info("sql:{}", sql);
        stmt.execute(sql);
    }

    /**
```

```
     * 查询数据
     *
     * @throws Exception
     */
    @Test
    public void selectData() throws Exception {
        String sql = "select * from test";
        log.info("sql:{}", sql);
        rs = stmt.executeQuery(sql);

        while (rs.next()) {
            log.info(rs.getInt("id") + "\t\t" + rs.getString("name"));
        }
    }

    /**
     * 统计查询，执行 mapreduce 任务
     *
     * @throws Exception
     */
    @Test
    public void countData() throws Exception {
        String sql = "select count(1) pv from test";
        log.info("sql:{}", sql);
        rs = stmt.executeQuery(sql);
        while (rs.next()) {
            log.info("统计结果:{}", rs.getInt(1));
        }
    }

    /**
     * @throws Exception
     */
    @Test
    public void dropDatabase() throws Exception {
        String sql = "drop database if exists test";
        log.info("sql:{}", sql);
        stmt.execute(sql);
    }

    /**
     * 删除表
     *
     * @throws Exception
     */
    @Test
    public void dropTable() throws Exception {
        String sql = "drop table if exists test";
        log.info("sql:{}", sql);
        stmt.execute(sql);
```

```
}
```

4. 释放连接对象

在操作完 Hive 数据库表之后，我们可以释放连接对象，具体实现见代码 10-4。

代码 10-4

```
/**
 * 关闭 Hive2 连接
 *
 * @throws Exception
 */
@After
public void destory() throws Exception {
    if (rs != null) {
        rs.close();
    }
    if (stmt != null) {
        stmt.close();
    }
    if (conn != null) {
        conn.close();
    }
}
```

这个示例代码演示了如何连接到 Hive 数据库，执行 Hive SQL 操作，并处理查询结果。请替换示例中的连接信息、SQL 查询和结果处理部分，以适应你的实际需求。在实际应用中，请确保在使用完数据库连接后关闭连接，以释放资源。

除基本的 SQL 操作外，还可以使用 Java 语言执行更复杂的 Hive SQL 查询，例如使用 JOIN、GROUP BY、ORDER BY 等操作。

以下是一些示例代码，演示如何在 Java 中执行包含 JOIN 操作的 Hive SQL 查询，具体实现内容见代码 10-5。

代码 10-5

```
    String query = "SELECT t1.id, t1.name, t2.salary FROM employee t1 JOIN salary
t2 ON t1.id = t2.id";
    ResultSet rs = stmt.executeQuery(query);
    while (rs.next()) {
        int id = rs.getInt("id");
        String name = rs.getString("name");
        double salary = rs.getDouble("salary");
        // 处理结果集
    }
```

运用 GROUP BY 和 HAVING 操作，具体实现内容见代码 10-6。

代码 10-6

```
    String query = "SELECT department, COUNT(1) AS count FROM employee GROUP BY
```

```
department HAVING COUNT(1) > 10";
    ResultSet rs = stmt.executeQuery(query);
    while (rs.next()) {
        String department = rs.getString("department");
        int count = rs.getInt("count");
        // 处理结果集
    }
```

执行 ORDER BY 操作，具体实现内容见代码 10-7。

代码 10-7

```
    String query = "SELECT * FROM employee ORDER BY salary DESC";
    ResultSet rs = stmt.executeQuery(query);
    while (rs.next()) {
        int id = rs.getInt("id");
        String name = rs.getString("name");
        double salary = rs.getDouble("salary");
        // 处理结果集
    }
```

在这里，query 变量是包含 Hive SQL 查询语句的字符串，可以根据需要进行修改。

需要特别注意的是，执行复杂查询可能需要更长的时间。为了避免程序卡死，可以设置查询的超时时间，例如：

```
    stmt.setQueryTimeout(60); // 设置查询的超时时间为 60 秒
```

在应用程序开发中，确保安全性至关重要，特别是在处理带有变量的查询语句时，以防止 SQL 注入攻击。为了保护系统免受潜在的威胁，我们应该使用参数化查询（Prepared Statement）。下面是一个参数化查询的示例，具体实现内容见代码 10-8。

代码 10-8

```
    String query = "SELECT * FROM employee WHERE department = ?";
    PreparedStatement pstmt = conn.prepareStatement(query);
    pstmt.setString(1, "IT");
    ResultSet rs = pstmt.executeQuery();
    while (rs.next()) {
        int id = rs.getInt("id");
        String name = rs.getString("name");
        double salary = rs.getDouble("salary");
        // 处理结果集
    }
```

在上述代码示例中，问号（?）代表一个占位符。我们可以利用对应的函数来指定参数的值，比如使用 setString()函数来实现参数化查询。在执行查询之前，必须通过 prepareStatement 方法创建一个 PreparedStatement 对象，并将查询语句传递给它作为参数。在执行查询时，可以使用对应的函数来为占位符设置值，然后使用 executeQuery 方法执行查询。这种方法有助于提高代码的安全性和性能。

10.2.1　环境准备

1. 开发环境

在开始使用 Java 语言开发应用程序之前，我们需要准备开发环境，开发环境的具体配置信息可参考表 10-1。

表10-1　开发环境配置信息

基础软件	版　本
Java 编译环境	JDK8 以上
语言编辑器	Eclipse、IDEA
操作系统	macOS、Linux、Windows

2. 数据准备

创建一个天气数据明细表，表字段格式如表 10-2 所示。

表10-2　天气数据明细表的表字段格式

字　段	类　型	注　释
temperature	double	温度，单位为℃
atmos	double	水平大气压
humidity	int	空气湿度
wind_direction	string	风向
wind_speed	int	风速，单位为米/秒
wind_max	int	最大阵风，单位为米/秒
temperature_min	double	最低温度，单位为℃
temperature_max	double	最高温度，单位为℃
visibility	double	水平能见度，单位为千米
precipitation	double	降水量，单位为毫米
day	string	日期分区

10.2.2　实例：实现简易天气分析系统

为了构建一个简单的天气分析系统，我们可以使用 Hive SQL 来处理天气数据。以下是一个简单的示例，演示如何使用 Hive SQL 来创建表、加载数据、查询数据并生成报告。

1. 创建表格

首先，创建一个 Hive 表，用于存储天气数据。假设数据是以逗号分隔的文本文件，每行包含日期、最高温度和最低温度等数据。具体实现内容见代码 10-9。

代码 10-9

```
/**
 * 创建表
 *
 * @throws Exception
 */
```

```
@Test
public void createTable() throws Exception {
    String sql = "CREATE TABLE game_user_db.weather (\n" +
            "  date_str string,\n" +
            "  high_temp int,\n" +
            "  low_temp int\n" +
            ") ROW FORMAT DELIMITED FIELDS TERMINATED BY ',' ";
    log.info("sql:\n{}", sql);
    stmt.execute(sql);
}

/**
 * 查看表结构
 *
 * @throws Exception
 */
@Test
public void descTable() throws Exception {
    String sql = "desc game_user_db.weather";
    log.info("sql:{}", sql);
    rs = stmt.executeQuery(sql);
    while (rs.next()) {
        log.info(rs.getString(1) + "\t" + rs.getString(2));
    }
}
```

分别执行创建表和查看表的方法，在代码编辑器中可以获得如图 10-2 所示的结果。

```
2023-09-17 23:17:43 INFO  [HiveConnection.main] - Connected to dn1:10001
2023-09-17 23:17:44 INFO  [Chapt10.main] - sql:desc game_user_db.weather
2023-09-17 23:17:44 INFO  [Chapt10.main] - date_str string
2023-09-17 23:17:44 INFO  [Chapt10.main] - high_temp    int
2023-09-17 23:17:44 INFO  [Chapt10.main] - low_temp int

Process finished with exit code 0
```

图 10-2

2. 加载数据

接下来，将天气数据加载到 Hive 表中，具体实现内容见代码 10-10。

代码 10-10

```
/**
 * 加载数据
 *
 * @throws Exception
 */
@Test
public void loadData() throws Exception {
    String filePath = "/data/soft/new/local/data.txt";
String sql = "LOAD DATA LOCAL INPATH '" + filePath
```

```
        + "' OVERWRITE INTO TABLE game_user_db.weather";
        log.info("sql:\n{}", sql);
        stmt.execute(sql);
    }
```

在执行上述代码时，可能会出现如下异常信息：

```
    Error: Error while compiling statement: FAILED: SemanticException Line 1:23
Invalid path ''/data/soft/new/local/data.txt '': No files matching path file:
/data/soft/new/local/data.txt
```

在使用 JDBC 连接 HiveServer2 执行 LOAD DATA LOCAL INPATH 代码时，被导入的文件必须位于 HiveServer2 节点的本地服务器上。如果文件存在于其他节点上，将导致上述错误。

3. 查询数据

下面使用 Hive SQL 查询天气数据。例如，找出最高温度和最低温度，具体实现内容见代码 10-11。

代码 10-11

```
    /**
     * 查询数据
     *
     * @throws Exception
     */
    @Test
    public void selectData() throws Exception {
        String sql = "select date_str,low_temp,high_temp from game_user_db.weather
limit 10";
        log.info("sql:{}", sql);
        rs = stmt.executeQuery(sql);

        while (rs.next()) {
            log.info(rs.getString("date_str") + ", " + rs.getString("low_temp")+ ",
" + rs.getString("high_temp"));
        }
    }
```

执行上述代码，结果如图 10-3 所示。

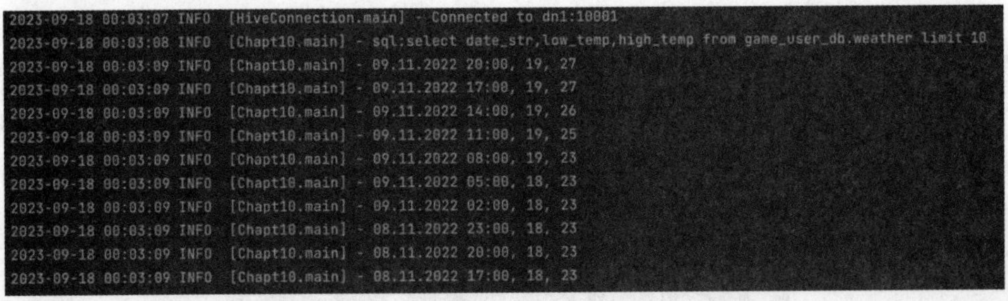

```
2023-09-18 00:03:07 INFO  [HiveConnection.main] - Connected to dn1:10001
2023-09-18 00:03:08 INFO  [Chapt10.main] - sql:select date_str,low_temp,high_temp from game_user_db.weather limit 10
2023-09-18 00:03:09 INFO  [Chapt10.main] - 09.11.2022 20:00, 19, 27
2023-09-18 00:03:09 INFO  [Chapt10.main] - 09.11.2022 17:00, 19, 27
2023-09-18 00:03:09 INFO  [Chapt10.main] - 09.11.2022 14:00, 19, 26
2023-09-18 00:03:09 INFO  [Chapt10.main] - 09.11.2022 11:00, 19, 25
2023-09-18 00:03:09 INFO  [Chapt10.main] - 09.11.2022 08:00, 19, 23
2023-09-18 00:03:09 INFO  [Chapt10.main] - 09.11.2022 05:00, 18, 23
2023-09-18 00:03:09 INFO  [Chapt10.main] - 09.11.2022 02:00, 18, 23
2023-09-18 00:03:09 INFO  [Chapt10.main] - 08.11.2022 23:00, 18, 23
2023-09-18 00:03:09 INFO  [Chapt10.main] - 08.11.2022 20:00, 18, 23
2023-09-18 00:03:09 INFO  [Chapt10.main] - 08.11.2022 17:00, 18, 23
```

图 10-3

还可以计算平均温度，具体实现内容见代码 10-12。

代码 10-12

```
/**
 * 计算平均温度
 * @throws Exception
 */
@Test
public void selectAvgData() throws Exception {
    String sql = "SELECT " +
            "AVG(high_temp + low_temp) / 2 AS avg_temp " +
            "FROM game_user_db.weather";
    log.info("sql:\n {}", sql);
    rs = stmt.executeQuery(sql);

    while (rs.next()) {
        log.info(rs.getString("avg_temp") );
    }
}
```

执行上述代码，结果如图 10-4 所示。

```
2023-09-18 00:06:57 INFO  [HiveConnection.main] - Connected to dn1:10001
2023-09-18 00:06:58 INFO  [Chapt10.main] - sql:SELECT AVG(high_temp + low_temp) / 2 AS avg_temp FROM game_user_db.weather
2023-09-18 00:08:05 INFO  [Chapt10.main] - 23.490118577075098
```

图 10-4

4. 生成报告

最后，将查询结果输出为报告，例如将月平均温度输出到文本文件中，具体实现内容见代码 10-13。

代码 10-13

```
/**
 * 数据导出
 * @throws Exception
 */
@Test
public void selectExportData() throws Exception {
    String sql = "INSERT OVERWRITE LOCAL DIRECTORY'/data/new/soft/report'\n" +
            "ROW FORMAT DELIMITED FIELDS TERMINATED BY ','\n" +
            "SELECT AVG(high_temp + low_temp) / 2 AS avg_temp " +
            "FROM game_user_db.weather";
    log.info("sql:\n {}", sql);
    stmt.execute(sql);
}
```

执行上述代码，结果如图 10-5 所示。

```
[hadoop@dn1 report]$ cd /data/new/soft/report
[hadoop@dn1 report]$ ll
total 4
-rw-r--r--. 1 hadoop hadoop 19 Sep 18 00:15 000000_0
[hadoop@dn1 report]$ cat 000000_0
23.490118577075098
```

图 10-5

通过上述代码，将生成一个以逗号分隔的文本文件，其中包含平均温度数据。我们可以使用其他工具（例如 Excel）将这些数据导入报告中。

5. 添加分区

如果天气数据量很大，可以通过添加分区来提高查询效率。假设数据存储在以下目录结构中：/year=2022/month=09/day=20，我们可以创建一个分区表，具体实现内容见代码 10-14。

代码 10-14

```
/**
 * 创建分区表
 *
 * @throws Exception
 */
@Test
public void createTable() throws Exception {
    String sql = "CREATE TABLE game_user_db.weather_partition (\n" +
            "  high_temp INT,\n" +
            "  low_temp INT\n" +
            ")\n" +
            "PARTITIONED BY (year STRING, month STRING, day STRING)\n" +
            "ROW FORMAT DELIMITED FIELDS TERMINATED BY ','";
    log.info("sql:\n{}", sql);
    stmt.execute(sql);
}

/**
 * 查看表结构
 *
 * @throws Exception
 */
@Test
public void descTable() throws Exception {
    String sql = "desc game_user_db.weather_partition";
    log.info("sql:{}", sql);
    rs = stmt.executeQuery(sql);
    while (rs.next()) {
        log.info(rs.getString(1) + "\t" + rs.getString(2));
    }
}
```

执行上述代码，结果如图 10-6 所示。

```
2023-09-19 00:25:06 INFO  [HiveConnection.main] - Connected to dn1:10001
2023-09-19 00:25:07 INFO  [Chapt10.main] - sql:desc game_user_db.weather_partition
2023-09-19 00:25:07 INFO  [Chapt10.main] - high_temp    int
2023-09-19 00:25:07 INFO  [Chapt10.main] - low_temp int
2023-09-19 00:25:07 INFO  [Chapt10.main] - year string
2023-09-19 00:25:07 INFO  [Chapt10.main] - month    string
2023-09-19 00:25:07 INFO  [Chapt10.main] - day  string
2023-09-19 00:25:07 INFO  [Chapt10.main] -  null
2023-09-19 00:25:07 INFO  [Chapt10.main] - # Partition Information  null
2023-09-19 00:25:07 INFO  [Chapt10.main] - # col_name   data_type
2023-09-19 00:25:07 INFO  [Chapt10.main] - year string
2023-09-19 00:25:07 INFO  [Chapt10.main] - month    string
2023-09-19 00:25:07 INFO  [Chapt10.main] - day  string
```

图 10-6

这将创建一个名为 weather_partition 的表，该表具有三个分区：year、month 和 day。

接下来添加分区，具体实现见代码 10-15。

代码 10-15

```
/**
 * 加载分区数据
 *
 * @throws Exception
 */
@Test
public void loadData() throws Exception {
    String filePath = "/data/soft/new/local/data_part.txt";
String sql = "LOAD DATA LOCAL INPATH '" + filePath + "' OVERWRITE INTO TABLE
 game_user_db.weather_partition partition(year='2022',
month='09',day='20')";
    log.info("sql:\n{}", sql);
    stmt.execute(sql);
}
```

执行上述代码，结果如图 10-7 所示。

```
2023-09-19 00:35:31 INFO  [HiveConnection.main] - Connected to dn1:10001
2023-09-19 00:35:31 INFO  [Chapt10.main] - sql:
LOAD DATA LOCAL INPATH '/data/soft/new/local/data_part.txt' OVERWRITE INTO TABLE
game_user_db.weather_partition partition(year='2022',month='09',day='20')
```

图 10-7

6. 查询分区数据

下面查询分区数据，具体实现内容见代码 10-16。

代码 10-16

```
/**
 * 查询分区数据
 *
```

```
 * @throws Exception
 */
@Test
public void selectData() throws Exception {
String sql = "select low_temp,high_temp from game_user_db.
weather_partition \n" +
        "where year='2022' and month='09' and day='20' limit 10";
   log.info("sql:{}", sql);
   rs = stmt.executeQuery(sql);

   while (rs.next()) {
      log.info(rs.getString("low_temp")+ ", " + rs.getString("high_temp"));
   }
}
```

执行上述代码，将返回特定分区日期的天气数据，结果如图 10-8 所示。

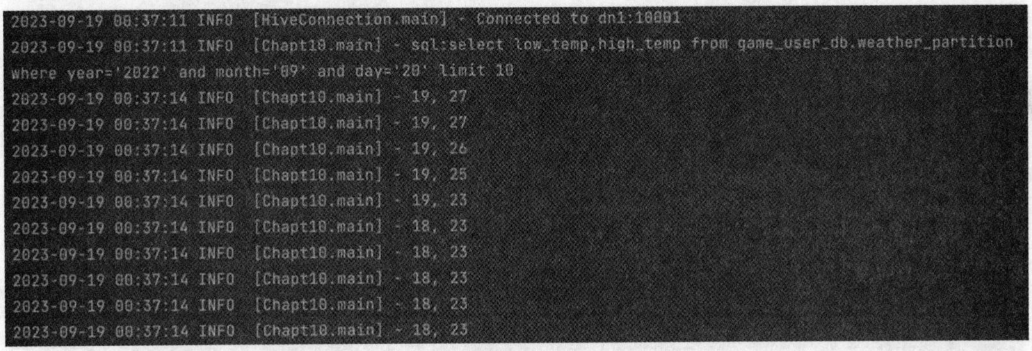

```
2023-09-19 00:37:11 INFO  [HiveConnection.main] - Connected to dn1:10001
2023-09-19 00:37:11 INFO  [Chapt10.main] - sql:select low_temp,high_temp from game_user_db.weather_partition
where year='2022' and month='09' and day='20' limit 10
2023-09-19 00:37:14 INFO  [Chapt10.main] - 19, 27
2023-09-19 00:37:14 INFO  [Chapt10.main] - 19, 27
2023-09-19 00:37:14 INFO  [Chapt10.main] - 19, 26
2023-09-19 00:37:14 INFO  [Chapt10.main] - 19, 25
2023-09-19 00:37:14 INFO  [Chapt10.main] - 19, 23
2023-09-19 00:37:14 INFO  [Chapt10.main] - 18, 23
2023-09-19 00:37:14 INFO  [Chapt10.main] - 18, 23
2023-09-19 00:37:14 INFO  [Chapt10.main] - 18, 23
2023-09-19 00:37:14 INFO  [Chapt10.main] - 18, 23
2023-09-19 00:37:14 INFO  [Chapt10.main] - 18, 23
```

图 10-8

7. 优化查询

为了进一步优化查询性能，可以使用分桶来组织数据。假设要按日期范围查询数据，可以创建一个分桶表，具体实现内容见代码 10-17。

代码 10-17

```
/**
 * 创建表
 * database: game_user_db
 *
 * @throws Exception
 */
@Test
public void createTable() throws Exception {
   String sql = "CREATE TABLE game_user_db.weather_bucketed (\n" +
         "  high_temp INT,\n" +
         "  low_temp INT,\n" +
         "  date_str STRING\n" +
         ")\n" +
         "CLUSTERED BY (date_str) INTO 32 BUCKETS\n" +
```

```
            "ROW FORMAT DELIMITED FIELDS TERMINATED BY ','\n";
    log.info("sql:\n{}", sql);
    stmt.execute(sql);
}

/**
 * 查看表结构
 *
 * @throws Exception
 */
@Test
public void descTable() throws Exception {
    String sql = "desc game_user_db.weather_bucketed";
    log.info("sql:{}", sql);
    rs = stmt.executeQuery(sql);
    while (rs.next()) {
        log.info(rs.getString(1) + "\t" + rs.getString(2));
    }
}
```

这将创建一个名为 weather_bucketed 的表，该表具有 32 个桶，根据日期进行分组。执行上述代码，结果如图 10-9 所示。

```
2023-09-23 20:17:55 INFO  [HiveConnection.main] - Connected to dn1:10001
2023-09-23 20:17:56 INFO  [Chapt10.main] - sql:desc game_user_db.weather_bucketed
2023-09-23 20:17:56 INFO  [Chapt10.main] - high_temp    int
2023-09-23 20:17:56 INFO  [Chapt10.main] - low_temp int
2023-09-23 20:17:56 INFO  [Chapt10.main] - date_str string
```

图 10-9

接下来，将数据插入分桶表，具体实现内容见代码 10-18。

代码 10-18

```
/**
 * 写入数据
 *
 * @throws Exception
 */
@Test
public void insertData() throws Exception {
    String sql = "INSERT OVERWRITE TABLE game_user_db.weather_bucketed\n" +
            "SELECT high_temp,low_temp,CONCAT(\n" +
            "    -- 提取年份\n" +
            "    SUBSTR(SPLIT(date_str,' ')[0], -4), \n" +
            "    '-', \n" +
            "    -- 提取月份（注意添加 0 以确保两位数格式）\n" +
            "    CASE \n" +
            "        WHEN LENGTH(SPLIT(date_str, '\\\\.')[1]) = 1 " +
            "        THEN CONCAT('0', SPLIT(date_str, '\\\\.')[1])\n" +
            "        ELSE SPLIT(date_str, '\\\\.')[1]\n" +
```

```
            "    END,\n" +
            "    '-', \n" +
            "    -- 提取日期（注意添加 0 以确保两位数格式）\n" +
            "    CASE \n" +
            "        WHEN LENGTH(SPLIT(date_str, '\\\\.')[0]) = 1 " +
            "        THEN CONCAT('0', SPLIT(date_str, '\\\\.')[0])\n" +
            "        ELSE SPLIT(date_str, '\\\\.')[0]\n" +
            "    END\n" +
            "    ) AS formatted_date\n" +
            "FROM game_user_db.weather";
    log.info("sql:\n{}", sql);
    stmt.execute(sql);
}
```

执行上述代码，提取天气数据到指定的分桶表中。结果如图 10-10 所示。

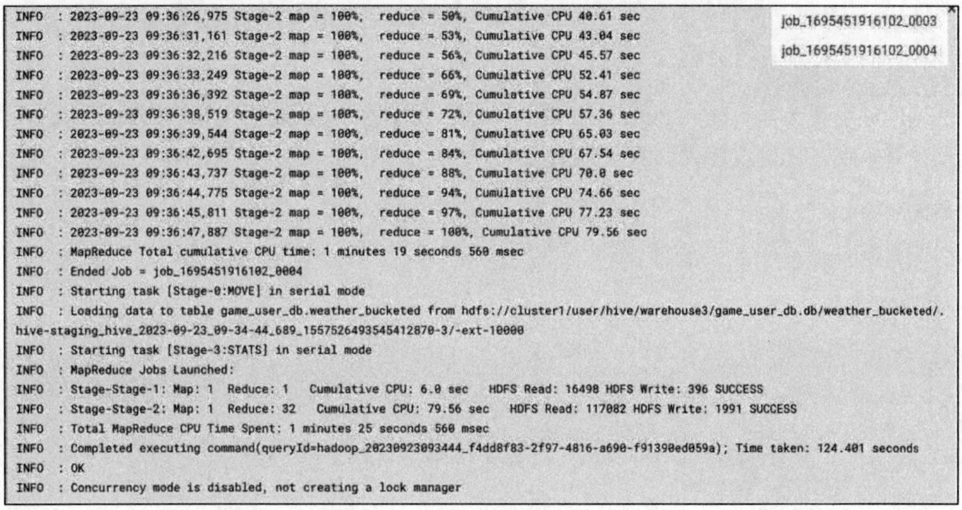

```
INFO  : 2023-09-23 09:36:26,975 Stage-2 map = 100%,  reduce = 50%, Cumulative CPU 40.61 sec
INFO  : 2023-09-23 09:36:31,161 Stage-2 map = 100%,  reduce = 53%, Cumulative CPU 43.04 sec
INFO  : 2023-09-23 09:36:32,216 Stage-2 map = 100%,  reduce = 56%, Cumulative CPU 45.57 sec
INFO  : 2023-09-23 09:36:33,249 Stage-2 map = 100%,  reduce = 66%, Cumulative CPU 52.41 sec
INFO  : 2023-09-23 09:36:36,392 Stage-2 map = 100%,  reduce = 69%, Cumulative CPU 54.87 sec
INFO  : 2023-09-23 09:36:38,519 Stage-2 map = 100%,  reduce = 72%, Cumulative CPU 57.36 sec
INFO  : 2023-09-23 09:36:39,544 Stage-2 map = 100%,  reduce = 81%, Cumulative CPU 65.03 sec
INFO  : 2023-09-23 09:36:42,695 Stage-2 map = 100%,  reduce = 84%, Cumulative CPU 67.54 sec
INFO  : 2023-09-23 09:36:43,737 Stage-2 map = 100%,  reduce = 88%, Cumulative CPU 70.0 sec
INFO  : 2023-09-23 09:36:44,775 Stage-2 map = 100%,  reduce = 94%, Cumulative CPU 74.66 sec
INFO  : 2023-09-23 09:36:45,811 Stage-2 map = 100%,  reduce = 97%, Cumulative CPU 77.23 sec
INFO  : 2023-09-23 09:36:47,887 Stage-2 map = 100%,  reduce = 100%, Cumulative CPU 79.56 sec
INFO  : MapReduce Total cumulative CPU time: 1 minutes 19 seconds 560 msec
INFO  : Ended Job = job_1695451916102_0004
INFO  : Starting task [Stage-0:MOVE] in serial mode
INFO  : Loading data to table game_user_db.weather_bucketed from hdfs://cluster1/user/hive/warehouse3/game_user_db.db/weather_bucketed/.
hive-staging_hive_2023-09-23_09-34-44_689_1557526493545412870-3/-ext-10000
INFO  : Starting task [Stage-3:STATS] in serial mode
INFO  : MapReduce Jobs Launched:
INFO  : Stage-Stage-1: Map: 1  Reduce: 1   Cumulative CPU: 6.0 sec   HDFS Read: 16498 HDFS Write: 396 SUCCESS
INFO  : Stage-Stage-2: Map: 1  Reduce: 32   Cumulative CPU: 79.56 sec   HDFS Read: 117082 HDFS Write: 1991 SUCCESS
INFO  : Total MapReduce CPU Time Spent: 1 minutes 25 seconds 560 msec
INFO  : Completed executing command(queryId=hadoop_20230923093444_f4dd8f83-2f97-4816-a690-f91390ed059a); Time taken: 124.401 seconds
INFO  : OK
INFO  : Concurrency mode is disabled, not creating a lock manager
```

job_1695451916102_0003
job_1695451916102_0004

图 10-10

现在，按日期查询数据，具体实现内容见代码 10-19。

代码 10-19

```
/**
 * 查询数据
 *
 * @throws Exception
 */
@Test
public void selectData() throws Exception {
    String sql = "SELECT * FROM game_user_db.weather_bucketed \n" +
            "WHERE date_str='2022-11-01' LIMIT 5";
    log.info("sql:\n{}", sql);
    rs = stmt.executeQuery(sql);

    while (rs.next()) {
```

```
        log.info(rs.getString("low_temp")+ ", " + rs.getString("high_temp"));
    }
}
```

执行上述代码，可以更加快速地返回特定日期范围内的天气数据。结果如图 10-11 所示。

```
2023-09-23 21:59:04 INFO  [HiveConnection.main] - Connected to dn1:10001
2023-09-23 21:59:04 INFO  [Chapt10.main] - sql:
SELECT * FROM game_user_db.weather_bucketed
WHERE date_str='2022-11-01' LIMIT 5
2023-09-23 21:59:05 INFO  [Chapt10.main] - 21, 26
2023-09-23 21:59:05 INFO  [Chapt10.main] - 22, 26
2023-09-23 21:59:05 INFO  [Chapt10.main] - 22, 26
2023-09-23 21:59:05 INFO  [Chapt10.main] - 22, 26
2023-09-23 21:59:05 INFO  [Chapt10.main] - 19, 26
```

图 10-11

8. 使用窗口函数进行分析

除基本的聚合查询外，Hive SQL 还提供了一些强大的窗口函数，用于高级分析。例如，计算每个月的温度变化率，具体实现内容见代码 10-20。

代码 10-20

```
    /**
     * 查询数据
     *
     * @throws Exception
     */
    @Test
    public void selectData() throws Exception {
        String sql = "SELECT\n" +
                "  month,\n" +
                "  (MAX(high_temp) - MIN(low_temp)) / CAST(MAX(high_temp) AS DOUBLE)
" +
                "AS temp_change_rate\n" +
                "FROM (\n" +
                "  SELECT\n" +
                "    SUBSTR(date_str, 1, 7) AS month,\n" +
                "    high_temp,\n" +
                "    low_temp\n" +
                "  FROM game_user_db.weather_bucketed\n" +
                ") t\n" +
                "GROUP BY month";
        log.info("sql:\n{}", sql);
        rs = stmt.executeQuery(sql);

        while (rs.next()) {
            log.info(rs.getString("month")+ ", "
             + rs.getString("temp_change_rate"));
        }
```

```
}
```

执行上述代码，将返回每个月的温度变化率，即最高温度和最低温度之间的差异占最高温度的百分比。结果如图 10-12 所示。

```
2023-09-23 22:05:35 INFO  [HiveConnection.main] - Connected to dn1:10001
2023-09-23 22:05:36 INFO  [Chapt10.main] - sql:
SELECT
  month,
  (MAX(high_temp) - MIN(low_temp)) / CAST(MAX(high_temp) AS DOUBLE) AS temp_change_rate
FROM (
  SELECT
    SUBSTR(date_str, 1, 7) AS month,
    high_temp,
    low_temp
  FROM game_user_db.weather_bucketed
) t
GROUP BY month
2023-09-23 22:06:46 INFO  [Chapt10.main] - 2022-10, 0.5161290322580645
2023-09-23 22:06:46 INFO  [Chapt10.main] - 2022-11, 0.37037037037037035
```

图 10-12

9. 使用 UDF 进行分析

如果需要进行更高级的分析，可以使用 Hive User-Defined Functions（UDF）。UDF 是自定义函数，允许在 Hive SQL 查询中使用 Java、Python、Scala 等编程语言编写的函数。例如，创建一个 UDF，用于计算某一天是否为工作日，具体实现内容见代码 10-21。

代码 10-21

```
/**
 * Description: 实现 Hive UDF 函数
 * @Author: smartloli
 * @Date: 2023/9/23 22:11
 * @Version: 3.4.0
 */
public class IsWeekdayUDF extends UDF {

    /**
     * 判断日期是不是工作日
     * @param date: 2023-09-23
     * @return
     */
    public boolean evaluate(String date) {
        String[] dates = date.split("-");
        int year = Integer.parseInt(dates[0]);
        int month = Integer.parseInt(dates[1]);
        int day = Integer.parseInt(dates[2]);
        if (month == 1 || month == 2) {
            month += 12;
            year--;
        }
```

```
        int c = year / 100;
        int y = year % 100;
        int week = c / 4 - 2 * c + y + y / 4 + 13 * (month + 1) / 5 + day - 1;
        return week % 7 == 0 || week % 7 == 6;
    }

}
```

然后，将上述代码编译打包成 JAR 文件，并将 JAR 文件上传到 HDFS 目录中，执行如下命令：

```
# 上传 JAR 到 HDFS 目录
[hadoop@nna appcom]$ hdfs dfs -put hive-book-learn-1.0.jar /data/apps/udf
```

接下来，在查询中使用 UDF 函数，具体实现内容见代码 10-22。

代码 10-22

```
/**
 * 查询数据
 *
 * @throws Exception
 */
@Test
public void selectData() throws Exception {
    String sql = "SELECT *,is_weekday(date_str) is_weekday " +
            "FROM game_user_db.weather_bucketed LIMIT 10";
    String[] sqlStatements = {
            "add jar hdfs://192.168.31.204:9820/data/apps" +
                    "/udf/hive-book-learn-1.0.jar",
            "CREATE TEMPORARY FUNCTION is_weekday AS " +
                    "'org.smartloli.hive.book.learn.udf.IsWeekdayUDF'"};
    for(String sqlStatement:sqlStatements){
        log.info("sql:\n{}", sqlStatement);
        stmt.execute(sqlStatement);
    }
    log.info("sql:\n{}", sql);
    rs = stmt.executeQuery(sql);

    while (rs.next()) {
        log.info(
                rs.getString("high_temp") + ", "
                        + rs.getString("low_temp") + ", "
                        + rs.getString("date_str") + ", "
                        + rs.getString("is_weekday")
        );
    }
}
```

执行上述代码，将返回天气数据和日期是否为工作日的信息，其中 true 表示非工作日，false 表示工作日。结果如图 10-13 所示。

```
2023-09-23 23:52:31 INFO  [HiveConnection.main] - Connected to dn1:10001
2023-09-23 23:52:31 INFO  [Chapt10.main] - sql:
add jar hdfs://192.168.31.204:9820/data/apps/udf/hive-book-learn-1.0.jar
2023-09-23 23:52:32 INFO  [Chapt10.main] - sql:
CREATE TEMPORARY FUNCTION is_weekday AS 'org.smartloli.hive.book.learn.udf.IsWeekdayUDF'
2023-09-23 23:52:32 INFO  [Chapt10.main] - sql:
SELECT *,is_weekday(date_str) is_weekday FROM game_user_db.weather_bucketed LIMIT 10
2023-09-23 23:52:32 INFO  [Chapt10.main] - 27, 25, 2022-10-17, false
2023-09-23 23:52:32 INFO  [Chapt10.main] - 29, 25, 2022-10-17, false
2023-09-23 23:52:32 INFO  [Chapt10.main] - 29, 25, 2022-10-17, false
2023-09-23 23:52:32 INFO  [Chapt10.main] - 30, 25, 2022-10-17, false
2023-09-23 23:52:32 INFO  [Chapt10.main] - 30, 24, 2022-10-17, false
2023-09-23 23:52:32 INFO  [Chapt10.main] - 30, 23, 2022-10-17, false
2023-09-23 23:52:32 INFO  [Chapt10.main] - 30, 23, 2022-10-17, false
2023-09-23 23:52:32 INFO  [Chapt10.main] - 29, 25, 2022-10-17, false
2023-09-23 23:52:32 INFO  [Chapt10.main] - 28, 20, 2022-10-27, false
2023-09-23 23:52:32 INFO  [Chapt10.main] - 28, 20, 2022-10-27, false
```

图 10-13

通过对上述内容的学习，我们发现 Hive SQL 提供了强大的工具和函数，可以用于天气数据分析和报告生成。可以根据需要使用这些工具和函数，创建表格、加载数据、查询数据和生成报告。

10. 导出数据

最后，将查询结果导出到本地文件中，具体实现内容见代码 10-23。

代码 10-23

```
/**
 * 数据导出
 *
 * @throws Exception
 */
@Test
public void selectExportData() throws Exception {
    String sql = "INSERT OVERWRITE LOCAL DIRECTORY '/data/new/soft" +
            "/report'\n" +
            "ROW FORMAT DELIMITED FIELDS TERMINATED BY ','\n" +
            "SELECT * FROM game_user_db.weather_bucketed";
    log.info("sql:\n {}", sql);
    stmt.execute(sql);
}
```

这将把查询结果写入本地文件/data/soft/new/report 中，使用逗号作为字段分隔符。结果如图 10-14 所示。

```
[hadoop@dn1 report]$ cat 000000_0
27,25,2022-10-17
29,25,2022-10-17
29,25,2022-10-17
30,25,2022-10-17
30,24,2022-10-17
30,23,2022-10-17
30,23,2022-10-17
29,25,2022-10-17
28,20,2022-10-27
28,20,2022-10-27
28,20,2022-10-27
29,20,2022-10-27
29,20,2022-10-27
29,20,2022-10-27
29,20,2022-10-27
28,20,2022-10-27
29,23,2022-10-24
29,22,2022-10-24
```

图 10-14

可以根据需要使用其他文件格式，如 JSON、Avro 等，通过设置相应的输出格式来实现。

10.3 Python 操作 Hive 实践

在大数据时代，数据处理和分析是企业的重要工作。Hive SQL 数据库是 Hadoop 生态系统中的一个重要工具，它允许用户管理和查询大规模的分布式数据。本节将介绍如何使用 Python 以及 JayDeBeApi 库来与 Hive SQL 数据库进行交互，执行 SQL 查询以及获取和处理查询结果。

10.3.1 选择 Python 操作 Hive SQL

1. Python 的广泛应用和生态系统

Python 是一种非常流行的编程语言，具有广泛的应用和庞大的社区支持。这种广泛应用的生态系统使得 Python 成为操作 Hive SQL 的理想选择。它拥有以下特性。

- 强大的社区支持：Python 有着庞大的开发者社区，因此有大量的文档、教程和库可供用户参考。当你在操作 Hive SQL 时遇到问题或需要解决特定的挑战时，可以轻松地找到支持和解决方案。
- 丰富的第三方库：Python 生态系统拥有许多用于数据分析、可视化和机器学习的第三方库，如 Pandas、NumPy、Matplotlib、Seaborn 和 Scikit-learn。这些库使得数据处理和分析变得更加高效，并使 Hive SQL 数据集成到数据分析工作流程中变得容易。

2. 易于学习和使用

Python 是一种容易学习和使用的编程语言，其简单、清晰的语法和直观的设计使得有经验的开发者和新手都能够快速上手。这对于数据分析人员、数据工程师和科学家来说尤为重要，因为他们通常不是专业的软件开发者。这种易用性有以下优点。

- 降低学习难度：学习 Python 相对容易，因此新手可以更快地掌握其基本概念和开发技能，开始进行 Hive SQL 数据操作。

- 高效率的开发：Python 的语法和库的简单性使得开发过程更加高效，因此用户可以更快地构建和测试 Hive SQL 查询。

3. 数据处理和分析能力

Python 拥有强大的数据处理和分析库，使其成为处理 Hive SQL 查询结果的理想选择。比如：

- Pandas 库：Pandas 是 Python 中用于数据处理和分析的核心库之一。它提供了 DataFrame 数据结构，用于处理和分析结构化数据。通过 Pandas，可以轻松地将 Hive SQL 查询结果存储在 DataFrame 中，并执行各种数据操作，如过滤、排序、聚合和清理。
- 数据可视化：Python 还提供了丰富的数据可视化工具，如 Matplotlib、Seaborn 和 Plotly，可用于创建各种类型的图表和可视化效果，以更好地理解 Hive SQL 数据。

综上所述，选择 Python 来操作 Hive SQL 的理由包括其广泛的应用和生态系统、易学易用性、强大的数据处理和分析能力，以及灵活性和可扩展性。这使得 Python 成为处理和分析大规模数据的优秀工具，有助于提高数据分析的效率和质量，从而更好地支持业务决策。

10.3.2 使用 JayDeBeApi 实现 Python 访问 Hive

在使用 Python 连接到 Hive SQL 数据库之前，需要进行一些准备工作。接下来将详细介绍使用 Python 和 JayDeBeApi 连接到 Hive SQL 数据库的准备工作、操作步骤以及说明。

1. 准备工作

- 安装 Java 开发工具包（Java Development Kit，JDK）：JayDeBeApi 是基于 Java 的 JDBC（Java Database Connectivity）驱动程序，因此需要安装 Java 开发工具包。确保你的操作系统上已经安装了 JDK。
- 安装 Python：确保你的系统上已经安装了 Python。建议使用 Python 3.x 版本，因为它是目前最常用的 Python 版本。
- 安装 JayDeBeApi：需要使用 pip 来安装 JayDeBeApi 库，这些库将帮助 Python 与 Java JDBC 驱动程序进行交互。
- 获取 Hive JDBC 驱动程序：从 Hive 的官方网站或 Maven 仓库下载 Hive 的 JDBC 驱动程序 JAR 文件。这个 JAR 文件是连接到 Hive 数据库的关键。

执行如下命令来下载依赖包（即对应的库），如下所示：

```
# 安装 JayDeBeApi 库
pip install JayDeBeApi

# 下载 JAR 依赖包
https://www.github.com/smartloli/hive-book/libs
```

2. 操作步骤

首先，打开 Python 脚本并导入 JayDeBeApi 库，以及可能在后续数据处理和分析中使用的其他库，例如 Pandas 和 Matplotlib，具体实现内容见代码 10-24。

代码 10-24

```
import jaydebeapi
import pandas as pd
import matplotlib.pyplot as plt
```

接着，在 Python 脚本中设置 Hive 连接信息，包括 Hive JDBC 驱动程序的路径、连接 URL、用户名和密码，具体实现内容见代码 10-25。

代码 10-25

```
# 设置 Hive 驱动类
dirver = 'org.apache.hive.jdbc.HiveDriver'
# 设置连接参数
url = 'jdbc:hive2://dn1:2181,dn2:2181,dn3:2181/;
serviceDiscoveryMode=ZooKeeper;ZooKeeperNamespace=hiveserver2'
# 初始化 JDBC 连接器
conn = jaydebeapi.connect(dirver, url, ['hadoop', ''], jarFile)
```

这将创建一个连接到 Hive SQL 数据库的连接对象（conn），我们将使用它来执行 SQL 查询。

最后，创建游标（cursor），然后使用游标来执行 Hive SQL 查询，并通过游标获取查询结果，具体实现内容见代码 10-26。

代码 10-26

```
# 获取游标
curs = conn.cursor()
# 执行 SQL
# curs.execute("select * from game_user_db.user_visit_pv limit 10")
curs.execute("show databases")
# 获取查询结果
result = curs.fetchall()
# 打印结果
print(result)
```

在完成数据处理和分析后，不要忘记关闭与 Hive 数据库的连接，以释放资源，具体实现内容见代码 10-27。

代码 10-27

```
# 释放资源
curs.close()
conn.close()
```

3. 完整代码

以下是一个完整的 Python 代码示例，演示如何连接到 Hive SQL 数据库，执行查询并获取结果，见代码 10-28。

代码 10-28

```
# -*- coding: utf8 -*-

# 安装 Python 库
# pip install JayDeBeApi
import jaydebeapi
import os

#
# 这是一个简单的示例，演示如何使用Hive JDBC驱动程序与Python
#
# 设置路径依赖地址
DIR = os.getcwd() + '/hive/lib/'
# 设置Hive JDBC依赖包的路径
jarFile = [
          DIR + 'hive-jdbc-3.1.1.jar',
          DIR + 'commons-logging-1.2.jar',
          DIR + 'hive-service-3.1.1.jar',
          DIR + 'hive-service-rpc-3.1.1.jar',
          DIR + 'libthrift-0.12.0.jar',
          DIR + 'httpclient-4.5.9.jar',
          DIR + 'httpcore-4.4.11.jar',
          DIR + 'slf4j-api-1.7.26.jar',
          DIR + 'curator-framework-4.2.0.jar',
          DIR + 'curator-recipes-4.2.0.jar',
          DIR + 'curator-client-4.2.0.jar',
          DIR + 'commons-lang-2.6.jar',
          DIR + 'hadoop-common-3.2.0.jar',
          DIR + 'httpcore-4.4.11.jar',
          DIR + 'hive-common-3.1.1.jar',
          DIR + 'hive-serde-3.1.1.jar',
          DIR + 'guava-28.0-jre.jar',
          DIR + 'ZooKeeper-3.8.0.jar',
          DIR + 'ZooKeeper-jute-3.8.0.jar',
      ]
# 设置Hive驱动类
dirver = 'org.apache.hive.jdbc.HiveDriver'
# 设置连接参数
url = 'jdbc:hive2://dn1:2181,dn2:2181,dn3:2181/;
serviceDiscoveryMode=ZooKeeper;ZooKeeperNamespace=hiveserver2'
# 初始化JDBC连接器
conn = jaydebeapi.connect(dirver, url, ['hadoop', ''], jarFile)
# 获取游标
curs = conn.cursor()
# 执行SQL
curs.execute("SELECT * FROM game_user_db.weather_bucketed LIMIT 10")
# 获取查询结果
result = curs.fetchall()
# 打印结果
for row in result:
```

```
    print("%s\t%s\t%s" % (row[0], row[1], row[2]))
# 释放资源
curs.close()
conn.close()
```

执行上述 Python 代码，结果如图 10-15 所示。

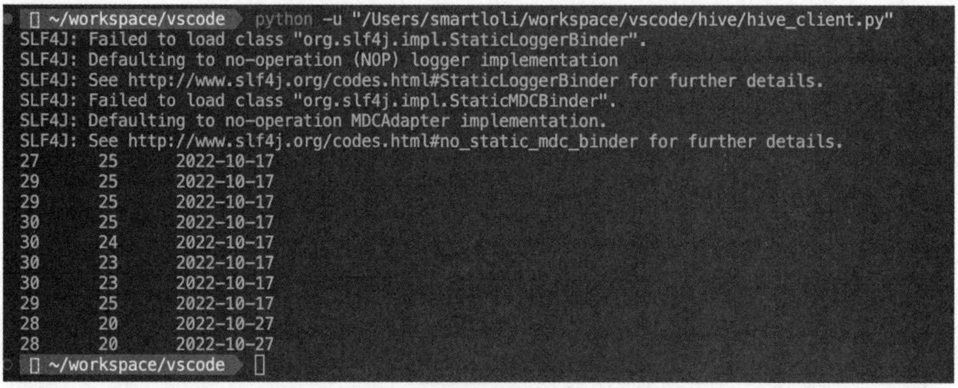

```
 ~/workspace/vscode  python -u "/Users/smartloli/workspace/vscode/hive/hive_client.py"
SLF4J: Failed to load class "org.slf4j.impl.StaticLoggerBinder".
SLF4J: Defaulting to no-operation (NOP) logger implementation
SLF4J: See http://www.slf4j.org/codes.html#StaticLoggerBinder for further details.
SLF4J: Failed to load class "org.slf4j.impl.StaticMDCBinder".
SLF4J: Defaulting to no-operation MDCAdapter implementation.
SLF4J: See http://www.slf4j.org/codes.html#no_static_mdc_binder for further details.
27      25      2022-10-17
29      25      2022-10-17
29      25      2022-10-17
30      25      2022-10-17
30      24      2022-10-17
30      23      2022-10-17
30      23      2022-10-17
29      25      2022-10-17
28      20      2022-10-27
28      20      2022-10-27
 ~/workspace/vscode 
```

图 10-15

通过这个完整的 Python 代码示例，读者可以学习如何使用 JayDeBeApi 连接到 Hive SQL 数据库，并执行 SQL 查询以获取和处理数据。这是一个强大的工具，可帮助读者在大数据环境中进行数据分析和决策制定。

10.4 数据洞察与分析

我们在使用编程语言操作 Hive 数据仓库中的业务表后，最终如何有效地洞察与分析这些业务表中的数据，以及如何将数据转换为实际的价值，这些都是需要我们去探索的。

10.4.1 数据洞察的价值

数据洞察是指通过分析和解释数据，以识别趋势、模式和见解的过程。这些见解可以帮助我们做出更科学的决策、改进业务流程、发现机会并解决问题。

1. 提高决策质量

通过分析数据，我们可以更好地理解问题的本质，从而做出更科学的决策。数据可以揭示隐藏的关系和趋势，帮助我们预测未来事件并制订战略计划。

2. 优化业务流程

数据洞察可以揭示业务流程中的瓶颈和效率低下之处。通过识别问题并采取措施，可以优化流程、降低成本、提高效率并提供更好的客户体验。

3. 发现新机会

数据分析可以揭示市场趋势、客户需求和竞争对手的行为。这有助于我们发现新的市场机会，开拓新的业务领域并制定市场战略。

4. 预测未来

数据分析可以帮助我们预测未来事件，例如销售趋势、需求峰值和库存需求。这有助于我们做出及时的决策，以满足市场需求。

10.4.2 数据洞察的方法论

要实现数据洞察，需要采用一系列数据分析方法和工具。以下是一些常见的方法。

1. 描述性分析

描述性分析是数据分析的起点。它包括统计和可视化方法，用于理解数据的基本特征。这可以通过制作直方图、箱线图、散点图和统计摘要来实现。

2. 探索性数据分析

探索性数据分析（Exploratory Data Analysis，EDA）是一种探索性分析方法，旨在发现数据中的模式和关系。通过图形化和统计分析，探索性数据分析可以帮助我们识别异常值、相关性和趋势。

3. 预测建模

预测建模是一种使用数据来预测未来事件的方法。它包括回归分析、时间序列分析和机器学习方法，用于建立预测模型并进行预测。

4. 聚类和分类

聚类和分类是将数据分为不同组或类别的方法。这可以帮助我们理解数据的结构，并识别具有相似特征的数据点。

5. 文本和情感分析

文本和情感分析用于分析文本数据，例如社交媒体帖子、评论和新闻文章。它可以帮助我们了解公众舆论和情感趋势。

10.4.3 数据洞察可视化实践

将数据可视化成图形、图表和报告是将数据洞察传达给业务决策者的关键步骤。可视化有助于人们更容易地理解数据，发现趋势和模式，并支持决策制定过程。现代数据可视化工具使得创建引人入胜的可视化报告变得更加简单。接下来介绍如何使用 Grafana，将数据转换为易于理解和有意义的图形和仪表板。

1. 安装和配置 Grafana

步骤 01 访问 Grafana 的下载网页，选择适合自己操作系统的版本，并下载安装包，如图 10-16 所示。

Download Grafana

Grafana Cloud
You can use Grafana Cloud to avoid installing, maintaining, and scaling your own instance of Grafana. Create a free account to get started, which includes free forever access to 10k metrics, 50GB logs, 50GB traces, & more.

Version: 10.1.2

Edition: Enterprise

The Enterprise Edition is the default and recommended edition. It includes all the features of the OSS Edition, can be used for free and can be upgraded to the full Enterprise feature set, including support for Enterprise plugins.

License: Grafana Labs License

Release Date: September 19, 2023

Release Info: What's New In Grafana 10.1.2

Linux　Windows　Mac　Docker　Linux on ARM64

Standalone MacOS/Darwin Binaries (64 Bit)　SHA256: e8e254a7d9601397ec4e9e027bb76e9f1ea2b41579cc93fe174112428d2c2a86

Read the MacOS installation guide for more information.

```
curl -O https://dl.grafana.com/enterprise/release/grafana-enterprise-10.1.2.darwin-amd64.tar.gz
tar -zxvf grafana-enterprise-10.1.2.darwin-amd64.tar.gz
```

图 10-16

步骤 02 接着，根据操作系统执行相应的安装步骤。通常，这涉及解压缩下载的文件并运行安装程序。

步骤 03 安装完成后，可以在 Grafana 的安装 bin 目录中执行./grafana server &命令来启动 Grafana 服务。默认情况下，Grafana 运行在端口 3000 上。通过在 Web 浏览器中输入 http://localhost:3000，我们可以访问 Grafana 的用户登录界面（启动 Grafana 服务后，默认用户名和密码均为 admin/admin）。结果如图 10-17 所示。

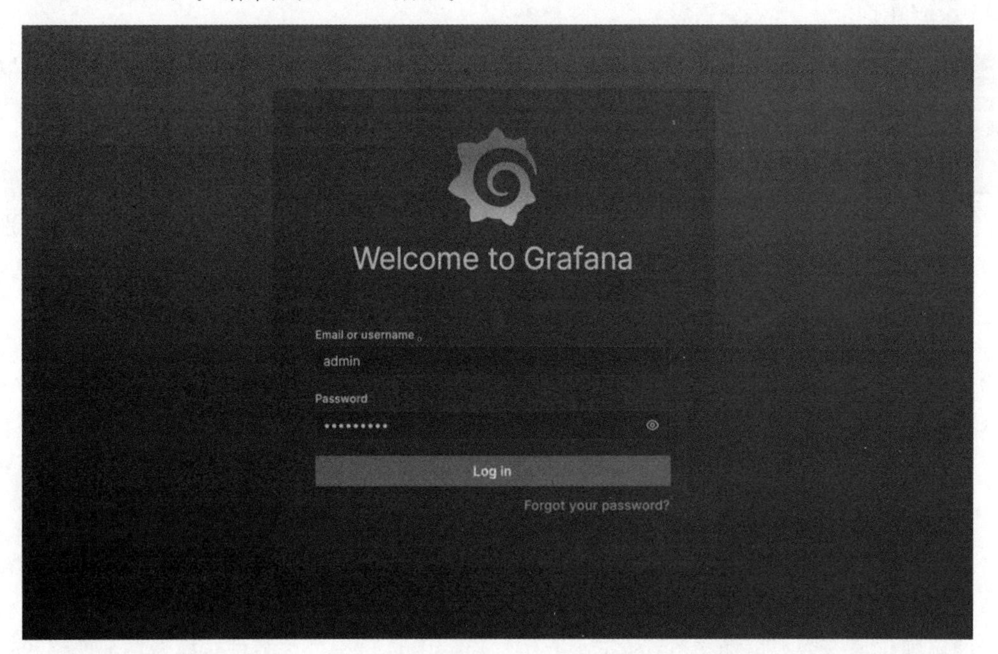

图 10-17

步骤 04 登录 Grafana 后，导航到 Configuration→Data Sources，然后单击 Add data source。选择数据源类型（例如 InfluxDB、Prometheus、MySQL 等），然后配置连接详细信息，包括主机、端口和认证信息。结果如图 10-18 所示。

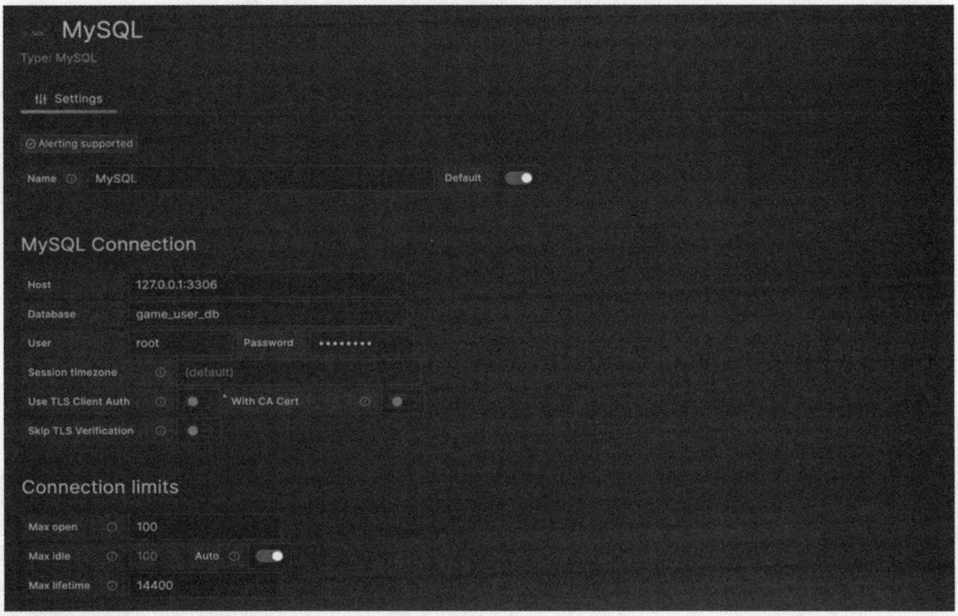

MySQL
Type: MySQL
Settings
Alerting supported
Name　MySQL　Default
MySQL Connection
Host　127.0.0.1:3306
Database　game_user_db
User　root　Password　••••••••
Session timezone　(default)
Use TLS Client Auth　With CA Cert
Skip TLS Verification
Connection limits
Max open　100
Max idle　100　Auto
Max lifetime　14400

图 10-18

2. 创建仪表板

步骤 01 创建仪表板：导航到 Grafana 的主页面，单击左侧导航栏中的"+"符号，然后选择 Dashboard。

步骤 02 添加面板：在新创建的仪表板上单击 Add new panel。这将是我们的第一个数据可视化面板。

步骤 03 配置数据源：在 Panel Data Source 下拉菜单中选择之前配置的数据源。

步骤 04 选择可视化类型：在 Visualization 选项卡中选择想要的可视化类型，例如折线图、柱状图、表格等。

按照上述步骤操作之后，我们将能够观察到如图 10-19 所示的输出内容。

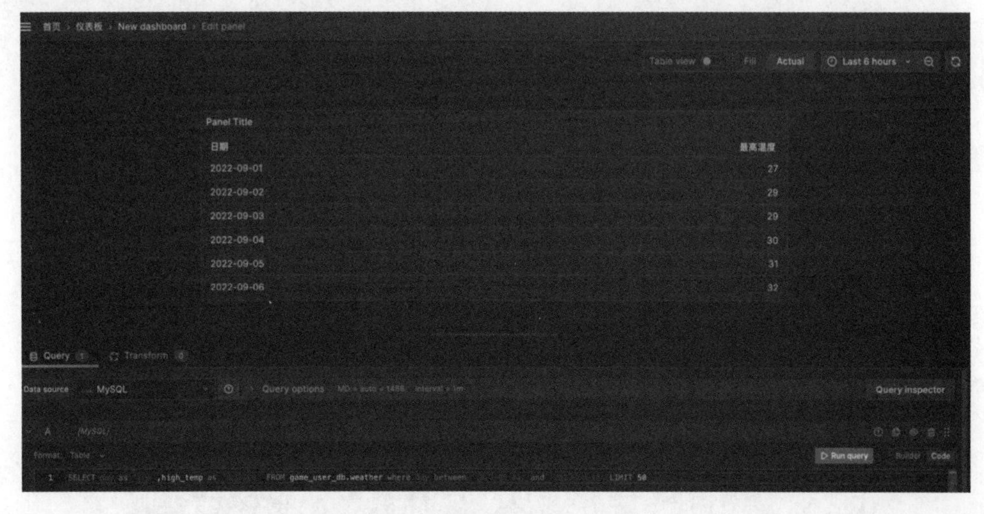

图 10-19

3. 设计和自定义仪表板

步骤01 编辑面板：单击仪表板上的 Edit 按钮，以进一步自定义面板，可以更改标题、样式、颜色和标签等。

步骤02 添加图例和注释：Grafana 允许为图表添加图例和注释，以帮助用户更好地理解数据。

步骤03 设置警报：可以设置警报规则，以便在数据达到特定条件时通知用户。这对于实时监控非常有用。

步骤04 保存仪表板：在完成仪表板设计后，别忘记单击 Save 按钮以保存更改。

步骤05 配置查询：在 Query 选项卡中，配置数据查询以从数据源中检索数据。这通常涉及选择数据表、字段、筛选条件和聚合函数等。

按照上述步骤操作之后，我们将能够观察到如图 10-20 所示的输出内容。

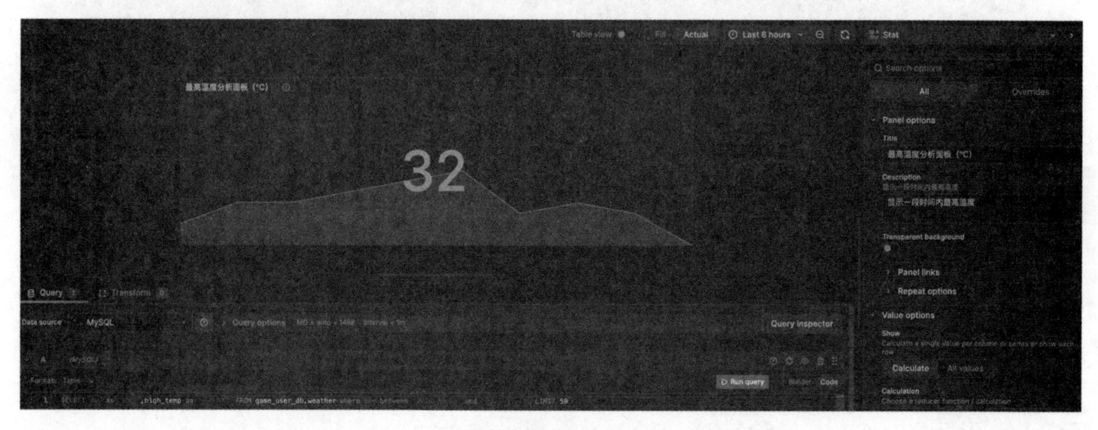

图 10-20

4. 分享和导出仪表板

步骤01 分享链接：如果希望与他人共享仪表板，可以通过单击仪表板右上角的 Share 按钮来生成共享链接。

步骤02 导出仪表板：还可以将仪表板导出为 JSON 文件，以便稍后导入或与其他人共享。

按照上述步骤操作之后，我们将能够观察到如图 10-21 所示的输出结果。

图 10-21

通过以上步骤，用户可以轻松地开始使用 Grafana 进行数据可视化。它提供了强大的功能，使用户能够将数据转换为令人印象深刻的可视化效果，并支持数据驱动的决策。不论读者是数据分析师、运维工程师还是业务决策者，Grafana 都将成为读者的强大工具，帮助读者更好地理解和利用数据，从而推动业务创新。

10.5　本章小结

本章主要从编程语言操作 Hive 的必要性出发，分别介绍了不同编程语言操作 Hive 的实现方式。使用编程语言操作 Hive 可以提高数据处理的灵活性和自动化程度，使得数据工程师和分析师能够更有效地利用 Hive 来处理和分析大规模数据，从而支持业务需求并做出更科学的决策。

10.6　习　题

1. 在连接到 Hive 时，通常需要使用哪种驱动程序？（　　）

   A. JDBC 和 ODBC　　B. HTTP 和 FTP

   C. JSON 和 XML　　D. SSH 和 TELNET

2. 在 Hive 中，什么是 ETL 任务的主要目标？（　　）

   A. 导出到 HDFS　　B. 聚合数据

   C. 提取、转换和加载数据　　D. 执行查询

3. 使用编程语言操作 Hive 可以用于哪些任务？（　　）

   A. 只能执行查询操作　　B. 只能执行数据导入操作

   C. 数据导入、导出、自动化任务等　　D. 仅用于数据可视化

第4篇　项目实战

本篇将聚焦于推荐系统的实际应用，通过结合 Hive 的强大功能，带领读者深入了解如何设计、优化和部署一个高效的推荐系统。从数据的提取和清洗到模型的训练和评估，逐步引导读者完成整个项目的实践过程，帮助读者掌握在实际场景中应用 Hive 构建推荐系统的关键技能。

第 11 章

基于 Hive 的高效推荐系统实践

在当今信息爆炸的互联网时代，我们每天都面临着海量的信息，从电商网站到博客，再到各式各样的新闻文章，几乎无时无刻不在接触不同领域的内容。然而，这种信息过载也带来了一个新的挑战：如何让用户在这浩瀚的信息海洋中迅速找到并享受符合他们兴趣的内容呢？

正是基于对这一问题的深刻认识，推荐系统应运而生。推荐系统的核心目标是通过智能算法为用户提供个性化、精准的推荐，从而简化其信息发现过程。

11.1 什么是推荐系统

推荐系统是一种基于人工智能和机器学习算法的技术，通过分析大数据，向消费者智能地推荐或建议其他产品。这些推荐依据多种标准，包括过去的购买记录、搜索历史、统计信息等因素，为用户提供个性化的产品和服务建议。推荐系统的重要性在于帮助用户发现那些他们自己可能难以找到的产品和服务。

11.1.1 推荐系统的发展历程

当今，互联网平台不断涌现，服务种类也日益繁多，涵盖购物、视频、新闻、音乐、游戏、社交等各个领域。在这个多元化的服务环境中，面对海量的“标的物”（如电商平台数百万的商品），如何让用户迅速找到并满足他们的需求成为企业面临的重要难题。

社会的不断进步提高了人们的受教育水平，每个个体都渴望表达自己。互联网的崛起带来了许多能够展示个性的产品，如微信朋友圈、微博、抖音、快手等。每个人的独特兴趣和特长都有了更广泛的展示空间。从进化论的角度看，每个人都是独一无二的，拥有不同的性格特征，而个人的生活环境差异也导致了个体偏好的千差万别。此外，“长尾理论”解释了非畅销产品如何满足人们多样化的需求，这些需求的总和不一定比热门物品产生的销售额小。

随着社会的进步，物质生活条件的改善使人们不再为基本生存而担忧，因此非生存需求逐渐成为主导，如阅读、观影、购物等。然而，这些非生存需求通常是不确定且无意识的，人们往往不清楚自己需要什么。相较于生存需求，人们更愿意接受被动推荐的产品，例如一部电影，只要符合个人口味，用户可能会非常喜欢。

综上所述，当前时代提供了极其丰富的商品和服务选择，而个体的兴趣爱好却千差万别。在特定场景下，个人对自己需求的认知也不总是清晰的。在这样的背景下，推荐系统崭露头角。个性化推荐系统成为解决上述问题的有效方法之一。

11.1.2　推荐系统解决的核心问题

推荐系统是在互联网迅速发展（尤其是移动互联网）之后崛起的一项技术，随着用户规模的急速增长和供应商提供的商品种类日益丰富（如电商平台上的数千万商品），用户在信息中的选择面临着巨大挑战。在这个背景下，推荐系统发挥了重要作用。其本质是在用户需求不明确的情况下，通过技术手段从海量信息中找到用户感兴趣的内容。推荐系统综合考虑用户信息（地域、年龄、性别等）、商品信息（名称、价格、产地等）以及用户过去的行为（购买、点击、评论等），利用机器学习技术构建用户兴趣模型，为用户提供精准的个性化推荐。

11.1.3　推荐系统的应用领域

在互联网蓬勃发展的时代，个性化推荐技术以其独特的价值和效果迅速渗透到多个应用领域，为用户提供了更加智能、精准的服务。从电商到社交媒体，从娱乐到教育，推荐系统正深刻地改变着我们获取信息和体验服务的方式。

1. 电商领域

在电商行业，推荐系统是无可替代的力量。以电商平台为例，推荐系统通过分析用户的购物历史、点击行为以及个人喜好，精准推荐商品，提高用户的购物体验。这不仅促进了交易量的增长，也使商家能够更有效地推销他们的产品。同时，用户通过个性化推荐获得了更多符合其口味和需求的商品选择，实现了“买得更多、买得更好”。

2. 社交媒体

在社交媒体平台上，推荐系统通过分析用户的社交关系、兴趣爱好，以及与朋友的互动情况，为用户推送更有趣、更相关的内容。这种个性化推荐不仅提高了用户黏性，也促进了信息的更广泛传播。从而，社交媒体平台通过推荐系统实现了更好的用户参与度和广告效果。

3. 娱乐行业

在娱乐领域，推荐系统推动着个性化内容的繁荣。音乐、电影、游戏等平台通过分析用户的历史喜好和行为，为用户推荐更符合其口味的娱乐内容，提升用户满意度和忠诚度。这种个性化的娱乐体验不仅让用户更容易发现新的喜好，也使娱乐产业更具竞争力。

4. 教育领域

在教育领域，推荐系统也展现了强大的潜力。通过分析学生的学科兴趣、学习风格和过去的学习表现，个性化推荐教学内容和资源，提高学习效果。这使得教育更贴合个体需求，培养出更有深度、更有激情的学习者。

11.2 数据仓库驱动的推荐系统设计

如何高效地发现并获得符合个性化需求的内容成为一项重要的挑战。由此，推荐系统应运而生，作为一项工程技术解决方案，其背后涉及庞大而复杂的体系工程。

为了确保推荐系统的有效运作，工程开发覆盖了诸多关键领域，包括日志埋点、日志收集、ETL（抽取、转换、加载）、分布式计算、特征工程、推荐算法建模、数据存储、接口服务提供、数据渲染展示与交互、推荐效果的全面评估等。

数据仓库在这个庞大复杂的体系中扮演着关键的角色。数据仓库的有效利用能够为推荐系统提供强大的支持，不仅在数据存储方面发挥着关键作用，还能通过对数据的深度挖掘和分析，为推荐算法的优化提供有力的依据。

11.2.1 推荐系统类型详解

尽管存在众多推荐算法和技术，但它们大多可以归纳为以下类别：协同过滤、内容过滤、相似过滤和矩阵分解，如图 11-1 所示。

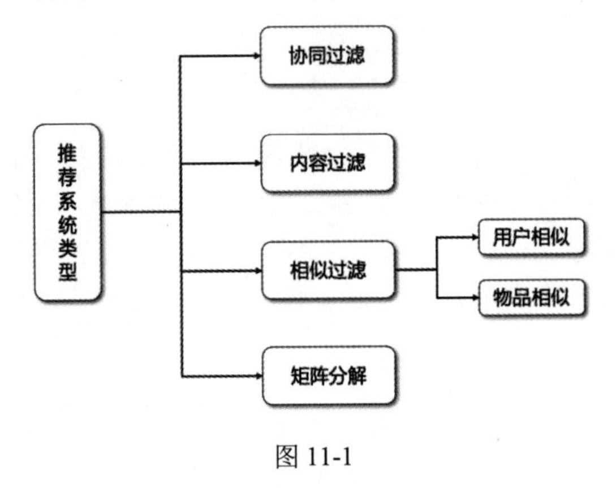

图 11-1

1. 协同过滤

用户在产品上的交互行为成为有价值的标记，这为我们提供了实现个性化推荐的宝贵机会。我们可以借助“物以类聚，人以群分”的简单思想，更好地满足用户的个性需求。

在具体实践中，“人以群分”指的是寻找与用户兴趣相似的其他用户，通过分析这些兴趣相近的用户的行为，将他们浏览过的物品推荐给目标用户。这就是基于用户的协同过滤算法。而“物以类聚”则意味着，如果许多用户对某两个物品表现出相似的偏好，那么这两个物品可以被认为是“相似的”。因此，我们可以通过向用户推荐与其喜欢过的物品相似的其他物品，实现个性化推荐，这就是基于物品的协同过滤推荐算法。

协同过滤算法基于多个用户的偏好信息（协同）来推荐物品（过滤）。该方法利用用户偏好行为的相似性，并根据用户与物品之间的历史互动进行推荐，使算法能够学会预测未来的用户行为。这些推荐系统建立在用户过去行为的模型基础上，包括之前购买的物品、对这些物品的评分以及其他用户的相似决策。其核心理念在于，如果一些用户过去做出过类似的决策和购买，那么他们在未来也可能会做出相似的选择。例如，如果协同过滤推荐系统发现你和另一位用户在运动器材选择上有相似的品味，它可能会向你推荐该用户已经购买过的运动器材，如图 11-2 所示。

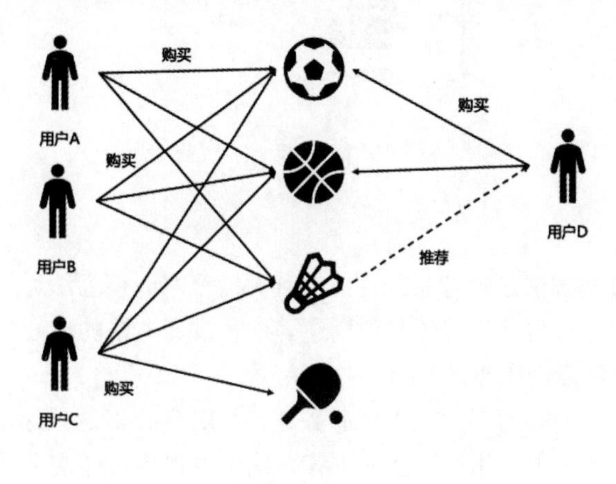

图 11-2

2. 内容过滤

推荐系统通过技术手段将用户与感兴趣的“标的物”关联起来。这些“标的物”拥有多个属性，用户与其互动会产生行为日志，这些日志成为衡量用户偏好的标签。基于这些偏好标签，推荐系统采用内容过滤算法为用户提供个性化推荐。

以视频推荐为例，视频携带着多层信息，其中包含标题、国别、年代、演职人员以及标签等特征信息。这些特征信息相互交织，共同构成了视频的多维特性。标题为影片提供了简明扼要的识别标志，国别反映了其文化背景，年代则承载着时代的印记。演职人员的表现为影片赋予了生动的人物面貌，而标签则是对影片主题、风格或情感的有力描述。用户之前观看的视频反映了他们的兴趣，比如偏好武侠和喜剧电影。因此，系统可以根据用户的兴趣特征向其推荐类似的视频，如喜剧武侠类电影。

内容过滤依赖物品的属性或特征（即“内容”部分）来推荐与用户偏好相符的其他物品。这种方法基于物品和用户特征的相似性，考虑用户以及与之交互的物品的信息（如年龄、餐厅的菜系、电影的平均评价），以模拟新互动的可能性。例如，系统了解到用户喜欢《电影 A》和《电影 B》，它可能会推荐其他类似类型或相同演员阵容的电影，如《电影 C》，如图 11-3 所示。

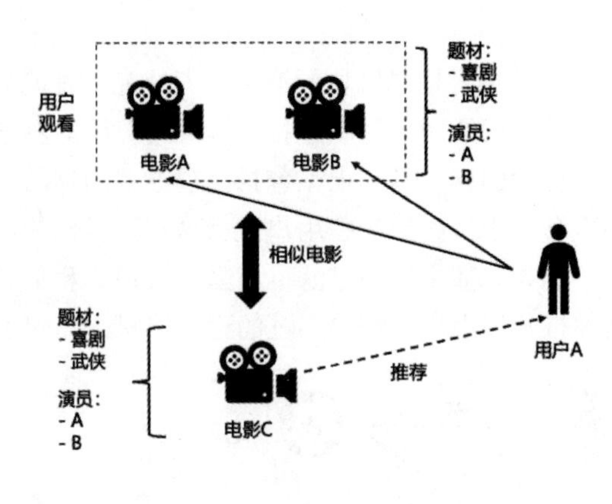

图 11-3

3. 相似过滤

基于用户相似度的过滤方法是推荐系统中的一种关键策略。该方法通过比较用户之间的相似性，将一个用户喜欢的物品推荐给与其相似的其他用户。这种过滤方法的核心理念是，具有相似兴趣和偏好的用户可能对相似的物品产生兴趣。

例如，假设用户 A 对篮球、足球、羽毛球感兴趣，而用户 B 对这些运动同样感兴趣，且还喜欢乒乓球。在这种情况下，基于用户相似过滤的推荐系统可以将乒乓球这个项目推荐给用户 A，因为用户 A 与用户 B 在多个运动上有相似的喜好。示意图请参见图 11-4。

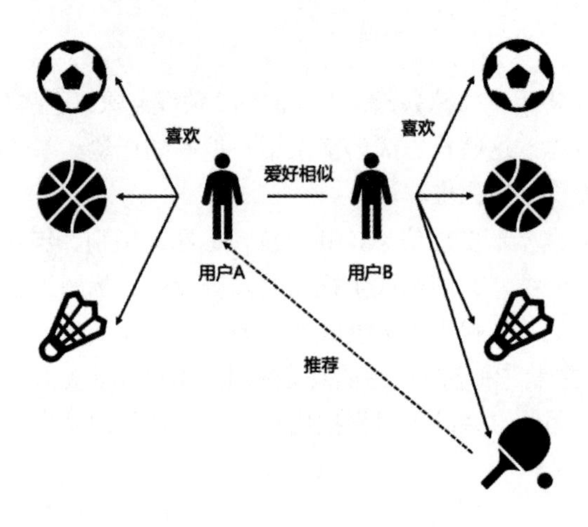

图 11-4

在实施基于用户相似过滤的推荐系统时，首先需要衡量用户之间的相似性。这通常通过计算用户之间的距离或相似性分数来实现，可以利用各种算法和技术，例如余弦相似度。一旦得到用户之间的相似性分数，系统就可以为目标用户推荐那些与其相似的用户喜欢的物品。

1）建立用户相似性矩阵

建立用户相似性矩阵是推荐系统中的重要步骤，旨在衡量用户之间的兴趣相似度，从而实现个性化的推荐。该矩阵的构建基于用户对物品的评分，其中每一行代表一个用户，包含其对所有物品的评分信息。对于用户 U_i，其行向量是一个大小为 m 的向量，表示对 m 个物品的评分，具体参见表 11-1。

表11-1　用户–物品矩阵

	I_1	I_2	…	I_j	…	I_{m-1}	I_m
U_1			…		…		
U_2			…		…		
…	…	…	…	…	…	…	…
U_i			…	A_{ij}	…		
…	…	…	…	…	…	…	…
$U_{n\text{-}1}$			…		…		
U_n			…		…		

用户相似性矩阵是一个大小为 $n \times n$ 的平方对称矩阵，其中 n 是用户的数量。为了计算用户之间的相似度，通常采用余弦相似度作为度量标准。余弦相似度通过计算两个用户评分向量之间的夹角余弦值来衡量它们的相似性，数值越接近 1 表示相似度越高，如图 11-5 所示。

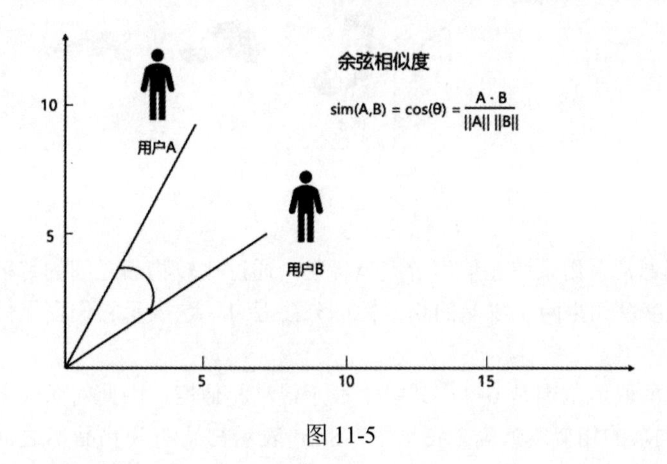

图 11-5

由于余弦相似度的取值范围是 0~1，其中 1 表示最高相似度，因此对角线上的所有元素都将为 1。这是因为用户与用户之间的相似度最高。在这里，Sim_{12} 表示用户 U_1 和用户 U_2 之间的相似性得分。同理，Sim_{ij} 表示用户 U_i 和用户 U_j 之间的相似性得分。具体参见表 11-2。

表11-2　用户相似矩阵

	U_1	U_2	…	U_j	…	U_{n-1}	U_n
U_1	1	Sim_{12}	…	Sim_{1j}	…		
U_2		1	…		…		
	…	…	…	…	…	…	…
U_i		Simi_2	…	Sim_{ij}	…		
	…	…	…	…	…	…	…
U_{n-1}			…		…	1	
U_n			…		…		1

通过建立用户相似性矩阵，系统能够量化用户之间的相互关系，为每个用户找到相似兴趣的用

户群体。这为推荐系统提供了基础，使其能够根据相似用户的行为，向目标用户推荐那些在相似用户中受欢迎但目标用户尚未接触过的物品。这一过程旨在提高推荐的个性化程度，提升用户体验。

2）建立物品相似性矩阵

建立物品相似性矩阵同样是推荐系统中的重要步骤之一，旨在度量不同物品之间的相似性，从而为用户提供更加个性化的推荐。该矩阵的构建基于物品之间的关联，其中每一列代表一种物品，包含与该物品相关的属性或评分，如图 11-6 所示。

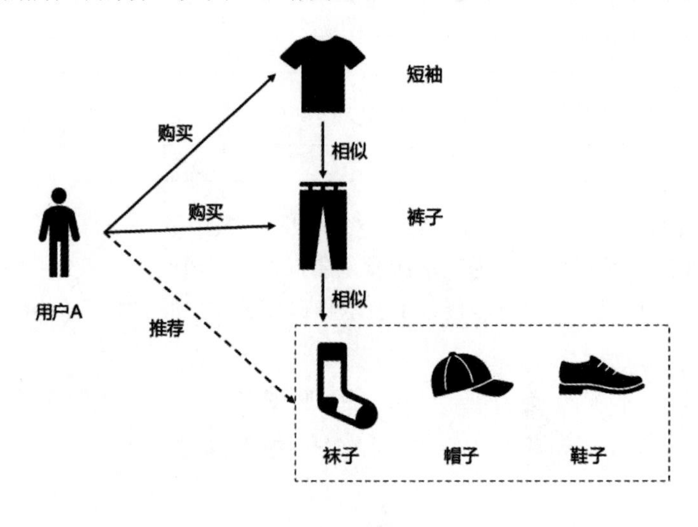

图 11-6

物品相似性矩阵通常采用余弦相似度等度量标准，通过比较物品之间的特征向量或评分向量来量化它们之间的相似度。如果两个物品的相似性得分接近 1，这表示它们在属性、特征或用户评分方面非常相似。

由于余弦相似度的取值范围是 0~1，其中 1 表示最高相似度，因此对角线上的所有元素都将为 1。这是因为具有相同项的相似度最高。在这里，Sim_{12} 表示物品 I_1 和物品 I_2 之间的相似性得分。同理，Sim_{ij} 表示物品 I_i 和物品 I_j 之间的相似性得分。具体参见表 11-3。

表11-3　物品相似矩阵

	I_1	I_2	…	I_j	…	I_{m-1}	I_m
I_1	1	Sim_{12}	…	Sim_{1j}	…		
I_2		1	…		…		
	…	…	…	…	…	…	…
I_i		Sim_{i2}	…	Sim_{ij}	…		
	…	…	…	…	…	…	…
I_{m-1}			…		…	1	
I_m			…		…		1

通过建立物品相似性矩阵，推荐系统能够识别出在用户偏好的物品基础上相似的其他物品。这使得系统能够向用户推荐那些与其已喜欢物品相似的但尚未探索过的物品。这一过程旨在提高推荐系统的准确性和个性化程度，为用户提供更加满意的推荐体验。

4. 矩阵分解

矩阵分解是一种在推荐系统和数据挖掘领域广泛应用的技术，旨在将大型矩阵拆分为两个或多个较小的矩阵，以便更好地理解和处理数据。这一技术的关键目标是通过学习隐藏在原始矩阵中的潜在特征，从而能够更准确地预测或填充原始矩阵中缺失的值。

在推荐系统中，常见的应用是对用户-物品评分矩阵进行分解。原始矩阵的行对应用户，列对应物品，而每个元素表示用户对物品的评分。通过矩阵分解可以将用户和物品表示为潜在特征向量的组合，使得矩阵的乘积逼近原始评分矩阵。这样，矩阵分解为推荐系统提供了对用户和物品的潜在特征的有效表示，如图 11-7 所示。

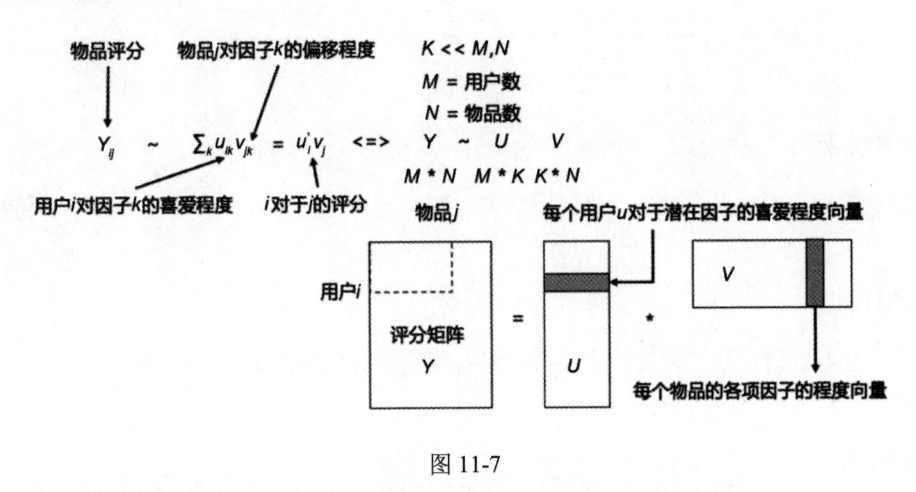

图 11-7

以日常生活中的电影为例，每个用户在观看电影时都有自己的偏好，这些偏好可以直观地理解为喜欢的电影类型，例如喜剧、动作、爱情、动漫等。用户的特征矩阵表示用户对这些电影类型的喜好程度。同样，每部电影也可以通过这些因素进行描述，因此物品矩阵表示每部电影在这些因素上的特性，即电影的类型。

通过将这两个矩阵相乘，可以得到用户对每部电影的喜好程度。这一过程反映了用户与电影之间的关系，利用矩阵分解的方法，系统可以更好地理解用户和电影之间的潜在特征，实现更个性化、准确的推荐。简而言之，特征矩阵反映了用户喜好的特点，物品矩阵表示电影在不同特征上的表现，通过矩阵相乘得到用户对电影的喜好程度。

11.2.2 建立推荐系统的核心步骤

推荐系统是一种能够发现用户喜好的系统。通过从用户行为数据中学习，该系统能够向用户提供有针对性的建议。当用户未明确搜索某个物品时，系统会自动呈现相关建议。

实际上，这要归功于推荐系统的过滤功能。我们通过图 11-8 来理解。

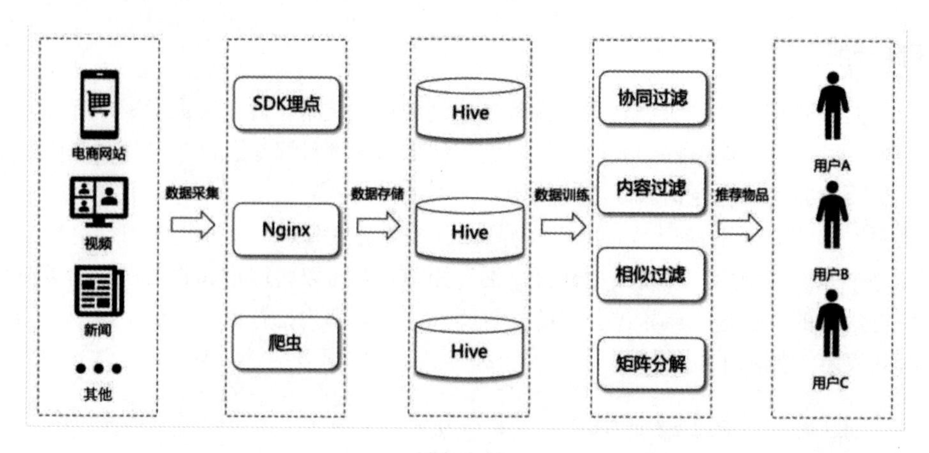

图 11-8

1. 数据来源

负责提供数据，例如用户在电商网站、新闻、视频等平台的行为，作为推荐系统训练的数据来源。

2. 数据采集

当用户产生数据时，我们需要以多种方式进行采集，如 SDK 埋点采集、Nginx 上报、爬虫等，以确保各种用户行为数据被充分收集。

3. 数据存储

获取数据后，进行分类存储和清洗，例如使用 HDFS 作为主要的大数据存储解决方案，或者在数据仓库中建立 Hive 表等，以便后续推荐系统的使用。

4. 推荐系统

在数据清洗和分类之后，推荐系统使用各种模型，如协同过滤、内容过滤、相似过滤、用户矩阵等，对用户数据进行训练，生成训练结果。

5. 目标用户

推荐系统通过训练结果为目标用户提供个性化的推荐，将这些推荐结果反馈给用户，以提高用户体验和满足其个性化需求。

11.2.3 设计一个简易的推荐系统架构

在推荐系统架构中，首要考虑数据驱动的角度。最直接的数据处理方法是将数据存储，以备后续进行离线处理。离线层构成了我们用来管理离线作业的关键架构部分。与此同时，在线层能够更迅速地响应最新事件和用户交互，但必须实时完成，这在一定程度上会限制算法的复杂性和所能处理的数据量。

在线计算对于数据量和算法复杂度方面的限制较少，因为它以实时方式完成，但需要时刻保持对最新数据的敏感性。然而，由于在线层无法立即获得最新数据，其结果可能相对滞后，容易产生过时的信息。

离线计算对数据量和算法复杂度的限制较小，因为它以批量方式进行处理，时间要求较为灵活。然而，由于离线层无法及时获取最新数据，因此存在一定的过时性，如图 11-9 所示。

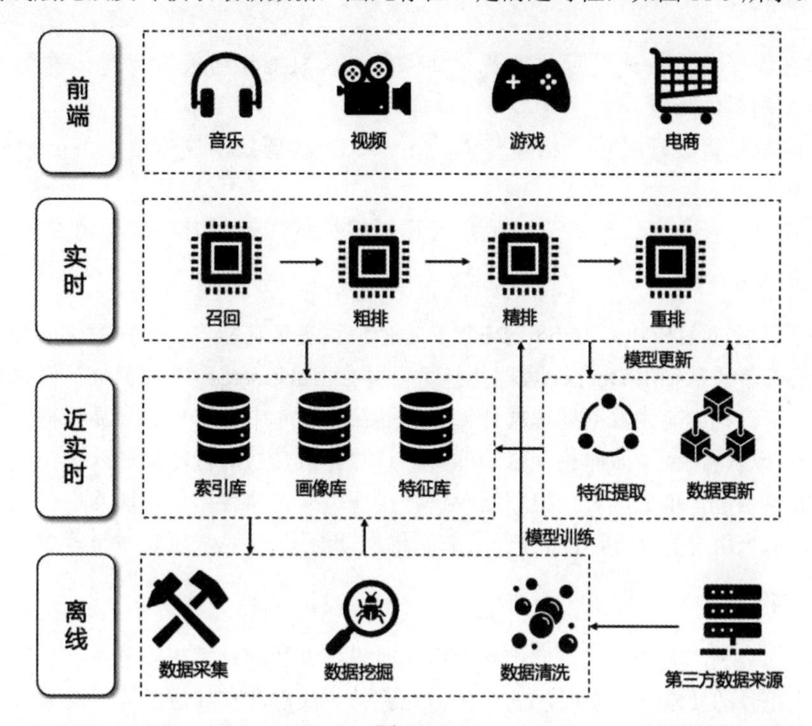

图 11-9

首先，客户端和服务端进行实时数据处理，这一步的主要任务是记录用户在平台上的真实行为，包括但不限于记录用户浏览的内容、发生的交互、停留时间、使用设备等详细信息，还会记录行为发生的时间、SESSION 等其他上下文信息。这部分工作主要由后端和客户端协同完成，通常使用行业术语“埋点”来描述，即工程师主动记录数据点，因为数据需要主动记录才能存在。在推荐系统中，这一步至关重要，因为我们需要对用户行为进行分析和模型训练，所以必须有充分的数据支持。

然后，对流处理平台的准实时数据进行处理，其目的也是记录数据，但这次是记录一些准实时的数据。准实时即意味着实时，但不是那么即时，可能存在几分钟的误差。在推荐领域，准实时数据主要指用户行为数据，例如用户在观看某内容之前浏览的内容、与之发生交互的内容等。理想情况下，这些数据也需要是实时的，但由于数据量较大且逻辑相对复杂，很难做到绝对实时。通常采用消息队列和在线缓存的方式来实现准实时处理。

最后，进行离线数据处理，也就是线下处理，基本上没有时限要求。离线处理通常占据整个数据处理流程的大部分。在这个阶段进行一些复杂和耗时的操作，比如关联操作。例如，后端只记录了用户交互的商品 ID，如果需要商品的详细信息，就需要进行商品表的关联查询。由于数据关联是一个非常耗时的操作，因此通常将其放到离线处理中进行。这一步的完成是为了为推荐系统提供更全面、深入的分析和模型训练所需的数据支持。

1. 实时层

实时层直接面向用户，最大的特点是对响应延时有要求，需要快速返回结果以提供良好的用户体验。主要任务包括：

- 模型在线服务：快速召回和排序，确保用户获取推荐结果的速度，适用于抖音、快手等秒级刷新的场景。
- 实时特征快速处理拼接：根据传入的用户 ID 和场景，快速读取特征和处理，以支持个性化推荐。
- AB 实验或者分流：针对不同用户采用不同模型，例如对冷启动用户和正常服务模型进行区分。

在线服务主要通过 HTTP、Dubbo、RPC 等通信协议提供功能，供公司内部的后台服务部门调用。这些服务的部署通常采用 Docker 容器化技术，并在 Kubernetes（K8S）集群中进行管理。在线服务的数据源基于事先由离线数据处理层计算并存储在数据库中的用户和商品特征。在线层的作用主要是实时地组合这些特征，而非执行复杂的特征计算。组合后的特征被送入近实时处理层或使用离线层训练好的模型进行推理，根据推理结果进行排序，并将最终结果传递回后台服务器。后台服务器进一步处理每个用户的评分，并将处理后的结果反馈给用户，完成了实时推荐服务的完整流程。

2. 近实时层

近实时层的主要特点是准实时，它能够获取实时数据并快速计算提供服务，尽管不像实时层那样对延时有几十毫秒的要求。近实时层的产生旨在弥补离线层和在线层的不足，是一种折中的解决方案。

近实时层适用于处理一些对延时较为敏感的任务，例如：

- 特征的事实更新计算：例如统计用户对不同类型的点击率（Click Through Rate，CTR）。推荐系统常见的问题是特征分布不一致，而近实时层能够获取实时数据，按照用户的实时兴趣计算特征，有助于避免这一问题。
- 实时训练数据的获取：某些网络依赖于用户实时兴趣的变化。通过近实时层获取用户几分钟前的点击等实时数据，可以作为特征输入模型。
- 模型实时训练：可以通过实时学习的方法实时更新模型，并将更新推送到线上。

近实时层的发展得益于近年来大数据技术的迅猛发展，特别是流处理框架的提升。诸如 Flink、Spark 等工具的广泛应用大大促进了近实时层的进步。

3. 离线层

离线层是计算量最大的一个部分，其特点是不依赖实时数据，也无须实时提供服务。其主要功能模块包括：

- 数据处理和数据存储：负责对原始数据进行处理和分类存储，为后续的特征工程和模型训练提供数据基础。
- 特征工程和离线特征计算：进行数据特征的工程化处理，计算离线特征。这是推荐系统中的重要步骤，通过对用户和物品的特征进行提取和加工，为模型提供更有信息量的输入。

- 离线模型的训练：进行模型的离线训练，通常按照天或更长时间的周期运行。例如，每天晚上定期更新当天的数据，然后重新训练模型，以便在第二天上线新的模型。

总体而言，离线层在推荐系统中扮演着数据处理和模型训练的重要角色，通过定期更新数据和重新训练模型，为系统提供持续优化的推荐效果。

11.2.4 构建推荐系统模型

构建推荐系统模型是推荐系统开发中至关重要的一步，它涵盖了从数据处理到模型训练的全过程。在这个阶段，开发人员需要通过系统化的方法设计和实施模型，以便系统能够根据用户的行为和偏好生成个性化的推荐。

数据来源于多个渠道，例如用户在电商平台、新闻网站或视频应用上的交互行为。这些数据经过采集、存储和清洗后，成为构建模型的基础。接下来，特征工程将这些原始数据转换为有用的特征，这些特征描述了用户和物品的各种属性和行为。

模型的训练是构建推荐系统的核心。使用这些特征，可以应用各种推荐算法，如协同过滤、内容过滤等，训练模型以捕捉用户和物品之间的复杂关系。离线训练模型的结果通常在在线服务中使用，以为用户实时生成个性化的推荐。

1. 准备基础环境

使用 Python 构建推荐系统模型时，需要依赖以下 Python 库，具体详情见代码 11-1。

代码 11-1

```
pip install numpy
pip install scipy
pip install pandas
pip install jupyter
pip install requests
```

为了简化 Python 的依赖环境，建议使用 Anaconda3。Anaconda3 集成了许多常用的 Python 依赖库，省去了额外的环境准备工作。

接下来，加载使用 Hive 清洗之后的数据源。具体实现见代码 11-2。

代码 11-2

```
import pandas as pd
import numpy as np

df = pd.read_csv('resource/events.csv')
df.shape
print(df.head())
```

执行上述代码，结果如图 11-10 所示。

	timestamp	visitorid	event	itemid	transactionid
0	1433221332117	257597	view	355908	NaN
1	1433224214164	992329	view	248676	NaN
2	1433221999827	111016	view	318965	NaN
3	1433221955914	483717	view	253185	NaN
4	1433221337106	951259	view	367447	NaN

图 11-10

通过使用 df.head()，可以打印出数据的前 5 行：

- timestamp：时间戳。
- visitorid：用户 ID。
- event：事件类型。
- itemid：物品 ID。
- transactionid：交易 ID。

若要查看事件类型的不同取值，其具体实现见代码 11-3。

代码 11-3

```
print(df.event.unique())
```

执行上述代码，结果如图 11-11 所示。

```
['view' 'addtocart' 'transaction']
```

图 11-11

根据图 11-11 可知，事件类型共有三种，分别是 view、addtocart 和 transaction。为了简化，以 transaction 类型为例，具体实现见代码 11-4。

代码 11-4

```
trans = df[df['event'] == 'transaction']
trans.shape
print(trans.head())
```

执行上述代码，结果如图 11-12 所示。

	timestamp	visitorid	event	itemid	transactionid
130	1433222276276	599528	transaction	356475	4000.0
304	1433193500981	121688	transaction	15335	11117.0
418	1433193915008	552148	transaction	81345	5444.0
814	1433176736375	102019	transaction	150318	13556.0
843	1433174518180	189384	transaction	310791	7244.0

图 11-12

接下来，我们将研究用户和物品的相关数据，具体实现见代码 11-5。

代码 11-5

```
visitors = trans['visitorid'].unique()
items = trans['itemid'].unique()
print(visitors.shape)
print(items.shape)
```

执行上述代码，结果如图 11-13 所示。

图 11-13

我们得到了 11719 个去重用户和 12025 个去重物品。

在构建简单而有效的推荐系统时，一个经验法则是在不损失精准度的前提下减少数据的样本。这意味着，对于每个用户，我们只需获取大约 50 个最新的事务样本，仍然能够得到期望的结果。具体实现见代码 11-6。

代码 11-6

```
trans2 = trans.groupby(['visitorid']).head(50)
print(trans2.shape)
```

在真实场景中，用户 ID 和物品 ID 通常是一串海量数字，很难被人为记住，如代码 11-7 所示。

代码 11-7

```
    trans2['visitors'] = trans2['visitorid'].apply(lambda x : np.argwhere(visitors
== x)[0][0])
    trans2['items'] = trans2['itemid'].apply(lambda x : np.argwhere(items ==
x)[0][0])

    print(trans2)
```

执行上述代码，结果如图 11-14 所示。

	timestamp	visitorid	event	itemid	transactionid	visitors	items
130	1433222276276	599528	transaction	356475	4000.0	0	0
304	1433193500981	121688	transaction	15335	11117.0	1	1
418	1433193915008	552148	transaction	81345	5444.0	2	2
814	1433176736375	102019	transaction	150318	13556.0	3	3
843	1433174518180	189384	transaction	310791	7244.0	4	4
...	...	...	...	...	...	...	...
2755082	1438388436295	1155978	transaction	430050	4316.0	11716	6280
2755285	1438380441389	218648	transaction	446271	10485.0	3646	12024
2755294	1438377176570	1050575	transaction	31640	8354.0	11717	3246
2755508	1438357730123	855941	transaction	235771	4385.0	11718	2419
2755607	1438358989163	1051054	transaction	312728	17579.0	11659	188

图 11-14

2. 构建用户矩阵

根据上述代码的执行结果，我们发现目前的样本数据中包含 11719 个去重用户和 12025 个去重物品。接下来，我们将构建一个稀疏矩阵，需要使用以下 Python 依赖库，如代码 11-8 所示。

代码 11-8

```
from scipy.sparse import csr_matrix
```

实现稀疏矩阵见代码 11-9。

代码 11-9

```
occurences = csr_matrix((visitors.shape[0], items.shape[0]), dtype='int8')
def set_occurences(visitor, item):
   occurences[visitor, item] += 1
trans2.apply(lambda row: set_occurences(row['visitors'],
row['items']), axis=1)
print(occurences)
```

为了构建一个物品-物品共现矩阵，该矩阵中的每个元素代表两个物品同时被同一个用户购买的频次，我们首先需要获取用户购买行为的原始数据。这个矩阵通常被称为共现矩阵。构建共现矩阵的正确方法是将记录用户购买行为的矩阵进行转置，并使其与原始矩阵进行点积运算，而不是点乘原矩阵自身。这个过程生成的共现矩阵可以用来分析物品之间的关联规则，是推荐系统等应用场景中的一项重要技术。具体实现见代码 11-10。

代码 11-10

```
cooc = occurences.transpose().dot(occurences)
cooc.setdiag(0)
print(cooc)
```

这样，就成功构建了一个稀疏矩阵，并通过使用 setdiag 函数将对角线元素设置为 0（即忽略第一项的值）。

接下来，我们将采用类似于余弦相似度的 LLR（Log-Likelihood Ratio）算法。LLR 算法的核心在于分析事件的计数，尤其是事件的同时发生计数。所需的计数一般包括：

- 两个事件同时发生的次数（K_11）。
- 一个事件发生而另一个事件没有发生的次数（K_12、K_21）。
- 两个事件都没有发生的次数（K_22）。

事件发生详情见表 11-4。

表11-4 事件发生详情

	事件 A	事件 B
事件 B	A 和 B 同时发生（K_11）	B 发生，但是 A 不发生（K_12）
任何事件但不包含事件 B	A 发生，但是 B 不发生（K_21）	A 和 B 都不发生（K_22）

通过表 11-4 的描述，我们可以相对简单地计算 LLR 的分数，具体实现见代码 11-11。

代码 11-11

```
LLR=2 sum(k)(H(k)-H(rowSums(k))-H(colSums(k)))
```

将公式应用到代码中，具体实现见代码 11-12。

代码 11-12

```
def xLogX(x):
   return x * np.log(x) if x != 0 else 0.0
def entropy(x1, x2=0, x3=0, x4=0):
```

```
    return xLogX(x1 + x2 + x3 + x4) - xLogX(x1) - xLogX(x2) - xLogX(x3) - xLogX(x4)
def LLR(k11, k12, k21, k22):
    rowEntropy = entropy(k11 + k12, k21 + k22)
    columnEntropy = entropy(k11 + k21, k12 + k22)
    matrixEntropy = entropy(k11, k12, k21, k22)
    if rowEntropy + columnEntropy < matrixEntropy:
        return 0.0
    return 2.0 * (rowEntropy + columnEntropy - matrixEntropy)
def rootLLR(k11, k12, k21, k22):
    llr = LLR(k11, k12, k21, k22)
    sqrt = np.sqrt(llr)
    if k11 * 1.0 / (k11 + k12) < k21 * 1.0 / (k21 + k22):
        sqrt = -sqrt
    return sqrt
```

在上述代码中，我们使用了以下变量：

- 11：两个事件都发生的次数。
- K12：事件 B 发生，而事件 A 不发生的次数。
- K21：事件 A 发生，而事件 B 不发生的次数。
- K22：事件 A 和 B 都不发生的次数。

计算 LLR 的公式和相应的实现见代码 11-13。

代码 11-13

```
row_sum = np.sum(cooc, axis=0).A.flatten()
column_sum = np.sum(cooc, axis=1).A.flatten()
total = np.sum(row_sum, axis=0)
pp_score = csr_matrix((cooc.shape[0], cooc.shape[1]), dtype='double')
cx = cooc.tocoo()
for i,j,v in zip(cx.row, cx.col, cx.data):
    if v != 0:
        k11 = v
        k12 = row_sum[i] - k11
        k21 = column_sum[j] - k11
        k22 = total - k11 - k12 - k21
        pp_score[i,j] = rootLLR(k11, k12, k21, k22)
```

接着，对计算结果进行排序，以确保每一行的最高 LLR 分数位于该行的第一列。具体实现见代码 11-14。

代码 11-14

```
result = np.flip(np.sort(pp_score.A, axis=1), axis=1)
result_indices = np.flip(np.argsort(pp_score.A, axis=1), axis=1)

print(result[8456])
print(result_indices[8456])
```

执行上述代码，结果如图 11-15 所示。

```
[15.33511076 14.60017668  3.62091635 ...  0.          0.
  0.        ]
[8682  380 8501 ... 8010 8009    0]
```

图 11-15

在实际情况中，通常会根据经验对 LLR 分数进行一些限制，因此可能会删除一些不重要的指标。具体实现见代码 11-15。

代码 11-15

```
minLLR = 5
indicators = result[:, :50]
indicators[indicators < minLLR] = 0.0
indicators_indices = result_indices[:, :50]
max_indicator_indices = (indicators==0).argmax(axis=1)
max = max_indicator_indices.max()
indicators = indicators[:, :max+1]
indicators_indices = indicators_indices[:, :max+1]
```

在得到训练结果后，我们可以将其存储到 Elasticsearch 中，以便进行实时检索。具体实现见代码 11-16。

代码 11-16

```
import requests
import json

actions = []
for i in range(indicators.shape[0]):
    length = indicators[i].nonzero()[0].shape[0]
    real_indicators = 
items[indicators_indices[i, :length]].astype("int").tolist()
    id = items[i]

    action = { "index" : { "_index" : "items2", "_id" : str(id) } }

    data = {
        "id": int(id),
        "indicators": real_indicators
    }

    actions.append(json.dumps(action))
    actions.append(json.dumps(data))

    if len(actions) == 200:
        actions_string = "\n".join(actions) + "\n"
        actions = []

        url = "http://127.0.0.1:9200/_bulk/"
        headers = {
            "Content-Type" : "application/x-ndjson"
```

```
        }
        requests.post(url, headers=headers, data=actions_string)
if len(actions) > 0:
    actions_string = "\n".join(actions) + "\n"
    actions = []
    url = "http://127.0.0.1:9200/_bulk/"
    headers = {
        "Content-Type" : "application/x-ndjson"
    }
    requests.post(url, headers=headers, data=actions_string)
```

接着，在浏览器中访问地址 http://127.0.0.1:9200/items2/_count，结果如图 11-16 所示。

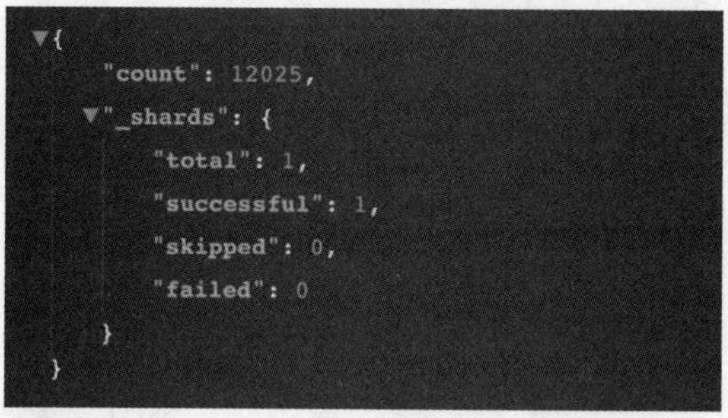

```
{
    "count": 12025,
    "_shards": {
        "total": 1,
        "successful": 1,
        "skipped": 0,
        "failed": 0
    }
}
```

图 11-16

然后，尝试将访问地址切换为 http://127.0.0.1:9200/items2/240708，结果如图 11-17 所示。

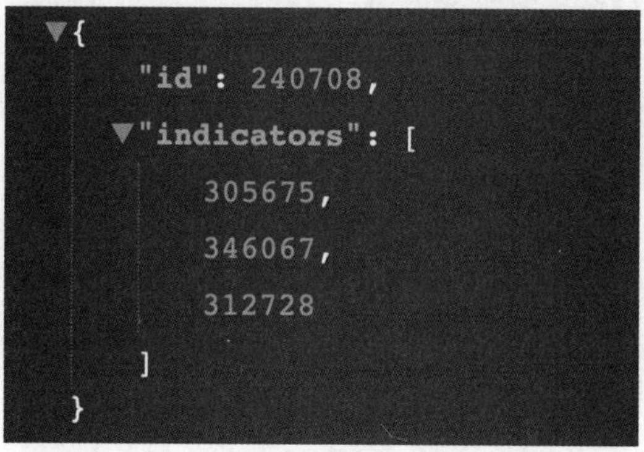

```
{
    "id": 240708,
    "indicators": [
        305675,
        346067,
        312728
    ]
}
```

图 11-17

3. 模型训练完整实现代码

构建推荐系统模型并不困难，现有的技术组件（例如 Hadoop、Hive、HBase、Kafka、Elasticsearch 等）已足以支持完成模型构建，完整实现见代码 11-17。

代码 11-17

```
import pandas as pd
import numpy as np
from scipy.sparse import csr_matrix
import requests
import json
```

```
    df = pd.read_csv('resource/events.csv')
    # print(df.shape)
    # print(df.head())
    # print(df.event.unique())
    trans = df[df['event'] == 'transaction']
    # print(trans.shape)
    # print(trans.head())

    visitors = trans['visitorid'].unique()
    items = trans['itemid'].unique()
    # print(visitors.shape)
    # print(items.shape)

    trans2 = trans.groupby(['visitorid']).head(50)
    # print(trans2.shape)

    trans2['visitors'] = trans2['visitorid'].apply(lambda x : np.argwhere(visitors
== x)[0][0])
    trans2['items'] = trans2['itemid'].apply(lambda x : np.argwhere(items ==
x)[0][0])

    # print(trans2)
    occurences = csr_matrix((visitors.shape[0], items.shape[0]), dtype='int8')
    def set_occurences(visitor, item):
        occurences[visitor, item] += 1
    trans2.apply(lambda row: set_occurences(row['visitors'], row['items']),
axis=1)
    # print(occurences)

    cooc = occurences.transpose().dot(occurences)
    cooc.setdiag(0)
    # print(cooc)

    def xLogX(x):
        return x * np.log(x) if x != 0 else 0.0
    def entropy(x1, x2=0, x3=0, x4=0):
        return xLogX(x1 + x2 + x3 + x4) - xLogX(x1) - xLogX(x2) - xLogX(x3) - xLogX(x4)
    def LLR(k11, k12, k21, k22):
        rowEntropy = entropy(k11 + k12, k21 + k22)
        columnEntropy = entropy(k11 + k21, k12 + k22)
        matrixEntropy = entropy(k11, k12, k21, k22)
        if rowEntropy + columnEntropy < matrixEntropy:
            return 0.0
        return 2.0 * (rowEntropy + columnEntropy - matrixEntropy)
    def rootLLR(k11, k12, k21, k22):
        llr = LLR(k11, k12, k21, k22)
        sqrt = np.sqrt(llr)
        if k11 * 1.0 / (k11 + k12) < k21 * 1.0 / (k21 + k22):
            sqrt = -sqrt
        return sqrt
```

```
    row_sum = np.sum(cooc, axis=0).A.flatten()
    column_sum = np.sum(cooc, axis=1).A.flatten()
    total = np.sum(row_sum, axis=0)
    pp_score = csr_matrix((cooc.shape[0], cooc.shape[1]), dtype='double')
    cx = cooc.tocoo()
    for i,j,v in zip(cx.row, cx.col, cx.data):
        if v != 0:
            k11 = v
            k12 = row_sum[i] - k11
            k21 = column_sum[j] - k11
            k22 = total - k11 - k12 - k21
            pp_score[i,j] = rootLLR(k11, k12, k21, k22)

    result = np.flip(np.sort(pp_score.A, axis=1), axis=1)
    result_indices = np.flip(np.argsort(pp_score.A, axis=1), axis=1)
    print(result.shape)

    print(result[8456])
    print(result_indices[8456])

    minLLR = 5
    indicators = result[:, :50]
    indicators[indicators < minLLR] = 0.0
    indicators_indices = result_indices[:, :50]
    max_indicator_indices = (indicators==0).argmax(axis=1)
    max = max_indicator_indices.max()
    indicators = indicators[:, :max+1]
    indicators_indices = indicators_indices[:, :max+1]

    actions = []
    for i in range(indicators.shape[0]):
        length = indicators[i].nonzero()[0].shape[0]
        real_indicators = 
items[indicators_indices[i, :length]].astype("int").tolist()
        id = items[i]

        action = { "index" : { "_index" : "items2", "_id" : str(id) } }

        data = {
            "id": int(id),
            "indicators": real_indicators
        }

        actions.append(json.dumps(action))
        actions.append(json.dumps(data))

        if len(actions) == 200:
            actions_string = "\n".join(actions) + "\n"
            actions = []
```

```
        url = "http://127.0.0.1:9200/_bulk/"
        headers = {
            "Content-Type" : "application/x-ndjson"
        }
        requests.post(url, headers=headers, data=actions_string)
    if len(actions) > 0:
        actions_string = "\n".join(actions) + "\n"
        actions = []
        url = "http://127.0.0.1:9200/_bulk/"
        headers = {
            "Content-Type" : "application/x-ndjson"
        }
        requests.post(url, headers=headers, data=actions_string)
```

11.3 代码如何实现推荐效果

在互联网高速发展的大数据时代，推荐算法成为广为人知的概念。在各类应用的首页，根据用户的搜索行为精准地推荐类似的内容。例如，在电商平台购物后，首页会智能推荐相似的商品。

本节以视频网站首页的电影推荐为例，详细介绍推荐系统的实现细节，并展示如何利用 Hive SQL 实现推荐。

11.3.1 构建数据仓库

为了有效组织和管理数据，实现数据的有序性，我们采用数据分层的方法。数据分层虽不能解决所有的数据问题，但它能为我们带来多重好处：

- 清晰的数据结构：每个数据分层都有明确的作用域和职责，使得在使用数据表时更容易定位和理解。
- 减少重复开发：规范化数据分层，开发通用的中间层数据，可大幅减少重复计算的工作量。
- 统一数据口径：通过数据分层，提供统一的数据出口，实现对外输出的数据口径的一致性。
- 复杂问题简单化：通过将复杂任务分解成多个步骤，每一层专注解决特定问题，使整个数据处理过程更为简单。

为了实现上述优势，我们将数据模型划分为三个关键层次：源数据层（ODS）、数据仓库层（DW）和数据应用层（DA）。

1. 源数据层

存储接入的原始数据，保持与外围系统相同的数据结构，不对外开放。

2. 数据明细层

旨在存储一致、准确、干净的数据，即对源系统数据进行了清洗，去除了杂质。数据明细层可细分为以下三个关键层次。

- 数据仓库明细层（Data Warehouse Detail，DWD）：存储最细粒度的事实数据，与源数据层保持相同的数据粒度，提供一定的数据质量保证。
- 数据仓库中间层（Data Warehouse Middle，DWM）：存储中间数据，用于创建满足数据统计需求的中间表数据。
- 数据仓库业务层（Data Warehouse Service，DWS）：存储宽表数据，即某个业务领域的聚合数据，以满足业务层的需求。

3. 数据应用层

前端应用直接读取数据源，主要任务是根据报表、专题分析等需求计算并生成相应的数据。以上设计旨在实现清晰的数据结构、降低重复开发成本、统一数据口径以及简化复杂问题的处理。通过明确定义每个层次的职责和作用，我们能够更有效地组织和管理数据，以满足各类业务需求。具体详情如图 11-18 所示。

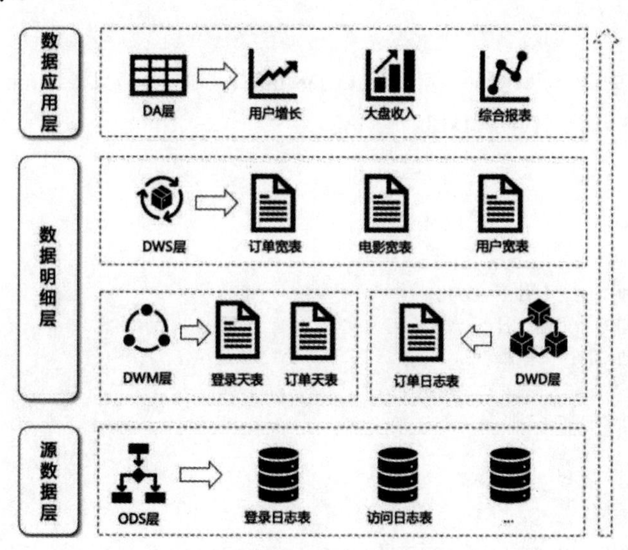

图 11-18

接下来，我们需要准备必要的数据。本小节的基础数据是用户信息表（见表 11-5）、电影信息表（见表 11-6）和行为日志表（见表 11-7）。

表11-5　用户信息表

字　段	注　释
uid	用户 ID
gender	性别
age	年龄
career	职业
code	邮编

表11-6 电影信息表

字 段	注 释
mid	电影 ID
title	标题
genres	类型

表11-7 行为日志表

字 段	注 释
uid	用户 ID
event_id	事件 ID
event_time	事件时间
mid	电影 ID
content	内容

4. 定义表结构

在 Hive 数据仓库中分别创建用户信息表（user_info）、电影信息表（movie_info）和行为日志表（ubas_info），具体实现见代码 11-18。

代码 11-18

```
-- 创建用户信息表
CREATE TABLE ods_rs_user_info (
    uid INT COMMENT '用户 ID',
    gender STRING COMMENT '性别',
    age INT COMMENT '年龄',
    career STRING COMMENT '职业',
    code INT COMMENT '邮编'
);

-- 创建电影信息表
CREATE TABLE ods_rs_movie_info (
    mid INT COMMENT '电影 ID',
    title STRING COMMENT '标题',
    genres STRING COMMENT '类型'
);

-- 创建行为日志表
CREATE TABLE ods_rs_ubas_info (
    uid INT COMMENT '用户 ID',
    event_id STRING COMMENT '事件 ID',
    event_time STRING COMMENT '事件时间',
    mid INT COMMENT '电影 ID',
    content STRING COMMENT '内容'
);

-- 查看表结构
DESC ods_rs_user_info;
```

```
DESC ods_rs_movie_info;
DESC ods_rs_ubas_info;
```

执行上述代码，结果如图 11-19 所示。

	col_name	data_type	comment
1	uid	int	用户ID
2	gender	string	性别
3	age	int	年龄
4	career	string	职业
5	code	int	邮编

	col_name	data_type	comment
1	mid	int	电影ID
2	title	string	标题
3	genres	string	类型

	col_name	data_type	comment
1	uid	int	用户ID
2	event_id	string	事件ID
3	event_time	string	事件时间
4	mid	int	电影ID
5	content	string	内容

图 11-19

5. 加载数据

接着，分别把数据加载到对应的表，具体实现见代码 11-19。

代码 11-19

```
-- 插入用户数据
INSERT INTO ods_rs_user_info (uid, gender, age, career, code)
VALUES
    (1, '男', 28, '医生', 100001),
    (2, '女', 35, '教师', 200002),
    (3, '男', 42, '工程师', 300003),
    (4, '女', 23, '设计师', 400004),
    (5, '男', 30, '会计师', 500005),
    (6, '女', 25, '程序员', 600006),
    (7, '男', 38, '律师', 700007),
    (8, '女', 31, '护士', 800008),
    (9, '男', 45, '建筑师', 900009),
    (10, '女', 29, '市场营销', 100010),
    (11, '男', 33, '电工', 110011),
    (12, '女', 27, '公关', 120012),
    (13, '男', 40, '商人', 130013),
    (14, '女', 26, '作家', 140014),
    (15, '男', 36, '艺术家', 150015),
    (16, '女', 32, '心理医生', 160016),
    (17, '男', 39, '记者', 170017),
    (18, '女', 24, '化妆师', 180018),
    (19, '男', 41, '农民', 190019),
```

```
    (20, '女', 34, '音乐家', 200020);

-- 插入电影数据
INSERT INTO ods_rs_movie_info (mid, title, genres)
VALUES
    (1, '复仇者联盟', '动作|冒险|科幻'),
    (2, '阿凡达', '动作|冒险|奇幻'),
    (3, '泰坦尼克号', '剧情|爱情|灾难'),
    (4, '盗梦空间', '动作|科幻|悬疑'),
    (5, '星球大战', '动作|冒险|奇幻'),
    (6, '霸王别姬', '剧情|爱情|音乐'),
    (7, '加勒比海盗', '动作|冒险|奇幻'),
    (8, '教父', '犯罪|剧情'),
    (9, '功夫熊猫', '动画|动作|冒险'),
    (10, '哈利·波特', '奇幻|冒险'),
    (11, '风之谷', '动画|奇幻|冒险'),
    (12, '变形金刚', '动作|科幻'),
    (13, '肖申克的救赎', '犯罪|剧情'),
    (14, '辛德勒的名单', '剧情|历史|战争'),
    (15, '黑客帝国', '动作|科幻'),
    (16, '教父 2', '犯罪|剧情'),
    (17, '大话西游之大圣娶亲', '喜剧|爱情|奇幻'),
    (18, '摔跤吧！爸爸', '剧情|喜剧|运动'),
    (19, '冰雪奇缘', '动画|冒险|喜剧'),
    (20, '当幸福来敲门', '剧情|传记|家庭');

-- 插入用户行为日志
INSERT INTO ods_rs_ubas_info (uid, event_id, event_time, mid, content)
VALUES
    (1, '播放', '2023-10-01 12:15:30', 1, '观看了复仇者联盟'),
    (2, '点击', '2023-10-01 13:20:45', 3, '点赞了泰坦尼克号'),
    (3, '点击', '2023-10-02 09:30:15', 7, '评论了加勒比海盗'),
    (4, '曝光', '2023-10-02 15:40:22', 10, '分享了哈利·波特'),
    (5, '播放', '2023-10-03 18:55:10', 12, '观看了变形金刚'),
    (6, '点击', '2023-10-04 20:10:05', 14, '点赞了辛德勒的名单'),
    (7, '点击', '2023-10-05 11:25:30', 17, '评论了大话西游之大圣娶亲'),
    (8, '曝光', '2023-10-05 14:30:45', 19, '分享了冰雪奇缘'),
    (9, '播放', '2023-10-06 08:45:15', 2, '观看了阿凡达'),
    (10, '点击', '2023-10-06 17:20:22', 5, '点赞了星球大战'),
    (11, '点击', '2023-10-07 19:30:10', 9, '评论了功夫熊猫'),
    (12, '曝光', '2023-10-08 22:40:05', 11, '分享了风之谷'),
    (13, '播放', '2023-10-09 14:55:30', 15, '观看了黑客帝国'),
    (14, '点击', '2023-10-10 16:10:45', 18, '点赞了摔跤吧！爸爸'),
    (15, '点击', '2023-10-11 10:15:15', 20, '评论了当幸福来敲门'),
    (16, '曝光', '2023-10-12 11:20:30', 4, '分享了盗梦空间'),
    (17, '播放', '2023-10-13 13:35:45', 8, '观看了教父'),
    (18, '点击', '2023-10-14 09:50:22', 13, '点赞了肖申克的救赎'),
    (19, '点击', '2023-10-15 14:00:10', 16, '评论了教父 2'),
    (20, '曝光', '2023-10-16 16:45:05', 3, '分享了泰坦尼克号');
```

执行上述代码，预览用户行为日志表，结果如图 11-20 所示。

查询历史记录　Saved Queries　结果 (10)

	ods_rs_ubas_info.uid	ods_rs_ubas_info.event_id	ods_rs_ubas_info.event_time	ods_rs_ubas_info.mid	ods_rs_ubas_info.content
1	1	播放	2023-10-01 12:15:30	1	观看了复仇者联盟
2	2	点击	2023-10-01 13:20:45	3	点赞了泰坦尼克号
3	3	点击	2023-10-02 09:30:15	7	评论了加勒比海盗
4	4	曝光	2023-10-02 15:40:22	10	分享了哈利·波特
5	5	播放	2023-10-03 18:55:10	12	观看了变形金刚
6	6	点击	2023-10-04 20:10:05	14	点赞了辛德勒的名单
7	7	点击	2023-10-05 11:25:30	17	评论了大话西游之大圣娶亲
8	8	曝光	2023-10-05 14:30:45	19	分享了冰雪奇缘
9	9	播放	2023-10-06 08:45:15	2	观看了阿凡达
10	10	点击	2023-10-06 17:20:22	5	点赞了星球大战

图 11-20

11.3.2 数据清洗

数据清洗是数据处理流程中至关重要的一环，旨在确保数据的质量、准确性和一致性。在大规模数据收集和存储的环境中，原始数据往往包含各种不一致、错误或缺失的信息，这可能会影响后续分析和挖掘的可靠性和有效性。

数据清洗的过程包括但不限于以下几个关键步骤：

- 缺失值处理：检测并处理数据中的缺失值，可以通过填充、删除或插值等方式确保数据的完整性。
- 异常值检测和处理：识别并纠正数据中的异常值，这可能是由于测量误差、录入错误或其他异常情况引起的。
- 重复值处理：检测和删除数据中的重复记录，防止重复数据对分析造成误导。
- 格式统一：确保数据的格式一致，比如日期格式、单位标准化等，以便进行后续的计算和分析。
- 去除不必要的字符或空格：清理文本字段中的特殊字符、空格等，确保文本数据的规范性。
- 统一命名规范：对于类别型数据，进行命名的规范化，避免类似的类别使用不同的命名。
- 数据类型转换：确保每个字段使用正确的数据类型，以避免后续的计算或分析错误。
- 数据一致性检查：检查数据集中各个字段之间的一致性，确保数据之间的关系和逻辑正确。
- 处理重复数据：对于可能出现的重复数据，采取合适的措施，如去重或合并。

数据清洗不仅有助于提高数据质量，还有助于使数据更易于理解和分析。一旦数据清洗完成，后续的数据分析、建模和可视化等工作将更加准确和可信。因此，数据清洗是数据处理流程中不可或缺的关键步骤。

1. 清洗用户信息表

这里，我们对原始的用户信息表进行清洗，过滤掉邮编字段。具体实现见代码 11-20。

代码 11-20

```
-- 清洗用户信息表并生成新的用户明细表
CREATE TABLE dw_rec_user_info AS
  SELECT uid,gender,age,career FROM ods_rs_user_info;
-- 预览清理之后的用户明细表
SELECT * FROM dw_rec_user_info LIMIT 10;
```

执行上述代码，结果如图 11-21 所示。

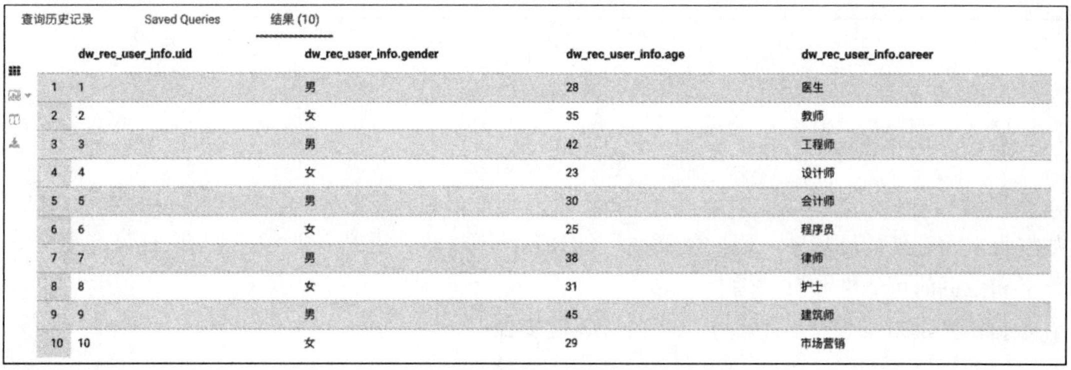

查询历史记录　Saved Queries　结果 (10)

	dw_rec_user_info.uid	dw_rec_user_info.gender	dw_rec_user_info.age	dw_rec_user_info.career
1	1	男	28	医生
2	2	女	35	教师
3	3	男	42	工程师
4	4	女	23	设计师
5	5	男	30	会计师
6	6	女	25	程序员
7	7	男	38	律师
8	8	女	31	护士
9	9	男	45	建筑师
10	10	女	29	市场营销

图 11-21

2. 生成明细表

为了深入了解用户与电影的互动情况，我们进行了每人每天每个电影的曝光、点击、播放次数的详细统计，并附带了用户和电影的详细信息。

在这个统计过程中，我们考虑到用户和电影的详情信息对于互动数据的解释和分析至关重要。因此，不仅统计了互动次数，还将用户的个人信息和电影的详细信息整合到统计结果中，以便更全面地了解用户行为和电影受欢迎程度。具体实现见代码 11-21。

代码 11-21

```
-- 按天聚合生成明细表
CREATE TABLE dw_rs_user_movie_info AS
SELECT
    t1.*,
    t2.gender,
    t2.age,
    t2.career,
    t3.title,
    t3.genres
FROM
    (
        SELECT
            FROM_UNIXTIME(UNIX_TIMESTAMP(event_time, 'yyyy-MM-dd'),
```

```
            'yyyy-MM-dd') AS date_str,
          uid,
          mid,
          SUM(IF(event_id = "曝光", 1, 0)) AS expo_count,
          SUM(IF(event_id = "点击", 1, 0)) AS click_count,
          SUM(IF(event_id = "播放", 1, 0)) AS play_count
      FROM
          ods_rs_ubas_info
      GROUP BY
          FROM_UNIXTIME(UNIX_TIMESTAMP(event_time, 'yyyy-MM-dd'),
            'yyyy-MM-dd'),
          uid,
          mid
  ) t1
LEFT JOIN
  dw_rec_user_info t2 ON t1.uid = t2.uid
LEFT JOIN
ods_rs_movie_info t3 ON t1.mid = t3.mid;

-- 按人和电影聚合生成明细表
CREATE TABLE dw_rs_user_movie AS
SELECT
  uid,
  mid,
  SUM(expo_count) AS expo_count,
  SUM(click_count) AS click_count,
  SUM(play_count) AS play_count
FROM
  dw_rs_user_movie_info
GROUP BY
  uid, mid;
```

执行上述代码，预览用户与电影聚合的明细表（dw_rs_user_movie_info），结果如图 11-22 所示。

查询历史记录　Saved Queries　结果 (10)

	uid	mid	title	date_str
1	1	1	复仇者联盟	2023-10-01
2	2	3	泰坦尼克号	2023-10-01
3	3	7	加勒比海盗	2023-10-02
4	4	10	哈利·波特	2023-10-02
5	5	12	变形金刚	2023-10-03
6	6	14	辛德勒的名单	2023-10-04
7	7	17	大话西游之大圣娶亲	2023-10-05
8	8	19	冰雪奇缘	2023-10-05
9	9	2	阿凡达	2023-10-06
10	10	5	星球大战	2023-10-06

图 11-22

11.3.3 协同过滤算法实现

协同过滤推荐是一种通过分析用户兴趣来实现个性化推荐的方法。该方法通过在用户群体中寻找与指定用户相似的其他用户，结合这些相似用户对特定信息的评价，从而预测系统对于该指定用户对该信息的喜好程度，如图 11-23 所示。

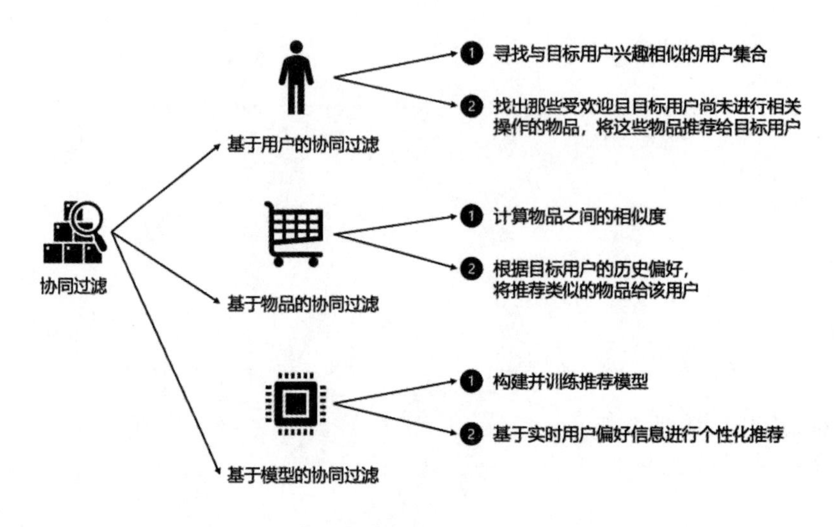

图 11-23

在推荐系统中，相似度计算是个性化推荐的核心步骤之一。两种常用的相似度计算方法是 Jaccard 相似度和余弦相似度。

Jaccard 相似度公式适用于处理二元情况，即物品的状态是“有”或“没有”、用户的喜好是“喜欢”或“不喜欢”等离散的情形。这种方法衡量的是两个集合的交集与并集之间的关系，但并不涉及喜好程度的差异，只关注用户是否对物品产生兴趣。

与此不同，余弦相似度计算公式更适用于处理涉及喜好程度的情况，如评分制度。该方法考虑了用户对物品的评分信息，通过计算两个向量之间的夹角来确定它们的相似程度。余弦相似度能够更精细地捕捉用户对物品的喜好程度，因此在涉及多个评分等级的情境下更为有效。

1. 基于用户的协同过滤

基于用户的协同过滤是一种推荐系统算法，通过计算用户与用户之间的相似度来实现个性化推荐。该算法的核心思想包括两个关键步骤：计算用户之间的相似度和预测用户对未购买商品的喜好程度。

首先，通过不同的相似度度量方法（如余弦相似度或 Jaccard 相似度）对用户进行比较，以确定其在兴趣或行为上的相似程度。这一步骤构建了用户相似度矩阵，其中包含每一对用户之间的相似度分数。

其次，针对目标用户，算法评估了该用户对尚未购买的商品的喜好程度。这一过程通常涉及使用已有的用户-商品评分数据，结合用户相似度矩阵，通过加权平均或其他预测方法，估计目标用户对未购买商品的兴趣程度。

最终，根据预测的喜好程度，选择排名靠前的 Top *N* 商品进行推荐。这样，基于用户的协同过滤能够为每个用户提供个性化的推荐列表，通过利用用户之间的相似性来填补他们在商品选择上的信息缺失，提高推荐系统的效果和用户满意度，如图 11-24 所示。

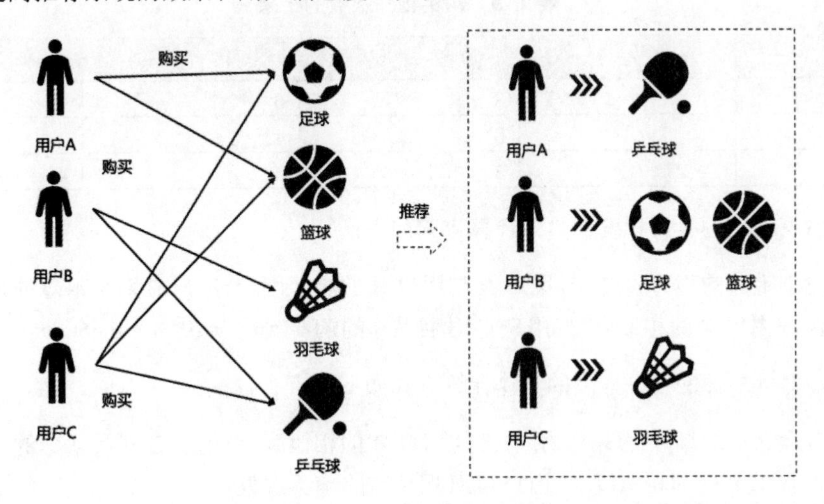

图 11-24

如果进行用户之间的相似度计算，集合 A 和集合 B 分别表示两个用户购买过的商品集合。通过统计两个用户共同购买的商品数目，并除以两个用户购买的所有不同商品的总数，就可以得到它们之间的 Jaccard 相似度。具体实现公式如下：

$$J(A,B)=\frac{|A\cap B|}{|A\cup B|}=\frac{|A\cap B|}{|A|+|B|-|A\cap B|}$$

这里，我们定义 1 表示有购买记录，0 表示没有购买记录。使用 Jaccard 相似度公式的计算结果如表 11-8 所示。

表11-8　使用Jaccard相似度公式的计算

用户 1	用户 2	说　　明	相似度结果
A	B	交集为 0，并集为 4	0/4=0
A	C	交集为 2，并集为 3	2/3=0.6667
B	C	交集为 1，并集为 4	1/4=0.2500

用户 A 对羽毛球的喜好程度的具体计算方式如下：

用户 A 对羽毛球的喜好程度 = 用户 A 与用户 B 的相似度 * 1 + 用户 A 与用户 C 的相似度 * 0
= 0 * 1 + 0.6667 * 0
= 0

而用户 A 对乒乓球的喜好程度的具体计算方式如下：

用户 A 对乒乓球的喜好程度 = 用户 A 与用户 B 的相似度 * 1 + 用户 A 与用户 C 的相似度 * 1
= 0 * 1 + 0.6667 * 1
= 0.6667

接着，引入用户购买物品的次数作为计算特征，购买物品次数的结果如表 11-9 所示。

表11-9 购买物品次数的结果

用　户	足　球	篮　球	羽 毛 球	乒 乓 球
A	2	3	0	0
B	0	0	4	3
C	2	3	0	4

用户 A 对羽毛球的喜好程度的具体计算方式如下：

用户 A 对羽毛球的喜好程度 = 用户 A 与用户 B 的相似度 * 用户 B 对羽毛球的购买次数 + 用户 A 与用户 C 的相似度 * 用户 C 对羽毛球的购买次数 = 0 * 4 + 0.6667 * 0 = 0

而用户 A 对乒乓球的喜好程度的具体计算方式如下：

用户 A 对乒乓球的喜好程度 = 用户 A 与用户 B 的相似度 * 用户 B 对乒乓球的购买次数 + 用户 A 与用户 C 的相似度 * 用户 C 对乒乓球的购买次数
= 0 * 3 + 0.6667 * 4 = 2.6668

然后，使用余弦相似度计算公式来计算相关结果，具体公式如下：

$$\text{similarity} = \cos(\theta) = \frac{A \cdot B}{\| A \| \| B \|} = \frac{\sum_{i=1}^{n} A_i \times B_i}{\sqrt{\sum_{i=1}^{n}(A_i)^2} \times \sqrt{\sum_{i=1}^{n}(B_i)^2}}$$

表 11-10 显示了用户对各物品的评分，这些评分可以被视为用户对相应物品的喜好程度。

表11-10 用户对各物品的评分

用　户	足　球	篮　球	羽 毛 球	乒 乓 球
A	5	2	0	0
B	0	0	4	3
C	2	4.5	0	3.5

通过余弦相似度计算公式，计算用户相似度结果，如表 11-11 所示。

表11-11 计算用户相似度结果

用户 1	用户 2	说　明	相似度结果
A	B	$\frac{5\times0+2\times0+0\times0+0\times3}{\sqrt{5^2+2^2+0^2+0^2}\times\sqrt{0^2+0^2+4^2+3^2}}$	0/26.9258=0
A	C	$\frac{5\times2+2\times4.5+0\times0+0\times3.5}{\sqrt{5^2+2^2+0^2+0^2}\times\sqrt{2^2+4.5^2+0^2+3.5^2}}$	19/32.5346=0.5840
B	C	$\frac{0\times2+0\times4.5+4\times0+3\times3.5}{\sqrt{0^2+0^2+4^2+3^2}\times\sqrt{2^2+4.5^2+0^2+3.5^2}}$	10.5/30.2076=0.3476

用户 A 对羽毛球的喜好程度的具体计算方式如下：

```
用户 A 对羽毛球的喜好程度 = 用户 A 与用户 B 的相似度 * 用户 B 对羽毛球的评分
+ 用户 A 与用户 C 的相似度 * 用户 C 对羽毛球的评分 = 0 * 4 + 0.5840 * 0 = 0
```

而用户 A 对乒乓球的喜好程度的具体计算方式如下：

```
用户 A 对乒乓球的喜好程度 = 用户 A 与用户 B 的相似度 * 用户 B 对乒乓球的评分
+ 用户 A 与用户 C 的相似度 * 用户 C 对乒乓球的评分
= 0 * 3 + 0.5840 * 3.5 = 2.0440
```

2. 基于物品的协同过滤

基于物品的协同过滤是一种推荐系统算法，其核心思想在于计算物品与物品之间的相似度，从而实现个性化推荐。该算法主要包括两个关键步骤：计算商品之间的相似度以及评估用户对未购买商品的喜好程度。

首先，通过不同的相似度度量方法，通常采用购买与未购买物品的相似度计算，例如 Jaccard 相似度或余弦相似度，对物品进行比较，以确定它们在用户购买行为上的相似程度。这一步骤构建了物品相似度矩阵，其中包含每一对物品之间的相似度分数。

其次，对于目标用户，算法评估该用户对尚未购买的物品的喜好程度。这一过程涉及使用已有的用户-商品评分数据，结合物品相似度矩阵，通过加权平均或其他预测方法，估计目标用户对未购买物品的兴趣程度。

最终，根据预测的喜好程度，选择排名靠前的 Top N 物品进行推荐。基于物品的协同过滤，通过利用物品之间的相似性，填补用户在未购买商品上的信息缺失，为每个用户提供个性化的推荐列表，从而提高推荐系统的效果和用户满意度，如图 11-25 所示。

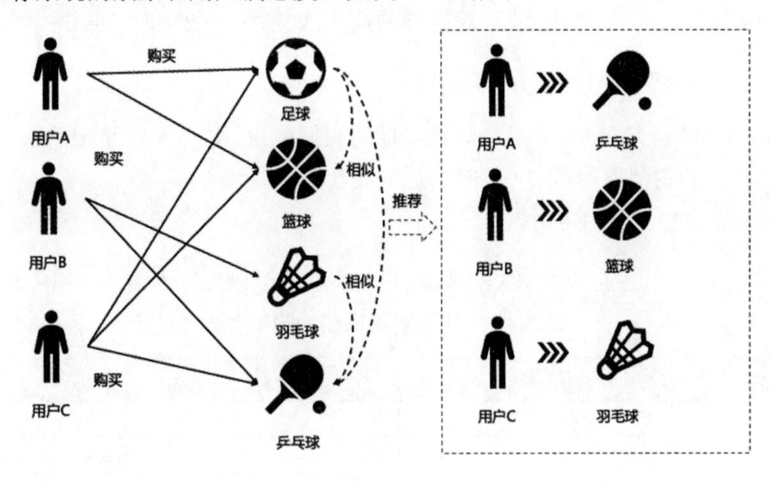

图 11-25

这里，我们定义 1 表示有购买记录，0 表示没有购买记录。构建物品矩阵，如表 11-12 所示。

表11-12　构建物品矩阵

用　　户	A	B	C
足球	1	0	1
篮球	1	0	1
羽毛球	0	1	0
乒乓球	0	1	1

然后，使用 Jaccard 相似度公式计算结果，如表 11-13 所示。

表11-13 使用Jaccard相似度公式计算结果

物品 1	物品 2	描 述	相似度结果
足球	篮球	交集 2，并集 2	2/2=1
足球	羽毛球	交集 0，并集 1	0/1=0
足球	乒乓球	交集 1，并集 3	1/3=0.3333
篮球	羽毛球	交集 0，并集 3	0/3=0
篮球	乒乓球	交集 1，并集 3	1/3=0.3333
羽毛球	乒乓球	交集 1，并集 2	1/2=0.5

接着，引入用户购买物品的次数作为计算特征，购买物品次数的结果如表 11-14 所示。

表11-14 购买物品次数的结果

用 户	足 球	篮 球	羽 毛 球	乒 乓 球
A	2	3	0	0
B	0	0	4	3
C	2	3	0	4

用户 A 对羽毛球的喜好程度的具体计算方式如下：

用户 A 对羽毛球的喜好程度 = 足球与羽毛球的相似度 * 用户 A 对足球的购买次数
+ 篮球与羽毛球的相似度 * 用户 A 对篮球的购买次数 = 0 * 2 + 0 * 3 = 0

而用户 A 对乒乓球的喜好程度的具体计算方式如下：

用户 A 对乒乓球的喜好程度 = 足球与乒乓球的相似度 * 用户 A 对足球的购买次数
+ 篮球与乒乓球的相似度 * 用户 A 对篮球的购买次数
= 0.3333 * 2 + 0.3333 * 3 = 1.6665

表 11-15 显示了用户对各商品的购买次数，这些购买次数可以被视为用户对相应商品的喜好程度。

表11-15 用户对各商品的购买次数

用 户	A	B	C
足球	5	0	2
篮球	2	0	4.5
羽毛球	0	4	0
乒乓球	0	3	3.5

通过余弦相似度计算公式，计算物品相似度结果，如表 11-16 所示。

表11-16 计算物品相似度结果

物品 1	物品 2	说 明	相似度结果
足球	篮球	$\frac{5\times 2+0\times 0+2\times 4.5}{\sqrt{5^2+0^2+2^2}\times\sqrt{2^2+0^2+4.5^2}}$	19/26.5189=0.7165
足球	羽毛球	$\frac{5\times 0+0\times 4+2\times 0}{\sqrt{5^2+0^2+2^2}\times\sqrt{0^2+4^2+0^2}}$	0/21.5407=0

（续表）

物品 1	物品 2	说　明	相似度结果
足球	乒乓球	$\frac{5\times0+0\times3+2\times3.5}{\sqrt{5^2+0^2+2^2}\times\sqrt{0^2+3^2+3.5^2}}$	7/24.8244=0.2820
篮球	羽毛球	$\frac{2\times0+0\times4+4.5\times0}{\sqrt{2^2+0^2+4.5^2}\times\sqrt{0^2+4^2+0^2}}$	0/19.6977=0
篮球	乒乓球	$\frac{2\times0+0\times3+4.5\times3.5}{\sqrt{2^2+0^2+4.5^2}\times\sqrt{0^2+3^2+3.5^2}}$	15.75/22.7005=0.6938
羽毛球	乒乓球	$\frac{0\times0+4\times3+0\times3.5}{\sqrt{0^2+4^2+0^2}\times\sqrt{0^2+3^2+3.5^2}}$	12/18.4391=0.6508

用户 A 对羽毛球的喜好程度的具体计算方式如下：

用户 A 对羽毛球的喜好程度 = 足球与羽毛球的相似度 * 用户 A 对足球的评价
+ 篮球与羽毛球的相似度 * 用户 A 对篮球的评价 =0 * 5 + 0 * 2 = 0

而用户 A 对乒乓球的喜好程度的具体计算方式如下：

用户 A 对乒乓球的喜好程度 = 足球与乒乓球的相似度 * 用户 A 对足球的购买次数
+ 篮球与乒乓球的相似度 * 用户 A 对篮球的购买次数
= 0.2820 * 5 + 0.6938 * 2 = 2.7976

3. 预测用户偏好并实现推荐

首先，我们了解了基于用户的协同过滤，通过计算用户之间的相似度来推荐商品。这包括计算用户相似度矩阵以及预测用户对未购买商品的喜好程度。这一理论框架使我们能够建立个性化的商品推荐系统。

其次，深入研究了基于物品的协同过滤，其核心在于计算商品之间的相似度。这种方法通过构建商品相似度矩阵，帮助我们预测用户对尚未购买的商品的兴趣程度。基于物品的协同过滤为推荐系统提供了另一种强大的工具，能够更好地理解和满足用户的个性化需求。

接下来，我们将理论知识应用到实践中，通过构建 Hive 数据仓库表，使用 Hive SQL 来验证协同过滤算法的有效性。通过查询和分析实际数据，我们能够评估算法的性能并优化推荐结果，确保用户得到更准确、个性化的推荐体验。

这一过程将理论推导与实际验证相结合，为建立健壮的推荐系统提供了有力支持。通过使用 Hive SQL 对数据仓库进行操作，我们能够有效地管理和分析大规模数据，为实际应用中的个性化推荐系统提供可靠的基础。

构建用户物品数据表，并加载数据。具体实现见代码 11-22。

代码 11-22

```
-- 创建用户物品表
CREATE TABLE ods_rs_user_item_info (
    user_name STRING COMMENT '用户名',
    item_name STRING COMMENT '物品名',
    score DOUBLE COMMENT '评分'
```

```
);

-- 插入用户物品表数据
INSERT INTO ods_rs_user_item_info (user_name, item_name, score)
VALUES
    ('用户A','足球',5),
    ('用户A','篮球',2),
    ('用户B','羽毛球',4),
    ('用户B','乒乓球',3),
    ('用户C','足球',2),
    ('用户C','篮球',4.5),
    ('用户C','乒乓球',3.5);

-- 预览结果
SELECT user_name,item_name,score FROM ods_rs_user_item_info LIMIT 10;
```

执行上述代码，结果如图 11-26 所示。

	user_name	item_name	score
1	用户A	足球	5
2	用户A	篮球	2
3	用户B	羽毛球	4
4	用户B	乒乓球	3
5	用户C	足球	2
6	用户C	篮球	4.5
7	用户C	乒乓球	3.5

图 11-26

如果想在查询结果中添加物品列，可以通过使用 SELECT 语句来选择已有的列，并添加新的物品列。具体实现见代码 11-23。

代码 11-23

```
-- 增加新的物品列
SELECT *
FROM ods_rs_user_item_info t1
JOIN ods_rs_user_item_info t2
ON t1.user_name = t2.user_name
LIMIT 10;
```

执行上述代码，结果如图 11-27 所示。

	t1.user_name	t1.item_name	t1.score	t2.user_name	t2.item_name	t2.score
1	用户A	足球	5	用户A	足球	5
2	用户A	篮球	2	用户A	足球	5
3	用户A	足球	5	用户A	篮球	2
4	用户A	篮球	2	用户A	篮球	2
5	用户B	羽毛球	4	用户B	羽毛球	4
6	用户B	乒乓球	3	用户B	羽毛球	4
7	用户B	羽毛球	4	用户B	乒乓球	3
8	用户B	乒乓球	3	用户B	乒乓球	3
9	用户C	足球	2	用户C	足球	2
10	用户C	篮球	4.5	用户C	足球	2

图 11-27

如果想计算不同用户对商品评分的聚合结果，可以使用 GROUP BY 语句来分组用户，并使用聚合函数（如 SUM）计算聚合结果。具体实现见代码 11-24。

代码 11-24

```
-- 对商品评分聚合
SELECT
   t1.item_name,
   t2.item_name,
   sum(t1.score * t2.score) AS score
FROM
   ods_rs_user_item_info t1
JOIN ods_rs_user_item_info t2
ON t1.user_name = t2.user_name
GROUP BY
   t1.item_name,
   t2.item_name;
```

执行上述代码，结果如图 11-28 所示。

	t1.item_name	t2.item_name	score
1	乒乓球	乒乓球	21.25
2	乒乓球	篮球	15.75
3	乒乓球	羽毛球	12
4	乒乓球	足球	7
5	篮球	乒乓球	15.75
6	篮球	篮球	24.25
7	篮球	足球	19
8	羽毛球	乒乓球	12
9	羽毛球	羽毛球	16
10	足球	乒乓球	7
11	足球	篮球	19
12	足球	足球	29

图 11-28

如果想要创建物品相似矩阵，具体实现见代码 11-25。

代码 11-25

```
-- 计算结果存储到新表中
CREATE TABLE dw_rs_user_item_score AS
-- 创建物品相似矩阵
WITH temp AS (
   SELECT
      t1.item_name AS item1,
      t2.item_name AS item2,
      sum(t1.score * t2.score) AS score
   FROM
      ods_rs_user_item_info t1
   JOIN ods_rs_user_item_info t2 ON t1.user_name = t2.user_name
   GROUP BY
      t1.item_name,
```

```
        t2.item_name
)


SELECT
    t1.*,
    t1.score / (sqrt(t2.score) * sqrt(t3.score)) AS normalized_score
FROM
    temp AS t1
JOIN temp AS t2
ON t1.item1 = t2.item1 AND t2.item1 = t2.item2
JOIN temp AS t3
ON t1.item2 = t3.item1 AND t3.item1 = t3.item2;
```

执行上述代码，结果如图 11-29 所示。

	t1.item1	t1.item2	t1.score	normalized_score
1	乒乓球	乒乓球	21.25	1
2	乒乓球	篮球	15.75	0.6938174516075866
3	乒乓球	羽毛球	12	0.6507913734559685
4	乒乓球	足球	7	0.2819808230787663
5	篮球	乒乓球	15.75	0.6938174516075866
6	篮球	篮球	24.25	1.0000000000000002
7	篮球	足球	19	0.7164711881047886
8	羽毛球	乒乓球	12	0.6507913734559685
9	羽毛球	羽毛球	16	1
10	足球	乒乓球	7	0.2819808230787663
11	足球	篮球	19	0.7164711881047886
12	足球	足球	29	1.0000000000000002

图 11-29

如果要预测用户对物品的偏好程度，具体实现见代码 11-26。

代码 11-26

```
-- 预测用户对物品的偏好程度
SELECT
    t1.user_name,
    t2.item2,
    SUM(t1.score * t2.normalized_score) AS score
FROM
    ods_rs_user_item_info t1
JOIN
    dw_rs_user_item_score t2 ON t1.item_name = t2.item1
GROUP BY
    t1.user_name, t2.item2;
```

执行上述代码，结果如图 11-30 所示。

	t1.user_name	t2.item2	score
1	用户A	乒乓球	2.7975390186090046
2	用户A	篮球	5.582355940523943
3	用户A	足球	6.432942376209578
4	用户B	乒乓球	5.603165493823874
5	用户B	篮球	2.0814523548227597
6	用户B	羽毛球	5.952374120367906
7	用户B	足球	0.8459424692362989
8	用户C	乒乓球	7.186140178391672
9	用户C	篮球	8.361303456836131
10	用户C	羽毛球	2.27776980709589
11	用户C	足球	6.2110532272472305

图 11-30

最后，通过预测用户对物品的偏好程度来推荐排名第一的物品。具体实现见代码 11-27。

代码 11-27

```sql
-- 预测用户对物品的偏好并推荐排名第一的物品
WITH temp AS (
    SELECT
        t1.user_name AS user_name,
        t2.item2 AS item2,
        SUM(t1.score * t2.normalized_score) AS score
    FROM
        ods_rs_user_item_info t1
    JOIN
        dw_rs_user_item_score t2 ON t1.item_name = t2.item1
    GROUP BY
        t1.user_name, t2.item2
)

SELECT
    sub.*
FROM (
    SELECT
        *,
        ROW_NUMBER() OVER(PARTITION BY user_name ORDER BY score DESC) AS rank_no
    FROM
        temp a1
    WHERE
        CONCAT(user_name, item2) NOT IN (
            SELECT CONCAT(user_name, item_name) FROM ods_rs_user_item_info
        )
) AS sub
WHERE
    rank_no = 1;
```

执行上述代码，结果如图 11-31 所示。

	sub.user_name	sub.item2	sub.score	sub.rank_no
1	用户A	乒乓球	2.7975390186090046	1
2	用户B	篮球	2.0814523548227597	1
3	用户C	羽毛球	2.27776980709589	1

图 11-31

如果要实现不同物品相对于用户的聚合，具体实现见代码 11-28。

代码 11-28

```
-- 实现不同物品相对于用户的聚合
SELECT
    t1.user_name AS user1,
    t2.user_name AS user2,
    sum(t1.score * t2.score) AS score
FROM
    ods_rs_user_item_info t1
JOIN
ods_rs_user_item_info t2
ON t1.item_name = t2.item_name
GROUP BY
    t1.user_name, t2.user_name;
```

执行上述代码，结果如图 11-32 所示。

	user1	user2	score
1	用户A	用户A	29
2	用户A	用户C	19
3	用户B	用户B	25
4	用户B	用户C	10.5
5	用户C	用户A	19
6	用户C	用户B	10.5
7	用户C	用户C	36.5

图 11-32

如果要计算用户与用户之间的相似度，具体实现见代码 11-29。

代码 11-29

```
-- 计算结果存储到新表中
CREATE TABLE dw_rs_user_score AS
-- 计算用户与用户的相似度
WITH temp AS (
    SELECT
        t1.user_name AS user1,
        t2.user_name AS user2,
        sum(t1.score * t2.score) AS score
    FROM
        ods_rs_user_item_info t1
    JOIN
        ods_rs_user_item_info t2
```

```
ON t1.item_name = t2.item_name
    GROUP BY
        t1.user_name, t2.user_name
)

SELECT
    t1.*,
    t1.score / (sqrt(t2.score) * sqrt(t3.score)) AS normalized_score
FROM
    temp AS t1
JOIN
temp AS t2
ON t1.user1 = t2.user1 AND t2.user1 = t2.user2
JOIN
temp AS t3
ON t1.user1 = t3.user1 AND t3.user1
```

执行上述代码，结果如图 11-33 所示。

	t1.user1	t1.user2	t1.score	normalized_score
1	用户A	用户A	29	1.0000000000000002
2	用户A	用户C	19	0.6551724137931035
3	用户B	用户B	25	1
4	用户B	用户C	10.5	0.42
5	用户C	用户A	19	0.5205479452054794
6	用户C	用户B	10.5	0.2876712328767123
7	用户C	用户C	36.5	1

图 11-33

如果要计算用户对物品的偏好程度，具体实现见代码 11-30。

代码 11-30

```
-- 计算用户对物品的偏好程度
SELECT
    t2.user2,
    t1.item_name,
    SUM(t1.score * t2.normalized_score) AS score
FROM
    ods_rs_user_item_info t1
JOIN
    dw_rs_user_score t2 ON t1.user_name = t2.user1
GROUP BY
    t2.user2, t1.item_name;
```

执行上述代码，结果如图 11-34 所示。

	t2.user2	t1.item_name	score
1	用户A	乒乓球	1.821917808219178
2	用户A	篮球	4.3424657534246585
3	用户A	足球	6.0410958904109595
4	用户B	乒乓球	4.006849315068493
5	用户B	篮球	1.2945205479452053
6	用户B	羽毛球	4
7	用户B	足球	0.5753424657534246
8	用户C	乒乓球	4.76
9	用户C	篮球	5.810344827586207
10	用户C	羽毛球	1.68
11	用户C	足球	5.275862068965518

图 11-34

最后，通过预测用户对物品的偏好程度来推荐排名第一的物品，具体实现见代码 11-31。

代码 11-31

```
-- 预测用户对物品的偏好并推荐排名第一的物品
WITH temp AS (
    SELECT
        t2.user2,
        t1.item_name,
        SUM(t1.score * t2.normalized_score) AS score
    FROM
        ods_rs_user_item_info t1
        INNER JOIN dw_rs_user_score t2 ON t1.user_name = t2.user1
    GROUP BY
        t2.user2,
        t1.item_name
)

SELECT
    *
FROM
    (
        SELECT
            *,
            RANK() OVER (PARTITION BY user2 ORDER BY score DESC) AS rank_no
        FROM
            temp
        WHERE
            CONCAT(user2, item_name) NOT IN (
                SELECT CONCAT(user_name, item_name) FROM ods_rs_user_item_info
            )
    ) AS sub
WHERE
    rank_no = 1;
```

接下来，构建用户对电影的偏好程度表，具体实现见代码 11-32。

代码 11-32

```
-- 构建用户对电影的偏好程度表
CREATE TABLE dw_user_movies_score AS
SELECT
   uid,
   mid,
   click_count * 1 + expo_count * 2 + play_count * 3 AS score
FROM
   dw_rs_user_movie;

-- 结果预览
SELECT * FROM dw_user_movies_score LIMIT 10;
```

执行上述代码，结果如图 11-35 所示。

	dw_user_movies_score.uid	dw_user_movies_score.mid	dw_user_movies_score.score
1	1	1	3
2	2	3	1
3	3	7	1
4	4	10	2
5	5	12	3
6	6	14	1
7	7	17	1
8	8	19	2
9	9	2	3
10	10	5	1

图 11-35

然后，计算电影之间的相似度结果，具体实现见代码 11-33。

代码 11-33

```
-- 计算电影之间的相似度
CREATE TABLE dw_rs_movies_score AS
WITH temp AS (
   SELECT
      t1.mid AS item1,
      t2.mid AS item2,
      SUM(t1.score * t2.score) AS score
   FROM
      dw_user_movies_score AS t1
      JOIN dw_user_movies_score AS t2 ON t1.uid = t2.uid
   GROUP BY
      t1.mid,
      t2.mid
)

SELECT
   t1.item1,
   t1.item2,
```

```
    t1.score / (sqrt(t2.score) * sqrt(t3.score)) AS score
FROM
    temp AS t1
    JOIN temp AS t2 ON t1.item1 = t2.item1 AND t2.item1 = t2.item2
JOIN temp AS t3 ON t1.item2 = t3.item1 AND t3.item1 = t3.item2;

-- 预览结果
SELECT * FROM dw_rs_movies_score LIMIT 5;
```

执行上述代码，结果如图 11-36 所示。

	dw_rs_movies_score.item1	dw_rs_movies_score.item2	dw_rs_movies_score.score
1	1	1	1
2	2	2	1
3	3	3	0.9999999999999998
4	4	4	1
5	5	5	1

图 11-36

然后，计算用户对电影的喜好程度，具体实现见代码 11-34。

代码 11-34

```
-- 计算用户对电影的喜好程度
SELECT
    uid,
    item2,
    SUM(t1.score * t2.score) AS pre
FROM
    dw_user_movies_score t1
    JOIN dw_rs_movies_score t2 ON t1.mid = t2.item1
GROUP BY
    uid,
    item2;
```

执行上述代码，结果如图 11-37 所示。

	uid	item2	score
1	1	1	3
2	2	3	0.9999999999999998
3	3	7	1
4	4	10	2
5	5	12	3
6	6	14	1
7	7	17	1
8	8	19	2
9	9	2	3
10	10	5	1

图 11-37

最后，通过预测用户偏好程度，推荐排名前 3 的电影，具体实现见代码 11-35。

代码 11-35

```
-- 预测用户偏好程度，并推荐排名前 3 的电影
WITH temp AS (
    SELECT
        uid,
        item2,
        SUM(t1.score * t2.score) AS score
    FROM
        dw_user_movies_score t1
        JOIN dw_rs_movies_score t2 ON t1.mid = t2.item1
    GROUP BY
        uid,
        item2
)

SELECT
    *
FROM
    (
        SELECT
            *,
            RANK() OVER (PARTITION BY uid ORDER BY score DESC) AS rank_no
        FROM
            temp
        WHERE
            CONCAT(uid, item2) NOT IN (
                SELECT CONCAT(uid, mid) FROM dw_user_movies_score
            )
    ) sub
WHERE
    rank_no <= 3;
```

总的来说，预测用户偏好并推荐排名前 3 的电影是推荐系统中的一项关键任务，通过智能算法和系统性的分析，能够为用户提供更加个性化、令人满意的电影推荐体验。

11.4 本章小结

本章聚焦于 Hive 高效推荐系统的实现，全面介绍了推荐系统的概念，并循序渐进地探讨了推荐模型的原理和实现细节。最终，通过结合 Hive 数据仓库呈现了一个实际的电影推荐案例，旨在帮助读者巩固对推荐系统的理解，并使其能够轻松应对今后处理类似问题的挑战。

11.5 习　　题

1. 什么是推荐系统的核心目标？（　　）

A. 提供尽可能多的信息　　B. 提高数据存储效率

C. 通过智能算法为用户提供个性化、精准的推荐　　D. 确保系统稳定性

2. Hive 在推荐系统中的主要角色是什么？（　　）

A. 数据存储　　B. 数据分析和挖掘

C. 用户交互界面　　D. 推荐算法设计

3. 为什么要结合 Hive 数据仓库来实现推荐系统？（　　）

A. Hive 是唯一可用的工具　　B. 使推荐系统更复杂

C. Hive 提供了强大的分析和挖掘功能　　D. Hive 仅用于存储数据

第12章

基于AI的Hive大数据分析实践

在当今数字化潮流中，数据变得越来越重要，其分析和解释对企业和科研领域至关重要。随着人工智能技术的迅速发展，像ChatGPT这样的自然语言处理模型在大数据分析中扮演着愈发关键的角色。

ChatGPT作为一种高度智能的自然语言处理模型，已经在许多领域展现了其无限潜力。结合Hive数据仓库进行大数据分析，本章将带读者深入探索这一强大组合的实际应用。读者将学习如何运用ChatGPT模型，利用Hive作为数据仓库，在海量数据中提取有价值的信息。

12.1 融合ChatGPT与Hive的数据智能探索

当将ChatGPT与Hive这一强大的数据分析工具相结合时，其作用更为突出。Hive作为一个基于Hadoop的数据仓库，允许用户以类似SQL的语言查询大规模数据，并提供了强大的数据存储和处理能力。

ChatGPT在Hive的数据分析中，不仅能够协助用户更自然地与数据交互，而且能够提供对数据的深度理解和解释。ChatGPT的智能能力赋予了Hive更为直观和灵活的数据探索方式，为用户提供了更加智能化、自然的数据分析体验。这种融合创造了一种全新的数据智能探索方式，为业务决策和创新提供了更为直观、高效的支持。

12.1.1 开启数据智能新纪元：ChatGPT简介

ChatGPT是一种基于深度学习的自然语言处理模型，其设计旨在理解和生成人类语言。ChatGPT强大的语言理解能力使得它能够处理和解释来自各种来源的文本数据，从而成为探索数据世界的得力助手。ChatGPT不仅能够解答问题、生成文本，还能理解上下文、推理逻辑，并在对话中呈现出令人惊叹的语言表达能力。

1. 了解 ChatGPT

ChatGPT 是 OpenAI 推出的一种基于 Transformer 的预训练语言模型，是自然语言处理领域的重要里程碑。预训练语言模型的主要目标是通过无标签文本数据的训练来提升下游任务（如文本分类、命名实体识别、情感分析）的表现。ChatGPT 作为这类模型的代表之一，采用了单向的 Transformer 结构，在大规模文本数据上进行预训练，然后通过在具体任务上微调，实现高质量的文本生成和自然对话。

ChatGPT 的独特之处在于它的单向 Transformer 结构，这意味着它能够有效地处理上下文信息，对话时能更好地理解先前的内容，从而产生更加连贯和合乎逻辑的回复。ChatGPT 不仅能够根据预训练的语境理解输入内容，还能在生成文本时保持逻辑连贯性，使其在广泛的应用场景中展现出非凡的灵活性和实用性。

此外，ChatGPT 的微调能力使其在特定任务中展现出惊人的适应性。通过微调，这一模型能够根据具体任务的需求进行优化，使其在特定领域表现得更为出色。这种可塑性赋予了 ChatGPT 广泛的应用前景，涵盖从商业、教育到医疗等众多领域。ChatGPT 不仅可以用于生成各类文本，还能够成为交互式工具、教育辅助工具，甚至是辅助医疗诊断的强大支持者。

2. 了解 Transformer 模型

ChatGPT 作为采用了单向 Transformer 模型的语言生成器，借助了 Transformer 模型这一自然语言处理领域中最为广泛应用的模型框架。Transformer 模型自 2017 年由 Google 提出以来，在各种自然语言处理任务中展现了卓越的性能。

Transformer 的核心在于其多头注意力机制，这一设计让模型能够更好地关注不同位置的输入信息，从而提高了模型的表达能力。这种注意力机制使得模型能够更好地理解输入的上下文和语义信息，为 ChatGPT 的文本生成提供了更为全面和连贯的基础。

Transformer 模型还采用了残差连接和 Layer Normalization 等技术，这些机制使得模型的训练更加稳定。这有助于减少梯度消失和梯度爆炸等问题，使得模型更容易训练，也提高了模型对输入数据的适应性。

ChatGPT 模型中的 Encoder 和 Decoder 是相同的，因为它是单向的模型，只能使用历史信息生成当前的文本。在生成文本时，模型利用先前的文本信息，通过 Decoder 逐步预测和生成下一个词，保持着对话或文本的逻辑和连贯性。

这种结构使得 ChatGPT 能够在多种场景中广泛应用，无论是对话式交互、文本生成还是文本理解，都能展现出卓越的能力。其基于 Transformer 的模型架构为 ChatGPT 赋予了强大的文本理解和生成能力，为其在各个领域的成功应用奠定了坚实的基础。

3. 理解 ChatGPT 流程

ChatGPT 是一款通用的自然语言生成模型，其名称 GPT 代表生成式预训练转换（Generative Pre-trained Transformer）。这一模型通过在庞大的互联网语料库上的训练，获得了深度的语言理解能力。ChatGPT 能够根据用户输入的文本内容生成符合上下文语境的文本回答。这种模式常见于对话交互式问答，为用户提供了似乎在进行自然对话的体验。例如一个简单的实现流程如图 12-1 所示。

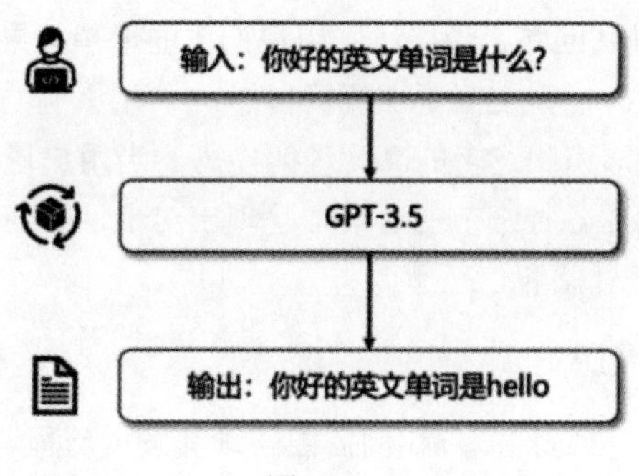

图 12-1

语言模型的工作方式是对语言文本进行概率建模。其基本思想是根据给定的文本序列，预测下一个可能出现的词或字符，并估计这种预测的概率。这种概率建模使得语言模型能够理解并生成自然语言文本。通过分析大量文本数据，语言模型学习到词语之间的关联和上下文的语言结构，从而能够生成与训练数据相似的连贯文本。

在这个过程中，语言模型使用历史上下文信息，以便更准确地预测下一个词的可能性。模型会考虑前面出现的词语或短语，以推断接下来最可能出现的词或短语。这种上下文的理解和预测，使得语言模型能够生成合乎逻辑和语法的文本。

不仅如此，语言模型还能通过学习概率分布的方式，对不同词语或短语出现的可能性进行排序，进而提供最有可能的文本生成结果。这种基于概率的建模方式为语言模型的文本生成提供了一种可靠的方法，使得生成的文本更加自然和流畅。

语言模型的作用类似于预测文本序列中下一个可能出现的词或短语，并估计这些预测的概率。这种工作方式类似于我们小时候玩的文字接龙游戏。举例来说，如果输入的内容是“你好”，语言模型就会在其预测结果中，选择概率最高的那个词或短语作为接龙中的下一部分内容，以此来生成接续的文本，如图12-2所示。

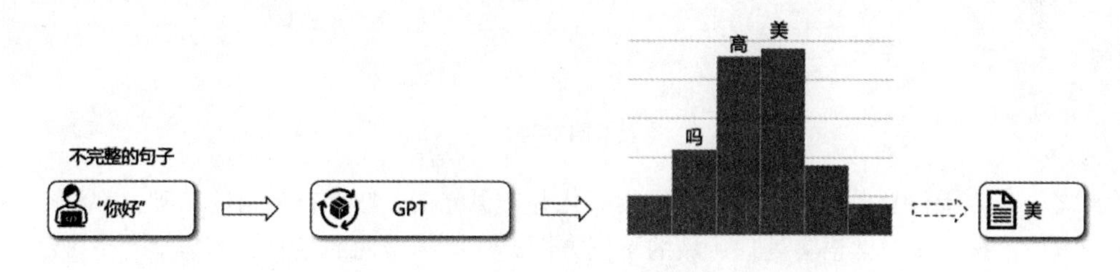

图 12-2

4. ChatGPT与聊天机器人的区别

ChatGPT相对其他聊天机器人有着显著的进步，体验反馈主要体现在以下几个方面：

（1）ChatGPT 在理解用户实际意图方面有了明显的提升。相较于其他类似的聊天机器人或自动客服系统，ChatGPT 的进步在于避免了机器人绕圈、答非所问的情况。用户在实际体验中很明显地感受到了这种改进。

（2）ChatGPT 展现了强大的上下文衔接能力。用户不仅可以提出一个问题，还能通过连续追问的方式让 ChatGPT 不断改进其回答，最终达到用户期望的理想效果。这种灵活性和持续改进的能力使得对话更加贴近用户需求，使得交互更加流畅自然。

（3）ChatGPT 展现出对知识和逻辑的高度理解能力。当用户遇到问题时，它不仅提供一个简单的回答，还能回应用户对问题各种细节的追问，呈现出对于话题的全面理解。这种细致的回答能力增强了用户与 ChatGPT 的交互感和信任感。

5. 了解 ChatGPT 的发展历史

为了全面理解 ChatGPT 的卓越性能，我们需要回顾其发展历程。ChatGPT 是 OpenAI 推出的先进模型，它基于 InstructGPT 进行了优化和调整。InstructGPT 本身是对 GPT-3 的扩展，而 GPT-3 则是 GPT-2 的后续版本，GPT-2 又继承自原始的 GPT 模型。这一技术演进的起点可以追溯到 Google 发表的开创性论文（https://arxiv.org/pdf/1706.03762.pdf），该论文首次提出了 Transformer 架构，为后续的 BERT 及其他基于 Transformer 的模型奠定了理论基础。

这样，我们能够构建出一个清晰的模型分支图谱，如图 12-3 所示。在这一系列的发展中，每一个新版本或分支都以前一版本的基础为起点，并通过技术调整、结构优化和模型训练的改进，不断推动自然语言处理模型的发展。

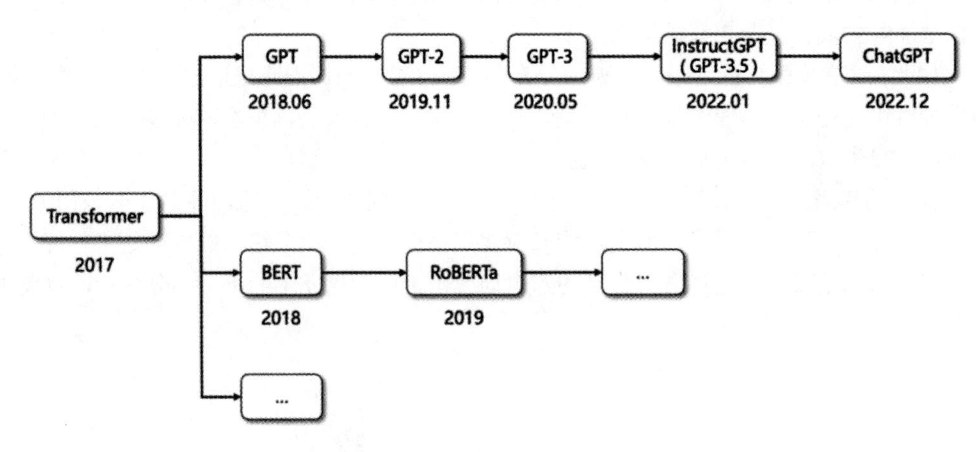

图 12-3

除此之外，需要注意的是，这些模型间的演化并非孤立的。它们在各自的基础上都进行了独特的优化和改进，探索了自然语言处理领域的不同方面。这些模型间的相互影响与学习也推动了自然语言处理技术的快速进步。

6. 了解反馈模型

为了实现这一目标，研究人员引入了人类老师，即标记人员，通过人工标记的方式来构建一个反馈模型。这个反馈模型的主要任务是模仿人类的偏好，它通过对 GPT-3.5 生成的结果进行打分，从而形成了一个基于人类反馈的评估模型。具体来说，标记人员通过为 GPT-3.5 生成的文本进行评分，反映了人类对于文本质量、逻辑性和自然度等方面的评价。

这个反馈模型扮演了一个关键的角色，它不仅能够准确捕捉人类的审美和语言偏好，还能够将这些反馈信号转换为模型学习的有益信息。反馈模型所学到的人类偏好将被用来调整 GPT-3.5 的生成策略，使其更加符合人们的期望和喜好。

这种基于人工标记的反馈机制在强化学习中扮演了重要的角色，它实际上是一种在大规模未标记数据的基础上引入有监督信号的方法。这种迭代的训练过程，即通过标记人员的反馈来训练反馈模型，再通过反馈模型的指导来调整 GPT-3.5，形成了一个有效的闭环学习系统。

这个方法的创新之处在于通过结合人类的主观评价和模型的生成能力，实现了模型性能的精细调节。通过反复迭代这一训练过程，研究人员成功地提升了 GPT-3.5 在自然语言生成任务中的表现，使其更贴近人类语言表达的水平，如图 12-4 所示。

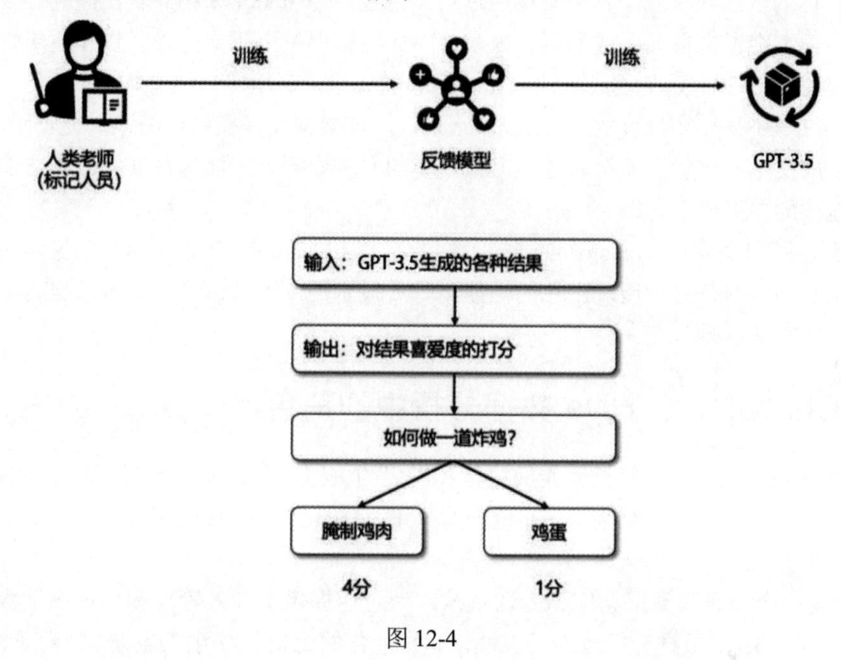

图 12-4

7. ChatGPT 的特点

首先，GPT-3.5 采用的是只有上文的 Decoder 结构，这种设计使得模型天然适用于问答这种交互方式。在这个结构下，模型能够更好地理解和处理上下文信息，对于连贯性强、对话性质的任务，如问答，表现得尤为出色。这种独特的 Decoder 结构为 GPT-3.5 在处理交互式对话时提供了优越的性能。

其次，GPT-3.5 是一个通用模型，OpenAI 一直强调在早期的架构和训练阶段避免对特定行业进行过度调优。这种通用性让 GPT-3.5 在面对多种自然语言处理任务时都能展现出强大的适应性。而不受特定行业限制的通用能力使得 GPT-3.5 更加灵活，能够适应广泛的应用场景，从而使其在各个领域都表现出色。

最后，GPT-3.5 依赖巨量的数据和参数。从信息论的角度来看，这就像是一个深层次的语言模型，覆盖了人类生活中几乎所有的自然语言和编程语言。这种巨量的数据和参数使得 GPT-3.5 具备了更高层次的语言理解和生成能力。然而，这也带来了一个挑战，即对于参与者而言，需要处理庞大的数据集和庞大的模型参数，这在一定程度上提高了个人或小公司参与的门槛。

总体而言，这三个方面的设计和特点共同塑造了 GPT-3.5 的卓越性能。它独特的 Decoder 结构、通用性和庞大的数据与参数，使它成为自然语言处理领域的佼佼者，同时也带来了一系列在应用和参与方面的挑战。

8. ChatGPT 的连续对话能力

ChatGPT 的连续对话能力实际上在 GPT-3 时代就已经存在，其具体实现方式值得深入探讨。语言模型生成回答的方法基于一个个 token，可以简单地将 token 理解为单词或短语的片段。因此，当 ChatGPT 为用户生成一句回答时，它实际上是从第一个 token 开始，不断迭代地将用户的问题和当前生成的所有内容作为输入，然后生成下一个 token，直到完成整个回答的构建。

这个过程称为自回归生成，其中模型通过逐步生成每个 token 来构建输出序列。在生成每个新的 token 时，模型会考虑前面生成的所有内容，因此能够保持上下文的连贯性和逻辑性。这种自回归生成的方式为 ChatGPT 赋予了灵活性，使它能够生成符合语境的自然文本。

此外，GPT-3 中采用了深度的 Transformer 架构，该架构允许模型更好地捕捉长距离依赖关系，从而提高了生成文本的质量。模型通过学习大规模的文本数据，能够理解并利用丰富的语言模式，从而更准确地预测并生成下一个 token。

这种基于自回归生成和 Transformer 结构的组合，为 ChatGPT 带来了卓越的文本生成能力，使它能够在对话和问答等任务中展现出色的性能。随着技术的不断演进，这一方法也为未来语言模型的发展提供了坚实的基础。

12.1.2 ChatGPT 在 Hive 数据分析中的角色

在当今数字化时代，数据扮演着企业决策和发展的关键角色。随着数据量的爆发性增长，有效地利用和分析这些数据成为关键因素。在这个背景下，ChatGPT 在 Hive 数据分析中崭露头角，扮演着独特而重要的角色。

Hive 作为一个分布式数据仓库和查询系统，为企业提供了高效管理和分析海量数据的平台。ChatGPT 的引入为 Hive 数据分析注入了人性化和智能化的元素，为用户提供了更直观、更自然的数据探索体验。在这个协同工作的生态系统中，ChatGPT 不仅是一个简单的工具，更是一个数据智能的伙伴，携手用户深度挖掘数据中的洞察和价值。

1. 与数据对话的新维度：ChatGPT 的引入

在 Hive 数据分析的领域，ChatGPT 以其出色的自然语言处理能力为用户开辟了与数据对话的新维度。传统的数据分析工具往往需要用户具备特定的查询语言和技能，而 ChatGPT 通过直观的自然语言交互，将数据探索变得更加亲和并容易上手。用户可以以对话的方式提出问题、请求数据，而 ChatGPT 则通过深度学习模型理解并响应，使得数据分析变得更加灵活和用户友好。

2. 智能助手加速洞察的发现：ChatGPT 在数据探索中的应用

ChatGPT 不仅是一个数据分析工具，更是一个智能助手，能够辅助用户更快速地发现数据中的洞察。通过与 ChatGPT 的对话，用户可以进行迭代式的探索，不断深入挖掘数据的内在关联。其强大的语言理解能力使得用户能够提出更复杂、更深层次的问题，而 ChatGPT 则能够提供更富有洞察力的回答，帮助用户更深入地理解数据所蕴含的价值。

3. 数据交互的未来趋势：ChatGPT 与 Hive 的协同发展

随着人工智能技术的不断进步，ChatGPT 与 Hive 数据分析的协同发展将成为未来数据交互的重要趋势。ChatGPT 的智能化特性将进一步丰富数据分析的方式，用户可以通过对话式交互更直观地了解数据，而 Hive 作为强大的数据仓库为 ChatGPT 提供了充足的数据支持。这种协同发展将推动数据分析进入一个更加智能、高效的新时代，为用户带来更为便捷、直观的数据体验。

ChatGPT 在 Hive 数据分析中的角色不仅仅是一个工具，更是一个开启智能数据交互时代的引擎。其引入为数据分析注入了新的思维方式，为用户提供了更直观、更友好的数据探索体验，推动着数据分析向着更智能、更灵活的方向发展。

12.2 构建智能化的 Hive 数据处理引擎

ChatGPT 与 Hive 的集成实现不仅是技术上的结合，更是智能引擎在实际业务场景中的创新运用。从用户的角度来看，这一结合打破了传统数据分析的技术门槛，为更多的人赋予了智能数据分析的能力。

12.2.1 ChatGPT 与 Hive 的集成实现

ChatGPT 与 Hive 的集成实现从根本上改变了数据分析的方式。通过将 ChatGPT 嵌入 Hive 数据分析环境，用户能够以自然语言的方式与数据进行交互，从而摆脱了传统查询语言的束缚。ChatGPT 作为一个智能引擎，能够理解用户提出的问题，并通过对 Hive 数据仓库进行查询和分析，提供直观、智能的回答。这种协同工作使得数据分析变得更为高效、灵活，为用户提供了全新的数据探索体验。

1. 准备数据

在进行数据提取任务之前，首先需要明确要使用的表和字段。这些信息通常可以向数据业务人员咨询，以确保准确无误地提取数据。以下是一个例子，我们将使用三张数据表进行说明。

1）用户登录表（user_login）

- 表类型：静态分区表。
- 分区字段：day。
- 包括字段：uid（用户 ID）和 login_time（登录时间）。

2）用户付费表（user_pay）

- 表类型：静态分区表。
- 分区字段：day。
- 包括字段：uid（用户 ID）和 week_pay_money（最近 7 天付费金额）。

3）用户信息表（user_info）

- 表类型：静态分区表。
- 分区字段：day。
- 包括字段：uid（用户 ID）、age（年龄）和 sex（性别）。

2. 提取数据

首先，编写好带执行的 Prompt（提示词），具体实现见代码 12-1。

代码 12-1

```
你是一个数据分析师专家，请根据如下内容，输出 Hive SQL 代码，确保查询条件中日期字段 day 取值为'2023-11-11'，并统计年龄在 20～60 岁的用户最近一个月的登录次数和付费总金额。内容如下：用户登录表 user_login,表是静态分区表，分区字段 day，包括字段：uid，登录时间 login_time 用户付费表 user_pay,表是静态分区表，分区字段 day，包括字段：uid，最近 7 天付费金额 week_pay_money 用户信息表 user_info,表是静态分区表，分区字段 day，包括字段：uid，年龄 age，性别 sex。
```

执行上述 Prompt 代码，结果如图 12-5 所示。

```
-- 查询最近一个月内年龄在20~60岁的用户的登录次数和付费总金额
SELECT ul.uid,
       COUNT(ul.login_time) AS login_count,
       SUM(up.week_pay_money) AS total_pay_amount
FROM user_login ul
JOIN user_info ui ON ul.uid = ui.uid AND ul.day = ui.day
JOIN user_pay up ON ul.uid = up.uid AND ul.day = up.day
WHERE ui.age BETWEEN 20 AND 60
  AND ul.day = '2023-11-11' -- 指定分区字段的取值
  AND ul.login_time >= DATE_ADD(CURRENT_DATE, -30) -- 最近一个月的登录记录
GROUP BY ul.uid;
```

图 12-5

在图 12-5 中，ChatGPT 具体实现见代码 12-2。

代码 12-2

```
-- 查询最近一个月内年龄在 20～60 岁的用户的登录次数和付费总金额
SELECT ul.uid,
      COUNT(ul.login_time) AS login_count,
      SUM(up.week_pay_money) AS total_pay_amount
FROM user_login ul
JOIN user_info ui ON ul.uid = ui.uid AND ul.day = ui.day
JOIN user_pay up ON ul.uid = up.uid AND ul.day = up.day
WHERE ui.age BETWEEN 20 AND 60
  AND ul.day = '2023-11-11'                          -- 指定分区字段的取值
  AND ul.login_time >= DATE_ADD(CURRENT_DATE, -30) -- 最近一个月的登录记录
GROUP BY ul.uid;
```

在这个示例中，user_login 表用于获取用户登录次数，user_pay 表用于获取付费总金额，而 user_info 表用于筛选年龄在 20～60 岁的用户。最后，通过 JOIN 操作将这三个表关联起来，并使用 COUNT 和 SUM 函数进行统计，最终按照用户 ID 进行分组。

12.2.2 智能引擎应用案例分析

在实际应用中，ChatGPT 与 Hive 的协同工作产生了丰富的智能引擎应用案例。以智能数据探索为例，用户通过 ChatGPT 直接向 Hive 提出问题，而 ChatGPT 则能够根据对问题的理解，向用户

提供数据可视化、关联性分析等更直观的回答。这种智能引擎的应用不仅节省了用户学习专业查询语言的时间，还提高了数据分析的准确性和速度。

1. 分析用户付费分布

我们希望分析特定用户的付费金额分布情况，目标用户包括最近 30 天内活跃过的且年龄在 20~60 岁的用户。我们关注的是最近 15 天的付费金额分布，将其按照每 50 元一个区间进行划分。

在此需明确一个重要的需求点：如果用户在最近 30 天内活跃，但在最近 15 天内没有付费记录，我们仍然需要将其考虑在内，将其付费金额设置为 0。

针对这一需求，需要执行以下步骤。

步骤 01 选择目标用户群体：从最近 30 天内活跃过的用户中筛选出年龄在 20~60 岁的用户。

步骤 02 获取付费数据：确保获取这些用户在最近 15 天内的付费数据。

步骤 03 处理付费金额：对于那些在最近 30 天内活跃但在最近 15 天内没有付费的用户，将其付费金额设为 0。

步骤 04 划分付费金额区间：将付费金额按照每 50 元一个区间进行划分，以便更好地理解付费金额的分布情况。

通过以上步骤，我们可以得到一个清晰的、考虑到所有特定需求的特定用户付费金额分布情况的分析结果。具体实现 Prompt 见代码 12-3。

代码 12-3

```
你是一个数据分析师专家，请根据如下内容，输出 Hive SQL 代码，确保查询条件中日期字段 day 取值为'2023-11-11'，统计最近 30 天的活跃用户，年龄 20~60 岁，按每 50 元一个区间划分分布，来看最近 15 天付费金额分布情况；如果最近 30 天活跃过的用户，且用户最近 15 天没有付费，将付费金额设置为 0。
```

执行上述 Prompt 代码，结果如图 12-6 所示。

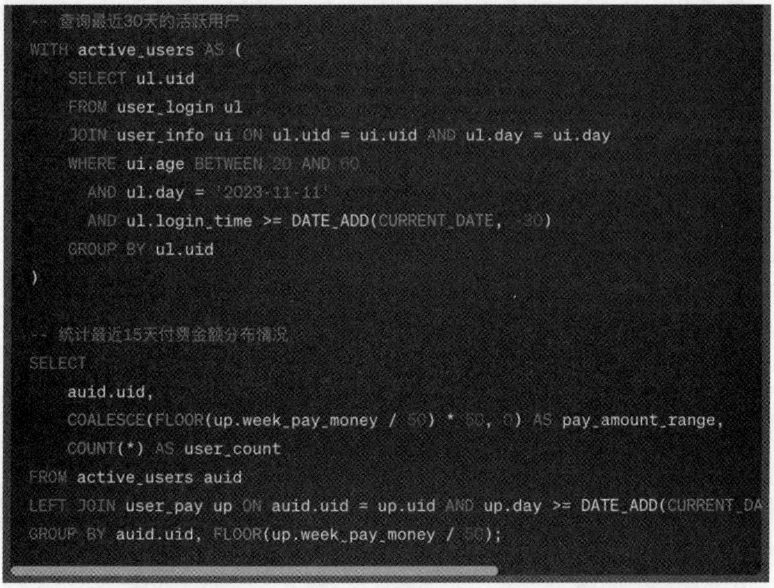

```sql
-- 查询最近30天的活跃用户
WITH active_users AS (
    SELECT ul.uid
    FROM user_login ul
    JOIN user_info ui ON ul.uid = ui.uid AND ul.day = ui.day
    WHERE ui.age BETWEEN 20 AND 60
      AND ul.day = '2023-11-11'
      AND ul.login_time >= DATE_ADD(CURRENT_DATE, -30)
    GROUP BY ul.uid
)

-- 统计最近15天付费金额分布情况
SELECT
    auid.uid,
    COALESCE(FLOOR(up.week_pay_money / 50) * 50, 0) AS pay_amount_range,
    COUNT(*) AS user_count
FROM active_users auid
LEFT JOIN user_pay up ON auid.uid = up.uid AND up.day >= DATE_ADD(CURRENT_DA
GROUP BY auid.uid, FLOOR(up.week_pay_money / 50);
```

图 12-6

在图 12-6 中，ChatGPT 具体实现见代码 12-4。

代码 12-4

```
-- 查询最近 30 天的活跃用户
WITH active_users AS (
    SELECT ul.uid
    FROM user_login ul
    JOIN user_info ui ON ul.uid = ui.uid AND ul.day = ui.day
    WHERE ui.age BETWEEN 20 AND 60
      AND ul.day = '2023-11-11'
      AND ul.login_time >= DATE_ADD(CURRENT_DATE, -30)
    GROUP BY ul.uid
)

-- 统计最近 15 天付费金额分布情况
SELECT
    auid.uid,
    COALESCE(FLOOR(up.week_pay_money / 50) * 50, 0) AS pay_amount_range,
    COUNT(*) AS user_count
FROM active_users auid
LEFT JOIN user_pay up ON auid.uid = up.uid AND up.day >= DATE_ADD(CURRENT_DATE,
-15)
GROUP BY auid.uid, FLOOR(up.week_pay_money / 50);
```

这段代码首先使用一个 WITH 子句创建了一个名为 active_users 的临时表，该表包含最近 30 天内年龄在 20~60 岁的活跃用户的用户 ID。然后，通过 LEFT JOIN 将这些用户与最近 15 天的付费记录进行连接，并按每 50 元一个区间划分付费金额的分布情况，最终统计了每个区间的用户数量。同时，对于最近 30 天活跃过但最近 15 天没有付费的用户，将付费金额设置为 0。

2. 分析不同年龄用户的付费分布

接下来，我们将进行更为复杂的分布问题计算。假设我们有一个需求，要了解不同年龄段用户的付费区间分布情况。我们将按照用户年龄区间进行分类，例如 20～30 岁、31～40 岁、41～50 岁、51～60 岁等。在此基础上，我们将统计最近 30 天内的活跃用户，并对每个年龄区间进行用户去重，以便深入研究最近 15 天内的付费金额分布情况。

对于那些在最近 30 天内活跃过但在最近 15 天内没有付费的用户，我们将其付费金额设定为 0。这有助于全面了解用户行为，尤其是那些在过去一个月内活跃，但在最近 15 天内没有产生付费行为的群体。通过这个分析，我们能够更全面地了解不同年龄段用户在最近 15 天内的付费情况，为业务决策提供更有深度的数据支持。具体实现 Prompt 见代码 12-5。

代码 12-5

```
你是一个数据分析师专家，请根据如下内容，输出 Hive SQL 代码，确保查询条件中日期字段 day 取值为'2023-11-11'，对不同年龄区间，比如 20～30 岁、31～40 岁、41～50 岁、51～60 岁，统计最近 30 天的活跃用户，且对每个年龄区间进行用户去重，来看最近 15 天付费金额分布情况；如果最近 30 天活跃过的用户，且用户最近 15 天没有付费，将付费金额设置为 0。
```

在 ChatGPT 中执行上述 Prompt 代码，得到的具体实现见代码 12-5。

代码 12-5

```
-- 统计不同年龄区间最近 30 天的活跃用户和最近 15 天的付费金额
WITH active_users AS (
  SELECT DISTINCT ul.uid,
                ui.age
  FROM user_login ul
  JOIN user_info ui ON ul.uid = ui.uid AND ul.day=ui.day
  WHERE ul.day = '2023-11-11'
    AND ul.login_time >= date_sub(current_timestamp, 30)
)

SELECT age_group,
       COUNT(DISTINCT au.uid) AS active_users,
       COALESCE(SUM(CASE WHEN up.pay_time IS NOT NULL AND up.pay_time >=
date_sub(current_timestamp, 15) THEN up.pay_amount ELSE 0 END), 0) AS pay_amount
FROM (
  SELECT *,
         CASE
           WHEN age BETWEEN 20 AND 30 THEN '20-30'
           WHEN age BETWEEN 31 AND 40 THEN '31-40'
           WHEN age BETWEEN 41 AND 50 THEN '41-50'
           WHEN age BETWEEN 51 AND 60 THEN '51-60'
           ELSE 'Unknown'
         END AS age_group
  FROM active_users
) au
LEFT JOIN user_pay up ON au.uid = up.uid
WHERE up.day = '2023-11-11'
GROUP BY age_group;
```

上述代码首先创建了一个临时表 active_users 用于存储最近 30 天活跃用户的信息，然后使用 DISTINCT 关键字确保对每个年龄区间内的用户进行去重。接着，通过 CASE 语句将年龄分组到不同的年龄区间。最后，通过 LEFT JOIN 将活跃用户表和用户付费表连接，根据条件进行过滤，并使用 COALESCE 函数确保在付费金额为空时将其设置为 0。最后，通过 GROUP BY 对年龄区间进行统计。

12.3　ChatGPT 的自然语言处理与 Hive 数据分析与挖掘

ChatGPT 作为一款由 OpenAI 开发的自然语言处理模型，通过强大的语言理解和生成能力，为用户提供了更智能、更直观的交互体验。而 Hive 数据挖掘技术则为大规模数据的处理和分析提供了强大的工具支持，使得企业能够更好地挖掘数据中的潜在价值。

12.3.1　聚变智慧：ChatGPT 与 Hive 技术的革新整合

随着大数据时代的来临，企业纷纷将数据视为核心竞争力的关键因素。然而，随着数据量和复杂性的不断增加，传统的数据分析方法逐渐显露出无法满足需求的短板。本小节将深入探讨 ChatGPT 作为一项先进的自然语言处理技术如何在数据分析领域发挥引领作用，及其对提升数据分析效率和洞察力的革命性影响。

1. 重塑数据分析

ChatGPT 不仅是一款自然语言处理模型，更是数据分析领域的革新者。其出色的语言理解和生成能力使得用户能够通过自然语言直观地与数据进行交互，摆脱了传统分析方法中对于复杂查询语句的依赖。

2. 建立数据桥梁

为了实现 ChatGPT 与 Hive 的紧密整合，我们采用了 Apache Kafka 作为数据传输的关键组件。作为一款高吞吐量的分布式消息系统，Kafka 可高效地承载海量实时数据，为整个系统提供可靠的数据桥梁。通过 Kafka，我们能够将实时数据有效地存储到两个关键存储系统：HBase 和 Elasticsearch。

HBase 被用来存储 ChatGPT 所需的样本学习数据。这包括模型训练所需的各种输入数据，确保 ChatGPT 能够在训练过程中获取到充足、多样化的信息。同时，Elasticsearch 被用于构建索引，以便进行快速、高效的数据召回。这为系统提供了检索和访问学习数据的能力，从而增强了 ChatGPT 的学习质量和速度。

在整个流程中，我们通过组装请求内容将最终的 Prompt 传送至 ChatGPT 模型。这确保了模型可以接收到清晰而完整的输入，以产生准确的输出。模型生成的结果随后被返回，并存储到 Hive 中，用于进行进一步的数据分析和挖掘。Hive 作为数据仓库，提供了强大的查询和分析工具，帮助我们深入挖掘 ChatGPT 模型生成的结果，发现潜在的数据价值。

3. 实践案例：销售数据智能挖掘

假设一家电商公司希望通过 ChatGPT 和 Hive 技术挖掘销售数据中的潜在趋势和关联信息，以优化产品推荐策略。其具体实现架构如图 12-7 所示。

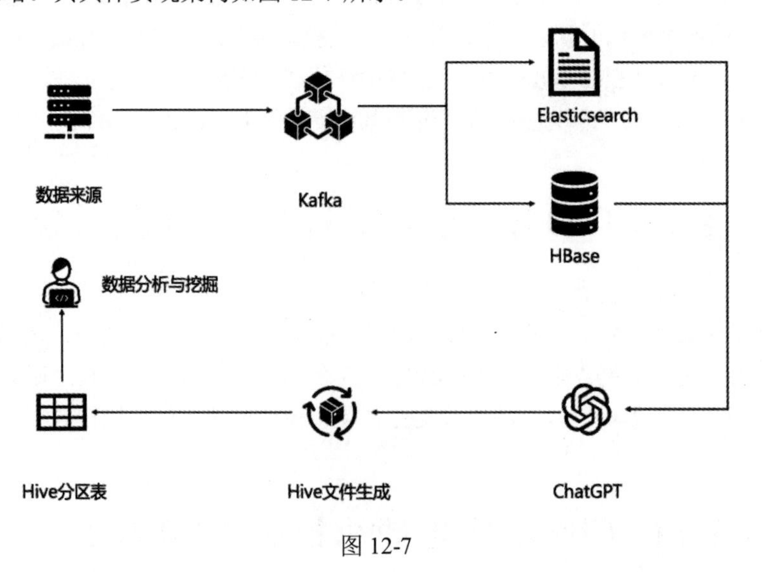

图 12-7

具体实现步骤如下。

步骤 01 数据提取与传输：数据的提取与传输阶段通过 Apache Kafka 实现，确保数据以高吞吐量的方式被可靠地传输到 HBase 和 Elasticsearch 两个存储系统。Kafka 作为分布式消息系统，提供了高效的实时数据传输机制，为后续的分析和挖掘提供了可靠的数据基础。

步骤 02 ChatGPT 智能查询：通过 RESTful API，以自然语言形式将数据发送至 ChatGPT，实现智能查询。ChatGPT 模型能够理解和处理用户提出的关于产品销售趋势、用户购买偏好等方面的查询，并生成相应的语言回应。这一步为用户提供了一种自然而直观的方式，与系统进行智能交互。

步骤 03 智能分析与结果返回：ChatGPT 接收到用户的查询后，进行智能分析销售数据，生成关键洞察。这些洞察包括但不限于热门产品、潜在交叉销售机会等。生成的结果被返回至 Hive 数据库，为企业提供了一个集中化的数据存储和管理平台。这有助于深度挖掘数据，发现隐藏在大量信息中的有价值的见解。

步骤 04 优化决策：基于 ChatGPT 的分析结果，企业能够调整产品推荐策略、优化库存管理等运营决策。ChatGPT 提供的智能分析能力使得决策更加精准和灵活。这一步实现了将人工智能技术应用于实际业务决策的目标，为企业提供了更加智能化的运营方式。

通过这一整合方案，成功地将 ChatGPT 与 Hive 数据分析挖掘技术相结合，实现了对销售数据的智能化挖掘。这不仅提高了决策效率和精准度，还为企业提供了更深层次的洞察，帮助其更好地应对市场变化，提升竞争力。

12.3.2　自然语言处理在 Hive 数据分析中的应用

ChatGPT 代表着基于深度学习的自然语言处理技术的最新进展。利用大规模训练数据和复杂的神经网络模型，ChatGPT 展现了出色的能力，能够深入地理解和生成人类语言。这种技术不仅使得文本数据的高效处理成为可能，而且在数据分析领域提升了效率和准确性。

在实际应用中，ChatGPT 的文本处理能力为数据分析提供了新的维度。其具备解读非结构化文本数据的能力，从而能够更全面地挖掘潜在信息。这种全面性使得数据分析不仅局限于结构化数据，还能够涵盖更广泛的文本数据，为深层次的分析提供更多可能性。

1. 智能化数据管理：借助 Prompt 技术轻松生成 Hive 库表

在数据仓库领域，智能化数据管理正逐渐崭露头角，为开发者提供了更为高效和便捷的工作方式。借助 Prompt 技术，我们能够轻松地创建 Hive 库表，无须烦琐的 SQL 编写，只需通过简单的自然语言描述，即可完成表的定义。以创建一个名为 game_user_db 的 Hive 库为例，通过 Prompt 技术快速生成包含用户信息、商品信息和订单信息的 Hive 库表。具体 Prompt 实现见代码 12-6。

代码 12-6

```
'''
你是一个数据仓库的专家，现在请创建一个名为"game_user_db"的 Hive 库，并且包含有如下表：
users_info：用户信息表名 uid (INT)：用户 ID username (STRING)：用户名
products_info:商品信息表名 pid (INT):商品 ID pname (STRING):商品名称 price (FLOAT):
商品价格
```

```
    orders_info：订单信息表名 oid (INT)：订单 ID uid (INT)：用户 ID pid (INT)：商品 ID
nums(INT)：商品购买数量
    每个表格式都为 ORC 压缩格式，每个表都有一个 day 命名的分区字段，注意建表的时候表和字段都要
有中文注释。
    '''
```

在 ChatGPT 中执行上述代码，结果如图 12-8 所示。

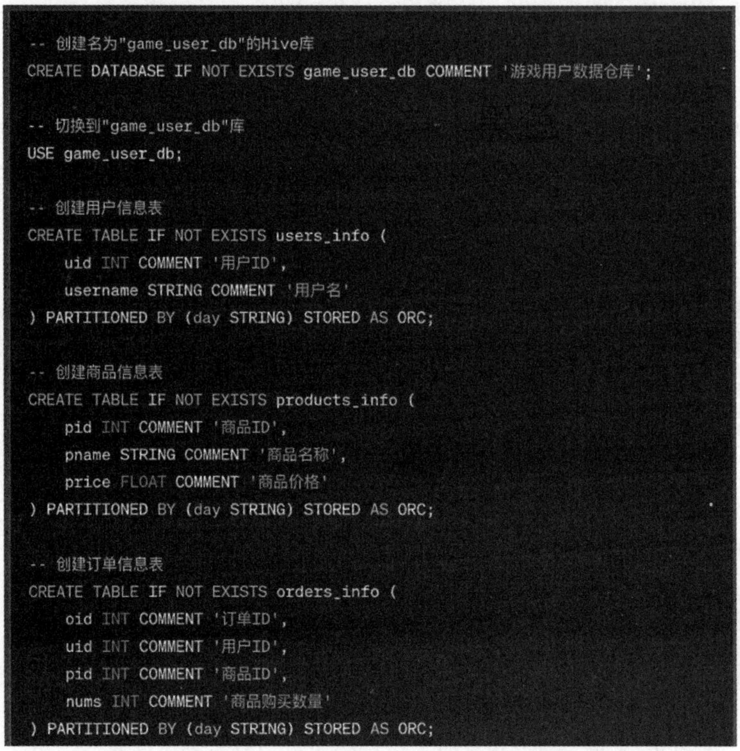

```
-- 创建名为"game_user_db"的Hive库
CREATE DATABASE IF NOT EXISTS game_user_db COMMENT '游戏用户数据仓库';

-- 切换到"game_user_db"库
USE game_user_db;

-- 创建用户信息表
CREATE TABLE IF NOT EXISTS users_info (
    uid INT COMMENT '用户ID',
    username STRING COMMENT '用户名'
) PARTITIONED BY (day STRING) STORED AS ORC;

-- 创建商品信息表
CREATE TABLE IF NOT EXISTS products_info (
    pid INT COMMENT '商品ID',
    pname STRING COMMENT '商品名称',
    price FLOAT COMMENT '商品价格'
) PARTITIONED BY (day STRING) STORED AS ORC;

-- 创建订单信息表
CREATE TABLE IF NOT EXISTS orders_info (
    oid INT COMMENT '订单ID',
    uid INT COMMENT '用户ID',
    pid INT COMMENT '商品ID',
    nums INT COMMENT '商品购买数量'
) PARTITIONED BY (day STRING) STORED AS ORC;
```

图 12-8

2. 互动数据演绎：用 Prompt 玩转 Hive 库表示例数据写入

通过 Prompt 技术，我们能够以一种直观且高效的方式往 Hive 库的各个表中插入示例数据。这不仅为数据仓库使用者提供了简便的工具，也为整个数据管理流程注入了灵活性和可操作性。接下来我们将使用 Prompt 技术为名为 game_user_db 的 Hive 库中的每个表插入 5 条示例数据，具体 Prompt 实现见代码 12-7。

代码 12-7

```
    '''
    你是一个数据仓库的专家，现在请往上述一个名为"game_user_db"的 Hive 库中，每个表插入 5 条示
例数据。
    '''
```

在 ChatGPT 中执行上述代码，结果如图 12-9 所示。

```sql
-- 切换到"game_user_db"库
USE game_user_db;

-- 往users_info表插入示例数据
INSERT INTO TABLE users_info PARTITION (day='2023-11-11')
VALUES
    (1, 'John Doe'),
    (2, 'Alice Smith'),
    (3, 'Bob Johnson'),
    (4, 'Eva Brown'),
    (5, 'Michael White');

-- 往products_info表插入示例数据
INSERT INTO TABLE products_info PARTITION (day='2023-11-11')
VALUES
    (101, 'Gaming Laptop', 1999.99),
    (102, 'Wireless Headset', 149.99),
    (103, 'Mechanical Keyboard', 89.99),
    (104, 'Gaming Mouse', 49.99),
    (105, '4K Monitor', 599.99);

-- 往orders_info表插入示例数据
INSERT INTO TABLE orders_info PARTITION (day='2023-11-11')
VALUES
    (201, 1, 101, 2),
    (202, 2, 102, 1),
    (203, 3, 104, 3),
    (204, 4, 103, 2),
    (205, 5, 105, 1);
```

图 12-9

3. 智能化探索：通过 Prompt 实现精准数据分析

在数据分析领域，我们常常面临复杂的数据集和庞大的信息量。如何更智能地进行深度分析，以提供精准的洞察和指导业务决策？在这个背景下，引入 Prompt 技术成为一种颇具前瞻性的方法。具体实现 Prompt 见代码 12-8。

代码 12-8

```
'''
    你是一个数据分析的专家，现在需要在上述插入数据后的"game_user_db"库中，根据上述插入的示例数据，从订单表 orders_info 中统计 day='2023-11-11'这天下单总用户数、订单数量、购买总数量 ，请给出执行 HiveSQL，并以表格的形式输出执行结果。
'''
```

在 ChatGPT 中执行上述代码，结果如图 12-10 所示。

```sql
-- 切换到"game_user_db"库
USE game_user_db;

-- 统计day='2023-11-11'这天下单总用户数、订单数量、购买总数量
SELECT
    COUNT(DISTINCT user_id) AS total_users,
    COUNT(order_id) AS total_orders,
    SUM(quantity) AS total_quantity
FROM orders_info
WHERE day = '2023-11-11';
```

图 12-10

ChatGPT 输出的执行结果如图 12-11 所示。

```
+-------------+--------------+----------------+
| total_users | total_orders | total_quantity |
+-------------+--------------+----------------+
|      5      |      5       |       9        |
+-------------+--------------+----------------+
```

图 12-11

然后，借助 Prompt 技术对统计结果进行解读，具体实现 Prompt 见代码 12-9。

代码 12-9

```
'''
你是一个数据分析的专家，针对上述统计结果，进行解读并给出分析建议。
'''
```

在 ChatGPT 中执行上述代码，结果如图 12-12 所示。

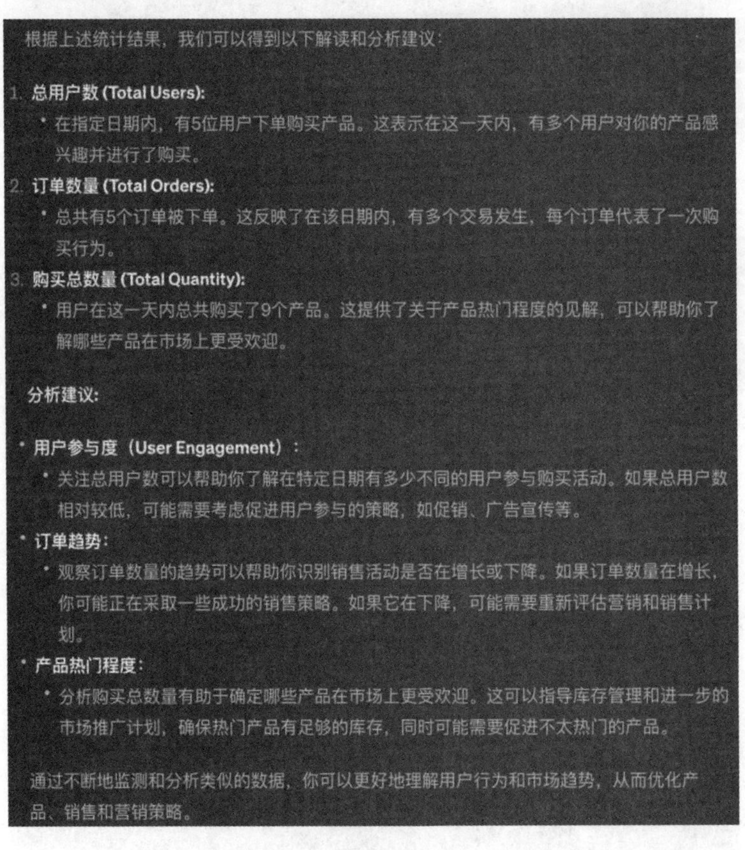
根据上述统计结果，我们可以得到以下解读和分析建议：

1. **总用户数 (Total Users):**
   - 在指定日期内，有5位用户下单购买产品。这表示在这一天内，有多个用户对你的产品感兴趣并进行了购买。
2. **订单数量 (Total Orders):**
   - 总共有5个订单被下单。这反映了在该日期内，有多个交易发生，每个订单代表了一次购买行为。
3. **购买总数量 (Total Quantity):**
   - 用户在这一天内总共购买了9个产品。这提供了关于产品热门程度的见解，可以帮助你了解哪些产品在市场上更受欢迎。

分析建议:

- **用户参与度（User Engagement）：**
  - 关注总用户数可以帮助你了解在特定日期有多少不同的用户参与购买活动。如果总用户数相对较低，可能需要考虑促进用户参与的策略，如促销、广告宣传等。
- **订单趋势：**
  - 观察订单数量的趋势可以帮助你识别销售活动是否在增长或下降。如果订单数量在增长，你可能正在采取一些成功的销售策略。如果它在下降，可能需要重新评估营销和销售计划。
- **产品热门程度：**
  - 分析购买总数量有助于确定哪些产品在市场上更受欢迎。这可以指导库存管理和进一步的市场推广计划，确保热门产品有足够的库存，同时可能需要促进不太热门的产品。

通过不断地监测和分析类似的数据，你可以更好地理解用户行为和市场趋势，从而优化产品、销售和营销策略。

图 12-12

12.4　ChatGPT 与 Hive 数据分析未来展望

随着科技的迅猛发展，自然语言处理和大数据分析正成为企业决策和创新的关键驱动力。ChatGPT 作为一种先进的自然语言处理模型，可以帮助数据分析专家更智能、更自然地与数据进行交互，提供更直观、更有效的数据解释和洞察。与此同时，Hive 作为大数据仓库，为处理庞大的数据集提供了强大的能力。

未来，我们可以期待 ChatGPT 与 Hive 的深度融合，为数据分析领域带来更大的创新。ChatGPT 的自然语言理解能力可以使数据分析变得更加用户友好，降低技术门槛，使更多的人能够从数据中获得价值。

12.4.1　ChatGPT 技术发展前景

ChatGPT 是一种基于大型语言模型的聊天机器人，它可以根据用户的输入生成智能和有趣的回答。它具有多种语言能力、多模式交互、多样内容创造等特点，可以应用于多个领域，提供更丰富和多样的数字内容。

1. 强化语言理解的深度

ChatGPT 的发展前景之一是其在语言理解方面的深度进化。未来的版本有望进一步提升对上下文、语境和复杂语义的理解能力，使得 ChatGPT 能够更准确地回应用户的提问，进行更自然、更智能的对话。这将推动 ChatGPT 在虚拟助手、客户服务和知识查询等领域的广泛应用，为用户提供更个性化、更高效的体验。

2. 多模态整合与感知增强

未来的 ChatGPT 很可能涉足多模态学习领域，实现对文本、图像、语音等多种信息的无缝整合。这意味着 ChatGPT 可以更全面地理解和处理多源信息，使得它在理解用户意图和产生更富有表现力的回应时更具优势。这样的进展将推动 ChatGPT 在虚拟现实、语音助手和媒体生成等应用场景中的广泛应用，为用户提供更丰富、更综合的交互体验。

3. 自主学习与迁移学习的加强

ChatGPT 的未来发展将注重自主学习和迁移学习的进一步加强。通过模型的自主学习能力，ChatGPT 有望更快速地适应新的语言、行业术语和领域知识，使得其能够在不同领域更具适应性。这将有助于提高 ChatGPT 在个性化服务、领域专业性对话和知识横向传递等方面的应用价值，进一步推动其在各行业中的普及和应用。

ChatGPT 能够对人类意图进行深刻理解，这源于多种技术模型的积累，涵盖机器学习、神经网络和 Transformer 模型等。这一技术奠基促使 ChatGPT 发展成为一种大规模预训练语言模型，专注于学习人类反馈信息。基于这一基础模型，ChatGPT 的生成能力涵盖众多领域，包括回答问题、文本摘要、计算机代码等多项任务。

同时，将 ChatGPT 与其他下游工具结合应用，如虚拟助手、智能客服和创意助手等，拓展了其应用领域，形成了无限的可能性。通过结合不同工具和系统，ChatGPT 可以更全面、更智能地满足人类的多样化需求，为人机交互和创新领域带来更为广泛的影响。

未来，ChatGPT 将朝着面向特定行业的定制化模型发展。通过在特定领域进行更有针对性的训练，使得 ChatGPT 能够更好地服务于各种专业领域，满足不同行业的个性化需求，如图 12-13 所示。

图 12-13

4. 提升生产力

人工智能正释放着科技的巨大能力，深刻地改变着人类的生产和生活方式。当前，与 ChatGPT 相关的大部分讨论集中在哪些职业可能会被替代，尤其是关于人工智能生成内容的讨论。生成式人工智能能够自动编写代码，生成文本、图片和视频，充分发挥了 ChatGPT 等生成式人工智能的潜力，将极大地提高各行业从业人员的生产效率。

这种技术的崛起不仅将为许多传统工作带来巨大的变革，同时也为各行业带来了机遇。通过充分利用 ChatGPT 等生成式人工智能的能力，从业人员可以更加高效地完成任务，释放更多时间来专注于创造性和战略性的工作。

ChatGPT 是一种强大的工具，可用于自动化烦琐的任务，例如回答常见问题。这项技术能够显著地节省时间，降低从事服务领域工作的工作负担。此外，它还能够有效分析大规模数据，并提供有深度的见解、趋势和模式。这有助于决策者做出更明智的决策，提高整体工作效率。

12.4.2 未来 Hive 数据分析中的 ChatGPT 潜在应用

Hive 是一种基于 Hadoop 的数据仓库工具，它可以使用类 SQL 的语言（HiveQL）对大规模的结构化和半结构化的数据进行分析和处理。Hive 的优点是可以充分利用 Hadoop 的分布式存储和计算能力，同时提供了简单和灵活的查询语言，方便用户进行数据分析。但是，Hive 也存在一些缺点，比如查询速度较慢、功能较单一、交互性较差等。为了解决这些问题，我们可以借助 ChatGPT 这种基于大型语言模型的聊天机器人，为 Hive 数据分析提供更加智能、高效、友好的服务和体验。

1. 自然语言查询

ChatGPT 可以作为 Hive 的自然语言查询（Natural Language Query，NLQ）接口，让用户可以用自然语言而不是 Hive SQL 来查询 Hive 中的数据，从而降低了用户的学习成本和使用难度。例如，用户可以直接输入“2023 年第一季度销售额最高的产品是什么？”，而不需要编写复杂的 Hive SQL 语句，ChatGPT 就可以根据用户的输入自动将其转换成相应的 HiveQL 语句，执行查询并返回结果。

ChatGPT 还可以根据用户的输入自动识别和处理一些常见的问题，比如数据源的选择、数据格式的转换、数据质量的检查、数据安全的保障等，从而提高了用户的查询效率和准确性。

2. 智能对话交互

ChatGPT 可以作为 Hive 的智能对话交互（Intelligent Dialogue Interaction，IDI）模块，让用户可以用对话的方式而不是单向的方式来进行 Hive 数据分析，从而提高了用户的交互性和满意度。例如，用户可以在查询 Hive 中的数据后，继续与 ChatGPT 进行对话，提出后续的问题，要求更多的信息，提供反馈和建议等，ChatGPT 就可以根据用户的对话动态地调整自己的回答，解决用户的问题，满足用户的需求。ChatGPT 还可以根据用户的对话自动捕捉和理解用户的意图、情感、偏好等，从而给出更加合理和友好的回答，增加用户的信任度和忠诚度。

3. 多样内容生成

ChatGPT 可以作为 Hive 的多样内容生成（Diverse Content Generation，DCG）的功能，让用户可以用多种形式而不是单一形式来展示和分享 Hive 数据分析的结果，从而提高了用户的表达能力和创造力。例如，用户可以在查询 Hive 中的数据后，要求 ChatGPT 以不同的形式来生成和展示结果，比如图表、报告、文档等，ChatGPT 就可以根据用户的要求自动选择和生成合适的内容，同时保证内容的质量和准确性。ChatGPT 还可以根据用户的要求自动优化和改进已有的内容，比如增加标题、摘要、引用、注释、结论等，从而提高内容的完整性和可读性。

4. 模态融合展示

ChatGPT 可以作为 Hive 的模态融合展示（Modality Fusion Presentation，MFP）的手段，让用户可以用多种模态而不是单一模态来查看和理解 Hive 数据分析的结果，从而提高了用户的感知能力和体验感。例如，用户可以在查询 Hive 中的数据后，要求 ChatGPT 以多种模态来展示结果，比如文本、图像、音频、视频等，ChatGPT 就可以根据用户的要求自动融合和生成相应的模态，同时保证模态的一致性和协调性。ChatGPT 还可以根据用户的要求自动切换和转换不同的模态，比如根据文本生成图像、根据图像生成文本、根据文本生成音频、根据音频生成文本、根据文本生成视频、根据视频生成文本等，从而提高模态的互动性和增强性。

5. 学习能力提升

ChatGPT 可以作为 Hive 的学习能力提升（Learning Ability Improvement，LAI）途径，让用户通过学习方式进行 Hive 数据分析，提高用户的知识和技能。例如，用户可以在查询 Hive 中的数据后，要求 ChatGPT 以学习的方式来解释和评估结果，比如给出查询的原理、方法、步骤、优缺点、改进方案等，ChatGPT 就可以根据用户的要求自动给出清晰和详细的解释和评估，同时提供相关的资料和链接，引导用户进行深入的学习。ChatGPT 还可以根据用户的要求自动给出适合的学习内容、方法、反馈、激励等，从而提高用户的学习效果和动力。

总之，ChatGPT 是一种具有巨大潜力和前景的技术，它可以为未来的 Hive 数据分析提供更加智能、高效、友好的服务和体验。同时，它也可以为用户提供更加多样化、丰富、创新的内容和展示，以及更加深入、广泛、重要的学习和提升机会。

12.5 本章小结

本章聚焦于 ChatGPT 驱动的 Hive 大数据分析实践，深入探讨了如何使用 ChatGPT 这种基于大型语言模型的聊天机器人，为 Hive 数据分析提供更加智能、高效、友好的服务和体验。通过对 ChatGPT 的原理和特点的分析，读者逐步了解了 ChatGPT 在 Hive 数据分析中的潜在应用和优势。从自然语言查询、智能对话交互、多样内容生成、模态融合展示、学习能力提升 5 个方面，详细讨论了每个应用场景的关键细节和功能。这包括 ChatGPT 如何根据用户的输入自动转换、执行、回答、解释、评估、生成、展示、优化、改进 Hive 数据分析的结果，同时还提供了一些实际的案例和示例。

12.6 习题

1. ChatGPT 是一种基于什么的聊天机器人？（　　）

A. 大型语言模型　　B. 大型图像模型　　C. 大型音频模型　　D. 大型视频模型

2. ChatGPT 可以用什么语言来查询 Hive 中的数据？（　　）

A. HiveQL　　B. 自然语言　　C. Java　　D. Python

3. ChatGPT 可以用什么方式来展示 Hive 数据分析的结果？（　　）

A. 单一形式　　B. 多种形式　　C. 无形式　　D. 固定形式